电子产品工艺设计基础

曹白杨　　主　编

孙　燕　江　军　刘　勇　副主编

電子工業出版社

Publishing House of Electronics Industry

北京 • BEIJING

内 容 简 介

本书是根据电子信息工程、微电子技术专业的培养目标和“电子产品设计与工艺”课程的教学大纲要求编写而成的，全书共13章，主要内容有电子设备设计概论、电子产品的热设计、电子设备的电磁兼容设计、电子产品的结构设计、电子设备的工程设计、电子元器件、印制电路板、装配焊接技术、电子装连技术、表面组装技术、电子产品技术文件、电子产品的组装与调试工艺、产品质量和可靠性等。

本书既可作为高等工科院校电子工艺与管理、电气自动化、应用电子、机电一体化、电气技术等专业的教学用书，也可作为从事电子设备设计与工艺等工作的相关工程技术人员的参考资料。

图书在版编目（CIP）数据

电子产品工艺设计基础 / 曹白杨主编. —北京：电子工业出版社，2016.2
ISBN 978-7-121-28161-7

Ⅰ. ①电…　Ⅱ. ①曹…　Ⅲ. ①电子工业－产品设计－高等学校－教材　Ⅳ. ①TN602

中国版本图书馆 CIP 数据核字（2016）第 029044 号

策划编辑：宋　梅
责任编辑：宋　梅
印　　刷：北京盛通数码印刷有限公司
装　　订：北京盛通数码印刷有限公司
出版发行：电子工业出版社
　　　　　北京市海淀区万寿路 173 信箱　邮编　100036
开　　本：787×1 092　1/16　印张：23.25　字数：595 千字
版　　次：2016 年 2 月第 1 版
印　　次：2024 年 1 月第 6 次印刷
定　　价：59.00 元

凡所购买电子工业出版社图书有缺损问题，请向购买书店调换。若书店售缺，请与本社发行部联系，联系及邮购电话：（010）88254888。

质量投诉请发邮件至 zlts@phei.com.cn，盗版侵权举报请发邮件至 dbqq@phei.com.cn。

服务热线：（010）88258888。

前　言

电子制造业是国民经济的支柱产业，也是国家经济和综合国力的重要基础之一，是国家工业现代化先进程度的重要表征。进入 21 世纪，各国开始实施大力发展信息产业的战略方针，电子制造业的产业结构也有了巨大变化和发展。这些变化主要表现在：各类电子器件和生产技术之间相互渗透，生产日趋规模化和自动化；集成电路的发展，器件、电路和系统之间的密切结合，电子制造业与信息产业界限日益模糊；电子技术与计算机应用技术日益紧密结合，电子工业已从单一的制造业过渡到电子信息产业。电子设备及各类电子产品正是随着电子工业发展而孕生，随着电子技术、信息技术与计算机应用技术的发展而发展。

为适应电子制造业的发展和相关专业教学的需要，我们根据相关课程的教学大纲编写了《电子产品工艺设计基础》一书，全书共 13 章，主要内容有电子设备设计概论、电子产品的热设计、电子设备的电磁兼容设计、电子产品的结构设计、电子设备的工程设计、电子元器件、印制电路板、装配焊接技术、电子装连技术、表面组装技术、电子产品技术文件、电子产品的组装与调试工艺、产品质量和可靠性等。

本书的第 1、5、10 章由曹白杨编写，第 2、4 章由孙燕编写，第 3 章由王晓、孙燕编写，第 6、7 章由江军、梁万雷编写，第 8、9 章由江军、杨虹蓁编写，第 11 章由曹白杨、刘勇编写，第 12、13 章由刘勇、杨虹蓁编写，全书由曹白杨负责统稿。

由于我们时间仓促，水平有限，教材一定还存在不少问题，为了不断提高教材质量，我们热切地希望同志们批评指正。

作者
2016 年 1 月于北华航天工业学院

目　　录

第1章　电子设备设计概论

电子技术发展迅猛，电子工业生产中的新技术、新工艺不断涌现，促进了整个产业的大发展。计算机的广泛应用，CAD/CAM 集成系统的完善，进一步推动了电子工业产业的技术革命。进入 20 世纪 90 年代，各国开始实施大力发展信息产业的战略方针，电子工业的产业结构也有了巨大变化和发展。这些变化主要表现在：各类电子器件和生产技术之间相互渗透，生产日趋规模化、自动化；集成电路的发展，器件、电路和系统之间的密切结合，电子产品制造业与信息产业界限日益模糊；电子技术与计算机应用技术日益紧密结合，电子工业已从单一的制造业过渡到电子信息产业。电子设备及各类电子产品正是随着电子工业发展而孕生，随着电子技术、信息技术与计算机应用技术的发展而发展。

1.1　概　述

所谓电子设备指利用电子学原理制成的设备、装置、仪器仪表、专用生产设备等；利用电工学原理制成的设备、装置、专用生产设备等称为电工设备或电气设备；有时也把电子设备和电工电气设备统称为电子产品（简称为产品）。

随着电子技术的发展，电子产品正广泛应用于人类生活的各个领域。电子产品的生产与发展是与电子技术的发展密切相关的。新材料的使用、新器件的出现，尤其是大规模和超大规模集成电路的出现和推广应用，以及工艺手段的不断革新，使电子产品在电路上和结构上都产生了巨大的飞跃。以视听产品为例，近十几年来，电子技术领域出现的数字技术、卫星技术、光纤与激光技术以及信息处理技术等新技术，已经迅速地应用在电子工业生产中，使新一代视听电子产品的面貌为之一新，成为家庭和个人从社会取得各种信息的终端产品。这些产品技术精良、功能齐全、造型优美、使用方便，其部件正朝着高指标、多功能、小型化、低成本等方向发展。

电子产品按用途可分为民用电子产品、工业用电子产品和军用电子产品。

民用电子产品又可分为：通信类，如电话交换机、移动电话等；计算机类，如个人计算机、打印机、显示器等；家用电器类，如电视机、VCD、DVD、洗衣机、微波炉等。

工业用电子产品又可分为：通用仪器仪表，如示波器、信号发生器、万用表和电子测量仪器等；专用设备，如再流焊机、波峰焊机、贴片机、半导体加工设备、印刷电路板制造设备等；工具类，如 AOI 在线检测设备、X 光焊点检测设备等。

军用电子产品如雷达、野战通信系统等。

电子产品按产生、变换、传输和接收的电磁信号的不同，还可分为模拟产品和数字产品。现代电子产品就其功能及用途而言，大致上可以分为以下几类。

① 广播通信类：如广播、电视产品，各种有线及无线通信产品等。

② 信息处理类：如各种类型的电子计算机及其外围产品、控制设备等。

③ 电子应用类：如各种电子检测设备、雷达设备、医用电子产品及激光应用产品等。

电子产品从电子联装技术与工艺的特点考虑，可将其划分为以下几个阶段。

① 电子管技术：代表元器件是长、粗引线的元件和电子管，其电子装联方法是手工接装和手工焊接。

② 晶体管技术：代表元器件是轴向引线和晶体管，电子装联方法是半自动插装和手工浸焊。

③ 单、双列直插集成电路技术：代表元器件是径向引线，单、双列直插集成电路，电子装联方法是自动插装和浸焊、波峰焊。

④ 表面安装技术：代表元器件是无引线（含短粗引线）的片式元件（SMC）和片式器件（SMD），电子装联方法是表面安装方法及波峰焊、再流焊和载带自动焊。

⑤ 微组件技术：代表元器件是三维微型组件、甚大规模集成电路（VLSIC）、超大规模集成电路（ULSIC）和超高速集成电路（UHSIC），电子装联方法是自动表面安装、多层混合组装和裸芯片组装。

电子科学理论的发展和工艺技术的提高，使新产品，新装备层出不穷。电子产品向智能化、微型化、集成化和声表面波化方向发展。作为电子产品基础的各种电子元件则由大、重、厚向小、轻、薄方向发展，电子设备的结构设计也遇到了前所未有的挑战。而电子产品的微型化、集成化使电子产品本身的结构设计、防护设计、热设计、电磁兼容性设计、连接设计等显得极为重要。

1.2　电子设备结构设计的内容

电子设备的设计通常包括线路设计和结构设计。线路设计是根据产品的性能要求和技术条件，确定设计方案，初定方框图和电路图，在此基础上进行必要的计算和试验，最终确定线路图并选定元器件及其参数。电子设备的结构设计是根据线路设计提供的资料和数据，考虑电子设备的性能要求、技术条件等，合理地布置元器件，使之组成部件或电路单元，同时还要与其他单元连接起来，并进行机械设计和防护设计等，最后组成一台完整的产品，给出全部工作图纸。

目前，电子设备的结构设计包括以下几个方面内容。

1. 整机组装结构设计（总体设计）

根据产品的技术要求和使用的环境条件，整机组装结构设计的内容如下所述。

① 环境防护设计：包括元器件、组件及整机的热设计，防腐、防潮、防霉设计，振动与冲击隔离设计，屏蔽与接地设计等。

② 结构件设计：包括机柜、机箱（或插入单元）、机壳、机架、底座、面板、把手、锁定装置及其他附件的设计。

③ 机械传动装置设计：根据信号在传递或控制过程中，对某些参数（电或机械）的调节和控制所必需的各种机械传动组件或执行元件进行设计。

④ 总体布局：在完成上述各方面的设计之后，合理地安排结构布局，相互之间的连接

形式以及结构尺寸的确定等。

2. 热设计

产品的热设计是指对电子元器件、组件以及整机的温升控制，尤其是对于高密度组装的产品，更应注意其热耗的排除。温升控制的方法包括自然空冷、强迫空冷、强迫液冷、蒸发冷却、温差电制冷、热管传热等各种形式。

3. 电磁兼容性设计

产品中的数据处理和传输系统的自动化，要求各系统有良好的抗干扰能力。因此，应进行电磁屏蔽与接地的设计，以提高产品对电磁环境的适应性。其措施包括噪声源的抑制、消除噪声的耦合通道和抑制接收系统的噪声等。

4. 防腐设计

严酷的气候条件会引起电子产品中金属和非金属材料发生腐蚀、老化、霉烂、性能显著下降等各种破坏。因此，应根据产品所处环境条件的性质、影响因素的种类、作用强度的大小来确定相应的防护措施，设计合理的防护结构，选择耐腐蚀材料，研制新的抗腐蚀措施。

5. 机械传动装置设计

产品在完成信号的产生、放大、变换、发送、接收、显示和控制的过程中，必须对各种参数（电的或机械的）进行调节和控制。因此需要设计相应的机械传动装置或执行元件来完成这个功能。这里除了常规的机械传动装置设计外，主要是与电性能密切相关的转动惯量、传动精度、刚度和摩擦等问题的设计。

6. 结构的静力与动力计算

对于运载工具中使用或处于运输过程中的电子产品，则要求有隔振与缓冲措施，以克服由于机械力引起的材料疲劳应力、结构谐振对电性能的影响。对于薄壁和型材的机柜（机壳）结构，则还要考虑结构的强度、刚度和稳定性问题。

7. 连接设计

产品中存在着大量的固定、半固定以及活动的电气接点，实践证明这些接点的接触可靠性对整机或系统的可靠性有很大的影响。因此，必须正确地设计、选用固定连接的工艺，如钎焊、压接、熔接等。同时，还应注意对各种接插件、开关件等活动连接件的选用。

8. 人机工程学在结构设计中的应用

产品既要满足电性能指标的要求，又要使产品的操作者感到方便、灵活、安全，同时外形必须美观大方。这样就要求用人机工程学的基本原理来考虑人与产品的相互关系，设计出符合人的生理、心理特点的结构，更好地发挥人和机器的效能。

9．造型与色彩的设计

产品的造型具有实用功能和使用功能，而电子产品的色彩可以给人以美的享受。优秀的造型与色彩设计即可以节省物力和财力，又可以获得最大的经济效益。

10．可靠性试验

根据技术条件要求和产品的特殊用途，有时要对模拟产品和试制产品进行可靠性试验或人工环境试验，分析试验的结果，验证设计的正确性和可靠性指标。

由此可见，电子设备的结构设计包含相当广泛的技术内容，它是一门边缘学科，包括有力学、机械学、化学、电子学、热学、光学、工程心理学、环境科学等多门基础学科的综合应用。本教材不可能对上述的各个方面作全面阐述，而只能重点地介绍有关设计的部分重要内容。

1.3 电子设备的设计与生产过程

电子设备的寿命周期可分为四个阶段：构思与初步设想、设计与研制、制造与生产、运行与维修。前三个阶段可体现出产品的制造费用和用户的购置费用，最后一个阶段则体现了产品的使用价值，即产品的使用效果和使用期。用户的要求是以最低的购置费用，在尽可能长的时间内得到可靠的使用效果，产品设计制造者的目标应是最大限度地满足用户的要求，达到产品的性能指标，并符合其使用条件。

1.3.1 电子设备设计制造的依据

1．产品的性能指标

产品性能指标包括电性能指标和机械性能指标。前者主要有电信号幅度的标量（如灵敏度、输出功率等）、电信号频率的标量（如频率的精度、准确度和稳定度等）、电信号的波形标量（如调制度、非线性失真和噪声抑制等）；后者主要有各类移动、旋动及传动的精度（如随动系统的跟踪度、定位系统的精度和细度等）及其结构强度。此外，不同产品尚有一些特殊的性能指标和运输、存储条件。

2．产品的环境条件

产品的环境条件主要指气候条件、机械作用力条件、化学物理条件（如金属的腐蚀、非金属的老化、酸碱粉尘、盐雾侵蚀及生物霉菌等）和电磁污染条件（各种干扰信号的侵入和辐射）。

3．产品的使用要求

产品的使用要求主要包括对产品体积、质量、操作控制和维护的要求。

4．产品可靠性和寿命要求

产品可靠性和寿命要求主要包括产品的无故障工作时间长和承受过负荷的能力强。

5．产品制造的工艺性和经济性要求

产品制造的工艺性和经济性要求既要易于组织生产又要造价低廉，其设计应根据产品的用途性质（军用、民用、高可靠性及一般可靠性）、使用场合和产品自身的级别，参照国内、外同类型先进产品型号，进行设计方案的论证；应致力于性能价格比的提高，不要盲目追求高性能、高精度指标，使得制造工艺复杂、成本增高。

1.3.2　电子设备设计制造的任务

1．预研究阶段

预研究工作的任务是在产品设计前突破复杂的关键技术课题，为确定设计任务书、选择最佳设计方案创造条件；或根据电子技术发展的新趋向，寻求把近代科学技术的成果应用于产品设计的途径，有计划地研究新结构、新工艺和新理论，以及采用新材料、新器件等先行性技术课题，为不断在产品设计中采用新技术，创造出更高水平的新产品奠定基础。该阶段的工作，一般按拟定研究方案、试验研究两道程序进行。

（1）拟定研究方案，明确目的，确定研究工作方向和途径

其主要工作内容有：

① 搜集国内、外有关技术文献、情报资料，必要时调查研究实际使用中的技术要求。

② 编制研究任务书，拟定研究方案，提出专题研究课题，明确其主要技术要求。

③ 审查、批准研究任务书和研究方案。

（2）解决关键技术课题，得出准确数据和结论

试验研究是为了通过研究探索工作解决关键技术课题，得出准确数据和结论。在试验研究中，应善于利用现有的技术基础进行新的科学试验，善于利用模拟或代用的方法取得试验数据。主要内容有：

① 对已确定各专项研究课题，进行理论分析、计算，探讨解决的途径，减少盲目性。

② 设计、制造试验研究需要的零件、部件、整件、必要的专用设备和仪器。

③ 展开试验研究工作，详细观察、记录和分析试验的过程与结果，掌握第一手资料。

④ 整理试验研究的各种原始记录，进行全面分析，编写预先研究工作报告。

预研究工作结束时，应达到的目标是：出具整理成册的各种试验数据记录、各项专题的试验研究报告等原始资料，出具预研究报告书。

2．设计性试制阶段

凡自行设计或测绘试制的产品，一般都要经过设计性试制阶段。其任务是根据批准的

设计任务书，进行产品设计，编制产品设计文件和必要的工艺文件，制造样机，通过对样机全面试验，检查鉴定产品的性能，从而肯定产品设计与关键工艺。一般工作程序如下所述。

（1）论证产品设计方案，下达设计任务书

其主要工作内容有：

① 搜集国内、外有关产品的设计、试制、生产的情报资料及样品。

② 调研使用的需要情况及实际使用中的技术要求和经验，确定试制产品目标。

③ 会同使用部门编制设计任务书草案，同时提出产品设计方案，论证主要技术指标，批准下达设计任务书。

（2）进行初步设计和理论计算

其主要工作内容有：

① 进行理论计算，按计算结果，对产品或整个体系的各个部分合理分配参数。

② 通过必要的试验，进一步落实设计方案，提出线路、结构及工艺技术关键的解决方案。

③ 编制初步设计文件。

④ 对需用的人力、物力进行概算。

（3）进行技术设计

技术设计的主要工作有：

① 根据对技术指标的修正意见，进一步调整分配产品的部分参数。

② 拟定标准化综合要求。

③ 编制技术设计文件。

④ 对结构设计进行工艺性审查，制定工艺方案。

（4）进行样机制造

样机制造的主要工作有：

① 编制产品设计工作图纸与必要的工艺文件。

② 设计制造必要的工艺装置和专用设备。

③ 通过试验掌握关键工艺和新工艺。

④ 制造零、部、整件与样机。

⑤ 对样机进行调整，进行性能试验和环境试验，对是否可提交现场试验做出结论。

（5）现场试验与鉴定

主要工作有：

① 通过现场试验检查产品是否符合设计任务书规定的主要性能指标与使用要求，试验编写技术说明书。

② 组织鉴定，对能否设计定型作出结论。

（6）设计性试制工作结束时应达到的条件

① 具备产品设计方案的论证报告、初步设计文件和技术设计文件。
② 具备产品设计工作图纸及技术条件。
③ 具备产品工艺方案及必要的工艺文件。
④ 具备整理成册的各种试验的原始资料、试验方法与规程。
⑤ 具备必要的专用工艺装置、设备及其设计图纸。
⑥ 具备结构的工艺性审查报告、标准化审查报告及产品的技术经济分析报告。
⑦ 具备一定数量的样机及现场试验报告。
⑧ 具备产品需要的原材料、协作配套件及外购件汇总表。

3．生产性试制阶段

（1）主要内容

① 修改产品设计文件，修改与补充生产工艺文件。
② 培训人员，调整工艺装置，组织生产线，补充设计制造工艺装置、专用设备。
③ 按照设计文件和工艺文件，使用工艺装置和专用设备制造零件，进行装配、调试，考查各种文件及装置的适用性及合理性。
④ 做好原始记录，统计分析各种技术定额。
⑤ 拟定正式生产时的工时及材料消耗定额，计算产品劳动量及成本。

（2）生产性试制工作结束应达到下列条件

① 具备修改过的产品设计文件及工艺文件。
② 具备满足成批生产需要的工艺装置、专用设备及其设计图纸。
③ 根据需要，选定标准样机与样件。
④ 初步确定成批生产时的流水线和劳动组织。
⑤ 对符合技术条件的小批量生产产品，提出产品成本概算。

4．产品的鉴定、定型

鉴定的目的在于对一个阶段工作作出全面的评价和结论。在审查时，一般应邀请使用部门、研究设计单位和有关单位的代表参加。重要产品的鉴定结论应报上级机关批准。

（1）申请设计定型的标准产品其主要性能稳定

① 经现场试验（或试用）符合设计指标和使用要求。
② 主要配套产品和主要原料可在国内解决。
③ 具备了规定的产品设计文件和技术条件。

（2）申请生产定型的标准具备生产条件

① 生产工艺经过中、小批量考验，生产的产品性能稳定。

② 产品经试验后符合技术条件。

③ 具备生产与验收的各种技术文件。

1.3.3　整机制造的内容和顺序

1．原材料、元器件检验

理化分析和例行试验工厂为保证产品质量，对进厂的原材料、辅助材料和外购元器件都要进行入厂质量检验。例如，原材料的理化分析，关键（或主要）元器件的例行试验。这些工作由检验部门根据供应部门提供的元器件和原材料进行。

2．主要元器件的老化

筛选是为了剔除早期失效的元器件，提高元器件的上机率，对主要元器件（特别是半导体器件）应进行老化筛选，主要内容有高低温冲击、高温储存及带电负荷等。

3．零件部制造

电子整机所用的零件分通用零件（包括标准零件）和专用零件两种。一般通用零件和标准零件都是外购的，专用零件则由本厂自制。民用电子产品的专用零件数量不多，军用和专用电子产品的专用零件数量较多。因此，整机厂都具有一定的机械加工设备和技术力量，特别是模具制造力量。

4．通用工艺处理

它包括对已制造好的零件、机箱、机架、机柜、外壳、印制板、旋钮和度盘等，进行电镀、油漆、丝网漏印、化学处理及热处理加工，以便提高这些零件的耐腐蚀性，增强外观的装饰性。

5．组件装校

一般专用组件的装校都由专业车间进行，也可由总装车间承担。无论采取哪种方式，其目的都是使组件具有完整的独立功能。组件装配完毕之后，须对其进行调整和测试，以求得性能达标。

6．总装

它包括总装前的准备、总装流水、调试、负荷试验和检验包装。

① 准备加工在流水线生产和调试以前。先将各种原材料、元器件等进行加工处理的工作，称为预加工（装配准备）。某些不便在流水线上操作的器件，由于事先做了预加工，也可减少在流水线上安排的困难。典型的预加工包括导线的剪切、剥头及浸锡，元器件引脚的剪切、浸锡及预成形，插头座连接，线扎的制作、标记打印，高频电缆、金属隔离线的加工等。

② 总装流水：整机总装是在装配车间（亦称总装车间）完成的。总装应包括电气装配

和结构安装两大部分，而电子产品则是以电气装配为主导、以其印制电路板组件为中心而进行焊接和装配。流水作业操作是目前电子产品总装的主要形式。由于采用传送板或传送带顺序移动加工产品，极大地提高了劳动效率。

③ 负荷调试：一般在产品总装完成后都要进行调试和负荷试验。调试、负荷的时间和方式，根据产品而定。

④ 根据技术条件和使用要求在总装完成后必须进行检验和必要的例行试验，完全符合标准的产品方可包装和入库。

1.4　电子设备的工作环境

电子设备的应用领域十分广泛，储存、运输、工作过程中所处的环境条件是复杂而多变的，除了自然环境以外，影响产品的因素还包括气候、机械、辐射、生物和人员条件。制订产品的环境要求，必须以它实际可能遇到的各种环境及工作条件作为依据。例如，温度、湿度的要求由产品使用地区的气候、季节情况决定；振动、冲击等方面的要求与产品可能承受的机械强度及运输条件有关；还要考虑有无化学气体、盐雾、灰尘等特殊要求。

电子设备所处的环境，大体上可分为使用环境、自然环境和特殊使用环境三大类。

在使用环境中电子产品主要受到下面一些因素影响：腐蚀性介质（如二氧化硫、二氧化碳等、工业排放液体、腐蚀性粉尘等）；高低温因素（如冶炼厂的工业高温、冷冻厂的工业低温等）；高低压因素（如各类液体、气体输送管道等）；固体颗粒粉尘（如磨损性粉尘、导电性粉尘、可燃性粉尘等）。由于电子产品用途广泛和运输工具的不同，其使用环境相当复杂，其中包括一般室内环境、一般室外环境、恶劣的工业环境、地面车辆环境、水域舰船环境、地下坑道环境、空间飞行环境、原子辐射环境等。

在自然环境中产品主要受到下面一些因素影响：温度（高温、低温、交变温度等）、湿度、气压（高气压、低气压）、辐射（太阳辐射、放射性物质辐射）、风沙、降水（如降雨、雪、霜、露、雹、浸水等）、盐雾、生物等因素。

在特殊使用环境中产品主要受到下面一些因素影响：飞机的飞行与作战状态；坦克的行驶与作战状态；地面电子产品运输及野战工作状态；沙漠地区；丛林地区；水下航行的舰艇；宇宙飞行器航行的环境等。

必须指出，在对环境影响因素进行分析时，既要考虑一般的情况，又要确定主要影响因素。例如，温度的影响，有夏季野外作业持续性的高温作用、冬季或高寒野外作业持续性低温作用、瞬态高温或低温的作用（热冲击）及周期性变化温度的作用等，这些都要进行具体的分析。在对客观因素作估计时，应考虑各个作用因素的强度、作用的时间、重复的次数等。所以在产品设计中，在选择电子产品的允许最高温度时，既要考虑一般的自然条件（自然环境），又要考虑使用条件（使用环境），确定其主要影响因素，根据自然环境和使用环境中各个因素可能出现的最恶劣情况进行结构设计，以保证产品在受到多种环境因素的长期综合作用下，仍能稳定而可靠地工作，所采取的防护措施是安全、可靠的。

我国疆域辽阔，南北跨越的纬度近 50°，大部分在温带、亚热带，小部分在热带。根据我国地理位置分布，产品的气候条件分为热带、亚热带、温带和亚寒带四个气候带和湿热区、亚湿热区、亚干热区、高原区、温和区和干燥区六个气候区。

在实际环境中，各种环境因素（高温、湿度、盐雾、太阳辐射、霉化冲击振动、沙尘等）不是单一的，至少是两种或两种以上环境因素同时出现的。

环境因素造成的产品故障是严重的。1971 年，美国曾对机载电子产品全年的各类故障进行过剖析，结果发现，70%以上的故障系各种环境因素所致。温度、振动及潮湿环境造成电子产品 43.58%的故障。环境对电子产品的影响不能不引起我们极大的关注。

电子设备最重要的失效原因，可能是各种环境因素造成的腐蚀。潮湿、高温、盐雾、电化学反应及各种污染性杂质等，都可能造成腐蚀。腐蚀的速率决定于这些环境因素的强弱。例如，相对湿度大于 60%常常可以引起材料腐蚀速率的显著增加。热应力可能使材料发生裂缝，污染性杂质乘虚而入。环境因素对电子电气元器件、材料的主要影响如表 1-1 所示。

表 1-1　环境因素对电子电气元器件、材料的主要影响

气候条件	影　响	结　果
高温	● 材料软化 ● 化学分解和老化 ● 设备过热 ● 润滑油黏度降低 ● 金属膨胀不同 ● 金属氧化加速	● 结构的强度减弱 ● 元件材料电性能变化，甚至损坏 ● 元件损坏、着火、低熔点焊锡缝开裂或焊点脱开 ● 轴承损坏 ● 活动部分卡住、紧固装置出现松动、接触不良 ● 接地接触电阻增大，金属材料表面电阻增大
低温	● 材料变脆 ● 润滑油、脂黏度增大 ● 材料收缩不同 ● 元件的性能变化 ● 密封橡胶硬化	● 结构的强度减弱、电缆损坏、蜡变硬、橡皮发裂 ● 轴承、开关等产生“黏滞”现象 ● 活动部分被卡住，插头、插座、开关等接触不良 ● 铝电解电容损坏，石英晶体不振荡，蓄电池容量降低，继电器接点烧结 ● 气密设备的泄漏率大
高低温变化	● 剧烈的膨胀与收缩产生内应力 ● 交替的凝露、冻结与蒸烤	● 加速元件、材料的机械损伤和电性能变化
高湿	● 水蒸气沉积 吸收水分 ● 金属腐蚀 ● 化学性质变化 ● 水在半密封设备中凝聚	● 绝缘电阻降低，“导电小路”飞弧出现，介电常数增大，介质损耗增大 ● 某些塑料零件隆起和变形，电性能变化，结构破坏 ● 结构强度减弱，活动部分被卡住，表面电阻增大，电接触不良，其他元件材料受到腐蚀物的沾污 ● 材料发生溶解和变化 ● 上列故障均可能发生
干燥		● 木材、皮革和纤维织物之类的材料变干而发脆
湿热交替变化	● 材料毛细管的“呼吸作用”	● 加速材料的吸潮和腐蚀过程
高气压	● 气密设备中的应力	● 结构损坏、漏泄

续表

气候条件	影　响	结　果
低气压	● 空气抗电强度降低 ● 空气介电常数减小 ● 气密设备中的应力增大 ● 散热困难 ● 冷焊	● 容易产生击穿，高压点的飞弧、电晕现象增加 ● 元、器件电参数发生变化 ● 密封外壳变形，焊缝开裂，结构损坏、泄漏 ● 设备温度升高 ● 机械动作困难
盐雾	● 金属腐蚀 ● 绝缘材料电阻下降	● 对含镁量高和具有相互接触的不相同金属腐蚀尤为严重，结构强度减弱 ● 产生凹点，表面电阻和抗电强度降低
大气污染	● 金属腐蚀 ● 化学性质的变化	● 某些塑料膨胀，介质损耗增大
霉菌	● 霉菌吞噬和繁殖 ● 吸附水分 ● 分泌酶	● 所有有机材料和部分无机材料强度降低，甚至损坏，活动部分被阻塞 ● 元件、材料表面绝缘电阻降低，介质损耗增大 ● 金属腐蚀
灰尘和砂	● 进入活动部分 ● 静电荷增大 ● 吸附水分	● 轴承、开关、电位器和继电器、接触器等损坏，接触不良，产生电噪声 ● 降低元件、材料的绝缘性能
日光	● 设备过热 ● 光化效应	● 元件损坏、着火 ● 有机材料加速老化和分解，油漆褪色和剥落，软橡皮发硬开裂，抗张强度降低
大风	● 对户外设备结构产生应力	● 结构损坏

环境因素造成产品故障和失效可分为以下两类。

① 功能故障指产品的各种功能出现不利的变化，如受环境条件的影响，功能不能正常发挥；但一旦外界因素消失，功能仍能恢复。

② 永久性损坏，如机械损坏等。

1.5　温度、湿度、霉菌因素影响

实践表明，电子元件的故障率随元件温度的升高呈指数关系增加，产品线路的性能则与温度的变化成反比。因此，为了提高产品的工作性能和可靠性，在进行产品的结构设计时，必须对产品和元器件的热特性进行仔细的分析和研究，以便进行合理的热设计。

1.5.1　温度对元器件的影响

1. 温度对真空器件的影响

过高的温度对真空器件玻璃壳和内部结构均有不良的影响。此外，温度过高会使玻璃壳产生热应力而损坏，同时也能使管内的气体电离，电离后的离子将轰击阴极，破坏其涂覆层，导致发射率下降，加速老化，降低其工作寿命。因此，真空器件的玻璃壳温度不得超过150～200℃。

2．温度对功率器件的影响

功率器件的结温是由功率器件的耗散功率、环境温度以及散热情况所决定的，而功率器件结温对其工作参数及可靠性有很大的影响。

① 功率器件的电流放大倍数随结温的升高而增大。这将引起工作点的漂移，增益不稳定，可能造成多级放大器自激或振荡器频率不稳定等不良后果，即使采用各种补救措施，其影响也不能完全消除。因此温度的变化是使产品性能不稳定的因素之一。

① 功率器件的热击穿。当功率器件的结温升高时，会使穿透电流和电流放大倍数迅速增加，由于集电极电流的增大促使结温进一步升高，而结温升高又使电流进一步增大，如此形成了恶性循环直至功率器件损坏。为了防止热击穿，功率器件的结温就不宜过高。

3．温度对电阻和电容类器件的影响

温度的升高导致电阻的使用功率下降。如RTX型碳膜电阻，当环境温度为40℃时，允许的使用功率为标称值的100%；当环境温度增至100℃时，允许使用功率仅为标称值的20%。又如RJ-0.125W金属电阻，当环境温度为70℃时，允许使用功率为标称值的100%；当环境温度为125℃时，允许使用功率仅为标称值的20%。此外，温度的变化对阻值大小有一定的影响，温度每升高或降低10℃，电阻大约要变化1%。

温度对电容器的影响主要是降低其使用时间。通常认为，当超过规定许用温度下工作时，每提高10℃，使用时间就要下降一半。此外，温度的变化也会引起电容、功率因素等参数的变化。因此，对各种电容器的允许工作温度也进行了规定。

4．温度对电感类器件（变压器、扼流圈）的影响

电感类器件常见的有变压器、扼流圈等。温度对这两类元件的影响除降低其使用时间外，绝缘材料的性能也下降。一般变压器、扼流圈的允许温度要低于95℃。

5．温度对微波器件的影响

微波器件包括微波管（如磁控管、返波管、速调管、行波管）和微波半导体器件（如变容管、隧道二极管、微波晶体管）等。温度对微波管的影响主要表现在：温度过高将影响微波管的谐振频率、工作效率、工作稳定性及工作寿命等。通常微波管需要冷却的部件包括收集极、管体、电磁线圈，有时输出窗和阴极引线也需要冷却。

对于用变容管制作的参量放大器，为了减小其热噪声，也需要采取适当的冷却措施。

1.5.2　湿度对电子产品整机的影响

在不良气候环境中，潮湿对产品的威胁最大，尤其在低温高湿条件下，因空气湿度达到饱和而使机内元器件、印制电路板上产生凝露现象，使电性能下降，故障率上升。若在高温高湿（如南方气候）的条件下，水分附着在材料表面或渗入内部，使材料表面电导率

增加，造成短路，由短路造成的大电流会引起火灾。对库存、闲置或周期性停机的设备，由于没有经常开机，失去了机内温升自动驱潮的机会，往往更容易发生故障。另外，潮湿会加速金属材料的锈蚀，在有盐雾和酸碱等腐蚀性物质的空气作用下，金属的腐蚀更加严重。在一定温度下，潮湿能促进霉菌的生长，并引起非金属材料的霉烂。因此，防湿、防盐雾、防霉菌三者很难截然分开。

在设计电子设备时采取防潮措施是必要的。首先要合理选用材料，在满足结构强度、性能要求和经济性的情况下，应采用耐腐蚀、耐湿，化学稳定性好的材料；同时，还应采取如下措施。

1．浸渍

浸渍是将处理的元器件或材料浸入不吸湿的绝缘漆中，经过一定时间，使绝缘液体进入元器件或材料的小孔、缝隙和结构的空隙，从而提高元器件或材料的防潮性能。浸渍主要用于线绕产品（变压器、电感线圈等）。在浸渍时，空隙和气孔在被填满的同时在绕组表面会形成绝缘层，由于浸渍的结果提高了电气强度和机械强度，另外，因排挤出热导率低的空气而改善了线绕部件的导热性。

2．灌封

灌封是用热熔状态的树脂、橡胶等将元器件浇注封闭，形成一个与外界环境完全隔绝的独立整体。灌封除可以保护元器件避免潮湿和腐蚀外，还能避免强烈振动、冲击及剧烈温度变化对电子元器件造成的不良影响。此法适用于小型的单元电路、部件及元器件。因为维修时难以单独拆卸已灌封的内部个别元件，因而需整体更换。所以不适合大面积灌封，只适用于对潮湿较为敏感的细小部件、单元电路。

对于灌封材料的要求是：应具有优异的黏附力、很小的透湿性、较高的软化点以及优良的向物体缝隙渗透能力。

3．密封

密封是一种机械防潮的手段。将元器件、部件或一些复杂的装置等安装在不透气的密封盒内，这是防止潮湿长期影响的有效方法。

4．驱潮

对于一些不经常使用的仪器，通过定期定时通电加热的方法，让其自动驱除潮气。

5．吸潮

将一些具有较大吸水性的吸潮剂（如硅胶）置于仪器内部进行吸潮。硅胶可以吸收其本身质量 30%的水分，硅胶吸水达到饱和时呈蓝紫色，可在 120～150℃的烘箱中烘干后继续使用，所以用硅胶作为吸潮剂是一种较为经济有效的办法。

1.5.3　霉菌对电子产品整机的影响

霉菌是指生长在营养基质上而形成的绒毛状、蜘蛛网状或絮状菌丝体的真菌。霉菌的孢子在适宜温度（如 20～30℃）、湿度、pH 值和其他条件下会发芽、生长，繁殖非常迅速（其细胞每 15～20 min 即可分裂一次），霉菌可谓无孔不入，凡是空气能潜入的地方它都能进入。由于霉菌的繁殖既可通过自身分泌的酶在潮湿条件下分解有机物而获取养料，又可在元器件上的灰尘、人手留下的汗迹、油迹中摄取营养，这个摄取营养的过程就是霉菌侵蚀和破坏许多有机物的根本原因。

1．霉菌对电子产品的危害

霉菌对电子产品的危害分为直接危害和间接危害两种。

（1）直接危害

由于霉菌在生长和繁殖过程中从有机材料中摄取营养成分，从而使材料结构发生破坏，强度降低，物理性能变坏，电性能恶化。同时，霉菌本身作为导体可以造成短路，给电子产品带来更严重的后果。

（2）间接危害

由于霉菌在新陈代谢过程中分泌出的二氧化碳及其酸性物质引起金属腐蚀和绝缘材料的性能恶化。同时，霉菌还会破坏元器件和产品的外观，给人的身体健康造成危害。

2．防霉菌措施

在设计电子设备时采取防霉菌措施是必要的，首先要合理选用材料，在满足结构强度、性能要求和经济性的情况下，应采用抗霉、化学稳定性好的材料；同时还应采取如下措施。

（1）控制环境条件

因为霉菌的生长和繁殖需要适当的环境，如能破坏其生长条件，就能达到防霉菌的目的。如在产品内部放入干燥剂或采取密封措施，保持设备内部干燥。经常保持产品的清洁，有条件时可将产品处于低温（6℃是霉菌的最低生长温度）、通风良好的干燥环境中。

（2）使用抗霉材料

材料的抗霉性，主要取决于材料本身的性质。一般含有天然的有机材料，如皮革、木材、棉织品、丝绸、纸制品等极易受霉菌的侵蚀，而石英粉、云母等无机矿物质材料，则不易长霉。因此，电子产品中应尽量避免使用上述各种有机材料，宜采用玻璃纤维、石棉、云母、石英等填料的层压塑料和层压材料；橡胶宜采用氟橡胶、硅橡胶、氯丁橡胶等合成橡胶；黏结剂及密封胶宜采用以环氧、环氧酚醛、有机硅环氧合成树脂（或合成橡胶）为基本成分的黏结剂；绝缘漆宜采用改性环氧树脂漆和以有机硅为基本成分的油漆。

（3）用紫外线杀菌

用足够强度的紫外线的辐射和日光的照射，不仅能防止霉菌对电子产品的侵入，而且可以消灭霉菌。

（4）防霉处理

当不得不使用不耐霉或耐霉性差的材料时，则必须使用防霉剂进行防霉处理。防霉剂是化学药品，能够抑制霉菌的生长、繁殖或杀灭。

防霉剂的使用方法有以下三种。

① 混合法：把防霉剂与材料混合在一起，制成具有防霉能力的材料。

② 喷涂法：把防霉剂和清漆混合后，喷涂在整机、零部件和材料表面。

③ 浸渍法：制成防霉剂溶液，对材料进行浸渍处理。

1.6　电磁噪声因素影响

近几年来，随着各种电气产品和电子产品数量和品种的增加，电磁噪声的干扰（Electro-Magnetic Interference，EMI）也越来越引起人们的重视。每当设计一台新的电子装置时，为保证其能够正常工作，如何设法排除这一干扰，是一个极为重要的问题。但如何解决电磁噪声干扰，这既是一个老问题又是一个新问题。比如机器的设计、安装配线方法，以及保管和应用等问题，甚至包括建筑物的设施环境问题等，所涉及的领域非常广泛。从电磁噪声干扰的原因来分析，对噪声本身而言，多数情况下，它是完全没有利用价值的，而且是有害的，但有时也不尽然。随着电子应用设备的增加，可能有些信号对有的系统来说是有用的信号，但对另外一个系统来说，却成了一个干扰源，而且这种现象有逐渐增加的趋势。因此，如何使多数电子产品在被干扰信号入侵时能够维持一个满意的工作状态，或者说能够保持一个共存的电磁环境，这是今后迫切需要解决的问题。也正在这种背景，出现了兼容性电磁学，一个新的电子学领域。

当电子产品所产生的电磁噪声不干扰任何其他产品正常工作时，我们说这些产品是电磁兼容的。电磁兼容性（EMC）是一种令人满意的情况，在这种情况下，无论是在系统内部，还是对其所处的环境，系统均能如预期的那样工作。

当不希望的电压和电流影响产品性能时，称之为存在电磁干扰，这些电压和电流可以通过传导或电磁场辐射传到受害的产品。改变设计、调整信号电平或噪声电平的过程，称为电磁干扰控制（EMIC）。通常也用这个词表示实现这种控制的管理措施。

为了排除电磁干扰，最重要的是首先找出干扰源，然后采取对策。从理论上说，只要干扰源能被定量掌握，自然可取得解决的措施。道理虽然如此，但是真正实现防止噪声干扰，达到理想目的还是相当困难的，问题也相当复杂。从因果关系来说，如果原因和结果一一对应，那么还容易导出因果关系的法则。但如果噪声干扰由于多种原因，即干扰结果是一个复杂的因果关系，那么这种情况就不能采取快刀斩乱麻的办法。

1.6.1　噪声系统

所谓噪声是指电路中出现不应有的电信号而干扰电子产品的正常工作，对此必须予以消除或抑制。由噪声而造成的不良效应，称为干扰。如测量系统中的测量信号由于噪声而被歪曲，这种歪曲就是干扰，歪曲越严重则表明噪声造成的干扰越大。

电路中之所以出现噪声，肯定是在某处产生了噪声且经一定方式侵入测量电路的结果。所以，噪声系统显然是由如下三个环节构成（如图 1-1 所示）：噪声源、对噪声敏感的接收电路、噪声源到接收电路间的耦合通道。

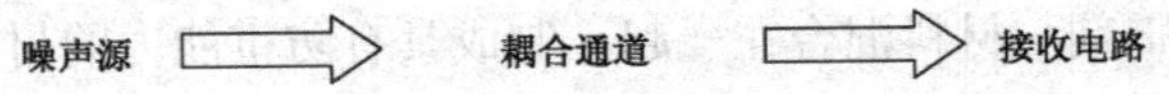

噪声源 ⇨ 耦合通道 ⇨ 接收电路

图 1-1　噪声系统

由图 1-1 所示噪声系统可见，降低噪声强度解决噪声问题，可从如下三方面着手：抑制噪声源的噪声、使接收电路对噪声不敏感、抑制耦合通道的传输。

为此，本节将介绍客观上存在的主要噪声源，在以后相关章节中将分别介绍噪声耦合的途径和噪声抑制技术。

1.6.2　噪声分析

1．噪声源分类

噪声源按其产生原因可分为如下三种。

① 固有噪声源，即由物理性的无规则波动所造成的噪声，例如，热噪声和散粒噪声等。

② 自然界干扰，如雷电、太阳黑子等。

③ 人为噪声源，如由电动机换向火花、开关通断、发射机辐射电磁波等产生的干扰。

我们主要分析人为噪声源，而这种噪声源按产生位置又可分为在测量系统内部和在测量系统外部两类。

① 电子产品内部：这些噪声源产生的干扰，诸如交流噪声、不同信号的感应以及寄生振荡等，这些应由设备设计者予以解决，对于测量工作者主要关心的是产品外部噪声源。

② 电子产品外部：有放电噪声源和电器噪声源。由各类噪声源可以看出，噪声是客观存在于我们周围的。例如，我们设置一个测量系统对某机器进行测量，在测量系统外部，始终存在着广播电磁波和电源线的工频干扰，以及机器上电动机和火花塞等的辐射干扰；在测量系统中，各部件间的相互干扰也一直存在着。所以，我们的任务只能是设法降低噪声的强度，使其不致形成干扰。

2．放电噪声源

放电噪声源是产生干扰的一种主要噪声源，这种噪声源可以分为电晕放电噪声源、火花放电噪声源和放电管噪声源几类。

（1）电晕放电噪声源

电晕放电噪声源主要是高压输电线。高压输电线产生的电晕放电具有间歇性质从而产生脉冲电流，且在放电过程中产生高频振荡，因而成为具有相当带宽的强噪声源。电晕放电噪声的衰减特性在输电线垂直方向上噪声电平大致与距离的平方成反比，因此，应远离这种噪声源，以避免它的影响。

（2）火花放电噪声源

在放电噪声源中，火花放电噪声源占绝大部分。火花放电噪声源有如下几种。

① 天电。在自然现象中，雷电、低气压、台风、寒带飞雪、火山喷烟以及黄砂等都能引起火花放电产生噪声。雷电为典型代表，它可以在低频几千赫至甚高频率范围内造成干扰，且传播距离很远。

② 电气设备类。电动机是常见的火花放电噪声源，在有整流子的旋转电机中，由于电刷与整流片在断开瞬间会产生火花，且这一过程不断反复进行，因此在很宽的频率范围内引起噪声；在没有整流子的电机中，由于电刷与滑环在旋转中接触状态不断变化，也会产生火花引起噪声。

还有火花式高频电焊机，它是利用所产生的火花进行加工的，由于火花能量很大，所以这类电气设备产生的噪声很强，且从电源电路传到配电线上所引起的噪声，比其直接辐射到空间的影响要大。

③ 开关设备类。由于开关在断开时，开关两极间的距离由零过渡到断开状态中，在很小距离的瞬间，两极间产生火花放电，因而成为在很宽频率范围内的一种噪声源。所以，在我们周围的各种电开关都是形形色色的噪声源。

④ 汽车发动机点火装置。汽油机的火花塞能产生非常陡峭的冲击电流，从而使电路振荡，且由点火导线等辐射出来成为噪声源。这种噪声源具有非常高的频率分量，因此，它是对电视以及甚高频信号的一种极其有害的噪声源。

⑤ 电车。电车中除电动机是噪声源外，馈电线和集电弓间由于接触状态的变化，会产生火花放电和弧光放电，因而也是噪声源。然而，火花放电比弧光放电的噪声强度要大得多。

（3）放电管噪声源

荧光灯和霓虹灯等放电管的大量使用，因而构成了此类噪声源。放电管放电属于辉光放电或弧光放电。这种噪声频率可从几十赫至甚高频，频带极宽，对各种频率信号都会产生影响。

3．电器噪声源

电器噪声源可分为如下几类。

（1）工频噪声源

大功率的输电线是工业频率的噪声源。低电平的信号线只要有一段距离与输电线相平行，即使输电线功率并不大，也会受到相当的干扰。例如，测量系统的电源线就是这种噪声源，信号线切忌与之平行。此外，无论室内或室外，这种工频输电线是密布的，因此，它是经常存在的、应值得注意的噪声源。

（2）射频噪声源

广播发射机和雷达以及各种无线电收发报设备等，在它的近区内都是噪声源。值得注意的是在使用的测量系统中，具有振荡器的仪器，它将产生振荡频率的噪声辐射，由于它就在测量系统中，所以往往是一种强的噪声源。

（3）电子开关

电子开关不会产生火花放电，所以不是放电噪声源，然而电子开关的通断会使电流发生急剧的变化，因而成为噪声源。例如，使用可控硅的电压调整电路就是一种电子开关噪声源。在测量系统中常采用的将直流变换成交流的逆变器就是典型代表，这种电路在工频的每半周就闭合一次，产生陡峭的电流前沿，因而高次谐波分量很多，当信号线与其临近时，将会产生感应噪声。

（4）脉冲发生器

产生脉冲波形的这类产品，由于脉冲波形的电流、电压上升前沿陡峭，包括有丰富的高次谐波，当信号线同它平行时会产生感应噪声，因而成为一种噪声源。例如，以脉冲作为输出信号的电钟就是其中一例。

4．其他噪声源

（1）电化作用

当低电平的信号通路中使用了不同的金属时，由于两种金属间的电化作用，会产生噪声。这种电化作用首先是当两种金属连接处有湿气时形成的化学湿性电池，产生接触电压；另外是电蚀作用，电蚀是由于正离子由一种金属跑到另一种金属中去的缘故，使电位较高的金属逐渐被破坏。铜和铝接触后发生的电蚀作用最严重，但却往往被人们忽视，结果是铝被腐蚀掉，如在铜上涂焊锡，则这种电化作用会变慢。

（2）电解作用

当两种金属接触时，一般由于周围潮气形成的弱酸成为电解质，如有直流电通过时，就会发生电解作用。这种电解作用与相接的两种金属无关，即使是同一种金属也会发生这种作用，从而成为一种隐蔽的噪声源。

（3）摩擦电效应

电缆中的介质与导体间由于摩擦可以带电，称为摩擦电效应，从而成为噪声源。电缆的急剧弯曲和电缆的活动会产生这种效应，应予以防止。

（4）导体的运动

当一段导线在磁场内运动时，线的两端就会产生电压。由于在我们周围大多数地方存在着杂散磁场，若低电平信号导线在这种磁场中运动时，导线上就会产生噪声。

（5）机械振动

当测量系统受一定程度机械振动时，将会产生不可忽视的噪声。尤其是测量系统中的记录器，如振子光点会因振动而偏移；调频磁带记录器会因振动而产生抖动，造成干扰。

关于电磁兼容设计的内容见第 3 章的相关内容。

1.7 机械因素影响

电子设备在使用、运输和存放过程中，不可避免地会受到机械振动、冲击和其他形式的机械力作用，如果结构设计不当，就会导致产品的损坏或无法工作。

为了防止或减少振动与冲击对产品的影响，必须全面了解产品工作时周围的环境，正确分析产品受振动和冲击的情况，正确设计减振缓冲系统，以保证产品的性能指标。

1.7.1 机械因素

电子设备在运输和使用过程中受到的干扰机械力形式包括振动、冲击、离心力和机构运动所产生的摩擦力等。在电子设备工作的场所，这些对产品构成影响和干扰的机械力通常统称为产品的机械环境。根据机械环境对产品的作用性质，可将其分为以下四种类型。

1．周期性振动

这是指机械力的周期性运动对产品产生的振动干扰，并引起产品做周期性往复运动。产生这一干扰的主要原因有：运载工具的发动机振动，例如，汽车、舰船、飞机和导弹等发动机工作时产生的强烈振动；产品内部的电动机、风机和泵产生的振动等。

表征周期性振动的主要参数有振动幅度和振动频率。

2．非周期性干扰（碰撞和冲击）

这是指机械力做非周期性扰动对产品的作用，其特点是作用时间短暂，但加速度很大。根据对产品作用的频繁程度和强度大小，非周期性扰动力又可以分为以下两种。

（1）碰撞

碰撞是产品或元件在运输和使用过程中经常遇到的一种冲击力，例如，车辆在坑洼不平道路上的行驶、飞机的降落，以及船舶的抛锚等。这种冲击作用的特点是次数较多，具有重复性，波形一般是正弦波。

（2）冲击

冲击是产品或元件在运输和使用过程中遇到的非经常性的、非重复性的冲击力。例如，撞车或紧急刹车、舰船触礁、炸弹爆炸和产品跌落等，其特点是次数少，不经常遇到，但加速度大。例如，舰船在一般环境条件下受到的加速度冲击并不大，但在炸弹或鱼雷爆炸时，它受到的冲击加速度可达 1 000～5 000 g（g 为重力加速度）。

表征碰撞和冲击的参数有波形、峰值加速度、碰撞或冲击的持续时间和碰撞次数等。

3．离心加速度

这是指运载工具做非直线运动时产品受到的加速度。例如，飞机在急剧转弯时，除受到振动、冲击等机械力的作用外，还受到离心加速度作用。一般，受离心力作用最大的是机载电子设备，而地面或水面一切移动产品都不会超过它。

离心力所造成的破坏是严重的。例如，具有电接触点之类的电器产品，如继电器、开关等，当离心力作用方向恰好与电接触点的开、合方向一致时，若离心力大于电接触点间的接触压力，触点将自动脱开或闭合，将造成系统误动作、信号中断或电气线路断路等故障。

4．随机振动

这是指机械力的无规则运动对电子产品产生的振动干扰。随机振动在数学分析上不能用确切的函数来表示，只能用概率和统计的方法来描述其规律。随机振动主要是由外力的随机性引起的，例如，路面的凹凸不平使汽车产生随机振动，海浪使船舶产生随机振动，火箭点火时由于燃烧不均匀引起部件的随机振动等。

1.7.2 机械因素的危害

恶劣的机械环境将直接影响到电子产品的可靠性。为评价电子产品对机械环境的承受能力，通常是根据产品的使用场合，将作用于产品或系统的机械环境条件划分成不同的严酷程度对产品进行环境试验，以检查产品或系统在机械环境中可能出现的失灵、失效以及可靠性下降。

当振动、冲击、碰撞、惯性力和离心力作用于电子产品时，将产生不良的影响，甚至产生严重的后果，主要表现在以下几个方面。

1．机械性损坏

对冲击来说，由于在很短时间内冲击能量转化为很强的冲击力，超过产品所能承受的强度极限，从而导致元、器件或结构件破坏。如电阻器和电容器引线断裂、印制电路板导线脱落、多层印制电路板分离、结构件开裂、玻璃和陶瓷等脆性材料断裂等；如电真空器件、阻容元件、螺钉、螺母等因振动造成的短路、断裂、松落等，使产品的电性能变化，工作失效。

2．电性能和工作点变化

如可变电容片因谐振使电容量变化、电感回路因磁芯移动而造成回路失谐、高频电路的导线因位移使电容量发生变化，以及因振动或谐振而产生机械噪声干扰电子产品正常工作等。

3．电连接和电接触失效

由机械振动引起弹性零件变形，使电位器、波段开关和接插件等接触不良或完全开路；如使电接触元件接触不良或失效，接插件从插座中跳出，接触器、继电器接触簧片抖动或误动作等。

4．其他

腐蚀加重、涂覆层破坏、振动冲击使晶间腐蚀和应力腐蚀加重；金属件（特别是电镀金属中）的氢脆和内应力变化加剧，油漆涂覆层剥落，使腐蚀物落入其他零部件而引起电性能变化等。

实践证明，电子产品由于振动而引起的损坏大大超过冲击所引起的损坏，而惯性力和离心力引起的损坏只有在特殊的情况下才产生。在上述机械因素的影响下，从电子产品的失效和损坏类型来看，统计资料表明，阻容元件损坏占 50%以上，电真空件损坏占 20%，紧固件连接的松脱约占 11%，电连接失效占 11%左右。为此，在结构设计和装配工艺上应采用有效的减振、缓冲措施，以提高产品工作的可靠性。

关于振动和冲击的隔离见第 5 章的相关内容。

1.8　提高电子产品可靠性的方法

评定电子产品质量的好坏，通常包括以下几个方面内容。

① 设备所能达到的技术指标。

② 对于可维修的产品，在规定的时间内，要求无故障工作时间长；而当出现故障时，要能迅速排除，恢复正常。即设备工作的有效性高。

③ 产品工作的可靠性高。这里包括：

- 在设计和制造过程中，对可靠性影响因素的控制，如元器件的正确选用、电路的形式、机械结构的合理性以及工艺的先进性等。
- 操作和管理人员的技术水平、操作的熟练程度以及维护的手段。
- 环境防护水平，如对温度、湿度、气压、振动冲击的防护，储存和运输的条件等。

很明显，产品的质量不仅体现在技术指标的先进性上，而且还与工作的可靠性以及执行其技术功能的有效性有关。

一般来说，提高产品工作可靠性的方法有下列几个方面。

① 进行环境影响因素试验。

- 稳定性试验：将产品置于人工模拟的工作环境之中，按照技术指标的要求，考核产品抵抗每一种环境影响因素的能力。如耐温、耐湿和耐压的稳定性，不渗水性，以及耐振动、冲击、加速度等各种稳定性项目的试验。
- 综合性试验：考验产品在综合因素的作用下，所能达到的性能指标。这种试验比较接近实际使用情况，所以在环境试验中占有重要地位。

应该指出，对于各种产品环境试验条件的拟定，必须根据具体的使用情况来考虑。例如，产品的循环试验，对不同的试验顺序所产生的试验结果就不一样。以气候因素的循环试验为例，其顺序为高温→潮湿→低温。产品先在烘箱中进行加温，使元器件受热干燥。然后，将其放进潮湿箱，在毛细力作用下，使元器件吸潮。最后，置于冷冻箱中冷却，由于热胀冷缩的结果，如果产品的质量不好，必将引起破裂。

② 采用备份系统（冗余系统）。把单个元件或整套系统并联起来作为备用，这是提高可靠性一种有效的手段。但这样做会使整个系统的体积、质量和费用都增加。因此只有在

较重要的产品中（如导弹制导、原子弹引信等）才采用。

③ 在电子线路上采取措施。例如，采用经过试验、可靠性高的标准线路；对分立元件进行筛选，尽量使用优选元件；元器件和组件的减载使用等。

④ 尽量简化系统或采用集成电路、大规模集成电路以提高系统的可靠性。

⑤ 设计故障指示和排除装置。

⑥ 加强对环境防护措施的研究，提高结构设计的水平。例如，采用有效的散热装置，控制元器件的温升；消减机械因素对产品造成的危害；排除内部与外部的噪声干扰；加强防腐、防潮、防霉的研究，提高结构材料使用寿命；设计实现标准化、系列化、通用化等。

第2章 电子产品的热设计

散热是保证电子产品能安全可靠工作的重要条件之一。电子产品在工作时，它的输出功率只占设备输入功率的一部分，其损失的功率一般都以热能的形式散发出去。尤其是一些功耗较大的元器件，如变压器、大功率晶体管、电力电子器件、大规模集成电路、功率损耗大的电阻等，实际上它们是一个热源，使产品的温度升高。另外，电子产品的温度与环境温度有关，环境温度高，电子产品的温度也高。由于电子产品中的元器件都有一定的工作温度范围，如果超过其温度极限，就将引起电子产品工作状态的改变，缩短使用寿命，甚至损坏，因而使电子产品不能稳定可靠的工作。

电子产品的散热设计就是根据热力学的基本原理，采取各种散热手段，使产品的工作温度不超过其极限温度，从而保证电子产品在预定的环境条件下稳定可靠地工作。应当指出的是电子产品除散热外，有些有特殊要求的产品需要恒温、增温及制冷的设施，本章也将作简要介绍。

2.1 电子产品的热设计基本原则

2.1.1 电子产品的热设计分类

对电子产品进行合理的热设计是促进电子产品向前发展的重要前提之一。近年来，由于电子技术的迅速发展，单位体积内所产生的热量不断增加，而其有效的散热面积却相应减小，这就使其热设计尤为重要。

电子产品（或元器件）产生的热量可以用各种冷却方法，单独地或由几种冷却方法联合作用将热量从电子产品中（或元器件上）带走，或传送到电子产品外的周围介质中去。为此，电子产品热设计者对各种冷却方法的优缺点必须有深入的了解。而最佳冷却方法的确定还要借助定量的分析计算。

电子产品冷却系统可以简略地按下列几种基本原则分类。

1. 按冷却剂与被冷却元件之间的配置关系分

（1）直接冷却

这种方法是冷却剂进入电子产品后，直接与被冷却元器件相接触，将元器件的热量带走，达到冷却的目的，如图2-1所示。

（2）间接冷却

产品内部的冷却剂（换热介质）通过发热元件，将接收到的热量传到产品的外部热交换器（散热器），再由外部冷却剂将热量散出，如图 2-2 所示。

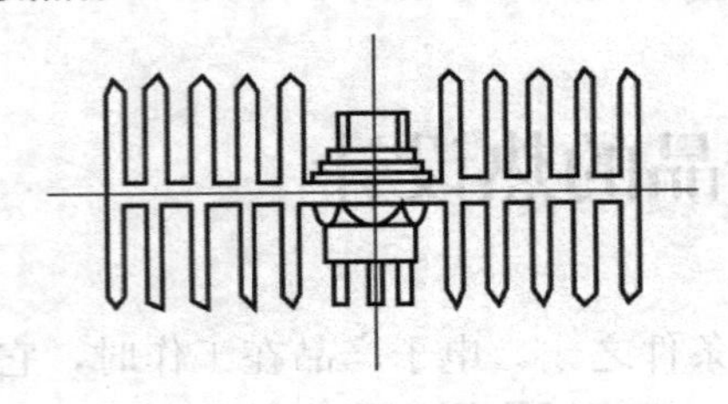

图 2-1　直接冷却

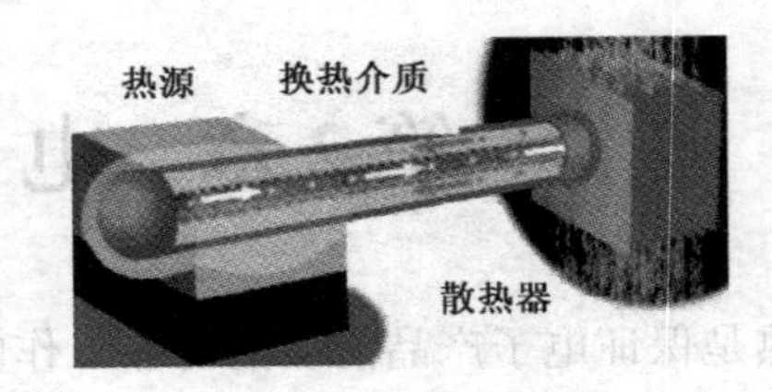

图 2-2　间接冷却

2．按传热机理分

按传热机理分，可分为自然冷却、强迫冷却、蒸发冷却及其他冷却方法。

这种分类方法可按内部传热的机理及热交换器的形式分得更细。

2.1.2　电子产品的热设计基本原则

对电子产品进行合理的热设计，是为了用较少的冷却代价获得高可靠的电子产品。因此，在热设计前必须首先了解下面几个问题。

1．电子产品（包括发热元器件）的热特性

热设计的主要参数包括各个元器件（产品）的发热功率，发热元器件（或产品）的散热面积，发热元器件、热敏元器件（或产品）的最高允许工作温度及环境温度等。电子产品冷却方法的确定及冷却介质流量的估算主要取决于这些数据的精确性。这些数据一般由元器件制造厂提供，当这种资料不足时，设计者必须进行估算或由实验来确定各个参数。在元器件排列之前，可将产品内的所有元件的热特性列成一个表格。这样，结构上的排列便可根据元器件的电气性能和热特性综合进行考虑。

2．元器件（或产品）的环境温度

热设计者应该知道电子产品（或元器件）所处工作环境（例如，空用、海用、地面、室内设备等）的温度。

通常以元器件（或产品）的环境温度及元器件（或产品）的最高允许温度作为冷却系统中冷却剂进出口温度，并以此作为热设计时初步估算的参考数据。热设计必须满足两个条件：把产品的温度限制在某一最大和最小的范围内；尽量使电子产品内各点之间的温差最小。因此，热设计的基本原则如下。

① 保证冷却系统具有良好的冷却功能，即要保证电子产品内的元件均能在规定的热环境中正常工作。根据产品的热损耗值、用途及温升等要求来确定冷却方法；几个元器件的配置必须符合散热的要求，在热回路中元器件的发热表面到连接物之间的热阻（热量传递过程的阻力）应尽量小，使元器件在允许温度下工作。

② 对密封电子产品，必须同时考虑内部和外部的两种热设计方案，使其从内部向外部传热的热阻减至最小。

③ 保证冷却系统工作的可靠性。不管环境如何变化，冷却系统必须能以重复的和预定的方式完成所规定的功能。在规定的使用期限内，冷却系统的故障率应比元器件的故障率低。因此，在冷却系统中要装有安全保护装置，例如，流量开关、温度继电器、压力继电器等。

④ 冷却系统要具有良好的适应性。因此，设计中对可调性必须留有余地，因为有的产品在工作一段时间后，由于某些因素的变化，引起热耗散或流体流动阻力的增加，要求增大其散热能力，以便无须多大的变更就能增加其散热能力。为了保护工作人员及产品的安全，从冷却系统排出的废气不能有过多的毒性、腐蚀性和易燃物等。

⑤ 冷却系统要便于使用维修，便于测试、修理和更换元件。

⑥ 冷却系统的设计要有良好的经济性，使其成本只能占整个产品成本的一定比例。

设计一个较好的冷却系统，必须综合各方面的因素，使其既能满足冷却要求，又能达到电气性能的指标，所用的冷却代价最小，结构紧凑，工作可靠。而这样一个冷却系统往往要通过一系列的技术方案论证之后才能得到。这里要遵循的原则是：最佳的热设计应是能满足技术要求的最简单的方案。

2.2　传热过程概述

电子产品热设计的基本原理是传热学，因此，了解传热过程是热设计的基础。在以下几节中将重点介绍传热学的基本理论。

热力学第二定律指出，热量总是自发地由高温物体传向低温物体，因此，哪里有温度差，哪里就有换热现象，就有热量传递。由于换热现象普遍地存在，并且在人类物质生产过程中起重要的作用，因此引起众多科技工作者的重视。从事电子工程设计的科技人员，应该掌握和运用换热规律，因为他们的工作内容之一就是要妥善处理换热问题。在许多其他工业部门，传热学的应用也很广泛。例如，在电子产品中电子元件或电子部件的冷却，在半导体设备和焊接设备中最佳温度的保证，在机箱机柜制造中工件在冷加工或热加工过程中的温度控制，在产品环境试验中低温的产生和维持等都需要应用传热的知识。由于热量的传递取决于温度差的存在，在一定的换热系统中，温度差的大小决定了热量传递的多少，这和电子学中电位差决定通过导体的电流大小的情况相类似。在传热学中也把温度差看作驱动热量传递的动力。不言而喻，在热量传递过程中不仅有动力，而且还应有阻力，这种阻力称为热阻。在一定的换热系统中，热阻是一定的。生产实践中的换热问题大致说来有两种：一种是根据给定的温度差，实现希望传递的热量，或者根据允许传递的热量，实现希望的温度差，解决这类问题的关键在于造成具有一定热阻的系统；另一种是在给定的换热系统中，由已知的温度差确定所传递的热量，或者由所传递的热量确定温度差的大小，解决这类问题的关键，在于事先知道换热系统的热阻。

在分析温度差、传递的热量和热阻三者之间的关系时，除了依据有关的换热基本定律外，还需应用能量守恒原则。能量守恒原则和换热基本定律结合起来才能解决换热问题，这一点往往被初学者忽视。

下面用简单的实例来说明热量的传递过程。现在来考察功率器件从芯片向室内空气传递热量的过程（如图 2-3 所示）。首先，热量由功率器件的芯片传递给芯片封装的内表面，而后再由封装的内表面通过封装物质传递给封装外表面，最后再由封装外表面把热量传递给空气或散热片。这种热量传递过程称为传热过程。

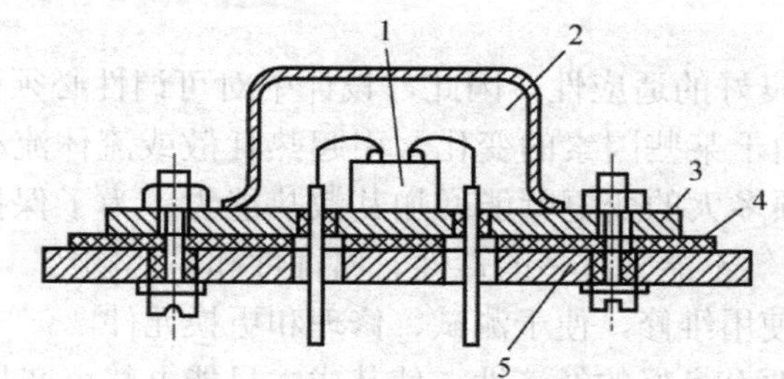

1—芯片；2—功率器件；3—管壳；4—垫片；5—散热片（温度 T_f）

图 2-3　功率器件传热过程

在上述过程中，热量从封装内壁面传递给封装外壁面的过程和由外壁面传递给周围空气和其他物体的过程有本质的不同。在前者的热量传递过程中，芯片及封装各部分之间没有分子相对运动，热量的这种传递过程称为导热过程；而在后者的热量传递过程中，空气分子对封装壁面有相对运动，且空气内部也有分子相对运动，这样的热量传递过程称为对流换热过程；此外，封装外表面对周围与之不接触的物体还进行辐射换热过程。总之，上述传热过程由导热过程、对流换热过程和辐射换热过程组成。下面分别简略地说明这些过程的特点。

2.2.1　导热过程

就一固体而言，这种换热过程是指热量由固体的高温区域转移到低温区域的过程。不同固体之间的导热过程只有在它们接触时才有可能发生。在气体和液体中进行单纯的导热过程时，它们的内部必须没有宏观的相对移动。

平壁中导热过程最简单。当平壁内各处温度不随时间变化时，平壁两侧面的温度差越大，壁越薄，壁的面积越大，则单位时间内通过此平壁的导热热量越多，由此可得

$$Q=\lambda\frac{\Delta t}{\delta}F \tag{2-1}$$

式中，Q 为单位时间内导热传递的热量，称为热流量（W）；δ 为平壁的厚度（m）；Δt 为平壁两侧面的温度差（℃）；F 为壁的面积（m^2）；λ 为比例常数，表征材料的导热性能，称为导热系数，它表示当两侧面具有单位温度差时，经由单位厚度的壁，在单位时间内通过单位面积所传递的热量，它说明材料导热能力的大小。导热系数的值一般由实验测定。

将式（2-1）改写为

$$Q=\frac{\Delta t}{\delta/(\lambda F)} \tag{2-2}$$

此式类似于欧姆定律的表示式

$$I=\frac{U}{R}$$

温度差Δt类似于电位差 U；$\delta/(\lambda F)$类似于电阻 R，称为热阻。热阻是个很重要的概念，有时用它分析一些换热问题显得很方便。后面将会看到，热阻还可以串联、并联等。

通过平壁导热，对整个壁面而言的热阻为$\delta/(\lambda F)$；但当通过其他形状的物体导热时，热阻的表示式是另外的形式。

由式（2-2）的变形

$$\frac{\delta}{\lambda F}=\frac{\Delta t}{Q} \tag{2-3}$$

可以看出，热阻是单位时间内传递单位热量所需的温度差，它起阻止热量传递的作用。

2.2.2　对流换热

这种换热过程是指由于流体微团改变空间位置所引起的在流体和固体壁面之间的热量传递过程。流体微团改变空间位置的过程称为对流。在对流时，作为载热体的流体微团不可避免地要引起热对流，同时，在对流过程中微团又不可避免地和周围流体接触而进行导热。因此，在对流换热过程中流体内部进行着热对流和导热的综合过程。这种综合过程影响流体和壁面之间的对流换热。

对流换热量的计算关系为

$$Q=\alpha(t_{\mathrm{w}}-t_{\mathrm{f}})F=\alpha\Delta tF \tag{2-4}$$

式中，Q对流换热量（W）；t_{w}、t_{f}分别为壁面和流体的平均温度（℃）；F为换热面积（m^2）；α为平均对流换热系数（$\mathrm{W/m^2\cdot ℃}$），它表示当流体和壁面的温度差为 1℃时，在单位时间内单位壁面面积和流体交换的热量，它的大小说明对流换热的强弱。

将式（2-4）改写成

$$Q=\frac{\Delta t}{1/(\alpha F)} \tag{2-5}$$

对比式（2-2）可知，对流换热的热阻为$1/(\alpha F)$。

由流换热的定义可知，对流换热和流体的流动、导热过程有关，并且还和流体的性质、壁面的几何特征以及流体相对于壁面的流动方向等有关。

2.2.3　辐射换热

这种换热过程是指温度不同的两个（或两个以上）物体间相互进行的热辐射和吸收所形成的换热过程。习惯上仅将和温度有关的辐射称为热辐射，它的能量是由热能变来的，并且被物体吸收后又重新变成热能。波长在 0.1～40 μm 范围内的射线（即电磁波）就具有这种性质，这一范围内的射线称为热射线。

当物体的温度大于绝对零度时，物体恒向外放射辐射能，在单位时间内物体的单位面积向外放射的能量，即辐射力为

$$E=C\left(\frac{T}{100}\right)^4 \tag{2-6}$$

式中，T 为物体的绝对温度（K）；（T=t+273；t 为物体的摄氏温度（℃）；C 为辐射系数

[W/（$m^2 \cdot K^4$）]，它和物体的性质、表面状况等因素有关，说明物体向外辐射能量的能力。一切物体中，以黑体的辐射系数最大，为 5.67 W/（$m^2 \cdot K^4$）。

两物体间的辐射换热量为

$$Q = C_n \left[\left(\frac{T_1}{100} \right)^4 - \left(\frac{T_2}{100} \right)^4 \right] F_1 \tag{2-7}$$

式中，C_n 为当量辐射系数 [W/（$m^2 \cdot K^4$）]，它和两物体的性质、形状、表面状况和相对位置等因素有关；T_1、T_2 分别为两物体的绝对温度（K）；F_1 为物体 1 的表面积（m^2）。

实际物体的辐射力与同温度下黑体的辐射力之比叫作该物体的黑度，也称之为黑率，即为

$$\varepsilon = \frac{E}{E_0} = A$$

黑度的大小取决于物体的材料、温度及其表面状态（如粗糙度，氧化程度和涂覆情况）等，通常由实验方法确定。

辐射换热与导热和对流换热不同，导热和对流换热仅发生在冷、热物体接触时，而辐射不需如此，因为辐射能可以在真空中传播。

以上分别简略地说明了三种热传递过程，实际的热量传递过程常常是由上述基本过程组合而成的复合过程。如上所述，对流换热过程就包含热的对流和导热。有时对流换热过程还伴有辐射换热过程。不论是由三种基本过程，还是由两种基本过程组合而成的复合换热过程，我们总认为它的作用结果是基本过程单独作用结果的总和，实践证明了这种看法的正确性。

2.2.4　接触热阻

当两个名义上平的固体表面相互接触时，实际上固体对固体的接触仅发生在一些离散的接触面积上，如图 2-4 所示。当这些离散的接触面积之外的间隙空间为真空时，全部热流线将收缩通过这些局部离散面积。这种收缩使接触界面产生热阻。真空条件下穿过非接触的那些界面间隙的辐射换热是非常小的。如果界面间隙充满流体时，热量将以导热方式穿过这层流体，因而接触界面的热阻将比真空时小。由于间隙薄而界面温差又不大，对流难于开展，所以对流换热可以忽略不计。在相关文献中，接触界面产生的热阻被称为接触热阻。

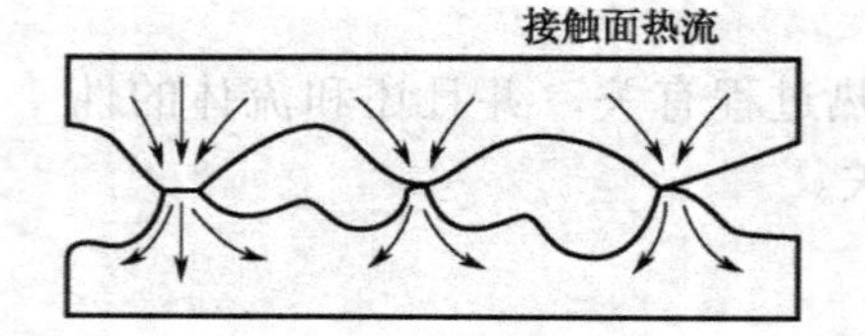

图 2-4　接触热阻

由上述可知，接触热阻由下列几个热阻并联组成：由于热流线收缩到局部接触面积产生的导热热阻 R_s，流体的导热热阻 R_f，穿过界面间隙的辐射热阻 R_r，于是有

$$\frac{1}{R} = \frac{1}{R_s} + \frac{1}{R_f} + \frac{1}{R_r}$$

通常辐射热量小得可以忽略不计，或者说 R_r 是无穷大的。

2.3 传热过程

2.3.1 复合换热

前面已对热量传递的三种基本过程分别进行了研究。在大多数实际情况中，这三种基本过程同时出现，或者两种基本过程同时出现，这类换热过程称为复合换热过程。

一物体和周围物体交换热量的复合过程由哪几种基本过程组合而成，以及基本过程具体如何进行，这些问题需要对具体情况分析后才能有明确的答案。例如，带散热片的功率器件，其芯片与散热器之间为导热过程，散热器与空气之间为对流换热过程和辐射换热过程。

在前面举出的例子中，复合换热过程都是由导热过程、对流换热过程和辐射换热过程组成的，但仔细分析可以发现，它们之间总还存在一些差别。在稳定状态下，不论是什么方式组成的复合过程，总可以认为其基本过程是互不影响而独立进行的，其综合作用的结果可以认为是它们单独作用结果的总和。因此，一物体的表面和周围流体及固体的复合换热量，可以表示为

$$Q = Q_{\mathrm{K}} + Q_{\mathrm{R}} \tag{2-8}$$

式中，Q_{K} 为对流换热量（W）；Q_{R} 为辐射换热量（W）。

按牛顿公式，对流换热量为

$$Q_{\mathrm{K}} = \alpha_{\mathrm{K}}(t_{\mathrm{f}} - t_{\mathrm{w}})F \qquad ①$$

式中，t_{f} 和 t_{w} 为流体和固体表面的平均温度℃；F 为进行换热的表面面积（m^2）；α_{K} 为平均对流换热系数，可按具体情况用对流换热一节中所介绍的公式或直接由实验测取[W/（$\mathrm{m}^2\cdot$℃）]。

辐射换热量可按绝对温度的四次方之差来确定，即

$$Q_{\mathrm{R}} = \varepsilon_n C_0\left[\left(\frac{T_{\mathrm{f}}}{100}\right)^4 - \left(\frac{T_{\mathrm{w}}}{100}\right)^4\right]F \qquad ②$$

式中，ε_n 为当量黑度，可按不同的辐射系统，用前一节中所介绍的计算公式计算；T_{f}、T_{w} 分别为流体和壁面的绝对温度，K。

为了使计算形式统一，有时将式（b）写成

$$Q_{\mathrm{R}} = \alpha_{\mathrm{R}}(t_{\mathrm{f}} - t_{\mathrm{w}})F \qquad ③$$

式中，

$$\alpha_{\mathrm{R}} = \varepsilon_n C_0\left[\left(\frac{T_{\mathrm{f}}}{100}\right)^4 - \left(\frac{T_{\mathrm{w}}}{100}\right)^4\right]/(T_{\mathrm{f}} - T_{\mathrm{w}}) \tag{2-9}$$

称为辐射换热系数，其本身没有什么特殊意义，它的引入完全是由于计算原因。

将式①、③代入式（2-8），得

$$Q = (\alpha_{\mathrm{K}} + \alpha_{\mathrm{R}})(t_{\mathrm{f}} - t_{\mathrm{w}})F \tag{2-10}$$

式中，$\alpha = \alpha_{\mathrm{K}} + \alpha_{\mathrm{R}}$ 称为复合换热系数，它等于对流换热系数和辐射换热系数之和，以后如不特别声明，总是指复合换热系数。

2.3.2　传热

前一节讨论的仅仅是流体和壁面之间的换热，至于流体将热量传给壁面后热量如何传出则并没有提起。在实际问题中常遇到这样的情况，热量从间壁一侧的热流体通过间壁传给另一侧的冷流体，这种热量传递过程称为传热过程。以下给出了一种典型传热过程的计算过程。

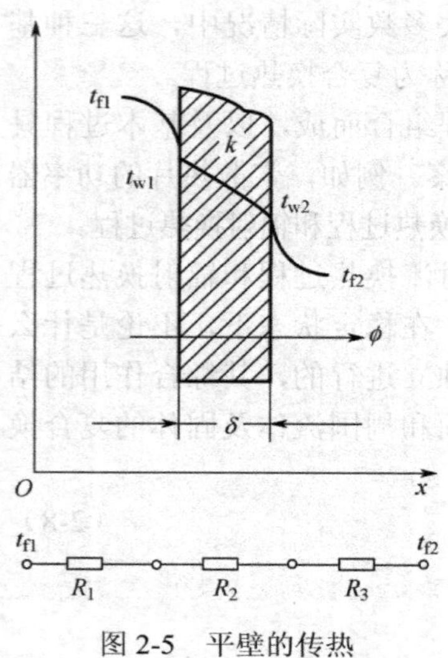

图 2-5　平壁的传热

如图 2-5 所示，热、冷流体被一无限大平壁隔开。已知热流体和冷流体的温度分别为 t_{f1} 和 t_{f2}；平壁的厚度为 δ，导热系数为 λ；热、冷流体对壁面的对流换热系数分别为 α_1 和 α_2。试确定热流体传给冷流体的热流量 Q 及两侧壁面的温度。

由前面叙述可知，有下述三种热流量传递。

① 热流体传给壁面的热流量：

$$Q_1 = \alpha_1(t_{f1} - t_{w1})F$$

② 平壁这一面传给另一面的热流量：

$$Q_2 = \frac{\lambda}{\delta}(t_{w1} - t_{w2})F$$

③ 平壁的另一面传给冷流体的热流量：

$$Q_3 = \alpha_2(t_{w1} - t_{f2})F$$

式中，t_{w1}、t_{w2} 分别为两侧壁面的平均温度（℃）；F 为平壁的表面积（m^2）。

在稳态情况下，

$$Q_1 = Q_2 = Q_3 = Q$$

式中，Q 为热流体传给冷流体的热流量。

消去各式中的 t_{w1} 和 t_{w2}，得出：

$$Q = K(t_{f1} - t_{f2})F \tag{2-11a}$$

式中，$K = 1/(\frac{1}{\alpha_1} + \frac{\delta}{\lambda} + \frac{1}{\alpha_2})$，称为传热系数，它表示当热、冷流体的温度差为 1℃时，在单位时间内通过单位壁面积所传递的热量。

由以上各式不难求得：

$$t_{w1} = t_{f1} - \frac{Q}{\alpha_1 F}$$

$$t_{w2} = t_{f2} + \frac{Q}{\alpha_2 F}$$

如果将式（2-11a）改写成

$$Q=\frac{\Delta t}{1/(KF)} \tag{2-11b}$$

式中，$1/(KF)$为传热的热阻。传热热阻为

$$\frac{1}{KF}=\frac{1}{\alpha_1 F}+\frac{\delta}{\lambda F}+\frac{1}{\alpha_2 F}$$

它是三个分热阻之和，即壁面的对流换热热阻、导热热阻和另一侧壁面对流换热热阻之和。热量依次经过三个热阻才传给冷流体，这和电流依次通过串联的三个电阻的情况相类似，所以这时的总热阻为串联的热阻之和。这里，热阻是对整个传热面积而言的。

按上述热阻串联的概念，可知多层平壁的传热热阻为

$$\frac{1}{KF}=\frac{1}{\alpha_1 F}+\sum_{i=1}^{n}\frac{\delta}{\lambda_i F}+\frac{1}{\alpha_2 F} \tag{2-12}$$

式中，n 为多层壁的层数，传热量为

$$Q=\frac{t_{f1}-t_{f2}}{\dfrac{1}{\alpha_1 F}+\sum\limits_{i=1}^{n}\dfrac{\delta_1}{\lambda_i F}+\dfrac{1}{\alpha_2 F}} \tag{2-13}$$

2.3.3　传热的增强

工业用途的多样性给传热研究提出了各种各样的问题。有些情况下，要求在一定温度差下最大限度地提高单位时间内传递的热量，即增强传热，例如，功率器件的散热问题；而在另外一些情况下，却又提出相反的要求，希望传热量在可能范围内最少，即要求减弱传热，例如，回流焊炉的保温问题。当然，解决这些不同的问题，需有相应的技术措施。不过，在采取具体的技术措施前，人们通常还对增强或减弱传热的效果事先给以分析和估算，以确保技术措施的效果。为此，下面先就增强通过无限大平壁的传热来说明分析和计算的一般原则，而后再对工业上常用的技术措施进行具体说明。

式（2-11a）给出了通过无限大平壁的传热量

$$Q=K(t_{f1}-t_{f2})F=\frac{\Delta tF}{\dfrac{1}{\alpha_1}+\dfrac{\delta}{\lambda}+\dfrac{1}{\alpha_2}}$$

当$\Delta t=t_{f1}-t_{f2}$不变时，传热量 Q 的增大就意味着总热阻的减小。这里总热阻由三个分热阻组成，减小其中哪一个热阻才能有效地降低总热阻呢？当然，减小最大的分热阻要比减小最小的分热阻更有效，因为总热阻的值主要由最大的分热阻值决定。但当各分热阻的值相差不多时，则同时减小它们的值才能最有效地降低总热阻的值。明确了首先减小最大分热阻以后，进而可以逐个分析如何降低其他分热阻的问题。

当降低导热分热阻$\delta/(\lambda F)$时，可以取用导热系数λ较大的材料来代替原来的材料。例如，用黄铜板代替钢板，λ就增加了一倍多，则分热阻因此将减少了一半。如此项热阻是三个热阻中最大的一项，且比其他热阻大很多，则总热阻几乎也跟着差不多减少了一半。另外，铜材比钢材的价格高很多，能否用铜材代替钢材还需要从经济角度进行综合考虑。

至于降低厚度，从增强传热的角度上说，当然是可以的，不过，在实际中由于受到机械强度的限制，它能改变的范围并不大。

如果总热阻中对流热阻$1/(\alpha_1 F)$或$1/(\alpha_2 F)$最大，且比其余两项热阻大很多，则应减小此项热阻来达到增强传热的目的。为减步对流换热的热阻，首先应增大对流换热系数。通常是阻止流动边界层厚度的增长，增强流体内部的扰动。例如，增大流速，变层流为紊流；采用破坏流动边界层的螺旋形强化圈（这种螺旋形强化圈一般紧贴管壁放置）；切向送入流体以增强旋涡的作用；采用短管；增加表面的粗糙度；在平板的换热面上造成隆起的小丘以破坏流动边界层的增长等；都是增大放热系数的有效措施。

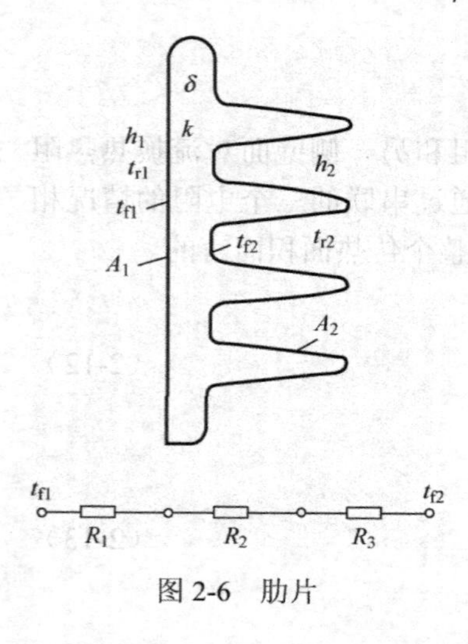

图 2-6　肋片

另一种增加传热量的途径是增大对流换热面积。为此，人们设计出了一种肋片，它垂直地镶在平壁上或与平壁浇铸成一体，以此来增大一侧的对流换热面积。这种办法仅在垂直于壁面方向多占用一点空间，而其他两个方向上的尺寸不变，如图 2-6 所示。

在理想情况下，如果加装肋片侧表面温度到处一样，为t_{w2}，这就是说，一侧面积增大并未增大壁的导热热阻，则确定传热量的公式应为

$$Q=\frac{t_{f1}-t_{f2}}{\dfrac{1}{\alpha_1 F_1}+\dfrac{\delta}{\lambda F_1}+\dfrac{1}{\alpha_2 F_2}} \tag{2-14}$$

其中，加装肋一侧的对流换热热阻由未装肋片时的$1/(\alpha_2 F_1)$变为加装肋片后的$1/(\alpha_2 F_2)$。F_2为肋片表面积F_2'和肋片根部壁的表面积F_2''（即两肋片之间壁的表面积）之和。

实际情况和理想情况不同。实际上，肋片表面温度不是到处一样的，也不等于其根部壁面的温度，而且肋片表面的平均温度还小于其根部壁面的平均温度。这样一来，肋片实际上的对流换热量将比理想情况下的小，也就是肋片侧的对流换热热阻并未减小到理想情况下的值，因此，实际上的热阻值应为

$$R=\frac{1}{\alpha_2 F_2 \eta}$$

式中，η称为肋效率，可由下式确定：

$$\eta\alpha_2 F_2(t_{w2}-t_{f2})=\alpha_2 F_2(\bar{t}_{w2}-t_{f2})$$

即，肋效率×理想情况下的对流换热量=实际对流换热量。

从而，

$$\eta=\frac{\bar{t}_{w2}-t_{f_2}}{t_{w_2}-t_{f_2}}$$

式中，$\bar{t}_{w2}$为肋片侧表面的平均温度（℃）；t_{w2}为肋片根部壁面的温度（℃）。

引入肋化系数 $\beta = F_2/F_1$，则式（2-14）可写为

$$Q = K(t_{f_1} - t_{f_2})F_1 \tag{2-15}$$

式中，

$$K = \frac{1}{\dfrac{1}{\alpha_1} + \dfrac{\delta}{\lambda} + \dfrac{F_1}{\eta\alpha_2 F_2}} = \frac{1}{\dfrac{1}{\alpha_1} + \dfrac{\delta}{\lambda} + \dfrac{1}{\eta\alpha_2\beta}} \tag{2-16}$$

由上式可见，加装肋片后减小了该侧的热阻。加装的肋片越多，肋化系数将越大，该侧热阻越小。在一定范围内加装的肋片越多，肋片间的距离将越小，当小到一定程度时，将使流动边界层互相影响，甚至导致流体在肋片间停滞，此时对流换热系数将迅速下降，应该避免这种情况。

2.4　电子产品的自然散热

在发热密度不高的电子产品中，例如，一般的电视机、VCD、DVD、家庭用功率放大器、电子仪器等，自然散热应用得比较多。自然散热的主要任务是通过合理的热设计，将电子产品内部的热量以最低的热阻畅通地排到其外部的环境中，保证电子产品在允许的温度范围内正常工作。

电子产品自然散热的基本途径是：首先，电子产品内部的热量通过对流、辐射、传导等传向机壳，然后再由机壳通过对流和辐射将热量传至周围介质（如空气），从而使电子产品达到冷却的目的。

从上述分析可以看出，要改善电子产品的自然散热效果，必须从两方面来考虑：一方面是改善电子产品内部的元器件向机壳的传热能力；另一方面是提高机壳向外界的热传递能力。下面分别进行讨论。

2.4.1　电子产品机壳的热分析

电子产品的机壳是接收其内部热量并将其散发到周围环境中去的一个重要组成部分。机壳的热设计在采用自然散热和一些密闭式的电子产品中显得格外重要。

通过比较试验，可以得出以下结果。

1. 机壳结构对电子产品温度的影响

在散热试验中，我们容易得到：

① 电子产品机壳的内外表面涂以散热性能好的涂料，外壳开百叶窗的结构，可使元件的降温效果显著提高。

② 机壳内外表面涂以散热性能好的涂料，其散热效果比两侧开百叶窗的自然对流效果好。当内外表面涂以涂料时，内部平均降温达 20℃左右，而当两侧开百叶窗时（内外表面光亮），其温降只有 8℃左右。

③ 外壳内外表面涂以散热性能好的涂料，其降温效果比单面涂以散热性能好的涂料的效果好。单是内表面涂以散热性能好的涂料只能降低内部温度，外表面温度略有升高；外

表面涂以散热性能好的涂料是降低外壳表面温度的有效方法。

④ 在机壳内外表面涂以散热性能好的涂料的基础上，合理地改进通风结构（顶板、底板、左右两侧板开通风孔等），使空气对流加强，则可以显著地降低产品内部的温度。两侧通风孔的位置应注意防止气流短路而影响散热效果，通风孔的位置一定要对准发热元件，使冷空气起到直接冷却元件的作用。通风孔进出口应开在温差最大的两处，并且进风孔要尽量低，出风口尽量高。

2. 通风孔

在机壳上开通风孔的目的是为了充分利用气流的对流换热作用，而通风孔的形式很多，如图 2-31 所示。冷空气经过机壳下部的通风孔进入机箱，经发热元件吸收热量，被加热后的空气通过机壳上部的通风孔流出，如此循环，达到散热的目的。进风孔应尽量开在产品的下端接近底板处，出风口则应开在靠近产品上端接近顶板处。图 2-7（a）所示之孔为冲压而成，制造简单，但灰尘容易进入产品内部。当孔比较大时，可用金属丝编织的网格盖住，而金属网用框架固定在外壳的边缘上，图 2-7（b）所示的是用一块盖板盖住的大尺寸通风孔的结构，盖板由几个支柱固定在外壳顶板上，这种结构强度较差。在开通风孔时，既要保证机壳的强度，又要注意通风孔的造型尽量美观大方。冲制百叶窗是目前比较广泛采用的一种结构，如图 2-7（c）所示。因为百叶窗可以防止灰尘直接落入产品内，并且可以提高机壳的强度。

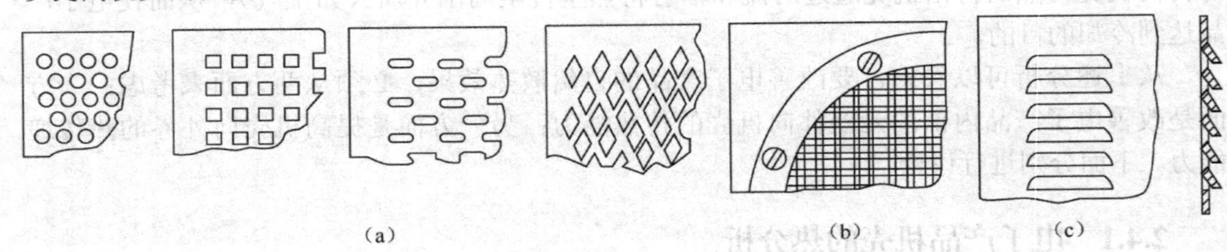

图 2-7　机壳上开通风孔

2.4.2　电子产品内部元器件的散热

1. 热源分析

电子产品内部的热源主要是一些发热电子元器件，例如，电阻、变压器、扼流圈、真空器件、中小功率集成电路、电力电子器件等。

（1）电阻

电阻的温度与其形式、尺寸、功率损耗、安装位置以及环境温度等因素有关。电阻一般是通过本身的辐射、对流和固定连接片或引出线两端的传导进行散热的。

（2）变压器（或电感类器件）

铁芯和线包是变压器的热源，传导是其内部的主要传热途径。如果变压器不带外罩，则铁芯与支架间的固定平面应仔细加工，以便形成良好的热接触（使接触热阻最小）；或在固定面上用支架垫高，并在底板上开通风孔，使气流形成对流。

（3）真空器件

不带屏蔽罩的真空器件，在自由空间传热的主要方式是对流和辐射，而导热是次要的。为了改善散热情况，真空器件相互位置不宜过挤，其他元件离真空器件也不要太近；真空器件也不宜太靠近机壳侧壁，以免影响自然对流换热。若在管座周围的底板上打孔，可以形成气流循环，加大管子的自然对流作用。

很多电子产品中的真空器件都装有屏蔽罩，这种屏蔽罩除了起电气屏蔽作用外，还起散热和机械保护作用。

（4）中小功率集成电路

对于功率小于 100 mW 的中小功率集成电路及小功率晶体管，一般可不加散热措施，靠其管壳及引线本身的对流、辐射和传导散热。至于大功率集成电路等的散热措施将在下面有专门叙述，这里不再详述。

2. 提高电子产品内部的散热能力

为了提高电子产品的自然散热能力，主要从下列三个方面进行考虑。

（1）充分利用传导散热

金属传导散热比对流和辐射散热容易控制热流途径，尤其在安装密度较高的小型电子产品中，对流和辐射都有困难，所以传导就成了散热的主要手段。由前述传热原理得知，要增强传导，主要任务是设法减小热阻 $R_t = \dfrac{\delta}{\lambda S}$，也就是要设法减小热传导的距离 δ，增大传热面积 S 和选用导热系数 λ 大的材料。

发热元件引线应尽可能地短。在设计元件的固定装置（如管夹）时，要充分考虑其导热性能，在元件与安装底板之间要采用必要的措施来减小接触热阻。例如，在连接处加导热硅脂；在受压接触面之间采用软金属箔（如铜箔、铝箔等）来帮助热传导；采用可略微弯曲的弹性表面，这种表面在接触压力的作用下趋向于平直，可减小热阻。

（2）充分利用对流换热

利用对流换热的措施有如下两个方面：一是从元件布置上形成畅通的气流通道，使气流与发热元件进行充分的热交换；二是在结构上采取适当的措施，以利于对流换热。例如，在机壳的两侧上方及下方分别开出风孔和进风孔等；元件与元件之间，或元件与机壳之间的距离要考虑便于形成自然对流。

元件的排列应使其沿气流流动方向分层排列，使它们都在气流通道上，并能与气流直接进行热交换。同时，应把发热量大的、耐热性能好的元件放在出口处；而把热敏元件等放在冷气流的入口处。在排列元件时，除考虑形成气流通道外，还应设法加强气流的紊流，减小气流流动时的阻力。此外，元件交叉排列也能增强换热的效果。为了保证整个电子产品能得到充分的热交换，应注意消除自然对流的死区。

在其他条件相同的情况下，进气口与出气口的高度差越大，自然散热就越好。这是因为冷空气向上的压力大于热空气向下的压力，从而使得冷空气能迅速进入电子产品冷却电子元件。因此，机柜较高的电子产品自然对流比较容易得到良好的效果，而高度很小的扁平型电子产品的自然对流冷却效果较差。对一些高度已定的电子产品，在进行热设计时应尽量增大进气孔与出气孔之间的距离，以便提高其自然对流的能力。

利用自然对流散热时要尽量减小空气流动时的阻力。因此，机箱内的底板、隔热板、屏蔽板等大面积的结构件，若设计不合理，可能阻碍自然对流的气流，从而造成较大的阻力。

如图 2-8（a）所示，固定印制板采用“空格式”结构，即用合金条支持印制板插座，它具有流动阻力小，机械强度高等优点；而在图 2-8（b）中，大面积的底板挡住了机箱底部的通风孔，使空气不得不拐弯并流过较长的路径，这对自然对流很不利。尤其是当底板与机箱底之间的距离过小时，会引起较大的流动阻力。

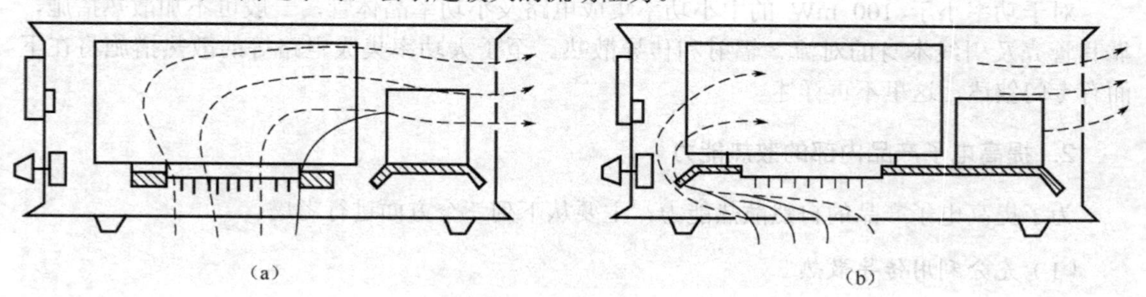

图 2-8　结构对自然对流的影响

（3）增强电子产品的辐射能力

物体之间的辐射换热为

$$Q_{12}=\varepsilon_{st}C_0S[(\frac{T_1}{100})^4-(\frac{T_2}{100})^4](\mathrm{W})$$

式中，

$$\varepsilon_{st}=[\frac{1}{\varepsilon_1}+\frac{S_1}{S_2}(\frac{1}{\varepsilon_2}-1)]^{-1}$$

由上式可知，增加电子产品辐射能力的主要措施是提高系统的黑度 ε_{st}，增加换热面积 S，加大产品与环境的温差。对于产品内部的系统黑度，由于 $S_2>>S_1$，所以，$\varepsilon_{st}\approx\varepsilon_1$，也就是说，产品内部的辐射主要取决于元件本身的黑度。因此，增加元件本身的黑度可以提高辐射能力，但随之而来的问题是元件之间的辐射也增强了，这是我们所不希望的。对于这个问题，在结构上可以对那些热敏元件等采取“热屏蔽”方法来解决。采用热屏蔽能在产品内部造成显著的温差，并形成热区和冷区，如图 2-9 所示。

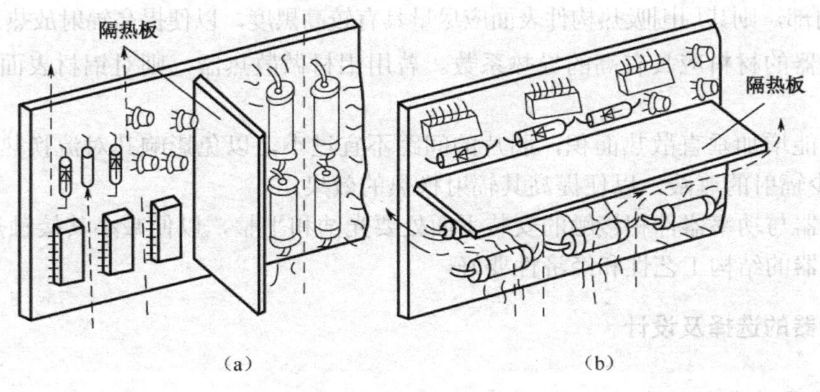

图 2-9　热屏蔽

2.4.3　功率器件散热器的设计计算

为了提高功率器件线路的稳定性和功率器件本身的寿命，必须设法降低功率器件的管芯温度，使其低于允许的最高管芯温度。因此，在使用功率器件时，必须认真考虑其散热问题。通常是把功率器件安装在散热器上，利用自然对流和辐射进行冷却。

1. 散热器的设计基本原则

目前适用于电子产品的功率器件散热器的结构形式很多，如平板、平行肋、辐射及叉指型等，如图 3-10 所示。

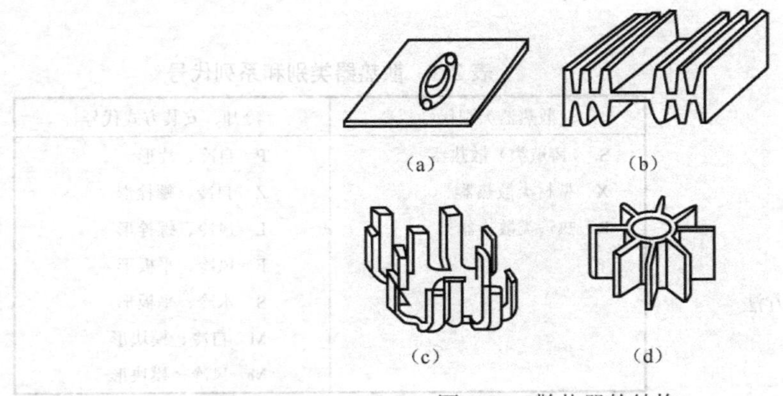

图 2-10　散热器的结构

平板型散热器〔如图 2-10（a）所示〕结构简单，取材方便。但由于不符合热流分布规律，散热能力有限。因此，为了增加散热的面积，可以在平板上加肋条做成有利于对流的肋状散热器〔如图 2-10（b）所示〕（如型材散热器）。叉指散热器〔如图 2-10（c）所示〕则由于“指”是交叉排列的，所以改善了对流和辐射的换热效果；辐射型肋片〔如图 2-10（d）所示〕对外有张角，因而对流及辐射换热效果比平行肋好。

功率器件散热器的设计原则可归纳为：

① 尽量使散热器直接与产品外部的空气进行热交换，以便提高对流放热系数 α_c。若必

须置于产品内部，则其周围吸热构件表面应尽量具有较高黑度，以便提高辐射放热系数α_r。

② 散热器的材料应具有高的导热系数。若用铝材做散热器，则对铝材表面应进行氧化或发黑处理。

③ 尽可能增加垂直散热面积，肋片的间距不宜过小，以免影响其对流换热。同时，要尽可能地减少辐射的遮蔽，以便提高其辐射换热的效果。

④ 散热器与功率器件相接触的安装平面处要光洁和平整，以便减小其接触热阻。

⑤ 散热器的结构工艺性和经济性要好。

2. 散热器的选择及设计

（1）散热器的类别与系列代号

① 散热器分为铸造（包括压铸）、型材（拉制）和热管式三类。每类散热器按冷却和安装方式的不同又分为若干系列，每个系列按外形尺寸不同划分为若干个品种。当需要时，品种再划分为规格，按主要安装尺寸或外形尺寸不同划分规格。三类散热器现行标准共有11个系列、45个品种、80个规格。

② 散热器的型号如图2-11所示。

③ 散热器的基本型号包括两部分，第一部分为两个汉语拼音字母，两个字母分别表示散热器类别和冷却、安装方式。表示散热器品种的型号第二部分为两位数字，当品种需要划分为规格时，则两位数字后以一个汉语拼音字母表示，如A、B等。表示散热器品种的两位数字越大，散热器的外形尺寸、体积越大，即散热器的热阻越小、负载能力越强。

④ 第一部分两个字母的意义如表2-1所示。

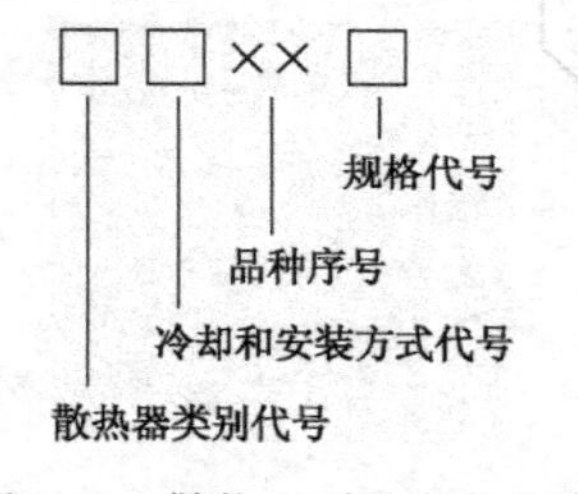

图2-11　散热器型号命名方法

表2-1　散热器类别和系列代号

散热器类别代号	冷却、安装方式代号
S（铸造类）散热器	P　自冷、片形
X　型材类散热器	Z　自冷、螺栓形
R　热管类散热器	L　风冷、螺栓形
	F　风冷、平板形
	S　水冷、平板形
	M　自冷、模块形
	M　风冷、模块形

⑤ 型号中品种序号对应散热器的长、宽、高或宽、高外形尺寸。对于螺栓形散热器系列（SZ、SL、XZ、XL），同一系列中品种序号相同规格代号不同的两种或多种散热器，它们的外形尺寸和热阻等指标均相同，品种序号后有无字母或字母不同，仅表示安装器件的有关尺寸不同。如SZ15和SZ15A的螺孔尺寸分别为M8和M10，XL20、XL20A和XL20B分别表示无中心螺孔（适用于模块）、螺孔为M24×1.5和M30×1.5的螺栓形散热器。对于平板形散热器系列（XF、RF）和模块用热管散热器系列（RM、RK），同一系列中品种序号相同而规格代号不同的两种散热器，它们的外形宽和高相同，长度尺寸L不同，两者的热阻也不相同。

（2）各系列散热器的特点

自冷散热器有 SP、SZ、XZ 和 RM 四个系列，在安装自冷散热器时，散热器叶片应沿垂直上、下的冷热空气自然对流方向。

SP 系列自冷散热器结构最简单，每种散热器都是一个兼顾安装的、表面有镀层的铜片，散热功率小，适用于小电流的螺栓形器件，可用于正向平均电流 1～5 A、耗散功率 3～6 W 的功率器件。

SZ 和 XZ 两系列自冷散热器结构也较简单，每种散热器均由一散热体和一兼顾安装用的、表面有镀层的铜导电片组成，散热体材质为合金铝，适用于中小电流螺栓形器件，可用于正向平均电流 5～30 A、耗散功率 8～40 W 的功率器件。SZ 和 XZ 两系列散热器的基本结构形状、冷却方式和适用器件电流范围都相同，两者的主要不同是制造工艺和外观：SZ 型散热器采用铸造或压铸工艺制造，散热器材质较纯或表面积较大，因而热阻稍小些；XZ 型散热器采用型材工艺制造，外观质量和机械强度较好。

RM 型自冷散热器是一种热管散热器，由于热管散热器传热性能优良，自冷热管散热器的最大特点和优势是适用于中大电流器件，并可代替部分较大容量的铸造或型材风冷散热器，从而省去风道、风机等装置，减化系统，提高系统的可靠性。RM 系列是主要用于电力半导体模块的自冷热管散热器系列，其结构和台面上可能的安装方式也适用于平底形器件和单面散热的平板形器件。RM 系列的热阻范围为 0.50～0.075℃/W，适用的模块或分立器件的电流范围一般为 30～400 A，耗散功率范围一般为 100～700 W。

风冷散热器将在 2.8 节强迫通风冷系统中介绍。

（3）选用散热器的一般方法

器件带散热器额定或当用全动态测试方法验证额定电流时，应按最高工作结温、额定冷却条件、内热阻和正向（通态）伏-安特性曲线（上限值）选用散热器，其关系式是：

$$\frac{t_{\mathrm{j}} - t_{\mathrm{a}}}{P} = R_{\mathrm{j}} + R_{\mathrm{b}} + R_{\mathrm{f}}$$

式中，R_{f} 为所求散热器的热阻（℃/W）；t_{j} 为最高工作结温（℃/W）；t_{a} 为环境温度，自冷或风冷为 40℃；R_{p} 为器件的结壳热阻（℃/W）；R_{b} 为接触热阻（℃/W）；P 为正向（通态）耗散平均功率（W）。

选用器件带散热器的步骤如下所述。

① 由 t_{j} 为正向（通态）峰值电压上限值 V_{FM}（V_{TM}）的伏-安特性曲线上两规定点，求出门槛电压 V_{To} 和斜率电阻 r_T。

② 按正弦半波、导通角 180°的器件耗散功率公式（2-17）或式（2-18）算出 P。

即

$$P = 0.785V_{\mathrm{TM}} \cdot I_{\mathrm{AV}} + 0.215V_{\mathrm{TO}} \cdot I_{\mathrm{AV}} \tag{2-17}$$

或

$$P = V_{\mathrm{TO}} \cdot I_{\mathrm{AV}} + 2.47\tau_{\mathrm{T}} \cdot I_{\mathrm{AV}}^{\ 2} \tag{2-18}$$

式中，I_{AV} 为器件的额定主电流（A）。

③ 由 R_p 、t_j 和 P，按公式（2-19）算出最大允许的器件管壳温度 t_c，若器件参数表中已给出 t_c 值，则此步骤可省略。

$$t_c = t_j - R_p \cdot P \tag{2-19}$$

④ 由 R_p 、t_c 和 P，按公式（2-20）算出最大允许的散热器接触面温度 t_f。

$$t_f = t_c - R_b \cdot P \tag{2-20}$$

⑤ 由 t_f 、t_a 和 P，按公式（2-21）算出散热器的热阻值 R_f。

$$R_f = \frac{t_f - t_a}{P} \tag{2-21}$$

⑥ 查散热器产品标准，标准中热阻值与⑤计算值相同，或小于又最接近计算值的散热器即为所选用的散热器。

3．散热器的应用

① 散热器的选用：散热器选择的原则是，在保证充分散热的前提下，尽量选用体积小、质量轻的散热器，这样可节省机内空间，减少设备的总质量，并能达到节约的目的。

② 散热器的安装：安装散热器时应尽量选用散热热阻小的安装方式，如图 2-12、图 2-13 所示，分别是铝型材散热器和叉指形散热器的几种安装形式与热阻大小的比较。

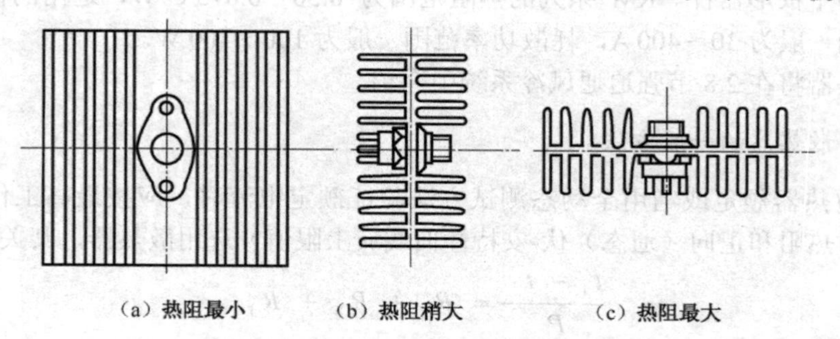

图 2-12　铝型材散热器安装方式比较

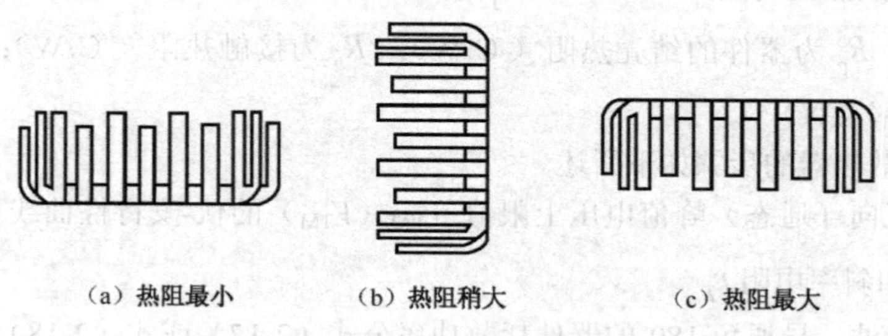

图 2-13　叉指形散热器安装方式比较

③ 散热器表面要平整光洁：为减少散热器与晶体管间的接触热阻，应注意保持二者界面间的平整与光洁。如界面既平整光洁又无氧化层，其间可不加垫片；否则应涂以硅脂或加装导热垫片。

④ 散热器的颜色：为增加散热器的辐射能力，散热器表面应涂一层吸热涂料或具有高辐射系数的氧化涂层，应优先选用具有黑色涂层的散热器，并应保护涂层不受损坏。

⑤ 散热器的安装孔位：在散热器上安装功率器件时，其安装孔尺寸应与晶体管引线的尺寸相符，孔不宜太大，也不宜太小。太大影响散热效果，太小会使引线与散热器相碰，造成短路。

⑥ 散热器与管的相对位置晶体管应装于散热器的中心。当在同一散热器上装多个管子时，可先近似地按管子功耗的比例，将散热器分割成几部分，每个管子尽量放在相应部分的中心位置，这样可使散热器均匀受热，提高散热效率。

⑦ 散热器的安放位置尽可能使散热器直接接触设备外部的空气流，这样可使环境温度 t_a 降低，同时可提高散热器对流换热的效果。当散热器必须置于设备内部时，应安装在机内自然对流较强的地方。

2.5 强迫风冷系统设计

随着电子产品的组装密度的提高，风机、风扇（如图 2-14 所示）广泛应用于体积小、功率大的电子产品中。本节将重点讨论此类电子产品的强迫风冷系统的设计计算和风机、风扇的选择等问题。

计算机电源风扇　　投影仪

图 2-14　风机、风扇的应用

2.5.1 强迫风冷系统的设计原则

1. 设计的基本原则

① 整机强迫风冷却系统设计的重点在于合理控制气流和分配气流，使其按照预定的路径通行，并将气流合理分配给各单元和组件，使所有元器件均在低于额定温度的环境下工作。

② 在排列元器件时，应将不发热和发热量小的元件排列在冷空气的上游（即靠近进风口），耐温性低的元器件排列在最上游，其余元件可按它们的耐温的高低，以递增的顺序逐一排列。对那些发热量大，而导热性能差的元器件，必须使其暴露在冷气流中；而对于导热性好的，体积较大的变压器、电感类器件，可依靠导热方式，将其热量传到附近有冷空气流过的底板上。

③ 在不影响电性能的前提下，将发热量大的元器件集中在一起，并与其他元器件采用热绝缘的办法，进行单独的集中通风冷却。这样可使系统（或单元）所需的风量、风压显著下降，以减少通风机的电动机功率。

④ 为了降低冷空气的输送阻力，各元器件在单元内排列时，应力求对气流的阻力最小，尽量避免在风道上安装大型元件以防造成阻塞。

⑤ 整机通风系统的进、出风口应尽量远离，以避免气流短路。

⑥ 为提高主要发热元件的换热效率，可将元器件装入与其外形相似的风道内，进行单独集中通风冷却。

2. 强迫风冷系统的基本形式

（1）单个元器件的强迫风冷

在工程上常常会遇到这样的问题：在整机的机箱中只有单个电子器件需要冷却，例如，显示卡上的信号处理模块、计算机中的 CPU（如图 2-15 所示）等需进行单独集中风冷。这时可选择合适的通风机、风扇和（或）设计一个专用的风道，将需要冷却的元件（如大功率器件）装在该系统内进行强迫通风。

图 2-15　计算机中的 CPU 风冷

（2）整机的抽风冷却

整机的抽风可分为有风管与无风管两种形式，如图 2-43 所示。有风管的抽风，其风管可以装在机柜的后侧，也可以放在机柜的两侧，视具体情况而定。风道口的大小可根据每个分机或插箱的热损耗来确定。

抽风冷却主要适用于热耗散比较分散的整机或机箱。热量经专门的风道或直接排到设备周围的大气中。抽风冷却的特点是风量大，风压小，各部分风量分布比较均匀。因此，整机的抽风冷却常用在机柜中各单元热量分布比较均匀，各元件所需冷却表面的风阻较小的情况下。由于热空气的密度较小，它有一个上升力，因此抽风机一般都装在机柜顶部或上侧面，出风口面向大气或设备周围的介质。

当各单元有热敏元件时，为防止上升气流流过热敏元件，就需要有专用的抽风管道。此时应设计成上下各单元互不通气，气流方向如图 2-16（a）所示（或从机柜的两侧开进风孔）。为防止灰尘吸入，可在进风口处装滤尘装置。

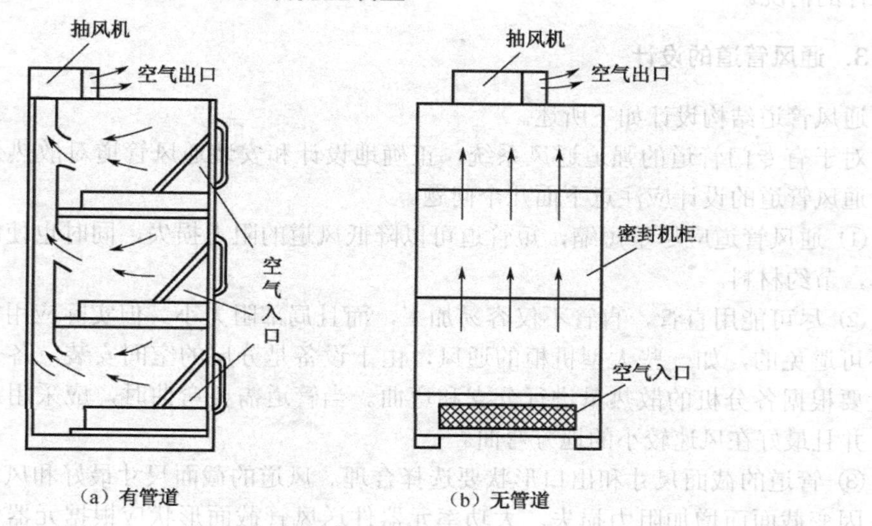

图 2-16　整机的抽风冷却

当机柜的中部或顶部各单元需要风冷，但没有热敏元件时，可采用没有专用抽风道的形式，如图 2-16（b）所示。为了便于气流流通，机柜底板以及中层各底板均需要开孔、开槽。为防止气流短路，只允许在机柜底侧开百叶窗或通风孔、槽等。

（3）整机的鼓风冷却

它也可以分为有风管道和无风管道两种，如图 2-17 所示。

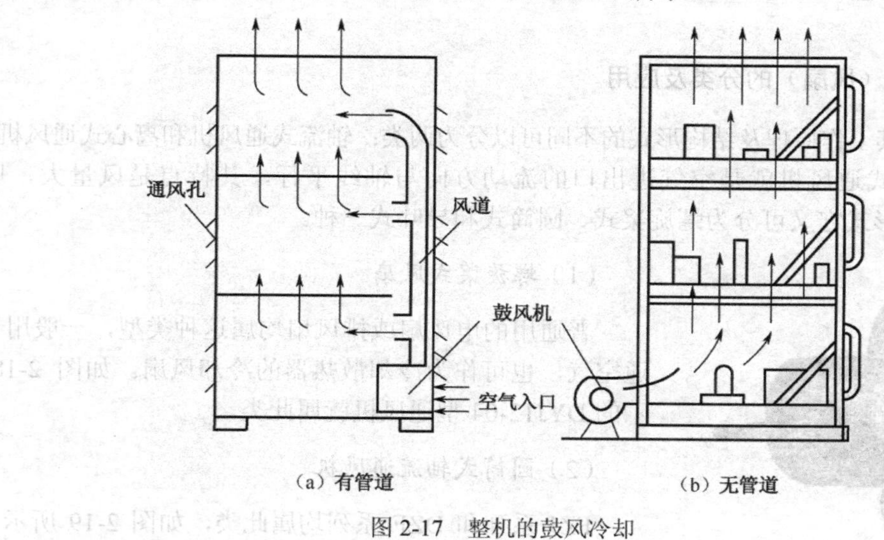

图 2-17　整机的鼓风冷却

整机鼓风冷却的特点是风压大，风量比较集中。整机鼓风冷却通常用在单元内热量分布不均匀，各单元需要有专门风道冷却，风阻较大、元器件较多的情况下。这时建议采用如图 2-17 所示的结构形式。其中，图 2-17（a）为有风管道形式，这样便于控制各单元的风量；图 2-17（b）为无风管道形式，只适用于在底层内具有风阻较大的元器件，且上层无热敏元件的情况。

3. 通风管道的设计

通风管道结构设计如下所述。

对于有专门管道的强迫通风系统，正确地设计和安装通风管道对散热效果有较大的影响。通风管道的设计应注意下面几个问题。

① 通风管道应尽量短缩，短管道可以降低风道的阻力损失，同时也使制造、安装变得简单，节约材料。

② 尽可能用直管，直管不仅容易加工，而且局部阻力小。但实际应用中，管子的弯曲是不可避免的，如一些大型机柜的通风，由于设备是分层的空间安装，各个分机的通风管道就要根据各分机的散热量进行分支和弯曲。当管道需要弯曲时，应采用局部阻力小的结构，并且最好在风速较小的地方弯曲。

③ 管道的截面尺寸和出口形状要选择合理。风道的截面尺寸最好和风机的出口一致，以免因变截面而增加阻力损失。大功率元器件送风管截面形状应根据元器件的形状而定，可以是圆形、椭圆形，也可是正方形或长方形等。风道的截面尺寸应能保持所需的雷诺数。

4. 合理设计进风口的结构

进风口的结构设计原则是：一方面尽量使其对气流的阻力最小；另一方面要达到滤尘作用。两者之间是相互矛盾的，常常为达到滤尘的目的，就不得不降低第一个要求。

2.5.2 强迫风冷却的通风机（风扇）选择

1. 通风机（风扇）的分类及应用

通风机按其工作原理及结构形式的不同可以分为两类：轴流式通风机和离心式通风机。

所谓轴流式通风机就是空气进出口的流动方向与轴线平行，其特点是风量大，压头小。根据结构形式它又可分为螺旋桨式、圆筒式和导叶式三种。

（1）螺旋桨式风扇

普通用的电风扇或排风扇均属这种类型，一般用于流通空气，也可作为冷却散热器的冷却风扇。如图 2-18 所示的 DYJ12-04 型通风机就属此类。

图 2-18　螺旋桨式风扇

（2）圆筒式轴流通风机

FZJ 系列和 DZF 系列均属此类，如图 2-19 所示。其特点是在螺旋桨形叶轮的外面围有圆筒，其叶尖漏损小，效率比前一种高。此外，电子产品中的各类散热风扇也属于此类，如图 2-20 所示。

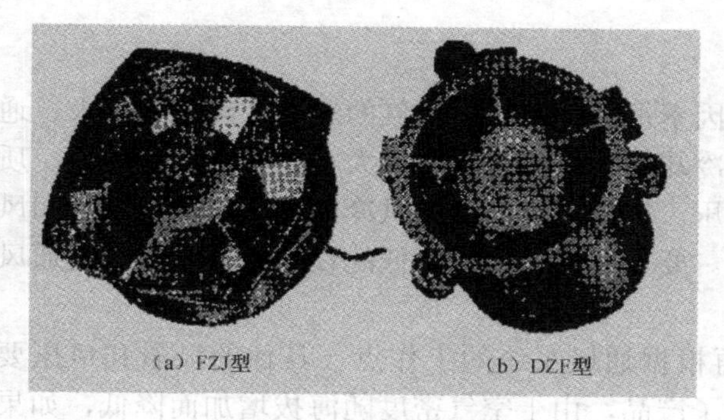

图 2-19　轴流通风机

图 2-20　散热风扇

（3）导叶式轴流通风机

其构造与圆筒式相同，仅在出口或进口处加装导风叶，用以引导气流，减少涡流损失。此种风机效率高，静压效率一般可达 95%。

离心式通风机由螺壳（包括空气的入口和出口）、转动的叶轮及外部的驱动电动机三个主要部件组成，如图 2-21 所示（不包括电动机）。空气从轴向进入，然后转 90° 在叶轮内作径向流动，并在叶轮外周压出，再经螺壳由出风口排出。叶轮由很多叶片组成，其风压由离心力产生。这类通风机的特点是风压高、风量小，一般用于阻力较大的发热元器件或电子机柜的通风冷却。

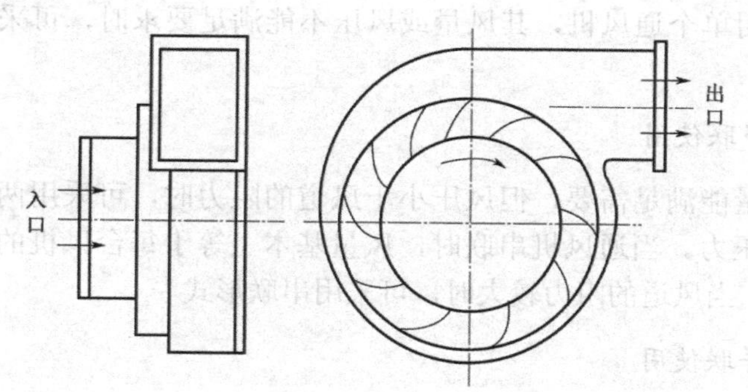

图 2-21　导叶式离心通风机

离心式通风机叶片形状可分为前弯式、径向弯式、后弯式三种。分别如图 2-22（a）、（b）、（c）所示。

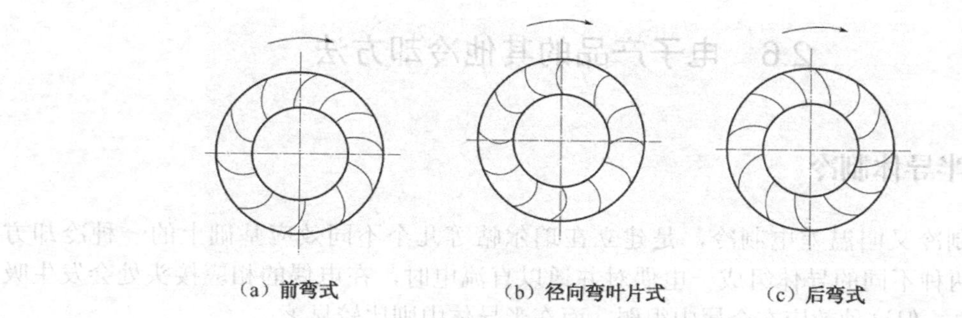

图 2-22　离心式通风机叶片形状

2. 通风机（风扇）选择

在选择通风机（风扇）时需要考虑的因素很多，例如，空气的流量、风压的要求、通风机（风扇）的效率、空气的速度、通风冷却的管道系统、空间大小、噪声以及体积、质量等，其中主要的参数是风机的风量和风压。根据电子产品通风冷却系统所需的风量和风压及空间大小选定通风机（风扇）和类型。要求风量大、风压低的设备可采用轴流式通风机，反之可选用离心式通风机。

通风机（风扇）的类型确定以后，再根据通风系统的工作点（具体的风量和风压要求）来选择具体型号的尺寸。对于空用电子产品，由于空气密度随海拔增加而降低，如果通风机（风扇）转速不变，单位时间内输送的空气质量将要减少，使传热性能降低。因此，为了保证电子产品在高空也能正常工作，通常以增加转速来弥补空气密度的减小，如采用可变速的通风机（风扇），以适应不同海拔工作的需要。

在使用通风机（风扇）时，应使其噪声控制在允许的强度范围内，以免影响操纵人员的正常工作。当通风机（风扇）安装在机柜上时，可在通风机（风扇）下面安装减振器；并在通风机出风口处与风管之间接上一段软风管（如帆布制成的风管），进行隔振，减小噪声。

3. 通风机的串并联

当通风系统使用单个通风机，其风量或风压不能满足要求时，可采用通风机串联或并联方式来解决。

（1）通风机的串联使用

当通风机的风量能满足需要，但风压小于风道的阻力时，可采用两台通风机串联的方式，以提高其工作压力。当通风机串联时，风量基本上等于每台风机的风量，风压相当于两台风机压力之和。当风道的阻力较大时，可采用串联形式。

（2）通风机的并联使用

当通风机并联使用时，其风压是每个风机的风压，而总风量为各风机风量之和。当电子产品中需增大风量时可采用并联系统。并联使用的优点是气流路径短，阻力损失小，气流分布比较均匀，但效率低。

2.6　电子产品的其他冷却方法

2.6.1　半导体制冷

半导体制冷又叫温差电制冷，是建立在珀尔帖等几个不同效应基础上的一种冷却方法。当任何两种不同的导体组成一电偶对并通以直流电时，在电偶的相应接头处会发生吸热和放热现象，但这种效应在金属中很弱，而在半导体中则比较显著。

半导体制冷的电偶是利用特制的 N 型和 P 型半导体，用铜连接片焊接而成的，其结构原理如图 2-23 所示。当直流电从 N 型流向 P 型时，则在 2、3 端的铜连接片上产生吸热现象（称冷端），而在 1、4 端的铜连接片上产生放热现象（称热端）。如果电流方向反过来流，则冷、热端互换。

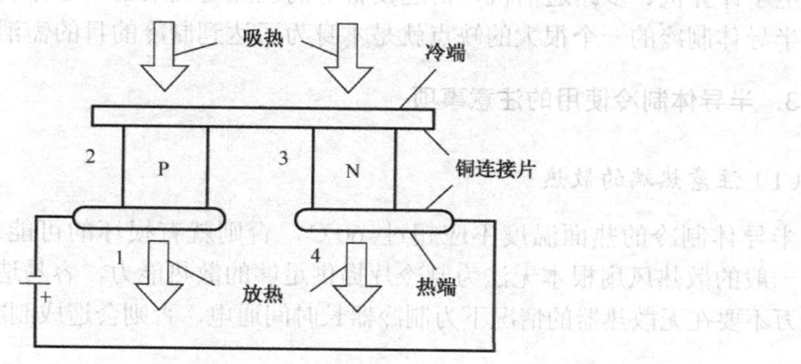

图 2-23　半导体制冷原理

1. 半导体制冷的原理

半导体制冷的原理可用载流子（电子或空穴）流过结点时势能的变化来解释。由于载流子在金属和半导体中的势能大小是不同的，所以载流子在流过结点时，必然会引起能量的传递；当载流子由较低的势能变到较高的势能时，必须吸收外界的能量；反之，必然要放出能量。这是研究半导体制冷的基本出发点。

2. 半导体制冷的特点及其应用

半导体制冷器（如图 2-24 所示）是借助于电子（空穴）在运动中直接传输能量来实现制冷的，因此与机械制冷相比具有如下优点。

① 无机械转动部分，因而无噪声、无振动、维修方便、可靠性高。

② 不需要制冷剂。

③ 制冷量和冷却速度可通过改变电流的大小而随意调节，而且改变电流的方向还可作为加热源，因此很容易实现自动调节，所以适用于恒温器。

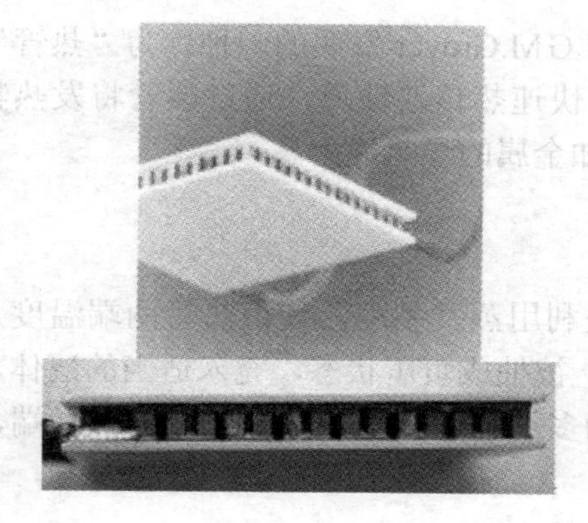
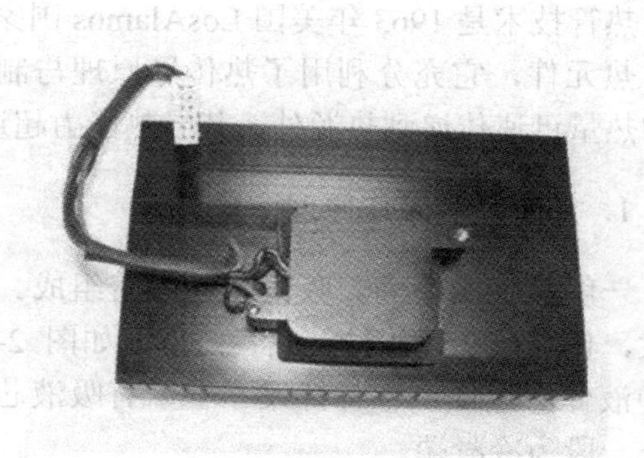

图 2-24　半导体制冷器件

④ 体积小、质量轻，制冷量可任意选择，特别适用于各种小型化器件和仪表的冷却。

鉴于半导体制冷有上述特点，所以在电子产品的冷却技术中得到比较广泛的应用。特别是电子计算机、多路通信机、雷达设备等的恒温均宜采用半导体制冷来完成。

半导体制冷的一个很大的缺点就是本身为了达到制冷的目的需消耗很大的功率。

3. 半导体制冷使用的注意事项

（1）注意热端的散热

半导体制冷的热面温度不应超过 60℃，否则就有损坏的可能。若在额定的工作电压下，一般的散热风扇根本无法为制冷片提供足够的散热能力，容易造成制冷片过热损坏。同时千万不要在无散热器的情况下为制冷器长时间通电，否则会造成制冷器内部过热而烧毁。

（2）结露问题

当半导体制冷片陶瓷表面的温度降至一定程度时，就很可能会产生结露现象，是否会“结露”与温度和湿度有关（即气象学中所谓“露点”的概念）。在机箱中结露的情况是绝对不允许发生的。比较保险的方法是让半导体制冷器的冷面工作在 20℃左右为宜，可以通过调整制冷片电压或散热片风扇转速来调节。

（3）电源功率问题

制冷片的功耗可能高达 60 W，这样大的负载无疑有可能会让质量不好的电源发生问题。尤其要注意电源中的电流大小。所以安全可靠的电源十分必要，也可以用外接稳压电源。

（4）注意机箱的散热

很显然，制冷片在降低器件温度的同时，其热端的发热也相当大，可能导致机箱内温度升高，影响其他部件的工作。所以要注意机箱散热问题，不妨在机箱内适当位置再加一个散热风扇。

2.6.2 热管

热管技术是 1963 年美国 LosAlamos 国家实验室的 G.M.Grover 发明的一种称为“热管”的传热元件，它充分利用了热传导原理与制冷介质的快速热传递性质，通过热管将发热物体的热量迅速传递到热源外，其导热能力超过任何已知金属的导热能力。

1. 热管及其工作原理

一般热管由管壳、吸液芯和端盖组成。热管就是利用蒸发制冷，使得热管两端温度差很大，使热量快速传导。热管内部（如图 2-25 所示）被抽成负压状态，充入适当的液体，这种液体沸点低，容易挥发。管壁有吸液芯，由毛细多孔材料构成。热管一段为蒸发端，另外一段为冷凝端。

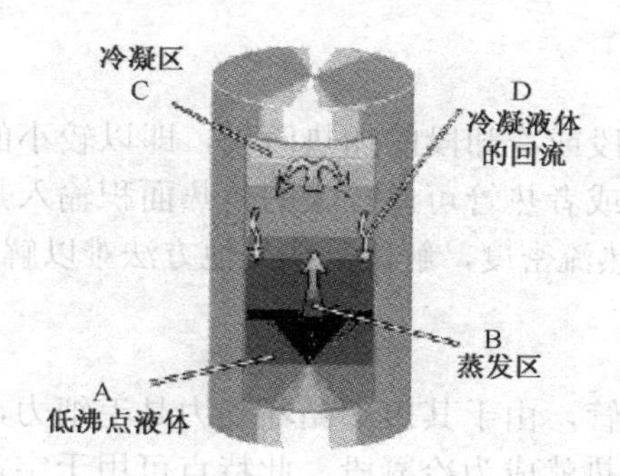

图 2-25　热管内部工作情况

热管一般划分为三部分：蒸发段、冷凝段和绝热段，如图 2-26 所示。

热管的工作原理：在热管未工作前，工质的液面与管芯一样（如图 2-26 所示）。当发热元件与蒸发段接触后，便将热量传给管壁、管芯和工质；而工质受热后吸收汽化潜热变为蒸汽，蒸发的蒸汽压力高于冷凝段，因此两端形成压力差，这压差驱动蒸汽从蒸发段到冷凝段。蒸汽在冷凝段冷凝时放出汽化潜热，通过管芯、管壁传到热管的散热器。由于蒸发的原因，在蒸发段的工质液面进入管芯的毛细；孔内形成弯月面，在这里形成毛细泵力，将冷凝液泵回到蒸发段，完成一个工作循环。只要工质的流动不中断并保证足够的毛细泵力，热管可长期地工作。

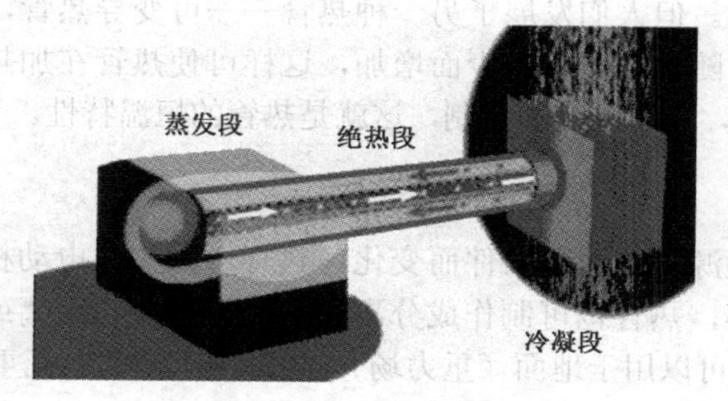

图 2-26　热管工作原理

2. 热管的基本特性

热管是依靠自身内部工作液体相变来实现传热的传热元件，具有以下基本特性。

（1）很高的导热性

热管内部主要靠工作液体的汽、液相变传热，热阻很小，因此具有很高的导热能力。与银、铜、铝等金属相比，单位质量的热管可多传递几个数量级的热量。

（2）优良的等温性

热管内腔的蒸汽处于饱和状态，饱和蒸汽的压力取决于饱和温度，饱和蒸汽从蒸发段流向冷凝段所产生的压降很小，根据热力学中的方程式可知，温降亦很小，因而热管具有优良的等温性。

（3）热流密度可变性

热管可以独立改变蒸发段或冷却段的加热面积，即以较小的加热面积输入热量，而以较大的冷却面积输出热量，或者热管可以较大的传热面积输入热量，而以较小的冷却面积输出热量，这样即可以改变热流密度，解决一些其他方法难以解决的传热难题。

（4）热流方向的可逆性

一根水平放置的有芯热管，由于其内部循环动力是毛细力，因此任意一端受热就可作为蒸发段，而另一端向外散热就成为冷凝段。此特点可用于宇宙飞船和人造卫星在空间的工作，也可用于先放热后吸热的化学反应器及其他装置。

（5）热二极管与热开关性能

热管可制作成热二极管或热开关，所谓热二极管就是只允许热流向一个方向流动，而不允许向相反的方向流动；热开关则是当热源温度高于某一温度时，热管开始工作，当热源温度低于这一温度时，热管就不传热。

（6）恒温特性（可控热管）

普通热管的各部分热阻基本上不随加热量的变化而变，因此当加热量变化时，热管各部分的温度也随之变化。但人们发展了另一种热管——可变导热管，使得冷凝段的热阻随加热量的增加而降低、随加热量的减少而增加，这样可使热管在加热量大幅度变化的情况下，蒸汽温度变化极小，实现温度的控制，这就是热管的恒温特性。

（7）环境的适应性

热管的形状可随热源和冷源的条件而变化，热管可制作成电动机的转轴、燃气轮机的叶片、钻头、手术刀等，热管也可制作成分离式的，以适应长距离或冷热流体不能混合的情况下的换热；热管既可以用于地面（重力场），也可用于空间（无重力场）。

第3章　电子设备的电磁兼容设计

3.1　电磁兼容设计概述

现代电子设备通常是数字化、低耗能、高速、高灵敏度的电子设备。一方面，产品越来越灵敏，越来越精密，越来越智能化；另一方面，产品所处的电磁环境越来越恶化。这种局面就对产品自身提出了更高的要求。20 世纪 60 年代开始的电子设备数字化给我们带来了逻辑、智能、结构统一化和网络化，但是也带来了高频干扰和产品对电磁脉冲很高的敏感性。传统的电子设备在遭受电磁干扰影响时，通常只造成电子设备功能下降，而今天的电子设备遭受电磁干扰时可能会造成逻辑错误或造成信息丢失，甚至可能造成产品的死机，误操作，失控，引起整个通信与信息系统的混乱。为了使电子设备能够在各种恶劣的电磁环境或电磁敏感环境下正常工作，首先要重视其电磁兼容设计。本章将介绍电子设备电磁兼容设计的基本原理和方法。

在进行电磁兼容设计之前，必须分析预期的电磁环境，确定电磁环境电平，并从分析电磁干扰源、耦合途径和敏感设备着手，做好电磁兼容设计的前期工作。

3.1.1　电磁兼容的基本概念

电磁环境的不断恶化，引起了世界各工业发达国家的重视，特别是 20 世纪 70 年代以来，进行了大量的理论研究及实验工作，进而提出了如何使电子设备或系统在其所处的电磁环境中能够正常地运行，同时又不引发在该环境中工作的其他设备或系统不能承受的电磁干扰的新课题。这就是所谓的电磁兼容。

关于电磁兼容性的有关概念、定义和术语，在 GB/T 4365—1995“电磁兼容术语”中有详细的阐述。这里仅就几个主要概念进行说明。

1．电磁环境（Electromagnetic Environment）

电磁环境指给定场所的所有电磁现象的总和。给定场所即空间。所有电磁现象包括全部时间与全部频谱。

2．电磁兼容性（Electromagnetic Compatibility，EMC）

电磁兼容性指的是设备或系统在其电磁环境中能正常工作且不对该环境中任何事物构成不能承受的电磁干扰的能力。电磁兼容性是评价一台电子设备对环境造成的电磁污染的危害程度和抵御电磁污染的能力。

电磁兼容技术涉及的频率范围宽达 0～400 GHz，研究对象除传统设施外，涉及芯片级，直到各型舰船、航天飞机和洲际导弹，甚至整个地球的电磁环境。对于 EMC 这一概念，作为一门学科，可译为“电磁兼容”，而作为一个设备或系统的电磁兼容能力，可称为“电磁兼容性”。

由定义可以看出，EMC 包括两方面含义，设备或系统产生的电磁发射，不致影响其他设备或系统的功能；而本设备或系统的抗干扰能力，又足以使本设备或系统的功能不受其他干扰的影响。这就又引出了另外两个概念——电磁干扰和电磁敏感度。

3. 电磁干扰（Electromagnetic Interference，EMI）

所谓电磁干扰（Electromagnetic Disturbance）是指任何可能引起装置、设备或系统性能降低或者对有生命或无生命物质产生损害作用的电磁现象。它可能是电磁噪声、无用信号或传播媒介自身的变化，它可能引起设备或系统降级或损害，但不一定会形成后果。而电磁干扰则是由电磁干扰引起的后果。

电磁干扰由干扰源、耦合通道和接收器三部分构成，通常称作干扰的三要素。根据干扰传播的途径，电磁干扰可分为辐射干扰和传导干扰。

辐射干扰（Radiated Interference）是通过空间并以电磁波的特性和规律传播的。但不是任何装置都能辐射电磁波的。

传导干扰（Conducted Interference）是沿着导体传播的干扰。所以传导干扰的传播要求在干扰源和接收器之间有一完整的电路连接。

电子设备工作时会向周围辐射电磁波，形成对外界的干扰，电子与电气设备的干扰是不允许超过管理部门为保护环境而控制电磁污染所作的规定的。当然，电子设备的抗干扰能力也不应低于环境中的电磁干扰强度。这样，大量的多种多样的电子、电气设备才能在同一环境中同时互相兼容地工作。

4. 电磁敏感度（Electromagnetic Susceptivity，EMS）

电磁敏感度是在存在电磁干扰的情况下，装置、设备或系统不能避免性能降低的能力。敏感度高，抗扰度低。其实二者是一个问题的两个方面，即从不同角度反映装置、设备或系统的抗干扰能力。以电平来表示，敏感度电平（刚刚开始出现性能降低时的电平）越小，说明敏感度越高，抗扰度就越低；而抗扰度电平越高，说明抗扰度也越高，敏感度就越低。

电磁敏感度也分为辐射敏感度和传导敏感度。

3.1.2 噪声干扰的方式

噪声源的分类如图 3-1 所示。随着科学技术和生产力的发展及人民生活水平的提高，人为干扰源的种类不断增加，所产生的电磁干扰对环境的污染日益严重。当前，人为干扰源已成为电磁环境电平的主要来源。

电磁环境电平在不同的时间和地区是不同的。白天比晚上强，城市比乡村强，城市中的工业区比住宅区强。为了控制电磁环境电平，就必须制定各种标准和规范，对人为干扰源的发射功率进行限制。

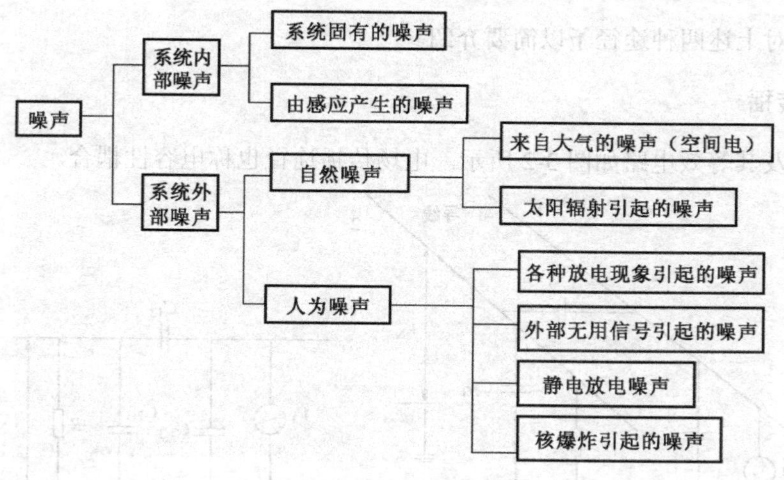

图 3-1　噪声源的分类

根据噪声进入测量电路的方式及与有用信号的关系，可将噪声干扰分为差模干扰和共模干扰。

1．差模干扰

差模干扰是由于检测仪表的一个信号输入端相对于另一个信号输入端的电位差发生变化而产生的干扰，即干扰信号与有用信号叠加在一起，直接作用于输入端，因此，它直接影响测量结果。

2．共模干扰

共模干扰是相对于公共的电位基点（通常为接地点）在检测仪表的两个输入端上同时出现的干扰。虽然这种干扰不直接影响测量结果，但是，当信号输入电路参数不对称时，共模干扰就会转化为差模干扰，对测量结果产生影响。

在实际测量中，由于共模干扰的电压值一般都比较大，而且其耦合机理和耦合电路也比较复杂，排除较为困难，所以，共模干扰比差模干扰对测量的影响更为严重。

3.1.3　噪声干扰的传播途径

1．噪声的传播

噪声的传播有电场、磁场、辐射场和导线传播四个途径。

当噪声源的频率低于 1 MHz 时，因为在这些频率上的近场可包括 50 m 范围的空间或更远，当在频率为 30 kHz 时，近场能扩展到 1.6 km 的空间，因此，电子设备内部以及测量系统间的噪声传播途径，除已判明确为辐射场造成的影响以外，均可认为是近场即感应场和导线传播。

下面分别对上述四种途径予以简要介绍。

2. 电场传播

电场传播及其等效电路如图 3-2 所示。电场传播途径也称电容性耦合。

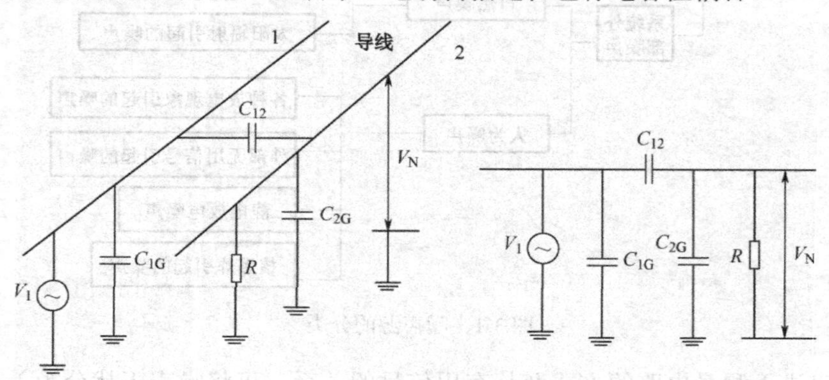

图 3-2 电场传播及其等效电路

设导线 1 是噪声源，V_1 为噪声源电压，导线 2 是被干扰电路即接收电路，V_N 是接收电路和地之间的噪声电压。电容 C_{12} 是导线 1 和 2 之间的杂散电容；C_{1G} 是导线 1 和地之间的电容；C_{2G} 是导线 2 和地之间的总电容，是由导线 2 至地的杂散电容以及与导线 2 连接的所有电路的电容所组成；R 是导线 2 至地的电阻，R 一般并非杂散成分，它相当于仪器的输入阻抗。

由电场传播产生于导线 2 和地之间的噪声电压 V_N 为

$$V_N=\frac{\dfrac{R/(\mathrm{j}\omega C_{12})}{R+1/\mathrm{j}\omega C_{12}}}{\dfrac{R/\mathrm{j}\omega C_{2G}}{R+1/\mathrm{j}\omega C_{2G}}+\dfrac{1}{\mathrm{j}\omega C_{12}}}V_1=\frac{\mathrm{j}\omega\left(\dfrac{C_{12}}{C_{12}+C_{2G}}\right)}{\mathrm{j}\omega+\dfrac{1}{R(C_{12}+C_{2G})}}V_1 \tag{3-1}$$

在大多数情况下，R 比杂散电容 C_{12} 加上 C_{2G} 的阻抗小得多，即

$$R\ll 1/[\mathrm{j}\omega(C_{12}+C_{2G})]$$

因此，式（3-1）可以简化为

$$V_N=\mathrm{j}\omega RC_{12}V_1 \tag{3-2}$$

式（3-2）对于说明电场传播是一个极重要的公式。在这公式中阐明了噪声电压与噪声源频率、接收电路与地之间的电阻 R、导线 1 与导线 2 之间的电容 C_{12}，以及噪声源电压 V_1 的幅度等成正比关系。

由此，对电场传播我们可以得到如下结论。

① 噪声电压 V_N 与噪声源的电压 V_1 大小成正比，所以，高电压小电流的噪声源，其噪声主要是通过电场的途径传播的。

② 噪声电压 V_N 与噪声源电压的频率大小成正比，所以，射频电压噪声源，其噪声主要是通过电场的途径传播的。但是，对于极低电平的接收电路，音频噪声源经电场传播的噪声电压也是不容忽视的。

③ 噪声电压 V_N 与接收电路同地之间的电阻，即接收电路输入阻抗 R 成正比，所以，当噪声源的电压和频率一定时，欲降低电场传播的噪声，应尽可能地减小接收电路输入阻抗 R 值，一般希望在几百欧以下。

若当输入电阻 R 很大时，设

$$R \gg 1/\left[\mathrm{j}\omega\left(C_{12}+C_{2G}\right)\right]$$

由式（3-1），则噪声电压 V_N 为由 C_{12} 和 C_{2G} 电容器分压之结果，即

$$V_N = V_1\frac{C_{12}}{C_{12}+C_{2G}} \tag{3-3}$$

由式（3-3）可见，噪声电压与频率无关。

④ 噪声电压 V_N 与电容 C_{12} 成正比，所以，当噪声源的电压和频率一定时，欲降低电场传播的噪声，应尽量设法减小噪声源与接收电路之间的电容 C_{12} 值。

当噪声源和接收电路为如图 3-2 所示的两根导线时，为减小电容 C_{12}，可采取改变导线方向进行屏蔽的方法和使两导线远离等方法；当两导线相距较远时，C_{12} 将会大大减小，如果两导线距离大于导线直径 40 倍以上时，由于 C_{12} 迅速降低，使噪声电压大为减小。

3．磁场传播

磁场传播及其等效电路如图 3-3 所示。磁场传播途径也称电感性耦合。在图 3-3 中导线 1 和 2 是两相互靠近的导线，设 1 是噪声源，V_1 是噪声源电压，I_1 为噪声源电流；导线 2 是接收电路；M 是导线 1、2 之间的互感，V_N 为噪声电压。

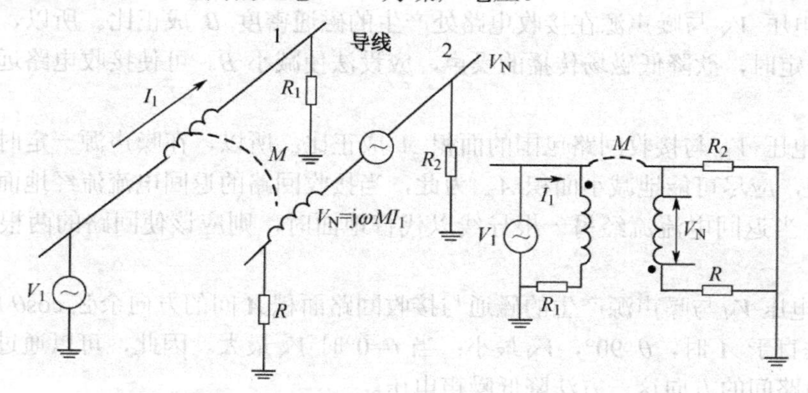

图 3-3 磁场传播及其等效电路

当导线 1 中有电流 I_1 时，则在其周围产生磁通，在导线 2 中所产生的磁通 Φ_{12} 为

$$\Phi_{12} = MI_1$$

接收电路 2 由地构成封闭回路如右图 3-4 所示，相当于一匝线圈，当其包围的面积 A 中磁通 Φ_{12} 变化时，便产生噪声电压 V_N，设面积 A 中磁通密度为 B，则 V_N 为

$$V_N = -\frac{\mathrm{d}\Phi_{12}}{\mathrm{d}t} = -\frac{\mathrm{d}}{\mathrm{d}t}\int_A BA \tag{3-4}$$

式中，B 和 A 为矢量。当面积 A 为常数、磁通方向不与面积 A 垂直而与 A 的法线方向夹角为 θ 时，磁通密度 B 以 ω 随时间按正弦规律变化，则式（3-4）可简化为

$$V_N = j\omega BA\cos\theta \tag{3-5}$$

噪声电压 V_N 还可以用两导线间的互感 M 表示为

$$V_N = j\omega MI_1 \tag{3-6}$$

式（3-5）、式（3-6）是说明磁场传播的重要公式，在这些公式中，表示了噪声电压与 ω、B、A、$\cos\theta$ 以及 M 和 I_1 成正比。

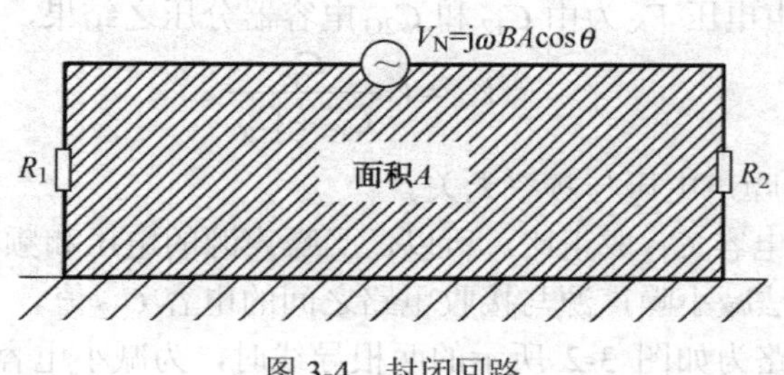

图 3-4　封闭回路

由此，我们可以对磁场传播得到如下结论。

① 噪声电压 V_N 与噪声源的电流 I_1 大小成正比，所以，大电流低电压的噪声源，其噪声主要是通过磁场的途径传播的。

② 噪声电压 V_N 与噪声源电流的频率大小成正比，所以，射频电流噪声源，其噪声主要是通过磁场的途径传播的。但是，对于极低电平的接收电路，音频噪声源经磁场传播的噪声电压也是不能忽视的。

③ 噪声电压 V_N 与噪声源在接收电路处产生的磁通密度 B 成正比。所以，当噪声源的电流和频率一定时，欲降低磁场传播的噪声，应设法使减小 B。可使接收电路远离噪声源以减小 B。

④ 噪声电压 V_N 与接收回路包围的面积 A 成正比。所以，在噪声源一定时，欲降低磁场传播的噪声，应尽可能地减小面积 A。为此，当接收回路的返回电流流经地面时，应将导线靠近地面；当返回电流流经另一根导线以代替地面时，则应该使回路的两根导线相互绞合在一起。

⑤ 噪声电压 V_N 与噪声源产生的磁通与接收回路面积 A 间的方向余弦 $\cos\theta$ 成正比。

当磁通垂直于 A 时，θ=90°，V_N 最小；当 θ=0°时 V_N 最大。因此，可以通过适当调整噪声源同接收电路间的方向这一方法降低噪声电压。

为直观看出经磁场途径传播的噪声电压之大小，现举一例：设有一信号线（接收电路）与电压为 100 V、负载为 10 kV 安的输电线（噪声源）相距为 1 m，并在 10 m 长的一段区间内与输电线平行架设，试计算在此信号线上感应的噪声电压。

在上述条件下，由手册查知，这时两平行导线间的互感 M=4.2 μH。

根据式（3-6）则噪声电压 V_N 为

$$V_N = j\omega MI_1 = 0.132\text{ V}$$

V_N 是噪声电压有效值，可见对低电平信号电路这是一个不小的噪声干扰。

还应指出，磁场传播与电场传播有如下不同：首先，在磁场传播中，如采用在电场传播中降低接收电路输入阻抗 R 的方法，是不会降低噪声电压的。其次，在磁场传播中，噪声与接收电路信号相串联；但在电场传播中，噪声电压则产生于接收电路与地之间。

4．辐射电磁场传播

当接收电路距噪声源较远时[r>λ/(2π)]，噪声主要是经辐射电磁场传播的。

在接收电路中，如在测量系统中采用长信号输入线并使其处在辐射电磁场中时，在接收电路中将产生噪声电压，像无线电接收机的天线一样，因而这一现象称为天线效应。

例如，中波无线电广播的辐射电磁场，在测量系统的长信号输入线上将产生噪声电压。由于中波无线电广播的电磁波属垂直极化波，因此接收导线的垂直部分具有天线效应，而水平部分是帮助垂直部分工作的，其自身没有天线效应。这时在接收导线上产生的噪声电压 V_N 正比于辐射场的强度 E，比例常数 h_e 称为天线的有效高度，即

$$V_N = Eh_e \tag{3-7}$$

当接收导线垂直部分实际高度 $h<<\lambda/4$ 时，有效高度为

$$h_e = h/2 \tag{3-8}$$

当处在大功率广播机附近的辐射电磁场中时，既使在测量系统中很小一段导体上也能产生很大的噪声电压，如此时辐射场强度 E 为 100 mV/m，则长度为 10 cm 的垂直导线，产生的噪声电压，根据式（3-7）、式（3-8）将为

$$V_N = Eh/2 = 5\ \text{(mV)}$$

综上所述可见，当接收电路附近有一定功率的无线电发射机存在时，噪声将经辐射电磁场传播，且不能忽视。

5．导线传播

测量系统中导线传播噪声常见有如下几种情况。

（1）共电源噪声的传播

共电源噪声的传播如图 3-5 所示。这是由仪器的电源导线传入的噪声。

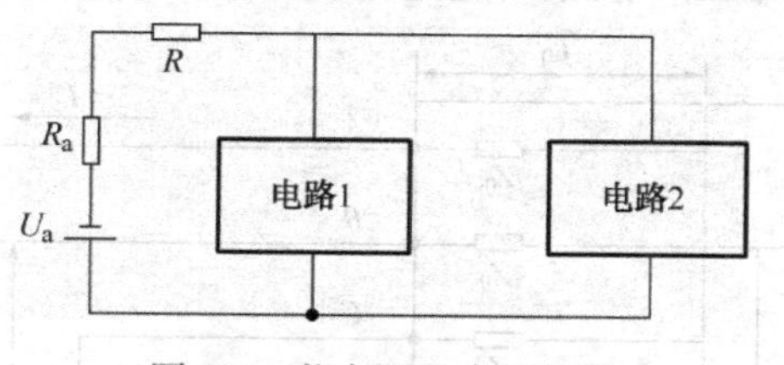

图 3-5　共电源噪声的传播

当几个仪器、设备由同一电源供电时，设电路 1 为高电平电路，I_1 较大，电路 2 的 I_2 较小，两者共用同一电源，在公共线路阻抗和电源阻抗上，有 I_1+I_2 流过。当高电平电路 1 的电流 I_1 变化时，则在公共线路阻抗上和电源阻抗上 I_1 被变换成噪声电压，经电路 2 的电源导线，传播到电路 2。同理，当电路 2 的电流 I_2 变化时，也会由公共线路阻抗和电源阻抗把 I_2 变换成噪声电压，经电路 1 的电源线传播至电路 1。

抑制这种噪声的方法是，使电路 2 的电源线，在靠近电源输出端处接入，这样可以消除公共线路阻抗的影响。然而这种方法不能消除电源阻抗的影响，为消除这种影响，可在电路 2 电源输入端设置去耦电路。

（2）共接地线阻抗噪声的传播

共接地线阻抗噪声的传播如图 3-6 所示。设电路 1、电路 2 由地线经公共接地线接地。公共接地线具有接地线阻抗。当电路 1 的地线电流 I_1 变化时，I_1 在公共接地线阻抗上被变换成噪声电压，经电路 2 的地线传播到电路 2。换言之，电路 2 的对地电位，被电路 1 流经公共接地线阻抗的电流 I_1 所调制，从而噪声被耦合至电路 2 上。显然，电流 I_1 越大，噪声越大。同理，电路 2 地电流 I_2 变化引起的噪声亦然。

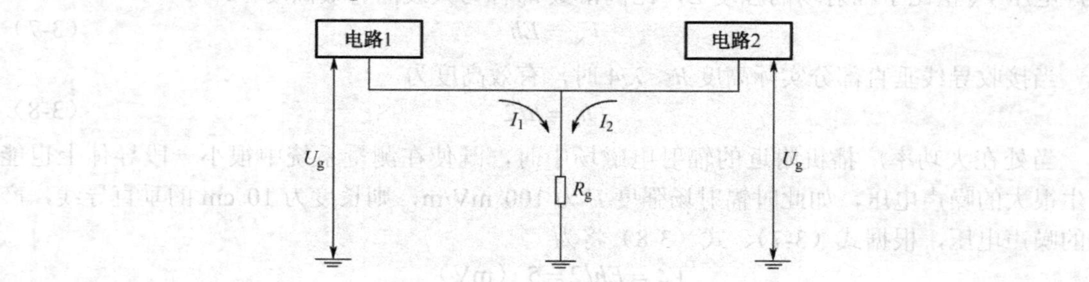

图 3-6　共接地线阻抗噪声的传播

由于大电流引起的噪声很大，为了抑制这种噪声，应当将大电流用的接地线和小电流用的接地线分别设置。另外，当用裸线作为接地线并且与建筑物接触时，由于有电流流经墙体材料，它相当于公共接地线阻抗，因此即使是分别设置接地线，也能经地线传入噪声，为此接地线应与建筑物电气绝缘。

（3）信号输出电路串扰

信号输出电路的串扰如图 3-7 所示。这是由仪器输出线传入的噪声。

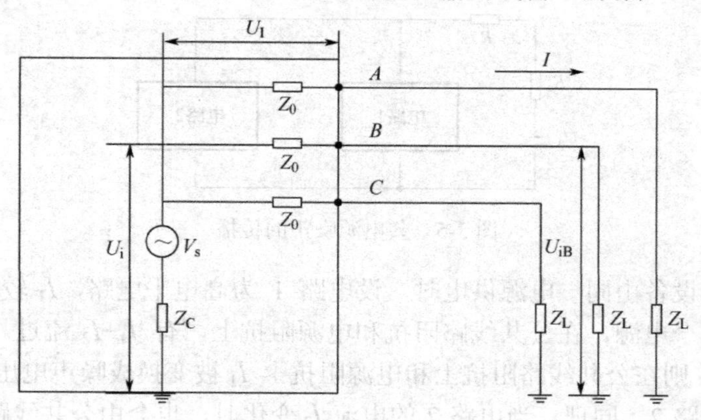

图 3-7　信号输出电路的串扰

设仪器有 A、B、C 等 3 个信号输出电路，负载阻抗分别为 Z_L，若电路输出阻抗和线路阻抗 Z_0 与 Z_L 匹配，且设输出电路的共阻抗为 Z_C，因为 $Z_C<<Z_0$，所以 $Z_0≈Z_L$。当在电路 A 上

有操作开关之类的装置从而产生电流变化 I 时，则 I 在 A 路的 Z_0 上被变换成噪声电压 U_I。即

$$I = U_I / Z_0$$

且噪声 I 经输出电路分别流入 B、C 和 Z_C 支路，因此由 U_I 产生的输出电路的等效噪声电压为 U_i：

$$U_i = \frac{I}{1/Z_C + 2/(Z_0 + Z_L)} = \frac{1}{1/Z_C + 2/(Z_0 + Z_L)} \frac{U_I}{Z_0} \approx \frac{Z_C}{Z_0} U_I$$

于是经信号输出线在负载 B 上引起的噪声电压为 U_{iB}：

$$U_{iB} = U_i \frac{Z_L}{Z_0 + Z_L} \approx \frac{Z_C}{2Z_0} U_I \tag{3-9}$$

同理，在负载 C 上引起的噪声电压亦然。

当一路输出信号变化时，经信号输出电路引起其他输出电路信号变化的现象，称为信号输出路串扰。由式（3-9）可见，当 Z_L、Z_0 一定时，串扰噪声电压 U_{iB} 与 U_I 成正比，即与 I 成正比。由此可见，我们应特别注意当电流 I 变化大时，对其他各路输出的影响。

6. 电磁干扰的分类

电磁环境由大量不同特性的干扰源产生，决定的因素多，而且是随机变化的。这些干扰会影响测试系统和仪器设备的可靠性和使用性。为了控制电磁干扰，可以将各类干扰划为以下两大类，并采取相应的防护方法。

（1）内部干扰

内部干扰指电子设备内部各元部件之间的相互干扰，包括以下几种。

① 工作电源通过线路的分布电容和绝缘电阻产生漏电造成的干扰。

② 信号通过地线、电源和传输导线的阻抗互相耦合或导线之间的互感造成的干扰。

③ 设备或系统内部某些元件发热，影响元件本身或其他元件的稳定性造成的干扰。

④ 大功率和高电压部件产生的磁场、电场通过耦合影响其他部件造成的干扰。

（2）外部干扰

外部干扰指电子设备或系统以外的因素对线路、设备或系统的干扰，包括以下几种：

① 外部的高电压、电源通过绝缘漏电而干扰电子线路、设备或系统。

② 外部大功率的设备在空间产生很强的磁场，通过互感耦合干扰电子线路、设备或系统。

③ 空间电磁波对电子线路或系统产生的干扰。

④ 工作环境温度不稳定引起电子线路、设备或系统内部元器件参数改变造成的干扰。

⑤ 由工业电网供电的设备和电网电压通过电源变压器所产生的干扰。

对于电子测量装置和仪器仪表的内部干扰，可通过装置的正确设计及合理布局加以削弱或消除；对于来自外部的干扰，可通过适当的抗干扰措施加以解决。

3.1.4 电磁干扰的抑制技术

电磁干扰抑制技术就是围绕电磁干扰三要素，根据具体情况，有针对性地采取相应措施，归纳起来就是三条：一是抑制电磁干扰源；二是切断电磁干扰耦合途径；三是降低电磁敏感装置的敏感性。下面分别予以介绍。

1. 抑制干扰源

首先必须确定何处是干扰源，在越靠近干扰源的地方采取措施，抑制效果就越好。一般来说，电流或电压剧变（即 d*i*/d*t* 或 d*u*/d*t* 大）的地方就是干扰源，具体来说继电器开合、电容充电、电机运转、集成电路开关工作等都可能成为干扰源。另外，市电电源也并非是理想的 50 Hz 正弦波，而是充满各种频率的噪声，是个不可忽视的干扰源。

抑制方法采用低噪声电路、瞬态抑制电路、旋转装置抑制电路、稳压电路等。器件的选择则尽可能采用低噪声、高频特性好、稳定性高的电子元件。值得注意的是，抑制电路中不适当的器件选择可能产生新的干扰源。

2. 切断电磁干扰耦合途径

（1）接地

接地可以理解为一个等电位点或等电位面，是电路或系统的基准电位，但不一定为大地电位。为了防止雷击可能造成的损坏和工作人员的人身安全，电子设备的机壳和机房的金属构件都必须与大地相连接，而且接地电阻一般要很小，不能超过规定值。

接地目的有以下三个。

① 使整个电路系统中的所有单元电路都有一个公共的参考零电位基准，保证电路系统能稳定的工作。

② 将设备机壳或屏蔽层等接入大地，给高频干扰电压形成一个低阻抗通路，可使由于静电感应积累在机壳上的大量电荷通过大地泄放，否则这些电荷形成的高压可能引起内部的火花放电而对电子设备造成干扰。

③ 接大地可避免直接雷电的电磁感应对电子设备的毁坏，以及当由于工频交流电源的输入电压因绝缘不良或其他原因直接与机壳相通时，操作人员可能发生的触电事故，此外，很多医疗设备都与病人的人体直接相连，若机壳带有 110 V 或 220 V 的高压，会产生致命危险，必须通过接大地的方法来免除。

电路的接地方式基本上有三类，即单点接地、多点接地和混合接地。单点接地是指在一个线路中，只有一个物理点被定义为接地参考点，其各个需要接地的点都直接接到这一点上；多点接地是指某一个系统中，各个接地点都直接接到距它最近的接地平面上，以使接地引线的长度最短；混合接地是将那些高频接地点，利用旁路电容和接地平面连接起来，但应尽量防止出现旁路电容和引线电感产生的谐振现象。

（2）屏蔽

屏蔽就是对两个空间区域之间进行金属的隔离，以控制电场、磁场和电磁波由一个区域向另一个区域的感应和辐射。由于屏蔽体对来自外部的干扰电磁波和内部的电磁波起到吸收能量（涡流损耗）、反射能量（电磁波在屏蔽体上的界面反射）和抵消能量（电磁感应在屏蔽层上产生反向电磁场，可抵消部分干扰电磁波）的作用，所以屏蔽体具有减弱干扰的功能。

屏蔽一般分为两种类型：一类是静电屏蔽，主要用于防止静电场和恒定磁场的影响；另一类是电磁屏蔽，主要用于防止交变电场、交变磁场，以及交变电磁场的影响。静电屏蔽应具备完善的屏蔽体和良好的接地；电磁屏蔽则不但要求有良好的接地，而且要求屏蔽体具有良好的导电连续性，对屏蔽体的导电性要求要比静电屏蔽高得多。

屏蔽体材料选择的原则如下所述。

① 当干扰电磁场的频率较高时，利用低电阻率金属材料中产生的涡流，形成对外来电磁波的抵消作用，从而达到屏蔽的效果。

② 当干扰电磁波的频率较低时，要采用高导磁率材料，从而将磁力线限制在屏蔽体内部，防止扩散到屏蔽的空间去。

③ 在某些场合，如果要求对高频和低频电磁场都具有良好的屏蔽效果，往往采用不同的金属材料和磁性材料组成多层屏蔽体。

为了抑制电磁干扰，无论是外部干扰，还是内部干扰，都必须对干扰源和接收器进行屏蔽。然而，在电子测量中，这种方法只能应用于抑制外部干扰，对于测试系统内的干扰，采用屏蔽是不能抑制所有干扰的。

（3）滤波

滤波是抑制和防止干扰的一项重要措施，其基本作用是选择信号和抑制干扰，为实现这两大功能而设计的网络称为滤波器。

通常按功用可把滤波器分为信号选择滤波器和电磁干扰滤波器两大类；根据信号与噪声频率的差别，可把滤波器分为低通滤波器（LPF）、高通滤波器（HPF）、带通滤波器（BPF）和带阻滤波器（BEF）四种。

在实际应用中，对于通过供电电源线传导的噪声可以用电源滤波器来滤除。电源滤波器不仅可以接在电网输入处，把电路与电源隔离开，消除电路间的耦合，避免干扰信号进入电路，也可以接在噪声源电路的输出处，以抑制噪声输出，而且交流、直流两用。对传输线路及印制电路板的布线设计，应注意将进线与出线、信号线与电源线尽量分开；对于重点线路可采用损耗线滤波器、三端子电容、磁环等器件进行干扰抑制。

（4）浮置

浮置是指电子测量装置的公共线（信号地线）不接大地。

浮置与屏蔽接地相反，屏蔽接地的目的是将干扰电流从信号电路引开，即不让干扰电流流经信号线，而是让干扰电流流经机壳或屏蔽层到大地；浮置则是阻断干扰电流的通路。测量系统被浮置后，加大了测试系统公共线与大地之间的阻抗，大大减少了共模干扰电流，可以提高共模干扰抑制能力。

但是浮置不是绝对的，测试系统公共线与大地之间的阻抗虽然很大（绝缘电阻级），可以减少电阻性漏电流的干扰，但它们之间仍存在寄生电容，即容性漏电流仍存在。

（5）连接线

在电子测量系统中，需要很多的连接线，连接导线是引起干扰的重要原因。应考虑正确布置这些连接线，从而减少各种寄生耦合。

导线的引线电感对于低频没有大的影响，但对高频的影响是不能忽视的，为了抑制感应干扰，高频时应采用同轴电缆或屏蔽双绞线，且导线应尽可能短；在测试系统中，应对不同用途的连接导线（如电源线、射频线、音频线、控制线等）进行分类，使不同类别的导线尽量远离，且不要平行排列，为了避免辐射耦合，连接导线最好使用屏蔽线；此外，导线的粗细与噪声有关，要选择适当的连接导线。

（6）电路技术

有时候采用屏蔽后仍不能满足抑制和防止干扰的要求，可以结合屏蔽，采取平衡措施等电路技术。

平衡电路是指双线电路中两根导线与连接到这两根导线的所有电路对地及其他导线都具有相同的阻抗。其目的在于使两根导线所检拾到的干扰信号相等，这时的干扰噪声是一个共态信号，可在负载上自行消失。

另外，还可采用其他一些电路技术，例如，接点网络、整形电路、积分电路和选通电路等。总之，采用电路技术也是抑制和防止干扰的重要措施。

3．降低电磁敏感装置的敏感度

电磁敏感装置的敏感度体现在两个方面：一方面人们希望接收装置灵敏度高，以提高对信号的接收能力；另一方面，灵敏度高受噪声影响的可能性也就越大。因此，根据具体情况采用降额设计、网络钝化和功能钝化等也是解决干扰问题的有效办法。

3.2 屏蔽技术

屏蔽是一种十分有效和应用广泛的抗干扰措施，凡是涉及电场或磁场的干扰都可以采用这种方法来加以抑制。采用屏蔽，一方面能防止干扰源对设备或系统内部产生有害影响，另一方面也可以防止设备或系统内有害的电磁辐射向外传播。

屏蔽就是用导电或导磁材料制成的以盒、壳、板和栅等形式将电磁场限制在一定空间范围内，使电磁场从屏蔽体的一面传到另一面时受到很大的衰减，从而抑制了电磁场干扰的扩散。

根据其抑制功能不同，可分为电场屏蔽、磁场屏蔽及电磁场屏蔽。

（1）电场屏蔽

即静电或电场的屏蔽，用于防止或抑制寄生电容耦合，隔离静电或电场干扰。

（2）磁场屏蔽

磁场屏蔽用于防止磁感应，抑制寄生电感耦合，隔离磁场干扰。

（3）电磁场屏蔽

电磁场屏蔽用于防止或抑制高频电磁场的干扰。

3.2.1　电场屏蔽

1．屏蔽原理

电场屏蔽是为了抑制寄生电容耦合。最简单的方法是在感应源与受感器之间加一块接地良好的金属板，就可把感应源的寄生电容短接到地，达到屏蔽的目的。

设导体 g 上有一高频电压 E_g（如图 3-8 所示），在其附近还有一导体 S（感受器），导体与地的分布电容为 C_s，导体 g 与导体 S 间的分布电容为 C_{gs}，则 g 在感受器 S 上产生的感应电压为 U_s：

$$U_s = E_g \frac{C_{gs}}{C_s + C_{gs}}$$

如果在两导体间加入金属板并接地，则 g 与 S 间的电容分布如图 3-9 所示。

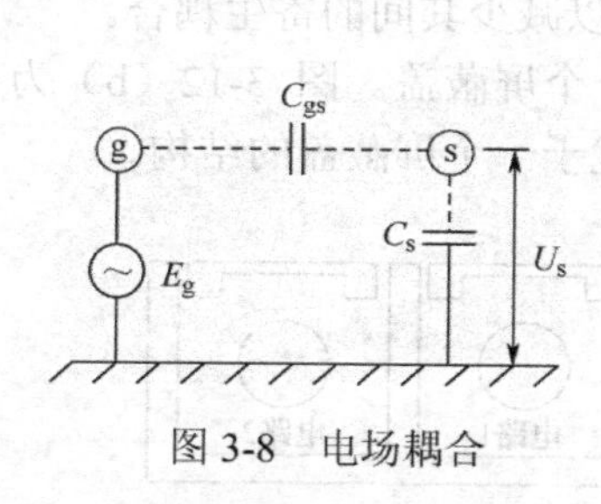

图 3-8　电场耦合

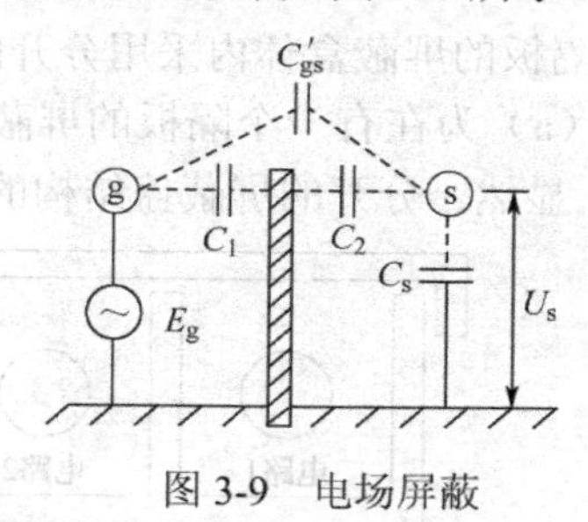

图 3-9　电场屏蔽

分布电容 C'_{gs} 的值很小，这时 S 上的感应电压为

$$U_s = E_g \frac{C'_{gs}}{C'_{gs} + C_2 + C_s}$$

如果接地金属板无穷大，则 C'_{gs} 的值为 0，电场干扰就被完全隔离。如果金属板不接地，则如图 3-10 所示。分布电容 C_3 值很小，这时 S 上的感应电压为下式 U_s。

$$U_s = E_g \frac{\dfrac{C_1C_2}{C_1+C_2}}{\dfrac{C_1C_2}{C_1+C_2}+C_s}$$

从公式的比较中可以看出，金属板不接地，不仅没有起到电场屏蔽作用，而更加增大了其间的耦合。如果金属隔板不是直接接地，而是用连接导线接地，那么随着频率升高，连接导线感抗增大，也会使电场屏蔽作用变坏，导线越细、越长，屏蔽作用越坏。

根据对屏蔽原理的分析，要想减少电场所引起的耦合，可采用如下措施。

① 加金属屏蔽物。一般都制作成壳、罩、板和栅等形状，并且有良好的接地。

② 使相互耦合的两导体或两元器件相互远离以减少 C_{gs}。

2．屏蔽物的常见结构要点

① 减少盒盖与盒体间的接触电阻，在盒体之间可安装梳形簧片，以增加盒盖与盒体间的接触点，如图 3-11 所示。

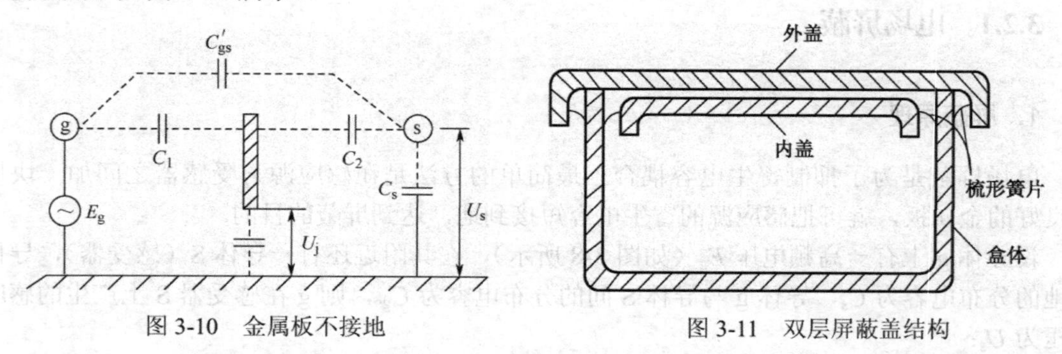

图 3-10　金属板不接地

图 3-11　双层屏蔽盖结构

② 用双层屏蔽盖结构可以进一步提高屏蔽的效能。这是因为盒体的内表面与屏蔽盖构成一个屏蔽盒，而盒体的外表面与外层屏蔽盖又构成了一个屏蔽盒。因此，可以大大提高屏蔽效能。

③ 在有隔板的屏蔽盒体内采用分开的屏蔽盖，以减少其间的寄生耦合。

图 3-12（a）为在有一个隔板的屏蔽盒内采用一个屏蔽盖。图 3-12（b）为采用两个分开的屏蔽盖。显然，分开的屏蔽盖结构的屏蔽效果优于一个屏蔽盖的结构。

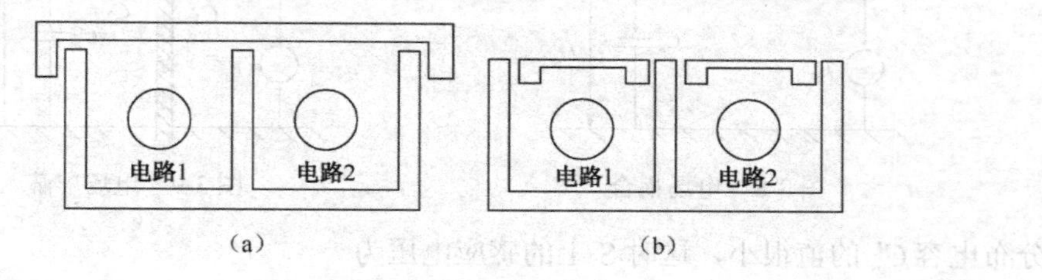

图 3-12　有隔板的屏蔽盒体

④ 变压器的一、二次绕组之间存在较大的分布电容，一个绕组中高频成分的能量会通过分布电容串入另一个绕组造成干扰，若在两绕组间加一电屏蔽层并接地，可减少它们的寄生耦合，如图 3-13 所示。

另外，绕组间越过屏蔽层还有剩余电容 C'，要使得 C' 尽量小，才能取得好的屏蔽效果。可以在屏蔽层的结构形状上采取一些措施。如采用带状屏蔽，即在一次绕组完成之后，在一次绕组外面绕一层铜箔或铝箔并接地。

⑤ 印制导线屏蔽（如图 3-14 所示）。图 3-14（a）为单面印制板，在信号线之间设置接地的印制导线以起屏蔽作用；图 3-14（b）为双面印制板，除在信号线之间设置接地导线以外，其背面铜箔也接地。

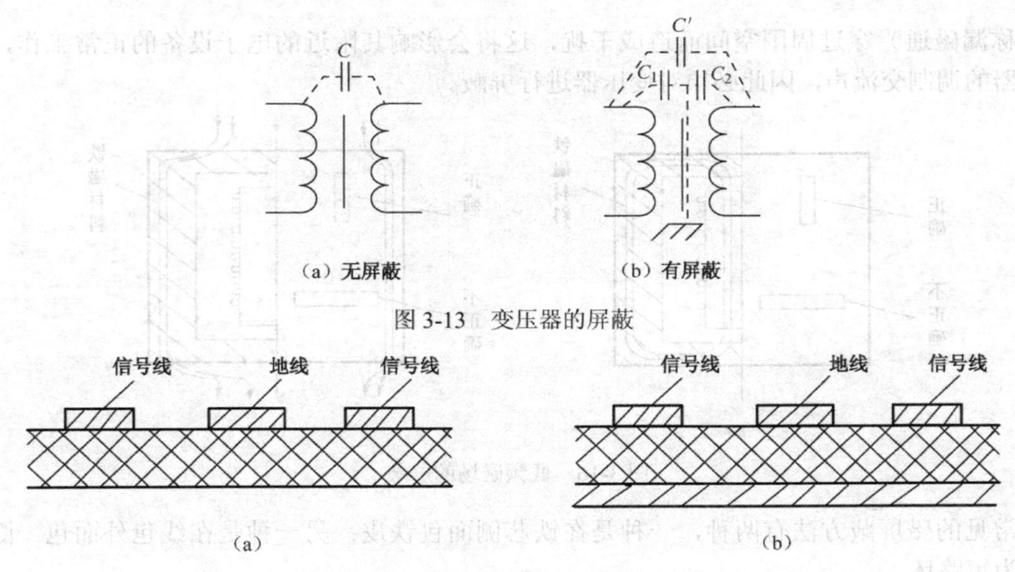

（a）无屏蔽 （b）有屏蔽

图 3-13 变压器的屏蔽

(a) (b)

图 3-14 印制板的屏蔽线

3.2.2 磁场屏蔽

1. 低频磁场的屏蔽

（1）屏蔽原理

当工作频率低于 100 kHz 时，磁场屏蔽常用高磁导率的铁氧体材料（如铁、硅钢片和坡莫合金等），其原理是利用铁磁材料的高磁导率对干扰磁场进行分路。

磁场有磁力线，磁力线所通过的路径称为磁路，如图 3-15 所示。磁路具有磁阻，大小与磁路的长度、磁路的截面积及相对导磁系数（相对磁导率即金属的磁导率与空气磁导率的比）有关。磁导率越大，磁阻就越小。由于铁磁材料的磁导率比空气的磁导率大得多，所以铁磁材料的磁阻很小。将铁磁材料置于磁场中时，磁通将主要通过铁磁材料，而通过空气的磁通将大为减小，从而起到磁场屏蔽作用。

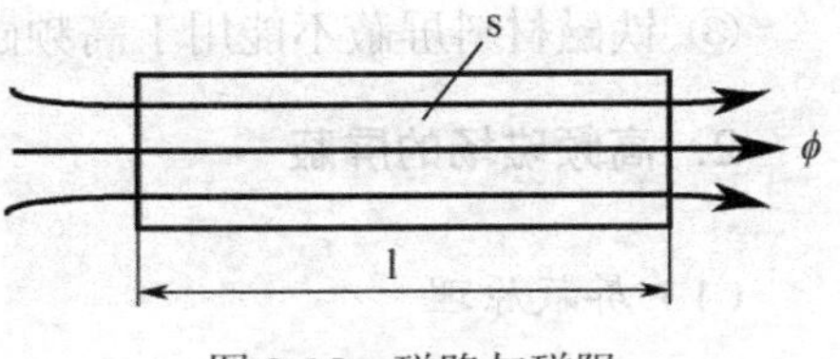

图 3-15 磁路与磁阻

如图 3-16 所示的屏蔽线圈采用铁磁材料制作屏蔽罩。在图 3-16（a）中，线圈是一个干扰源，所产生的磁力线主要沿屏蔽罩通过，从而使线圈周围的电路或元件不受线圈磁场的影响。在图 3-16（b）中，线圈是一个受感器，外界磁场将被屏蔽隔离，从而使线圈不受外部磁场的影响。

屏蔽体的磁导率越高，屏蔽层越厚，磁屏蔽的效果就越好，但是，在垂直于磁力线的方向上，不应出现缝隙，否则磁阻增大，将使屏蔽效果变差。

（2）低频变压器的屏蔽

变压器的铁芯由铁磁材料制成，磁通绝大部分在铁芯中形成闭合回路，但有小部分磁通（称漏磁通）穿过周围空间而造成干扰，这将会影响其附近的电子设备的正常工作，如放大器的调制交流声，因此必须对变压器进行屏蔽。

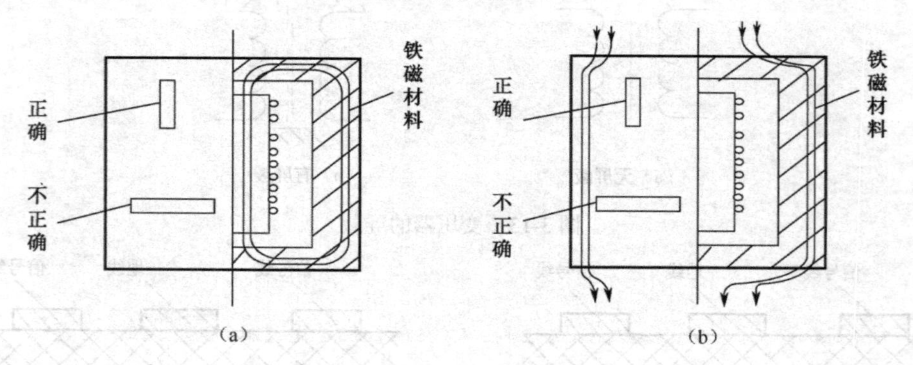

图 3-16　低频磁场的屏蔽

常见的磁屏蔽方法有两种，一种是在铁芯侧面包铁皮；另一种是在线包外面包一圈铜皮作为短路环。

漏磁通在环内感生涡流，而涡流所产生的磁场与漏磁场反向，所以短路环减少了漏磁场对外界的干扰。

（3）磁屏蔽物的结构要点

① 铁磁材料制作的屏蔽罩，在垂直于磁力线方向不应开口或有缝隙。因为若缝隙垂直于磁力线，则会切断磁力线，使磁阻增大，磁屏蔽效果变差。

② 为了得到更好的屏蔽效果，需选用高磁导率材料，并要使屏蔽罩有足够的厚度，一般为 1 mm 左右，有时需要采用多层屏蔽。

③ 铁磁材料屏蔽不能用于高频磁场屏蔽，因为高频时铁磁材料中的磁性损耗很大。

2. 高频磁场的屏蔽

（1）屏蔽原理

高频磁场屏蔽采用的是低电阻率的良好导体材料，如铜、铝等。它是利用电磁感应现象在屏蔽壳体表面所产生的涡流的反磁场来达到屏蔽目的，也就是说，利用了涡流反磁场对原干扰磁场的排斥作用。

根据法拉第电磁感应定律，闭合回路产生的感应电动势等于穿过该回路的磁通量的变化率。感应电动势引起感应电流，感应电流所产生的磁通要阻止原来磁通的变化，即感应电流产生的磁通方向与原来磁通的方向相反。

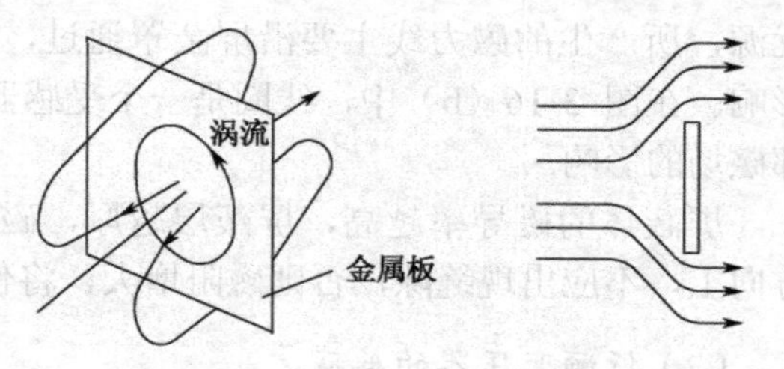

图 3-17　涡流效应及金属板对高频磁场的排斥

如图 3-17 所示，当高频磁场穿过金属板时，在金属板上产生的感应电动势因金属板短路而产生涡流，此涡流产生的反向磁场将抵消穿过金属板的原磁场，高频磁场同时增强了金属板旁的磁场，使磁力线在金属板旁绕行而过。这就是感应涡流产生的反磁场对原磁场的排斥作用。

如果用良导体金属制作成屏蔽盒，将线圈置于屏蔽盒内，如图 3-18 所示，则线圈所产生的磁场将被屏蔽盒的涡流反磁场排斥，而被限制在屏蔽盒内；同样，外界磁场被屏蔽盒的涡流反磁场排斥，而不能进入屏蔽盒内，从而达到磁场屏蔽的目的。

（2）磁屏蔽物的结构要点

① 屏蔽盒的电阻越小，则产生的涡流越大，而且损耗也小。所以高频的屏蔽材料需要用良导体材料，常用铝、铜及铜镀银等。

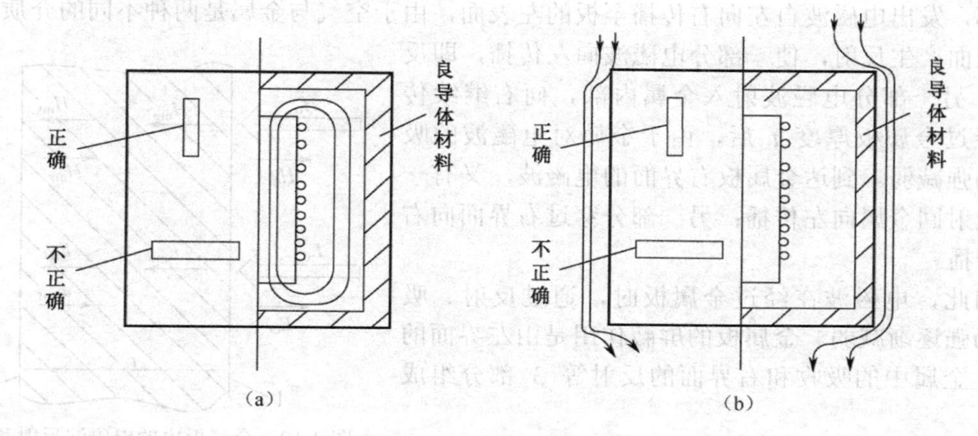

图 3-18　高频磁场的屏蔽

② 由于高频电流的集肤效应，涡流仅在屏蔽盒的表面薄层流过，而屏蔽层的内层表面被表面涡流所屏蔽。所以高频屏蔽盒无须做得很厚。对于常用钢、铝材料的屏蔽盒，当频率大于 1 MHz 时，机械强度、结构及工艺上所要求的屏蔽盒的厚度，总比能获得可靠的电磁屏蔽时所需要的厚度大得多。因此，高频屏蔽一般无须从屏蔽效果考虑屏蔽盒的厚度，实际中的屏蔽厚度一般取 0.2～0.8 mm。

③ 屏蔽盒在垂直于涡流的方向上不应有开口或缝隙。

④ 磁场屏蔽的屏蔽盒是否接地不影响磁屏蔽效果。这一点与电场屏蔽不同，电场屏蔽必须接地。但如果将用金属导电材料制作的屏蔽盒接地，则它就同时具有电场屏蔽和高频磁场屏蔽的作用。所以，实际中屏蔽体都应接地。

3．磁屏蔽的结构

磁屏蔽利用屏蔽体对磁通进行分流，因而磁屏蔽不能采用板状结构，而应采用盒状、筒状、柱状的结构。由于磁阻与磁路的横截面积 S 和磁导率成反比，因而磁屏蔽体的体积和质量都比较大。当要求较高的屏效时，一般采用双层屏蔽，此时在体积质量增加不多的情况下，能显著提高屏蔽效能。

3.2.3 电磁场屏蔽

通常所说的屏蔽，一般是指电磁场屏蔽。所谓电磁场屏蔽是指对电场和磁场同时加以屏蔽。

1. 电磁场屏蔽原理

设有一厚度为 t 的无限大金属板（如图 3-19 所示）将空间分为两部分，若设定入射场在左部，发出电磁波自左向右传播至板的左表面，由于空气与金属是两种不同的介质，在板的表面产生反射，使一部分电磁波向左传播，即反射波。另一部分电磁波射入金属内部，向右继续传播，经过金属板厚度 t 后，由于金属对电磁波的吸收，场强减弱。到达金属板右界面的电磁波，又有一部分反射回金属向左传播；另一部分穿过右界面向右继续传播。

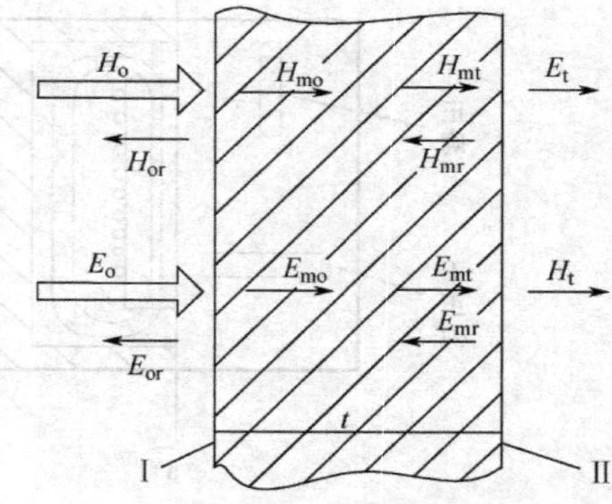

图 3-19　金属板内的电磁波反射和传播

因此，电磁波在经过金属板时，通过反射、吸收，场强逐渐减弱。金属板的屏蔽作用是由左界面的反射、金属中的吸收和右界面的反射等 3 部分组成的。

实际上，上述金属板内的电磁波反射、吸收过程并不是只进行一次就完成的，而是在金属板的两个界面之间往复多次直到耗尽。

电磁波在金属内的损耗表现为涡流损耗。涡流的密度随着进入金属内部深度的增加而按指数规律减小，且随电磁波的频率不同而变，频率越高，涡流在表面的损耗就越大。实际上板厚 t 并不需要很厚，经计算：

① 当 f >1 MHz 时，用 0.5 mm 厚的任一种金属板作为屏蔽物，都可以使场强减弱至 1/100。

② 当 f>10 MHz 时，用 0.1 mm 的铜箔制成的屏蔽物，可以使场强减弱至 1/100。

③ 当 f>100 MHz 时，可在绝缘材料上镀铜或银，即可达到要求。

2. 电磁屏蔽的结构

电磁屏蔽是利用屏蔽体对干扰电磁波的吸收、反射来达到减弱干扰能量作用的。因此，电磁屏蔽可采用板状、盒状、筒状、柱状的屏蔽体。对于电磁屏蔽体，其形状选择的标准应以减少接缝和避免腔体谐振为准。

对于常见的屏蔽体，可以经过等效球壳来进行计算。因此，只要不同形状的屏蔽体容积和壁厚相等，其屏效也应相等。实测结果表明，圆柱形机箱的屏效比长方形机箱高，究其原因，主要是电磁泄漏量不同。

根据电磁理论，屏蔽体是一个具有一系列固有频率的系统，当需要屏蔽的电磁场频率接近并等于屏蔽体的某一固有频率时，屏效将急剧降低。由于结构设计不当造成的谐振现象不仅不能使空间防护区的场减弱，反而会使之加强，此时应改变屏蔽体的形状或尺寸。

当屏蔽要求很高时，单层屏蔽往往难以满足要求，这就需要采用双层屏蔽，但值得注意的是，在结构设计时应注意双层屏蔽的连接形式，只有正确地进行连接，屏蔽体的实际屏效能才与理论计算的屏效相符合。

3. 屏蔽效能的计算

（1）屏蔽效能的定义

屏蔽效能 S 就是屏蔽前后空间同一点的场强之比，其关系式为

$$S = \frac{E_0}{E_1} = \frac{H_0}{H_1}$$

式中，E_0、E_1、H_0、H_1 分别表示屏蔽前后某点的电场及磁场强度。

屏蔽效能 S 值表示屏蔽前后的倍数，其范围很宽，直接表达起来不方便，可像放大器、衰减器计量增益、衰减一样，用分贝 dB 或奈培 NP 来计量，其关系式为

$$S_{dB} = 20\lg\frac{E_0}{E_1} = 20\lg\frac{H_0}{H_1}$$

$$S_{NP} = \ln\frac{E_0}{E_1} = \ln\frac{H_0}{H_1}$$

现在的屏蔽效能都用对数计量。一般在无线电设备中采用分贝，在有线电设备中采用奈培。

（2）金属板的电磁屏蔽效能

用一块金属板放在感应源和受感器之间，当感应源辐射出来的电磁波（干扰磁场）通过金属板时，金属板产生感应涡流。涡流的反磁场将抵消一部分入射波的干扰磁场，这可认为是被金属板吸收了一部分电磁能量，使干扰场通过金属板时受到衰减，从而产生屏蔽效果。此外，电磁波从理想介质（空气）进入金属板时要产生反射（包括外表面反射和内表面反射。由于反射，又抵消了一部分电磁能量（反射损耗），使干扰场受到衰减，从而又产生部分屏蔽效果。再则，干扰磁场通过金属板时，在金属板内部还产生多次反射。

因此金属板总的电磁屏蔽效能 S 为吸收损耗的衰减 A、表面反射损耗的衰减 R 及金属板内部多次反射损耗的衰减 B 之和。

当吸收损耗衰减 A 大于 10 dB 时，多次反射损耗的衰减 B 可以忽略不计。在实际应用中，对电场和平面波，B 值也往往忽略不计。

① 金属板的吸收损耗。

当电磁波通过金属板时，由于金属板感应涡流产生欧姆损耗并转变为热能而损耗，与此同时，涡流反磁场抵消干扰场而形成吸收损耗。

电磁波在金属内传播，其场强随传播距离以指数方式衰减；金属板的透入深度与金属的导电、导磁能力和所传播的电磁波的频率有关。金属的导电、导磁能力越好，金属吸收电磁波能力越强，电磁波的频率越高，越易被金属吸收。

② 金属板的界面反射损耗。

电磁波透过金属板时，会在界面引起反射损耗，反射使场强减弱。屏蔽体材料的导电性越好，反射损耗越大；屏蔽体材料的导磁性越好，反射损耗越小。

3.3 接地技术

地线设计是一项重要的设计，也是难度较大的一项设计。在 EMC 设计的一开始就进行地线设计是解决 EMC 问题最有效和最廉价的方法。设计良好的地线网既能提高抗扰度，又能减小电磁发射。因此，它是 EMC 设计的第三途径。

接地的含义是为电路或系统提供一个参考等电位点或面。如果接真正的大地，则这个参考点或面就是大地电位。接地的另一个含义是为电流流回源提供一条低阻抗路径。这在高频时是一个更恰当的定义。

在设计地线时，必须知道地电流的实际流动路径。如图 3-20 所示中的放大器，电流从负载回到电源。如果它的流动路径 $Z_3 \to Z_2 \to Z_1$，则在 Z_2 上会产生一个电压，这个电压与信号源 U_s 是串联的，当幅度和相位满足一定的条件时，电路会发生振荡。这就是一个共地阻抗耦合的例子。

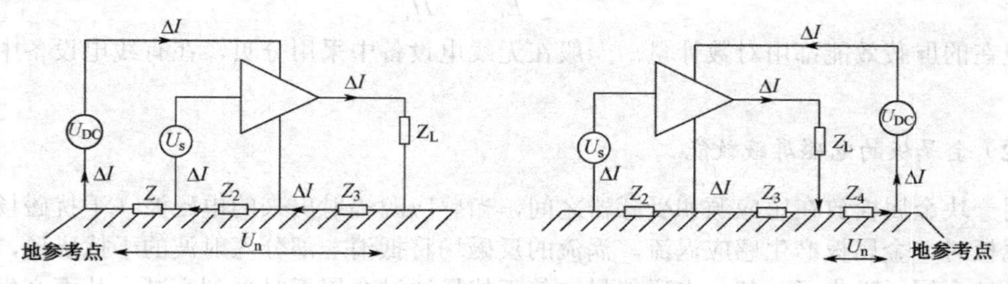

图 3-20 地电流路径

这时，只要将电路的直流电源的接地点改一下，使电流流过 Z_4，就解决了这个问题。除了不稳定因素以外，在 EMC 设计中，更关心阻抗上产生的干扰电压 U_n，它可以导致发射和敏感度方面的问题。在高频或电流变化率较高的场合，任何导体都呈现电感的特性，其阻抗随着频率的升高而增加，因此 ΔI 噪声电压随着翻转速度的增加而增加，接地问题更显得重要。

接地从概念上来讲，会使人误以为很简单，而实际上，在实际应用中，接地技术是相当复杂的，而且适合于解决一个问题的方法未必适合于解决另一个问题。

3.3.1 接地的要求

① 接地平面应是零电位，它作为系统中各电路任何位置所有电信号的公共电位参考点。

② 理想的接地平面应是零电阻的实体，电流在接地平面中流过时应没有压降，即各接地点之间没有电位差；或者说各接地点间的电压与线路中任何功能部分的电位比较均可忽略不计。

③ 良好的接地平面与布线间将有大的分布电容，而平面本身的引线电感将很小。理论上它必须能吸收所有信号，而使设备稳定地工作，接地平面应采用低阻抗材料制成，并且有足够的长度、宽度和厚度，以保证在所有频率上它的两边之间均呈现低阻抗。用于安装固定式装备的接地平面应由整块铜板或铜网组成。

④ 理想的接地要求尽量降低多电路公共接地阻抗上所产生的干扰电压，同时还要尽量避免形成不必要的地回路。

3.3.2 接地的分类

接地的目的如下：

① 使整个系统有一个公共的零电位基准面，并给高频干扰电压提供低阻抗通路，达到系统稳定工作的目的。

② 使系统屏蔽接地取得良好的电磁屏蔽效果，达到抑制电磁干扰的目的。

③ 防止雷击危及系统和人体，防止电荷积累引起火花放电，以及防止高电压与外壳相接引起的危险。

通常，电路、用电设备的接地按其作用可分类为安全接地和信号接地两大类。其中安全接地又有设备安全接地、接零保护接地和防雷接地，信号接地又分类为单点接地、多点接地、混合接地和悬浮接地，如图3-21所示。

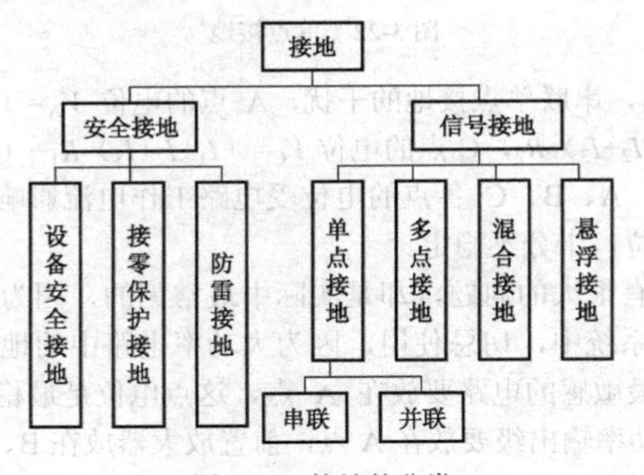

图3-21 接地的分类

3.3.3 信号接地

信号接地定义为给信号电流提供流回信号源的低阻抗路径。信号地线是指信号电路的地线或有信号电流流通的地线。交流电源地线不能用作信号地线，因为一段电源地线的两点间有数百微伏，甚至几伏的电压，这对低电平的信号电路来说是一个非常严重的干扰。

工程实践中，常采用模拟信号地和数字信号地分别设置，直流电源地和交流电源地分别设置，大信号地与小信号（敏感信号）地分别设置，以及干扰源器件、设备（如电动机、继电器、开关等）的接地系统与其他电子、电路系统的接地系统分别设置的方法，以抑制电磁干扰。

电路、设备的接地方式有单点接地、多点接地、混合接地和悬浮接地。

1．单点接地

单点接地是为许多接在一起的电路提供共同参考点的方法。并联单点接地最简单，它没有共阻抗耦合和低频地环路的问题。如图 3-22 所示，每一个电路模块都接到一个单点地上，每一个子单元在同一点与参考点相连。地线上其他部分的电流不会耦合进电路。这种结构在 1 MHz 以下能工作得很好，但当频率升高时，由于接地的阻抗较大，电路上会产生较大的共模电压。当地线的长度超过波长的 1/4 时，电路实际上与地是隔开的。单点接地要求电路的每部分只接地一次，并都是接在同一点上。该点常常以大地为参考。由于只存在一个参考点，因此可以相信没有地回路存在，因而也就没有干扰问题。单点接地有两种类型，一种是串联单点接地，另一种是并联单点接地。在串联单点接地结构中，许多电路之间有公共阻抗，因此相互之间由公共阻抗耦合产生的干扰十分严重。

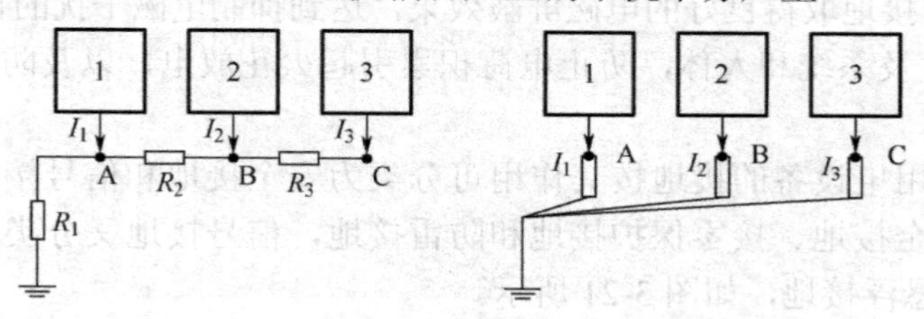

图 3-22　单点接地

从图 3-22 可以看出，串联单点接地的干扰，A 点的电位 V_A=（I_1+I_2+I_3）R_1，B 点的电位 V_B=（I_1+I_2+I_3）R_1+（I_2+I_3）R_2，C 点的电位 V_C=（I_1+I_2+I_3）R_1+（I_2+I_3）R_2+I_3R_3。

从公式中可以看出，A、B、C 各点的电位受电路工作电流影响随各电路的地线电流而变化，尤其是 C 点的电位，十分不稳定。

这种接地方式虽然有很大的问题，却是实际中最常见的，因为它十分简单。但在大功率和小功率电路混合的系统中，切忌使用，因为大功率电路中的地线电流会影响小功率电路的正常工作。另外，最敏感的电路要放在 A 点，这点电位是最稳定的。另外，从前面讨论的放大器情况知道，功率输出级要放在 A 点，前置放大器放在 B、C 点。

解决这个问题的方法是并联单点接地。但是，并联单点接地需要较多的导线，在实际中可以采用串联单点、并联单点混合接地。

串联单点接地结构由于简单而受到设计人员的青睐，但会带来公共阻抗耦合干扰问题；并联单点接地结构能够彻底消除电路之间的影响，但接地线繁杂。折中方法是将电路按照特性分组，相互之间不易发生干扰的电路放在同一组，相互之间容易发生干扰的电路放在不同的组。每个组内采用串联单点接地，获得最简单的地线结构，不同组的接地采用并联单点接地，避免相互之间干扰。这个方法的关键是绝不要使功率相差很大的电路或电平相差很大的电路共用一段地线，如图 3-33 所示。

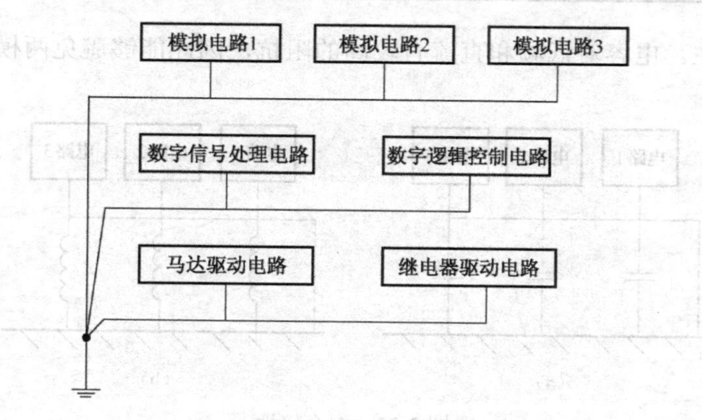

图 3-23　串联单点、并联单点混合接地

2．多点接地

多点接地如图 3-24 所示。从图中可以看到，设备中的内部电路都以机壳为参考点，而所有机壳又以地为参考。有一个安全地把所有的机壳连在一起，然后再与地或辅助信号地相连。这种接地结构的原理在于为许多并联路径提供了到地的低阻抗通路，并且在系统内部接地很简单。只要连接公共参考点的任何导体的长度小于干扰波长的几分之一，多点接地的效果都很好。

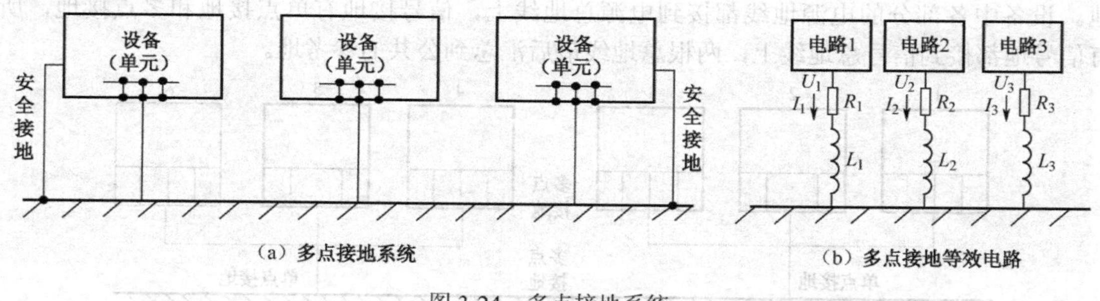

（a）多点接地系统　　（b）多点接地等效电路

图 3-24　多点接地系统

多点接地能够避免单点接地在高频时的问题。在数字电路和高频大信号电路中必须使用多点接地。模块和电路通过许多短线连接起来，以减少地阻抗产生的共模电压。同样，子单元通过许多短线与机架、地平面或其他低阻抗导体连接起来。这种方式不适合敏感模拟电路，因为这样连接形成的环路容易受到磁场的影响。在这种结构中，要避免 50 Hz 交流电产生的干扰是十分困难的。多点接地的子系统在整个系统中，可以与其他子系统单点接地。

3．混合接地

混合接地既包含了单点接地的特性，也包含了多点接地的特性。例如，系统内的电源需要单点接地，而射频部分则需要多点接地。

混合接地使用电抗性器件使接地系统在低频和高频时呈现不同的特性。这在宽带敏感电路中是必要的。如图 3-25 所示，一条较长的电缆的屏蔽外层通过电容接到机壳上，避免射频驻波的产生。电容对低频和直流有较高的阻抗，因此能够避免两模块之间的地环路形成。

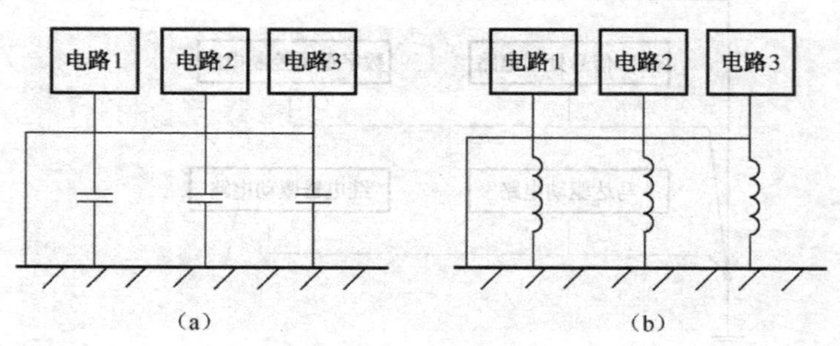

图 3-25　混合接地

图 3-25（a）所示的是低频时单点接地，高频时多点接地的接地系统。这种接地系统用在需要抗高频干扰的传输低频信号的屏蔽电缆上，由于传输低频信号，需要单点接地，而在高频时，电缆是多点接地的。

图 3-25（b）所示的接地系统是在低频时采用多点接地，而在高频时采用单点接地。这种接地系统用得不如图 3-25（a）那么普遍，主要用在出于安全考虑，多个机箱需要接到安全地上而希望电路单点接地的场合。

如图 3-26 所示为电子设备的混合接地，它把设备的地线分成两大类：电源地与信号地。设备中各部分的电源地线都接到电源总地线上，信号接地有单点接地和多点接地，所有信号地都接到信号总地线上，两根总地线最后汇总到公共的参考地。

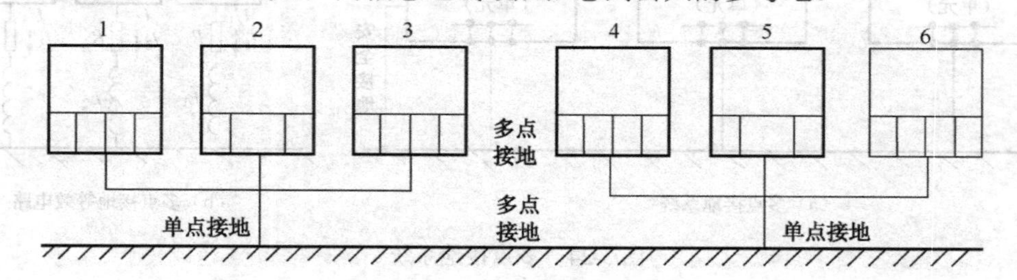

图 3-26　电子设备的混合接地

4．悬浮地

对电子设备而言，悬浮地是指设备的地线在电气上与参考地及其他导体相绝缘，即设备悬浮地。另一种情况是在有些电子设备中，为了防止机箱上的干扰电流直接耦合到信号电路，有意使信号地与机箱绝缘，即单元电路悬浮地。如图 3-27 所示分别给出了这两种悬浮地。

悬浮地容易产生静电积累和静电放电，在雷电环境下，还会在机箱和单元电路间产生飞弧，甚至使操作人员遭到电击。当设备悬浮地时，当电网相线与机箱短路时，有引起触电的危险。所以悬浮地不宜用于通信系统和一般电子设备。

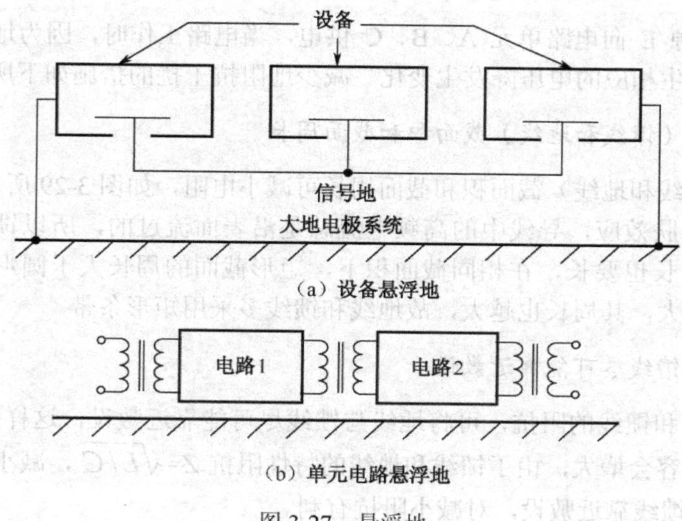

图 3-27　悬浮地

5. 接地技术应用

现在所应用的接地技术和方法可以说是过去解决问题的经验的综合。典型的接地要求往往限制在所谓的“单点接地系统”。

从电路这一级来说，并没有提出专门的接地要求，事实上，如果在这一层次上提出要求可能是不合适的。对数字电路来讲，大多数逻辑芯片都采用单端电路的工作方式。也就是说，所有信号的电位以电源回线为参考，即 0 V，这可以使得 PCB 布线紧密，封装有效。只有当外界存在干扰或需要很长的信号线时才会发生问题。在模拟电路中，情况也类似。当元器件之间的距离很近时，要完成逻辑信号的产生、处理和波形整形是很容易的。在逻辑电路中，如果传输线过长或者参考点不正确，都会产生问题。因此可以这样说，接地并不是每个部分或每个系统都需要。比如单块 PCB，当设备间需要通信时，对接地的要求就重要得多。

对于低于 1 MHz 的场合，尽量使用单点接地。当高于 10 MHz 时，由于地线的电感使接地阻抗增加，寄生电容产生意外的通路，单点接地不再适合，而应采用多点接地。多点连接到一个低阻抗平面或屏蔽体上是较好的方法，但这会引起地环路问题，使电路容易受到磁场的影响，因此，当有敏感电路时，应尽量避免这种接地方式或使用混合接地。

3.3.4　地线中的干扰和抑制

1. 地线阻抗干扰和抑制

实际上，任何导线（包括地线）都具有一定的阻抗，其中包括电阻和电抗，其电抗值远大于电阻值。

在电路工作时，各频率的电流都可能流经地线某些段而产生电压降，这些交流电压降加在电路中，就形成了电路单元的互相干扰，这种干扰称为地阻抗干扰。

图 3-28 为直流电源 E 向电路单元 A、B、C 供电，当电路工作时，因为地线各段有阻抗存在，所以在各段产生相应的电压降发生变化。减少地阻抗干扰的措施如下所述。

（1）增大导线（馈线和地线）截面积和截面周长

增大导线（馈线和地线）截面积和截面周长可减小电阻，如图 3-29 所示。

由于电流的集肤效应，导线中的高频电流总是沿表面流过的，所以馈线和地线的截面积不仅要大而且周长也要长，在相同截面积下，矩形截面的周长大于圆形截面周长，矩形两个边边长的差越大，其周长也越大，故地线和馈线多采用矩形条带。

（2）将地线与馈线尽可能靠近敷设

为了减小地线和馈线的阻抗，可将地线与馈线尽可能靠近敷设，这样回路电感 L 会变小，但线间分布电容会增大，由于馈线和地线的特性阻抗 $Z=\sqrt{L/C}$，减小 L 增大 C，可使 Z 变小，故地线与馈线靠近敷设，对减小阻抗有利。

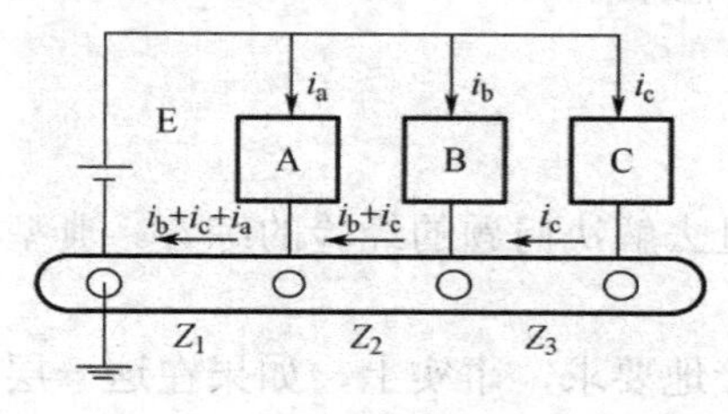

图 3-28　地线阻抗

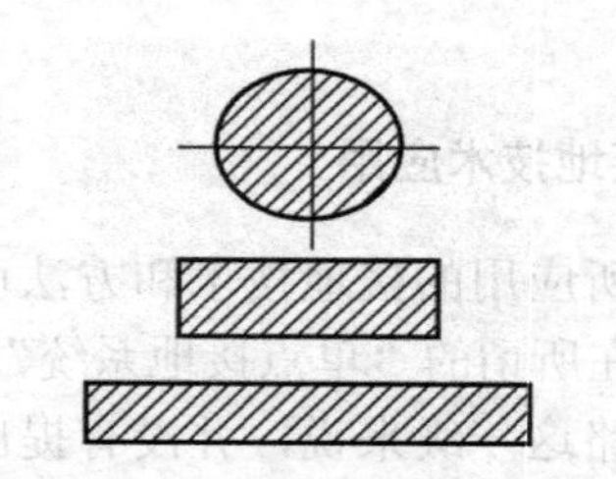

图 3-29　截面积相同的地线

2．地线环路干扰和抑制

电源馈线接入电路后，电路接地、电源馈线和地线构成一个环路，如图 3-30 所示。

当交变磁场穿过这些环路网孔时，在环路中就产生感生电动势 e_m。由于环路存在，交变磁场在环路中感生电动势 e_m 会经过电源线（或信号线）对各电路单元造成干扰。这种干扰称为地线环路干扰。

抑制地环路干扰方法是阻隔地环路，可用隔离变压器、纵向扼流圈和光耦合器等实现。

（1）隔离变压器

图 3-31 所示为采用隔离变压器阻隔地环路。电路 1 的输出信号经变压器耦合到电路 2，而干扰电压的回路被变压器所阻隔，这样就削弱了地环流干扰。但是，变压器绕组之间存在分布电容 C，故地环路干扰电压 e_g 仍会对电路形成干扰，为了减小这种干扰，可在变压器绕组间加电屏蔽，有效地减小绕组之间的分布电容 C，从而阻隔了地环路干扰。

采用隔离变压器不能传输直流信号，也不适于传输频率很低的信号。但是，隔离变压器对地线中较低频率的干扰具有很好的抑制能力。同时，电路中的信号电流只在变压器绕组连线中流过，因此，可避免对其他电路的干扰。

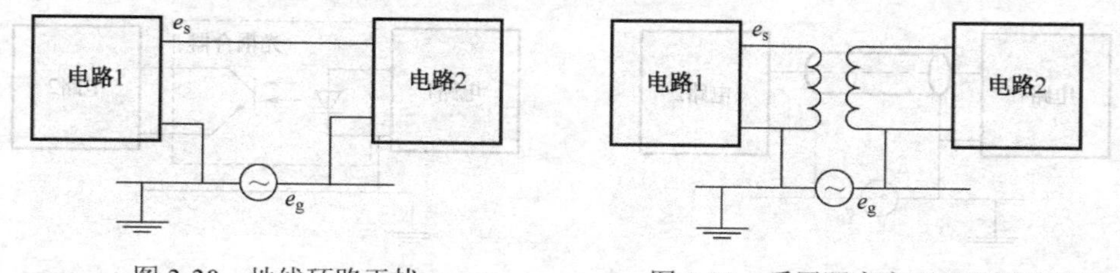

图 3-30　地线环路干扰　　　　图 3-31　采用隔离变压器阻隔地环路

（2）纵向扼流圈

当传输的信号有直流分量或有很多频率的交流分量时，就不能用变压器，而要用如图 3-32 所示的纵向扼流圈。扼流圈的两个绕组的绕向与匝数都相同，信号电流在两个绕组流过时产生的磁场恰好抵消，所以扼流圈对信号并未起扼流作用。当地线中的干扰电流（亦称纵向电流）流经两个绕组时产生的磁场同向相加，扼流圈对干扰电流呈现出较大的感抗，因而起到了阻隔地环流，减小地电流干扰的作用。

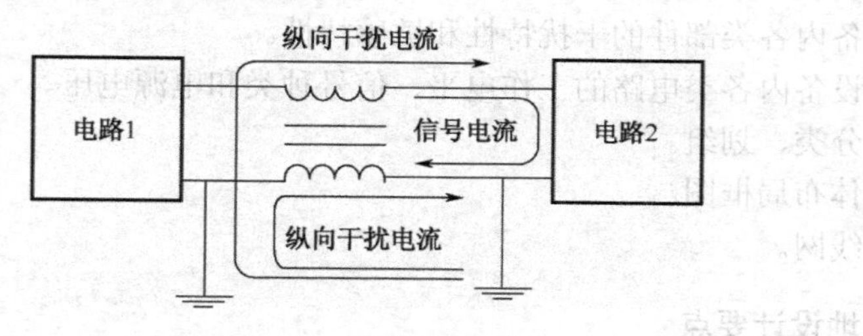

图 3-32　纵向扼流圈

扼流圈有一个截止频率，它的大小取决于绕组的电阻和电感，扼流圈的电阻 R 越小，电感 L 越大，截止频率就越小，扼流圈的抑制干扰作用就越强。

扼流圈不仅能传输直流信号，也能传输交流信号，并且对地线中较高频率的干扰有较强的抑制能力。

（3）同轴线

在电路单元间采用同轴线传输信号，可以阻隔地环路干扰，如图 3-33 所示。由于高频时的集肤效应，使信号电流沿内导体的外表面和内导体的内表面流过，而干扰地电流沿地线表面和外导体的外表面流过。因此，同轴线内信号的电磁场不会向外泄漏，而干扰地电流（电磁场）也不会串入同轴线内。所以用同轴线传输信号，既可防止信号电流干扰其他电路，同时也抑制了地环流和电场的干扰。

同轴线多用于高频信号。

（4）光耦合器

用光耦合器阻隔地环流也是常用的措施之一，其原理如图 3-34 所示。发光二极管发光的强弱随电路输出信号电流的变化而变化。强弱变化的光使光电晶体管产生相应变化的电流，作为电路 2 的输入信号。将这两种器件封装在一起就构成光耦合器。光耦合完全切断了两个电路单元间的地环流，所以能很好地抑制地线干扰，并避免对其他电路的干扰。

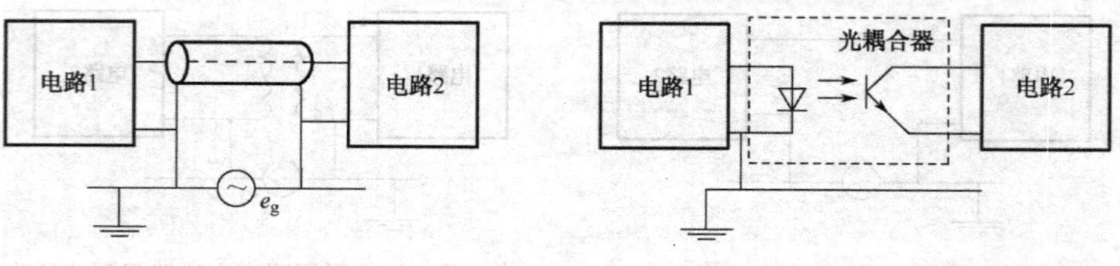

图 3-33 用同轴线阻隔地环流　　图 3-34 用光耦合器阻隔地环流

光耦合对数字电路特别适用。在模拟电路中，由于电流与光强的线性关系较差，在传输模拟信号时会产生较大的非线性失真。

3.3.5 地线系统的设计步骤及设计要点

1. 地线系统的设计步骤

① 分析设备内各类部件的干扰特性和敏感特性。

② 搞清楚设备内各类电路的工作电平、信号种类和电源电压。

③ 将地线分类、划组。

④ 画出总体布局框图。

⑤ 排出地线网。

2. 安全接地设计要点

① 电气设备都应设计专门的保护导线接线端子（保护接地端子），并且采用接地符号标记，也可用黄、绿双色标记。不允许用螺丝在外壳底盘等代替保护接地端子。

② 保护接地端子与电气设备的机壳、底盘等应实现良好搭接，设备的机壳、底盘等应保持电气连续，保护接地电路的连续性应符合 GB/T 5226.1—2002 的要求。

③ 数控系统控制柜内应安装有接地排（可采用厚度 3 mm 铜板），接地排接入大地，接地电阻应小于 4 Ω。

④ 系统内各电气设备保护接地端子尽量用粗和短的黄、绿双色线连接到接地排上。

⑤ 安全接地线不要构成环路。

⑥ 设备金属外壳或机箱良好接大地是抑制静电放电干扰的最主要措施。

⑦ 设备外壳接大地起到屏蔽作用，减少与其他设备的相互电磁干扰。

3. 工作接地设计要点

① 地线不能布置成封闭的环状，一定要留有开口。因为封闭环在外界电磁场影响下会产生感应电动势，从而产生电流，电流在地线阻抗上有电压降，容易导致共阻抗干扰。

② 采用光电耦合隔离变压器、继电器和共模扼流圈等隔离措施，切断设备或电路间的地环路，抑制地环路引起的共阻抗耦合干扰。

③ 设备内的各种电路如模拟电路、数字电路、功率电路和噪声电路等，都应设置各自独立的地线，分地最后汇总到一个总的接地点。

④ 低频电路（f <1 MHz）一般采用树杈型放射式的单点接地方式，地线的长度不应该超过地线中高频电流波长的 1/20，即较长的地线应尽量减小其阻抗，特别是减小电感。例如，增加地线的宽度，采用矩形截面导体代替圆导体作地线等。

⑤ 高频电路（f >1 MHz）一般采用平面式多点接地方式或混合接地方式，如工控机电路底板的工作地线与机箱采用多点接地方式。

⑥ 工作地线浮置方式（工作地线与金属机箱绝缘）仅适用小规模设备（这时，电路对机壳的分布电容较小）和工作速度较低的电路（频率较低），对于规模较大、电路较复杂和工作速度较高的控制设备不应采用浮地方式。

⑦ 在机柜内同时装有多个电气设备（或电路单元）的情况下，工作地线、保护地线和屏蔽地线一般都接至机柜的中心接地点（接地排），然后接大地。这种接法可使柜体、设备机箱屏蔽和工作地都保持在同一电位上。

3.4 滤波技术

3.4.1 电磁干扰滤波器

滤波技术是抑制电气、电子设备传导电磁干扰，提高电气、电子设备传导抗扰度水平的主要手段，也是保证设备整体或局部屏蔽效能的重要辅助措施。

实践表明，即使一个经过很好设计并且具有正确的屏蔽和接地措施的产品，也仍然会有传导干扰发射或传导干扰进入设备。滤波是压缩信号回路电磁干扰频谱的一种方法，当干扰频谱成分不同于有用信号的频带时，可以用滤波器将无用的电磁干扰滤除。滤波器的作用是允许工作信号通过，而对非工作信号（电磁干扰）有很大的衰减作用，使产生干扰的机会减为最小。

电磁干扰（EMI）滤波器属于低通滤波器，包括电源线滤波器、信号线滤波器等。为了满足 EMC 标准规定的传导发射和传导敏感度极限值要求，使用 EMI 滤波器是一种好方法，如图 3-35 所示。

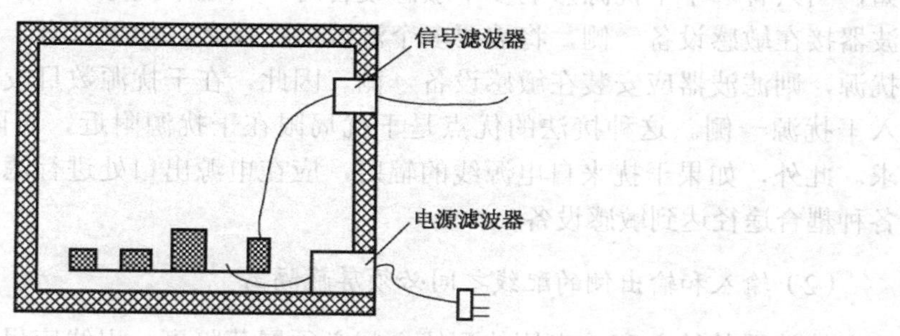

图 3-35　电磁干扰滤波器的使用

然而，完全消除沿导线传出或传进设备的电磁干扰通常是不可能的。滤波的目的是将这些电磁干扰减小到一定的程度，使传出设备的电磁干扰值不超过给定的规范值，使传入设备的电磁干扰不至于引起设备的性能降低或失灵。

1. EMI 滤波器的工作原理

EMI 滤波器的工作原理与普通滤波器一样，它能允许有用信号的频率分量通过，同时又阻止其他干扰频率分量通过。其工作方式有两种：一种是把无用信号能量在滤波器里消耗掉。这种滤波器中含有损耗性器件，如电阻或铁氧体等；另一种是不让无用信号通过，把它们反射回信号源，并且必须在系统其他地方消耗掉。

2. EMI 滤波器的特点

EMI 滤波器在技术要求上具有以下特点。

① 干扰滤波器往往工作在阻抗不匹配的条件下，干扰源的阻抗特性变化范围很宽，其阻抗通常是整个频段的函数。由于经济和技术上原因，不可能设计出全频段匹配的干扰滤波器。

② 干扰源的电平变化幅度大，有可能使干扰滤波器出现饱和效应。

③ 由于电磁干扰频带范围很宽（20 Hz 到几十吉赫兹），其高频特性非常复杂，难以用集总参数等效电路来模拟滤波电路的高频特性。

④ 干扰滤波器在阻带内应对干扰有足够的衰减量，而对有用信号的损耗应降低到最小限度，以保证有用电磁能量的最大传输效率。

⑤ 电缆上有共模干扰和差模干扰电流，EMI 滤波器应对这两种干扰都有抑制作用。

3. 干扰滤波器的安装

滤波器对电磁干扰的抑制作用不仅取决于滤波器本身的设计和它的实际工作条件，而且在很大程度上还取决于滤波器的安装。只有安装位置恰当，安装方法正确，才能对干扰起到预期的滤波作用，在安装滤波器时应考虑下面几个问题。

（1）安装位置

滤波器安装在干扰源一侧还是安装在受干扰对象一侧应由干扰的侵入途径而定。例如，当只有一个干扰源影响多个敏感设备时，应在干扰源一侧接入一个滤波器，如果将滤波器接在敏感设备一侧，将需要多个滤波器；反之，如果只有一个敏感设备，而有多个干扰源，则滤波器应安装在敏感设备一侧。因此，在干扰源数目较小的情况下应将滤波器接入干扰源一侧。这种接法的优点是干扰局限在干扰源附近，可降低对电子线路的屏蔽要求。此外，如果干扰来自电源线的辐射，应在电源出口处进行滤波，否则辐射干扰将通过各种耦合途径达到敏感设备。

（2）输入和输出侧的配线之间必须屏蔽隔离

滤波器的输入和输出侧的配线之间必须屏蔽隔离，引线应尽量短且不能交叉，否则两者之间的电磁耦合将旁路滤波器的作用，直接影响滤波效果。尤其在干扰源一侧安装滤波器时，更要尽量减小输入与输出间的耦合，以减少传导干扰及辐射干扰。

（3）高频接地

滤波器应加屏蔽，其屏蔽体应与金属设备壳体良好搭接。若设备壳体是非金属材料，则滤波器屏蔽体应与滤波器地相连，并与设备地良好搭接。否则，高频接地阻抗将直接降低高频滤波效果。当滤波电容与地线阻抗谐振时，将产生很强的电磁干扰。因此，滤波器的安装位置应尽量接近金属设备壳体的接地点，滤波器的接地线应尽量短。

（4）搭接方法

一般将滤波器的屏蔽体外壳直接安装在设备的金属外壳上，以降低连接电阻。为了保证在任何情况下均有良好的接触，最好采用焊接、螺帽压紧等搭接方法。

（5）电源线滤波器的安装

电源线滤波器应安装在敏感设备或者屏蔽体的入口处，并对屏蔽器加以屏蔽。

3.4.2　滤波器的分类

滤波器的种类很多，从不同的角度，有不同的分类。

① 根据滤波原理可分为反射式滤波器和吸收式滤波器。

② 根据工作条件可分为有源滤波器和无源滤波器。

③ 根据频率特性可分为低通、高通、带通、带阻滤波器。

④ 根据使用场合可分为电源滤波器、信号滤波器、控制线滤波器、防电磁脉冲滤波器、防电磁信息泄漏专用滤波器、印制电路板专用微型滤波器等。

⑤ 根据用途可分为信号选择滤波器和电磁干扰滤波器两大类。

1．干扰滤波器

根据要滤除的干扰信号的频率与工作频率的相对关系，干扰滤波器有低通滤波器、高通滤波器、带通滤波器、带阻滤波器等种类，如图 3-36 所示。

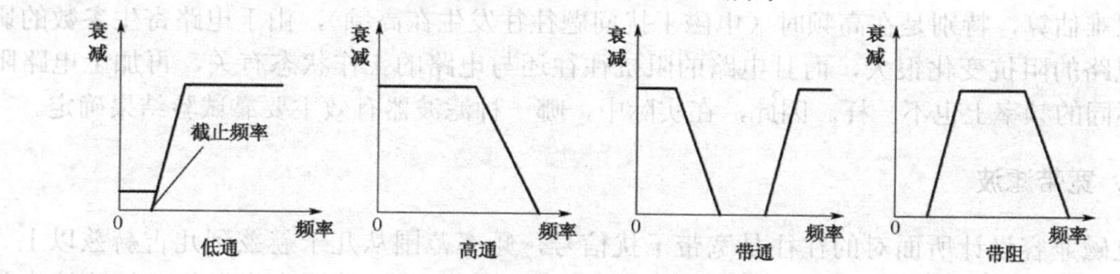

图 3-36　干扰滤波器种类

低通滤波器是最常用一种，主要用在干扰信号频率比工作信号频率高的场合。如在数字设备中，脉冲信号有丰富的高次谐波，这些高次谐波并不是电路工作所必需的，但它们却是很强的干扰源。因此在数字电路中，常用低通滤波器将脉冲信号中不必要的高次谐波滤除掉，而仅保留能够维持电路正常工作最低频率。电源线滤波器是低通滤波器，它仅允许 50 Hz 的电流通过，对其高频干扰信号有很大的衰减。

高通滤波器用在干扰频率比信号频率低的场合，如在一些靠近电源线的敏感信号线上滤除电源谐波造成的干扰。

带通滤波器用在信号频率仅占较窄带宽的场合，如通信接收机的的天线端口上要安装带通滤波器，仅允许通信信号通过。

带阻滤波器用在干扰频率带宽较窄，而信号频率较宽的场合，如距离大功率电台很近的电缆端口处要安装阻带频率等于电台发射频率的带阻滤波器。

2. 低通滤波器

在电磁干扰抑制中，低通滤波器用得最多。因此下面对低通滤波器做较详尽的介绍。常用的低通滤波器是用电感和电容组合而成的，电容并联在要滤波的信号线与信号地线之间（滤除差模干扰电流）或信号线与机壳地或大地之间（滤除共模干扰电流），电感串联在要滤波的信号线上。

按照电路结构分，有单电容型（C 形）、单电感型（L 形）、Γ 形和反 Γ 形、T 形、π 形。如图 3-37 所示。不同结构的滤波电路主要有以下两点不同。

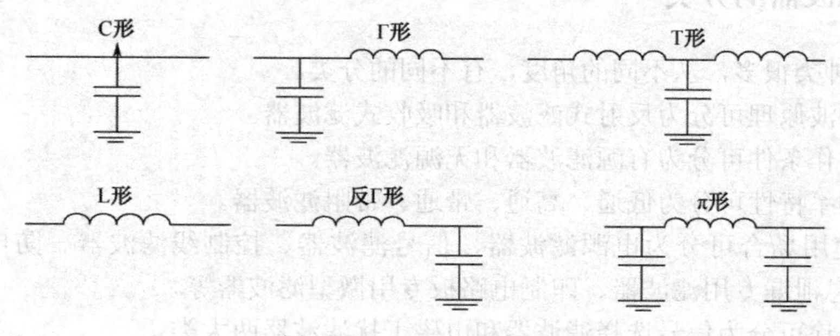

图 3-37　低通滤波器类型

① 电路中的滤波器件越多，则滤波器阻带的衰减越大，滤波器通带与阻带之间的过渡带越短。

② 不同结构的滤波电路适合于不同的源阻抗和负载阻抗。但要注意的是，实际电路的阻抗很难估算，特别是在高频时（电磁干扰问题往往发生在高频），由于电路寄生参数的影响，电路的阻抗变化很大，而且电路的阻抗往往还与电路的工作状态有关，再加上电路阻抗在不同的频率上也不一样。因此，在实际中，哪一种滤波器有效主要靠试验结果确定。

3. 宽带滤波

电磁兼容设计所面对的往往是宽带干扰信号，频率范围从几千赫兹到几吉赫兹以上。要滤除这么宽频带的干扰在电容和电感的使用上要十分注意。普通电容器很难解决这个问题。在实践中，常用这里介绍的三个方法在较宽的频率范围内获得较好的干扰抑制效果，如图 3-38 所示。

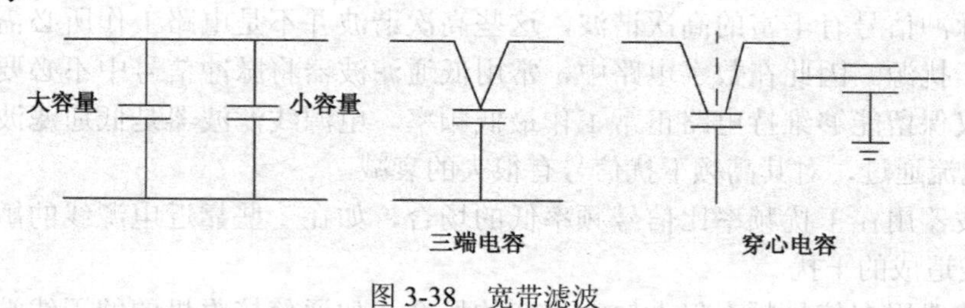

图 3-38　宽带滤波

（1）大小电容并联

将一个大电容和一个小电容并联起来使用，大电容抑制低频干扰、小电容抑制高频。甚至可以用大、中、小三种电容并联起来使用。这种方法从直觉上是可行的。但是有如下问题。将大容量电容和小容量电容并联起来的方法，会在某个频率上出现旁路效果很差的现象。这是因为在大电容的谐振频率和小电容的谐振频率之间，大电容呈现电感特性（阻抗随频率升高增加），小电容呈现电容特性，实际是一个 LC 并联网络，这个 LC 并联网络会在某个频率上发生并联谐振，导致其阻抗为无限大，这时电容并联网络实际已经失去旁路作用。如果刚好在这个频率上有较强的干扰，就会出现干扰问题。若将大、中、小三种容值的电容并联起来使用，会有更多的谐振点，亦即，滤波器在更多的频率上失效。

（2）三端电容

这是目前比较流行的方法，通常称为片状滤波器。与普通电容不同的是，三端电容的一个电极上有两根引线，在使用时，这两个引线串联在需要滤波的导线中。这样，导线电感与电容刚好构成了一个 T 形滤波器，并且消除了一个电极上的串联电感。因此三端电容比普通电容具有更高的谐振频率和滤波效果。三端电容器虽然比普通电容器在滤波效果上有所改善，但是还有两个因素制约着其高频效果，一个是两根引线间的寄生电容耦合；另一个是接地线的电感。因此，三端电容的滤波效果一般在 300 MHz 以下较好。另外，三端电容只能安装在线路板上，不可避免地会发生高频泄漏问题。要彻底解决宽带滤波的问题应该使用穿心电容。

（3）穿心电容

穿心电容实质上是一种三端电容，一个电极与芯线相连，另一个电极与外壳相连。在使用时，一个电极通过焊接或螺装的方式直接安装在金属面板上，需要滤波的信号线连接在芯线的两端。穿心电容的滤波范围可以达到数吉赫兹以上。之所以具有这样的特性，是因为以下两个原因。

① 接地电感小。当穿心电容的外壳与面板之间在 360° 的范围内连接时，连接电感是很小的。因此，在高频时，能够提供很好的旁路作用。

② 输入输出没有耦合。用于安装穿心电容的金属板起到了隔离板的作用，使滤波器的输入端和输出端得到了有效的隔离，避免了高频时的耦合现象。

在使用时须注意，穿心电容在受到高温焊接和温度冲击时，容易损坏，或降低可靠性。为了满足电子设备小型化的要求，穿心电容的体积越来越小。在将穿心电容焊接到面板上时，由于穿心电容与面板的热容量相差很大，会造成焊接局部温度过高，电容损坏。因此，当在大批量产品生产中使用穿心电容时，要请电容厂家协助设计焊接工艺。现在许多厂家开始提供焊接好的穿心电容阵列板，最好直接使用这种阵列板。

3.4.3 电源线滤波器

电源线 EMI 滤波器实际上是一种低通滤波器，它毫无衰减地把直流和 50 Hz、400 Hz 等的直流或低频电源功率传送到设备上去，却大大衰减了经电源传入的干扰信号，保护设备免受其害。同时，又能大大抑制设备本身产生的干扰信号，防止它进入电源，污染电磁环境，危害其他设备。

1. 电源线滤波器结构

电源线上呈现的干扰有两部分：共模电流和差模电流。为了抑制中线-地线、相线-地线和相线-中线间的共模干扰和差模干扰，电源线滤波器由许多 LC 低通网络构成，图 3-39 显示了电源线 EMI 滤波器的基本网络结构。它是由集中参数元件构成的无源网络，该网络中有 2 个电感器，L_1 和 L_2；3 个电容器，C_{Y1}、C_{Y2} 和 C_X。当把这个滤波器插入到被干扰设备（负载）的供电电源入口处时，即把滤波器的 LINE 端接电源进线，滤波器的 LOAD 端接被干扰设备。这样，L_1、C_{Y1}、L_2 和 C_{Y2}，分别构成 L-E 和 N-E 两对独立端口间的低通滤波器，用来抑制电源系统内存在的共模干扰信号，C_{Y1}、C_{Y2} 也被称为共模电容。

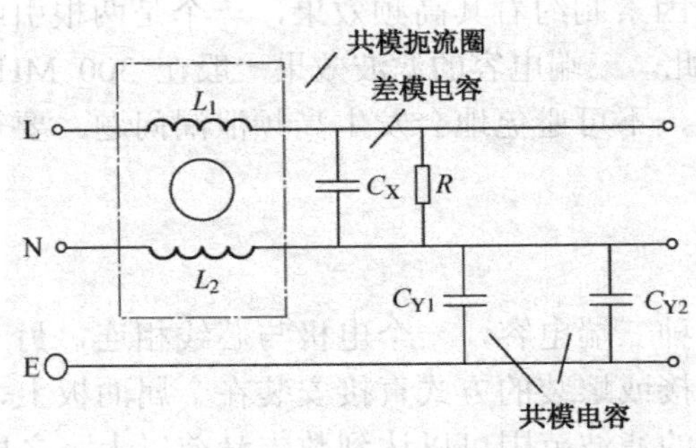

图 3-39 电源线 EMI 滤波器的基本电路

图 3-39 中，L_1 和 L_2 是绕在同一磁环上的两只独立线圈，称为共模电感线圈或共模线圈或共模扼流圈。它们所绕圈数相同，线圈绕向相反，致使滤波器接入电路后，两只线圈内电流产生的磁通在磁环内相互抵消，不会使磁环达到磁饱和状态，从而使两只线圈，L_1 和 L_2 的电感量值保持不变。但是，由于种种原因，如磁环的材料不可能做到绝对均匀，两只线圈的绕制也不可能完全对称等，使得，L_1 和 L_2 的电感量不相等。于是 L_1 和 L_2 之差（L_1-L_2）称为差模电感，它和 C_x 又组成 L-N 独立端口间的低通滤波器，用来抑制电源上存在的差模干扰信号（C_x 也被称为差模电容），从而实现对电源系统干扰信号的抑制，保护电源系统内的设备不受其影响。

2. 电源线滤波器的安装

电源线滤波器的正确安装方式是，滤波器的输入线尽量短，并且利用机箱将滤波器的输入端和输出端隔离开，滤波器与机壳之间接触良好。

采用这种安装方式必须要求滤波器的结构是特殊设计的。如果滤波器内采用穿心电容作为共模滤波电容，加上良好的内部隔离，并在滤波器与机箱之间使用电磁密封衬垫，滤波器的最高有效频率可以超过 1 GHz，如图 3-40 所示。

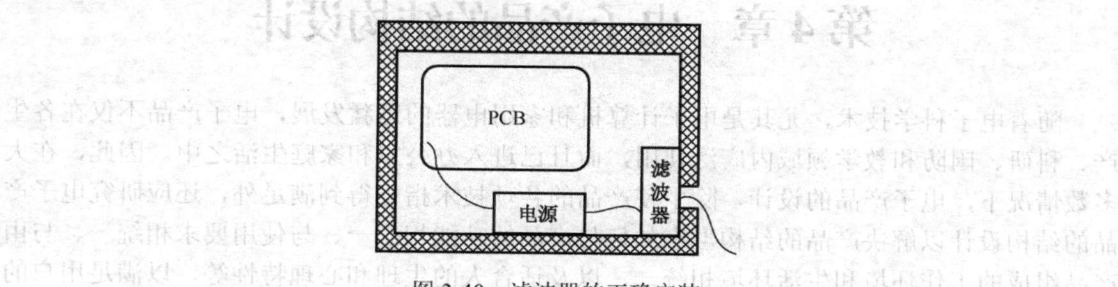

图 3-40　滤波器的正确安装

第4章　电子产品的结构设计

随着电子科学技术，尤其是电子计算机和家用电器的迅猛发展，电子产品不仅在各生产、科研、国防和教学领域内广泛使用，而且已进入办公室和家庭生活之中。因此，在大多数情况下，电子产品的设计，除了使产品的各项技术指标得到满足外，还应研究电子产品的结构设计以解决产品的结构形态如何与产品的功能相统一、与使用要求相统一、与由产品组成的工作环境和生活环境相统一，以及适合人的生理和心理特性等，以满足用户的要求。

在电子产品中，由工程材料按合理的连接方式进行连接，且能安装电子元、器件及机械零、部件，使产品成为一个整体的基础结构，称为电子产品的整机结构。这种结构包括：机箱、机架和机柜结构；分机插箱、底座和积木盒结构；导向定位装置；面板、指示和操纵装置。本章即将对电子产品的整机结构设计进行介绍。

4.1　机箱概述

机箱是安装和保护电子产品内部各元器件与机械零部件的重要装置，它可以排除各种复杂环境对电子产品的干扰，保护产品安全、稳定、可靠地工作，提高产品的使用效率，便于产品的操作、维护等。

本节将介绍机箱结构设计的共性部分，同时还对强度、刚度等问题进行一些定性分析和简单计算。近几年，我国正在开展机箱的标准化工作，它在一定程度上反映了国内外机箱的发展方向，并具有一定的先进性，对此也在相关章节中进行扼要的介绍。

4.1.1　机箱结构设计的基本要求

在电子产品中，安装了电子元器件及机械零部件，使产品成为一个整体的基础结构称为机箱（机壳）结构。

机箱是把整个产品结合成机械整体的主体，靠它保证整机的机械结构强度。通常用于尺寸较小和结构简单的中、小型电子产品，它的外形往往是箱形的，对于这样的结构就称为机箱。机壳与机箱类似，只是它的外形往往不规则，且尺寸较小。

对于结构复杂、尺寸较大的电子产品，为了便于安装、使用和检修，往往将产品分为若干分机（插箱），安置在一个共同的安装架上，这种用以组合方式安装设备的安装架称为机架。封闭式的机架称为机柜。机柜由骨架（框架）、插箱、导轨、外壳和盖板等主要零部件所组成。在本书中关于机柜设计只进行简单介绍。

1. 电子产品的三大特点

由于电子技术突飞猛进的发展，电子产品体现了以下三大特点。

① 组成电子产品的元件越来越多，体积越来越小。

② 使用范围越来越广，电子产品所处的工作环境条件越来越复杂。

③ 对电子产品的使用精度和可靠性要求越来越高。因此，机箱（机壳）的结构设计已成为实现产品技术指标的重要组成部分。

2. 对机箱（机壳）结构设计的基本要求

（1）保证产品技术指标的实现

电子产品的性能具体体现在产品技术指标上，实现电子产品要求达到的电性能技术指标主要依赖电路设计。整机结构设计必须采取各种措施，保证指标的实现。如在结构设计中，必须综合考虑产品内部元器件相互间的电磁干扰和热影响，以提高电气参数的稳定性；另外，必须注意结构的强度、刚度等问题，以免产生变形，引起电气接触不良、机械传动精度下降，甚至受振后遭到破坏。因此，必须按实际工作环境和使用条件，采取相应措施，提高设备的可靠性和使用寿命，保证产品技术指标的实现。

（2）便于产品的操作使用与安装维修

为了能有效地操作和使用设备，必须使产品的结构设计符合人的心理和生理特点，同时还要求结构设计简单，装拆方便。此外，面板上的控制器、显示装置必须进行合理选择与布置，同时考虑保护操作人员的安全等。

（3）良好的结构工艺性

结构与工艺是密切相关，采用不同的结构就相应有不同的工艺，新材料、新设备和新工艺的出现，反过来又促进结构的改进。机箱结构设计的质量必须有良好的工艺措施来保证。因此，在整机设计时必须从生产实际出发，使所设计的零件、部件和组件具有良好的工艺性。

产品的技术性能指标和生产工艺可行性之间存在着矛盾，要求零件、部件和组件具有过高的技术指标，会给工艺带来困难，甚至在工艺上无法达到。为此，应当对产品的技术指标有充分而深入的了解；对材料生产情况和新工艺发展情况，要求设计者必须结合生产实际考虑其结构工艺性。这样，才有可能设计出具有良好工艺性的产品。

在设计产品的过程中，当考虑采用某种结构时（从结构形式到具体的结构要素），都必须考虑实现这种结构的工艺可行性和工艺合理性。

（4）贯彻执行标准化

标准化是我国的一项重要技术经济政策和管理措施，它对于提高产品质量和劳动生产率、便于使用维修，加强企业管理、降低生产成本等都具有重要的作用。在进行结构设计时必须尽量减少特殊部件的数量，增加通用件的数量，尽可能多地采用标准化、规格化的零部件和尺寸系列。通常将标准化、规格化、系列化称为“三化”。

（5）体积小、质量轻

减小产品的体积和质量可以节约材料，有利于加工和运输。车载和机载用产品要求质量轻，结构紧凑，可以减小惯性，降低动力消耗。在进行整机结构设计时，必须合理地布局，提高产品的紧凑性，选用轻质材料，尽量简化其结构，最大限度地降低产品的体积和质量。这是一项重要的技术经济指标，必须给予足够的重视。

（6）造型美观大方

产品的造型是否美观、协调，直接影响到使用者的心理。从某种意义上讲，它直接影响到产品的竞争能力。特别是对民用电子产品，造型的色彩是一个不可忽视的因素。

造型美观和协调与产品的结构型式、材料、表面涂覆以及色彩协调等因素有关。因此，产品在保证功能与经济性的条件下，应做到造型新颖、美观大方和色彩协调。

4.1.2　机箱（机壳）的组成和基本类型

1. 机箱（机壳）的结构组成

机箱（机壳）是电子产品的重要组成部分，依据不同的环境条件和技术要求，应采用不同型式的机箱结构。机箱一般由机箱框架、上下盖板、前后面板和左右侧板组成；也可以不用框架，直接由薄板经折弯而成。

机箱（机壳）结构通常用于尺寸较小和结构简单的中小型电子产品，一般为六面体，它主要由底座、框架、面板、机壳及附件所组成，如图 4-1 所示。对于小型机箱（机壳）结构，可能面板和机壳为一体，也可能底座和机壳为一体，还可能没有面板和附件，而多数小型机箱（机壳）没有框架或框架就是机壳本体。这种结构的产品是把电子元器件布置在一个或几个机箱（机壳）内，使之具有体积小、质量轻、使用方便等优点。示波器的机壳（如图 4-2 所示）是个典型例子。

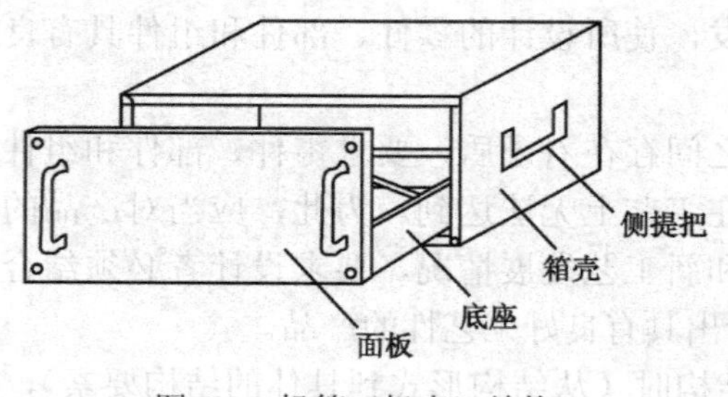

图 4-1　机箱（机壳）结构

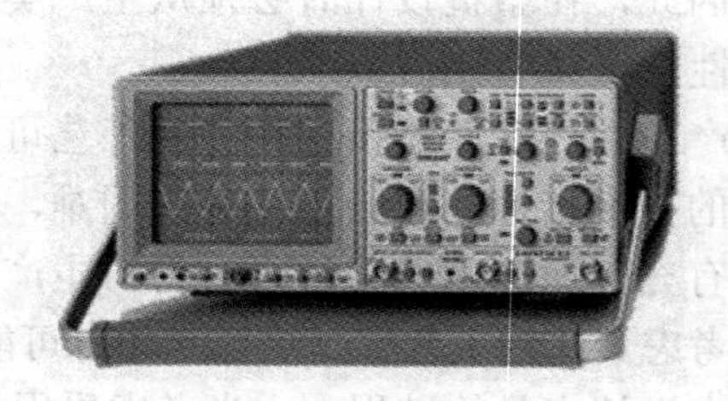
图 4-2　典型机壳

机箱（机壳）的框架（或机壳本体）是机箱（机壳）的承载部分，所有插件、底板、面板和盖板等都固定在框架（或机壳本体）上面。因此，其强度、刚度对整台电子产品的工作安全可靠性影响很大。

2. 机箱结构基本类型

图 4-3 所示为机箱的几种结构形式。其中，图 4-3（a）为台式仪器机箱；图 4-3（b）

为肩背式仪器机箱；图 4-3（c）为背式仪器机箱；图 4-3（d）为便携式仪器机箱。

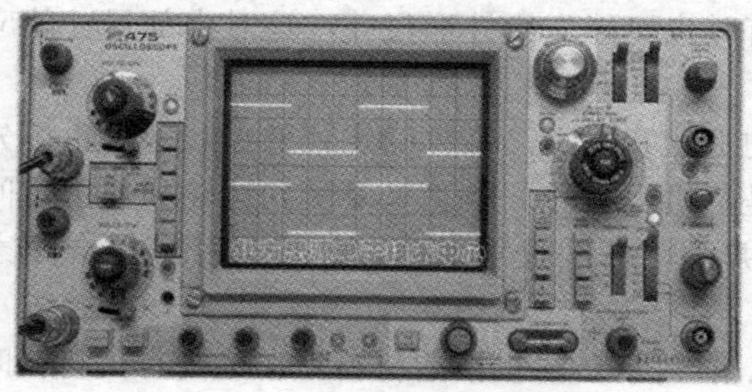

（a）台式仪器机箱

（b）肩背式仪器机箱

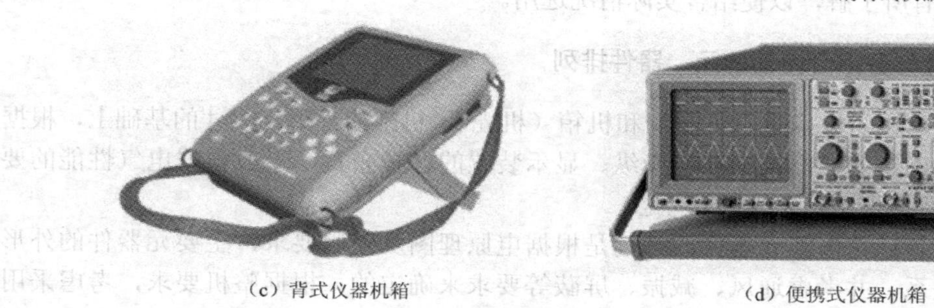

（c）背式仪器机箱

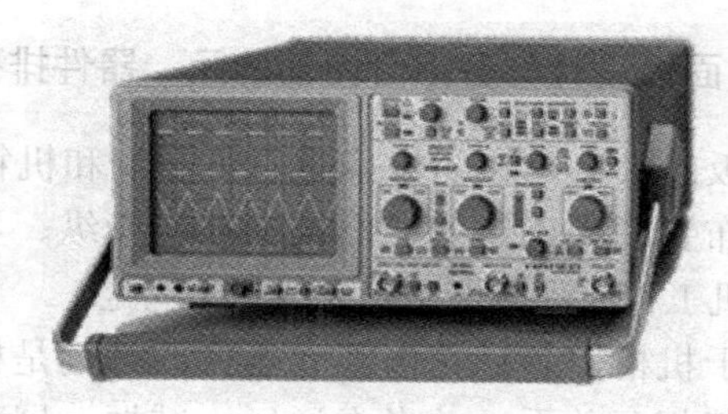

（d）便携式仪器机箱

图 4-3　机箱的常见结构形式

4.1.3　机箱（机壳）设计的基本步骤

机箱（机壳）设计的大致步骤为如下五步。

1．详细研究产品的技术指标

产品的技术指标是设计、制造与使用的唯一依据，也是检验产品质量的客观标准。设计人员接到设计任务后，应详细了解产品的各项技术指标、产品需要完成的功能以及其他特殊要求（体积、质量的限制等）、产品工作时的环境气候条件、机械条件和运输、储存条件等。

为了正确地进行机箱（机壳）的结构设计，应深入实际，详细研究产品的各项技术指标，了解国内外同类产品或相近类型产品的结构与使用情况，然后再确定结构的型式。

2．确定结构方案

根据产品的电原理方框图合理做出结构方框图，即将产品划分为若干个分机，如产品较简单，也可划分为几个单元或部分。在进行划分时，应确定各分机（单元）的输入、输出端，分清高频、高压，选择可靠的机、电连接方案。此外，还要对通风散热、重心分配、操作使用，以及制造工艺等问题进行综合考虑。

3．确定机箱（机壳）类型和外形尺寸

机箱（机壳）类型是在总体布局过程中，根据产品的不同侧重点，制定各种不同方案，经过讨论和分析比较而确定的。

对于用机箱（机壳）的电子产品，首先应决定机箱（机壳）内部零部件需要的空间，用多少插件，然后算出总的外形尺寸。有时也可能先给外形尺寸，这时内部尺寸就应服从外形尺寸。

对于机柜，可以先根据各插箱组合的形状和大小，推算确定其外形尺寸；也可先确定外形尺寸，然后进行插箱组合分配。但是，机柜尺寸一般总是要受到运输和使用空间限制的，同时还必须适应人体特性的需要，并选用标准尺寸系列。外形尺寸应符合国家标准GB/T 3047.1—1995及部标有关规定。

根据产品的质量与使用条件，选用机箱（机壳）、机柜的材料。在选用有关材料时，应对其特点、性能有所了解，以便结合实际情况选用。

4．面板设计与各组合内部的元、器件排列

面板的大小是在初步确定总体布局和机箱（机壳）、机柜的外形、尺寸的基础上，根据其上的布置图来确定的，面板上的各操纵、显示装置的选择布置，一般根据电气性能的要求、人机工程原理和造型美观等进行考虑。

对于机柜，各插箱内部元器件的排列是根据电原理图及使用要求，主要元器件的外形尺寸及其相互关系，并考虑通风、减振、屏蔽等要求来确定的。根据整机要求，考虑采用自然通风或强迫通风还是其他冷却方式。如利用自然通风，应考虑进、出口的布置；如用强迫通风，应考虑风机的位置及风路。根据使用要求，应考虑整机是否安装减振器及各部分的减振措施，考虑整机各屏蔽部分的要求及电气连接的布置，如插件的位置、电缆的布设等。根据产品的工作环境，还应考虑整机采取“三防”的措施。对于产品中的传动装置等机械装置应预先设计或选择，以确定空间尺寸。

5．确定零部件的结构形式

选用合适的电气连接和机械连接，选用符合使用要求和工程设计要求的附件，绘制结构草图。

4.2 机壳、机箱结构

机壳是指小型产品的外壳，机箱（插箱）多用于中等大小的电子产品的外壳。

4.2.1 机壳的分类

机壳是指小型产品的外壳，按其使用要求可分为密封和不密封两种；按其取材和加工方法可以分为压铸金属机壳、塑料压制机壳、板料冲制机壳、铸造机壳、注塑机壳、木制机壳及塑料复合铝板机壳等几种。

1．压铸金属机壳

若将型板结构机壳的型板及其连接部分用铝压铸工艺方法加工，即为压铸结构机壳，如图4-4所示。这种机壳由于采用压铸工艺，故尺寸精确度高，强度与刚度均较好，装配方

便，有的无切削加工，生产效率高，适用于大批量生产。但压铸金属模具制造成本高，并且还需要专门的压铸机，因此，生产成本较高。

2．塑料压制机壳

这类机壳用塑料压制成各种形式（如图 4-5 所示），色彩多样，外形美观，多用于显示器、录音机和电视机等。一些小型测量仪表有时也采用这种机壳。为了防止电磁干扰，可在塑料压制机箱内喷涂或填充一层金属。

图 4-4　压铸金属机壳

图 4-5　塑料压制机壳

3．板料冲制机壳

冲制机壳（如图 4-6 所示）一般用 0.5～1.5 mm 厚的钢板或 1～2 mm 厚的铝合金板冲制或冲制折弯焊接而成。这种机壳由于采用板料冲制工艺，故尺寸精确度高，强度与刚度均较好，且装配方便；有的无切削加工，生产效率较高，且适用于各种批量的生产。

4．铸造机壳

在密封结构中，常常使用铸造机壳（如图 4-7 所示），其壁厚一般为 1～5 mm，而在机壳与盖或其他零件相接合的表面处需进行机械加工。

图 4-6　板料冲制机壳

图 4-7　铸造机壳

5．其他机壳

在小型家电中，常常使用注塑机壳（如图 4-8 所示），此类机壳在批量生产时，生产效率较高，制造成本低。另外，木制机壳（如图 4-9 所示）、塑料复合铝板机壳（如图 4-10 所示）、框架板材机壳（如图 4-11 所示）也常见。

图 4-8　注塑机壳

图 4-9　木制机壳

图 4-10　塑料复合铝板机壳

图 4-11　框架板材机壳

4.2.2　机箱（插箱）的分类

机箱（插箱）用于机架组合安装，由面板、底座、把手、导向定位及接插件等装置组合而成。目前除已有尺寸系列外，在结构形式上尚无统一标准。根据其使用条件、制造方法、内部元器件的安装要求等大致可分为钣金结构机箱（插箱）、铝型材机箱（插箱）和铸造机箱（插箱）三种。

1. 钣金结构机箱

用薄钢板经过折弯再进行焊接或用螺钉连接，即可构成一个完整的机箱，如图 4-12 所示。这种结构的优点是，可以设计成各种形式及尺寸，灵活多样，且用料品种少，生产周期短；机箱有一定的强度和刚度。缺点是，机箱的外形尺寸公差大，不宜于批量生产；必须有一定的工装模具；外形不易做到很美观。

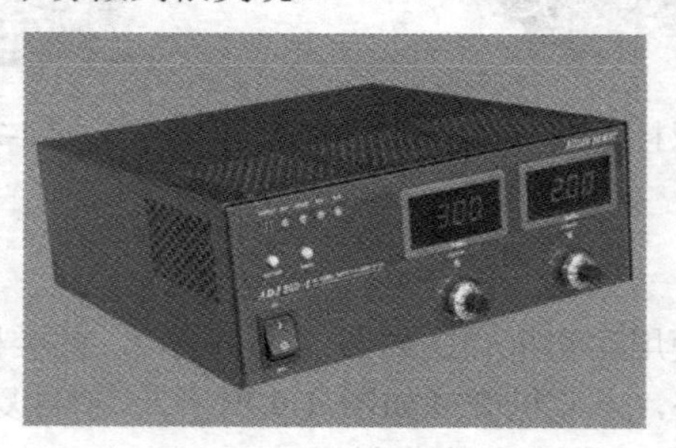

图 4-12　钣金结构机箱

2. 铝型材机箱

以铝型材框架构成的机箱，称为铝型材机箱。铝型材机箱由各种不同截面形状的铝型材构成框架，外加盖板而成。目前，在电子设备的总体机箱中，广泛采用铝型材作为结构材料，即采用预先成型的各种铝型材，根据不同的结构要求来组装机箱。铝型材机箱结构类型很多，常用的有以下几种。

（1）铝型材围框结构机箱

铝型材围框结构机箱，采用折弯方式首先将型材制作成两个围框，再用铝型材腰带等辅助型材组成整机框架机箱，如图 4-13 所示。这种结构形式又可分为前后围框和左右图框两种结构。

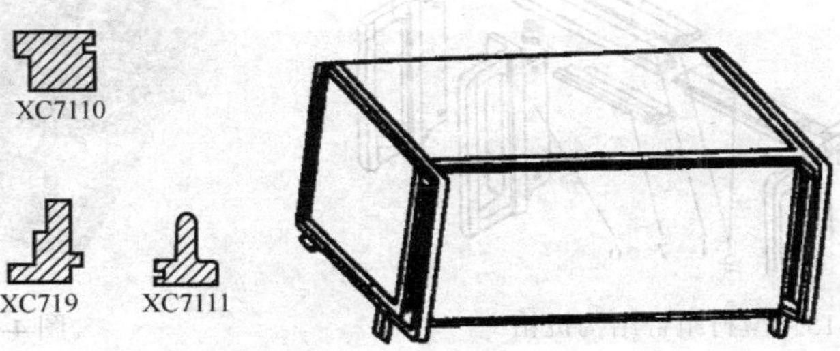

图 4-13　铝型材围框结构机箱

前后围框结构机箱，是指用铝型材弯制成前后两个围框，再用铝型材腰带支撑为侧梁组用机箱框架。

左右图框结构机箱，是指将型材弯制成左右两侧围框，并与侧板连接后制成左右侧壁。机箱的前部采用上下横梁进接，后部采用后壁板或型板搭接，构成整机的主要结构框架。

铝型材图框机箱有一定的强度，结构上变化灵活，工艺简单，便于批量生产，上下盖板拆卸方便，便于装配、调试和维修。其缺点是围框与盖板、面板的配合不易做到紧密吻合。

（2）型板结构机箱

型板是具有形状特征的铝型材。利用型板作为机箱框架（如图 4-14 所示）的侧面（也可为前后面），再用铝型材横梁与侧面板连接，并采用插入式上盖板。

采用型板为主要材料制成的机座箱具有结构合理、造型新颖、强度和刚度较高、机加工量小、工艺简单，以及便于装配和维修等特点。但机箱高度方向尺寸受到型板尺寸的限制，故一般制作成扁平形状的机箱。

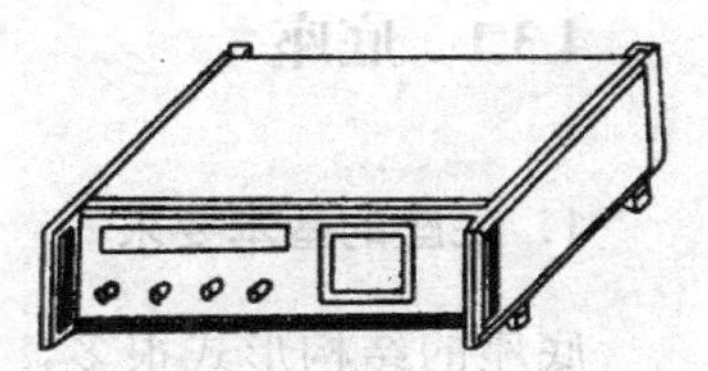

图 4-14　型板结构机箱

（3）型材组合结构机箱

这种机箱（如图 4-15 所示）是采用多种断面几何形状的铝型材，针对不同的机箱结构尺寸要求，组合而成的机箱。机箱横梁、侧梁和立柱由 3 种不同的截面的铝型材组装而成，每种铝型材内有 T 形槽，内装方螺母，用以固定机箱内的各个构件（如底板、搁架等）。

型材组合结构机箱外形尺寸组合方便、装配简便且用途广泛，可组合成台式、装架式机箱及插箱，多用于多品种、小批量和周期短的产品。但切削加工量较大，型材尺寸精度要求高，对批量较大的产品在应用上受到一定的限制。

3. 铸造机箱

铸造机箱如图 4-16 所示，它可以是整体铸造，也可由压铸侧板、面板、底座等组合而成。由于铸造机箱受铸造设备条件的限制以及生产准备周期长等原因，故一般较少采用。

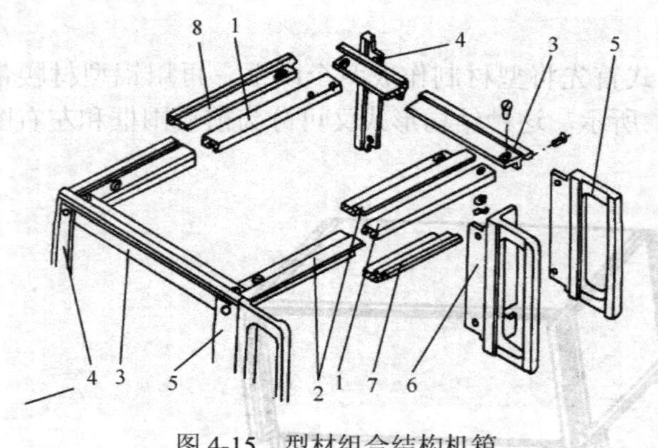

图 4-15　型材组合结构机箱

图 4-16　铸造机箱

关于插入单元的结构，一般类似于插箱，此处不作赘述。台式电子产品完整的外壳称为台式机箱，常见的各种电子仪器（如频率测试仪、稳压电源、示波器、微波仪器等）均采用台式机箱，其结构与插箱相似。

机壳、机箱最好选用标准的或已有的产品。如需要自己设计，可按人机工程学要求和产品造型要求，可参考底座设计规范或其他相关设计规范进行结构设计，此处不作赘述。

4.3 底座与面板

在电子产品中，底座是安装、固定和支撑各种电子元器件、机械零部件以及插入单元等的基础结构，此外，有时底座在电路连接上还起公共接地点的作用。

4.3.1 底座

1. 底座的基本要求

底座的结构形式很多，目前，在电子产品中，普遍采用板料冲制折弯底座和铸造底座，在中小型电子产品中也采用塑料底座。

对底座的基本要求如下所述。

① 底座机械强度及刚度要好，能稳定可靠地支撑各种零件、组件和部件，能经受大的冲击和振动。

② 对零部件、组件的排列要留出装配工具的操作空间，如上螺钉、螺母的地方，要留出旋具和扳手操作空间。

③ 孔径尺寸种类应尽可能减少，且尽可能标准化。安装孔若采用椭圆形，在装配时可避免机械的二次加工。

④ 有些电子产品的底座应具有良好的导电性能，起到电路连接的公共接地点作用。

⑤ 加工方便，工艺性好，尽量采用标准结构。

2. 板料冲制折弯底座及设计

板料冲制折弯底座（如图 4-17 所示）采用金属薄板，经落料、冲孔压弯而成型。底座质量轻、强度较好、成本低，加工方便且便于批量生产，故应用广泛。

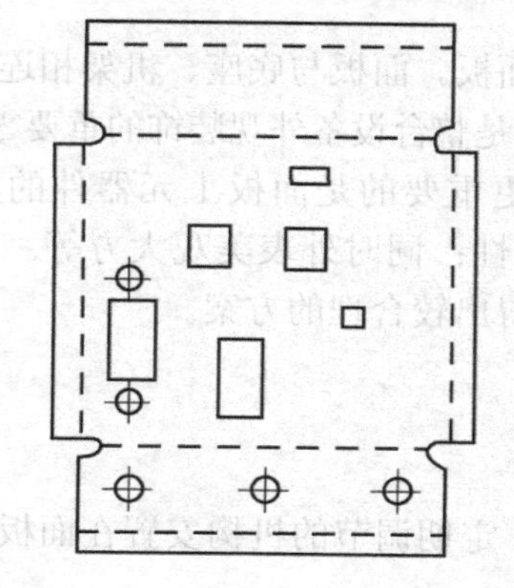
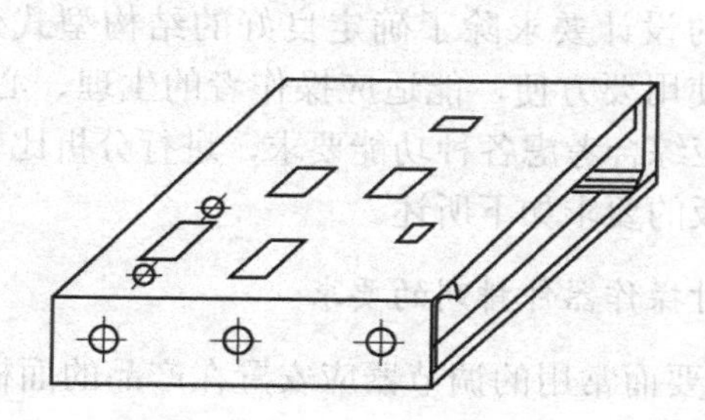

图 4-17 板料冲制折弯底座

根据使用要求不同，有的还可以用几个折弯件，经点焊（或纤焊）、铆接、螺栓连接装成较复杂的结构形式。如图 4-18 所示为两种板料冲制折弯底座的结构形式。

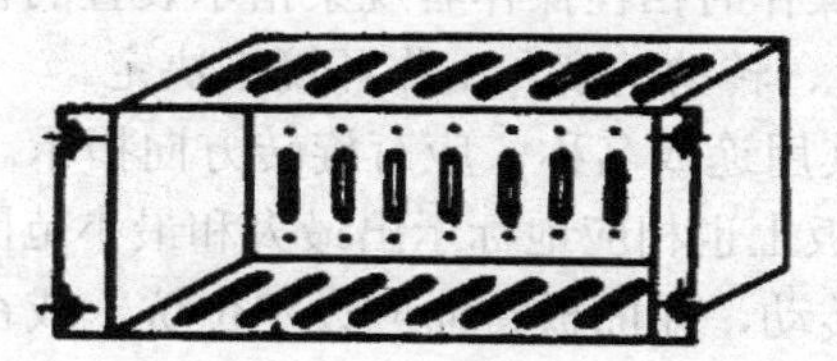
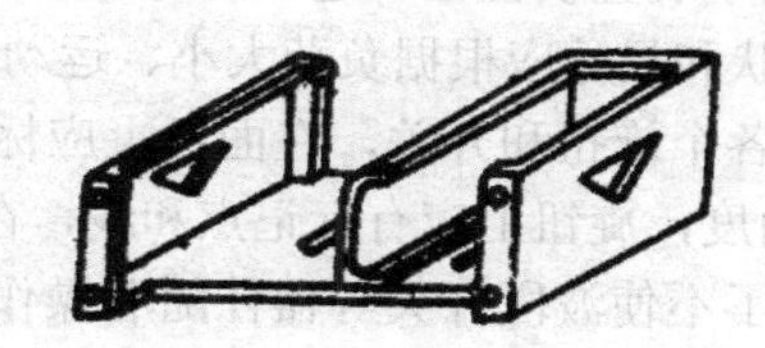

图 4-18 典型料冲制折弯底座

根据使用要求不同，底座可以制成整体式的，也可以先制成几个部分底座，然后再装配成组合底座。对于形状复杂、尺寸较大的底座，由于加工设备和模具的限制，一般不宜采用折弯成型。

3. 塑料底座及其设计

塑料底座目前大多用在中、小型电子产品中。塑料底座质量轻，而且具有绝缘功能，有良好的机械强度，可承受一定的负荷。

塑料底座在设计时除满足功能要求外，特别要注意其结构工艺性，使其结构既符合加工工艺的要求，同时又考虑到塑料模具结构的合理性。

4. 铸造（铸压）底座结构

在底座上安装质量较大、数量较多的零件，特别是对安装于底座上的机械传动装置有较高精度要求时，底座应有足够的强度和刚度，以保证受到振动、冲击等作用时底座不易发生变形，或零部件间不易产生相对位移。在这种情况下，采用铸造底座较为合适。

铸造底座的铸造方法有砂型铸造、压力铸造和金属型铸造等。

4.3.2 面板的结构设计

通常把用来安装控制和指示等装置的安装板称为面板。面板与底座、机架相连构成机柜机箱，它起着保护和安装内部元件的作用。另外，面板是整台设备外观装饰的重要零件。

面板的设计要求除了确定良好的结构型式外，更重要的是面板上元器件的布置要合理，操作使用要方便，能适应操作者的生理、心理特性；同时外表美观大方等。为此，面板的设计应综合考虑各种功能要求，进行分析比较，得出较合理的方案。

对面板的要求如下所述。

（1）对操作器件排列的要求

① 主要而常用的调节器应安置在产品的面板上，定期调节的机构安置在面板上小孔的内部，可用旋具伸进小孔内进行调节。

② 应尽可能减少控制旋扭和开关的数目。

③ 旋钮和开关的配置应尽可能与产品工作时的操作顺序相适应，从左向右排列，并且和有关的指示装置设置在一起，同时还应避免操作时挡住操作者观察指示装置的视线。

④ 形状和尺寸应根据负荷大小、运动速度、转动精度和工作环境来决定。

⑤ 对各个旋扭和开关，在面板上应标示其用途或名称，应有旋转方向指示。为了表示旋钮旋转角度，旋钮上应有标记点和线，在面板上也相应地标示出最大和最小范围。

⑥ 为了不使波段开关等器件随着操作而转动，在面板背面应设定位坑，或在面板内衬板上打定位孔。

（2）对指示器件排列的要求

① 面板上指示器件，如电表、度盘和显示屏等应使操作者在观察时感到清楚明确，度和数字的选择应根据人们的习惯来设计。

② 装指示器的面板应垂直于操作者的视线或略微向上倾斜。

③ 应尽量减少指示仪表的数目，尽可能采用一个仪表指示多种用途。

④ 读数指示装置和电表应尽可能采用同一型号、同一形状大小，以加强协调。在布置时，也应尽可能对称、整齐地配置，并按水平排列，以便于眼睛左右运动。

（3）对面板材料的要求

面板必须有足够的刚度和强度，与插箱、插件和机箱的连接要可靠，并且易于拆卸，在有些情况下，还要求便于密封。

4.3.3　元件及印制板在底座上的安装固定

由于各种产品的使用要求和选用的元件不同，元件在底座上安装固定方法亦各不相同。目前，小型电子元件都是先安置在印制板上，然后将印制板固定在底座上；而对于较大较重的零件，如变压器、开关、电位器和一般的机械零部件则直接安装在底座上。各种安装方法如下所述。

1．元器件在印制板上的安装

在印制板上直接安装的元器件，除阻容元件、晶体管和集成电路外，还有小型继电器、小变压器、小电位器及波段开关等器件。

阻容元件、晶体管和集成电路一般直接钎焊在印制板上，引线尽可能短。因此，目前对于中小功率电路多数用表面组装技术和工艺（如图 4-19 所示）代替传统的通孔插装工艺（如图 4-20 所示）。

表面组装技术（SMT）是无须对印制电路板钻插装孔，直接将表面贴装微型元器件贴焊到印制电路板或其他基板表面规定的位置上的电子装联技术，其与传统的通孔插装技术比较有以下特点。

① 抗振动冲击性能好。表面组装元器件比传统插装元器件质量大为减少，因而在受到振动冲击时，元器件对印制电路板（PCB）上焊盘的动反力较插装元器件大为减少，而且焊盘焊接面积相对较大，故改善了抗振动和冲击性能。

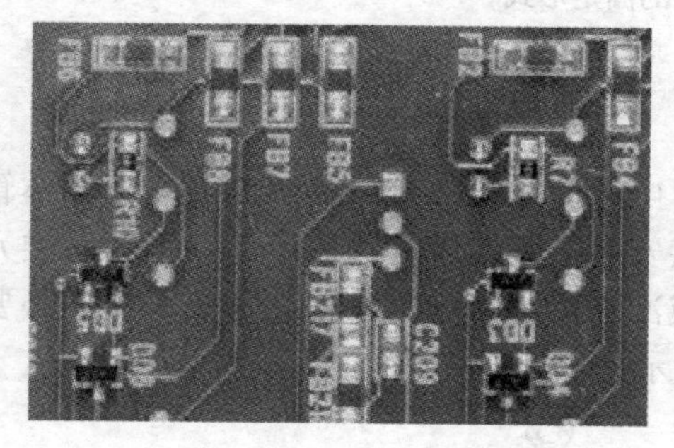

图 4-19　表面组装技术和工艺

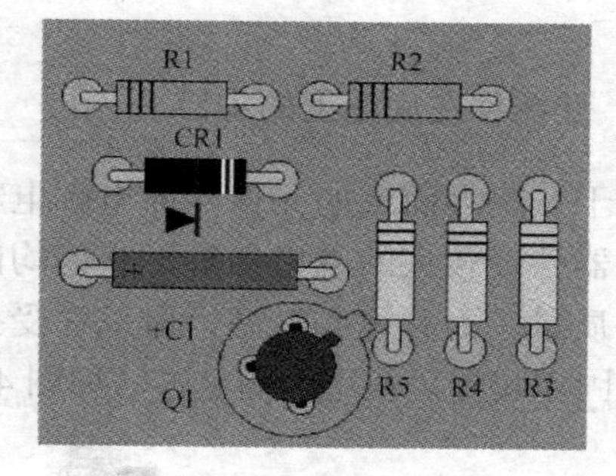

图 4-20　通孔接插工艺

② 有利于提高可靠性。焊点为面接触，消除了元器件与印制电路板（PCB）之间的二次互连，减少了焊接点的不可靠因素。

③ 工序简单，焊接缺陷极少。由于表面组装技术的生产设备自动化程度较高，人为干预少，工艺相对较为简单，所以工序简单，焊接缺陷少，容易保证电子产品的质量。

④ 适合自动化生产，生产效率高、劳动强度低。

⑤ 降低生产成本。但在大、中功率电路中仍广泛采用传统的通孔插装技术，因此需要采取一些措施以提高产品的可靠性。如装在运载工具上使用的产品，需用机械装置或黏合剂加以固定。有的晶体管在引线处采用塑料压制的衬套，或把晶体管管壳反过来插入底板的孔中，以免受振动、冲击后元件引线折断或脱落，影响设备正常工作。常用的固定形式如图 4-21 所示。

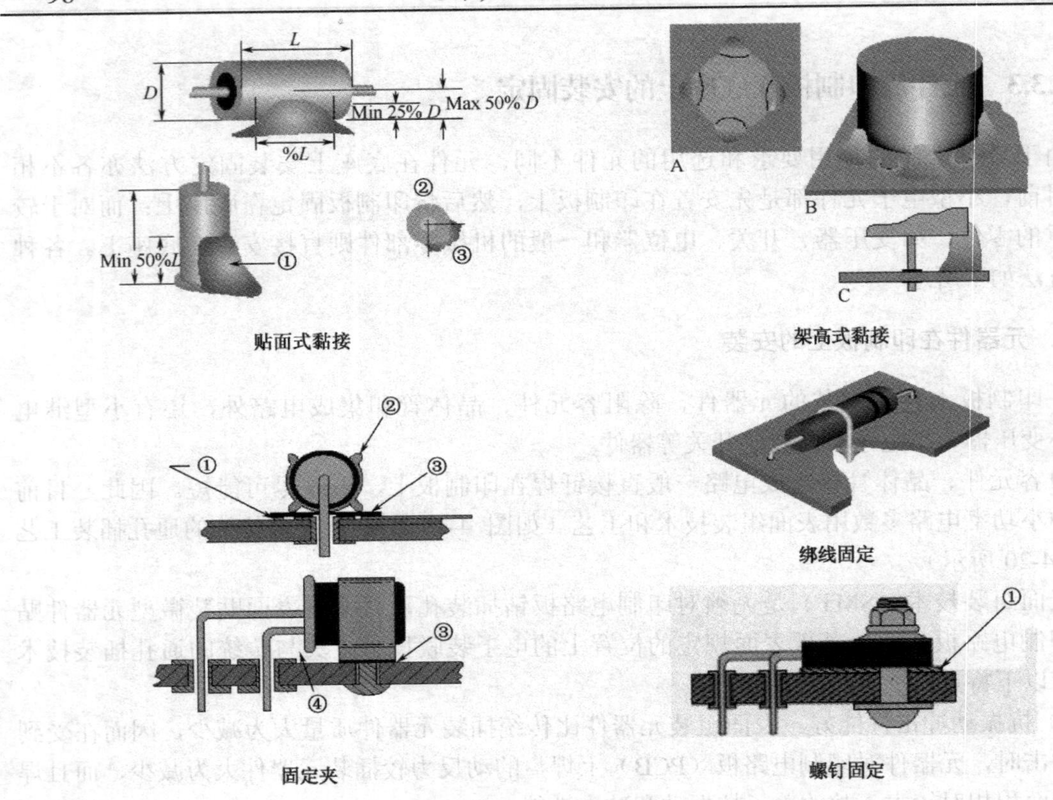

图 4-21　常用的固定形式

2．元器件在底座上的安装

对于一些大而重的元件，如电解电容器、电源变压器、带散热器的大功率晶体管、三端稳压器件及较大的继电器等，它们均能直接安装在刚性较好的底座上。因为这类元件具有一定质量，而且重心较高，所以在受振动或冲击后容易脱落，因此常采用一些必要的机械夹紧固定装置，常用的固定方法如图 4-22 所示。

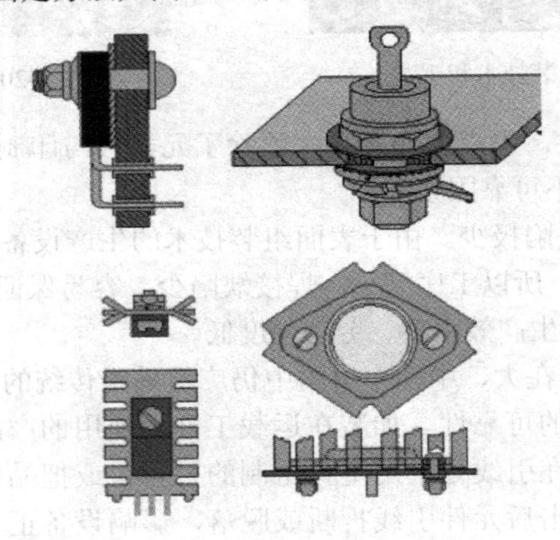

图 4-22　元器件在底座上的安装

3. 印制板在底座的安装

印制板在底座上典型的安装方法有以下几种，如图 4-23 所示。

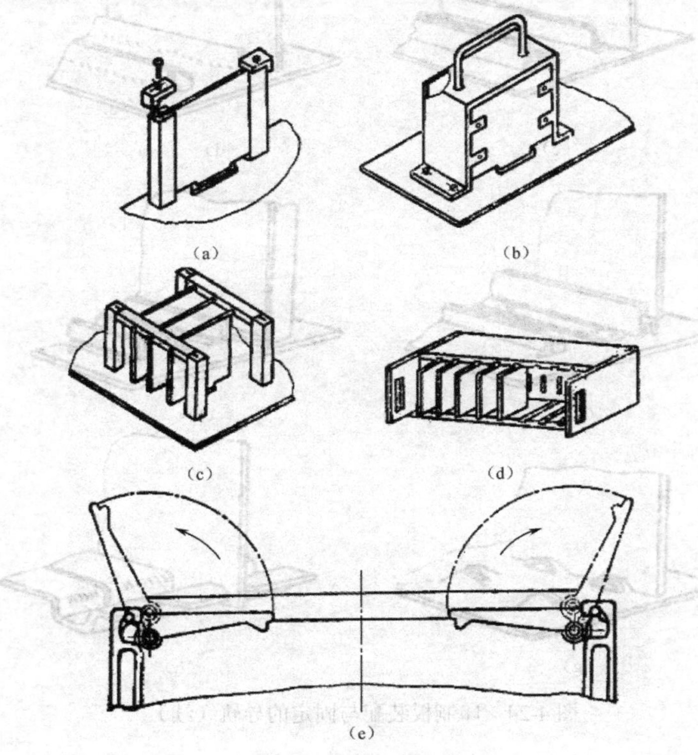

图 4-23　印制板的安装

① 印制板插件沿槽形立柱插入底座上的插座中，上面加压板用螺钉压紧，如计算机内的网卡、显示卡等。

② 两块印制板先安装在支架上，然后安装在底座上。

③ 用旋转式槽形压板固定印制板。

④ 印制板插件直接沿着底座上导轨插入底座，前面用压板压紧。

⑤ 印制板上附有把手，把手即起固定卡紧作用，又可用于拆卸印制电路板。

4. 印制板导轨

印制板装配与固定的导轨一般为滑动摩擦导轨，典型结构如图 4-24 所示。

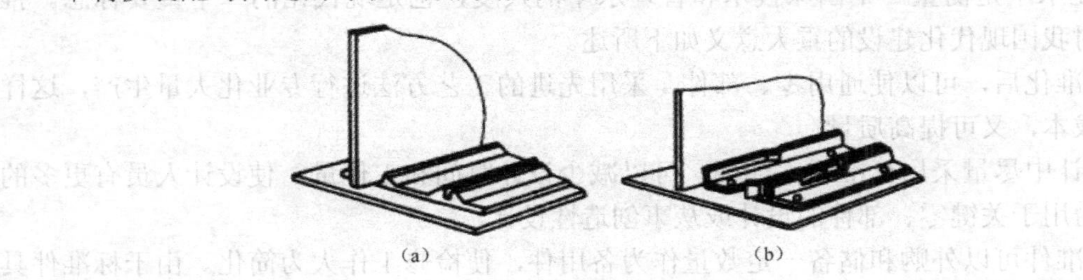

图 4-24　印制板装配与固定的导轨

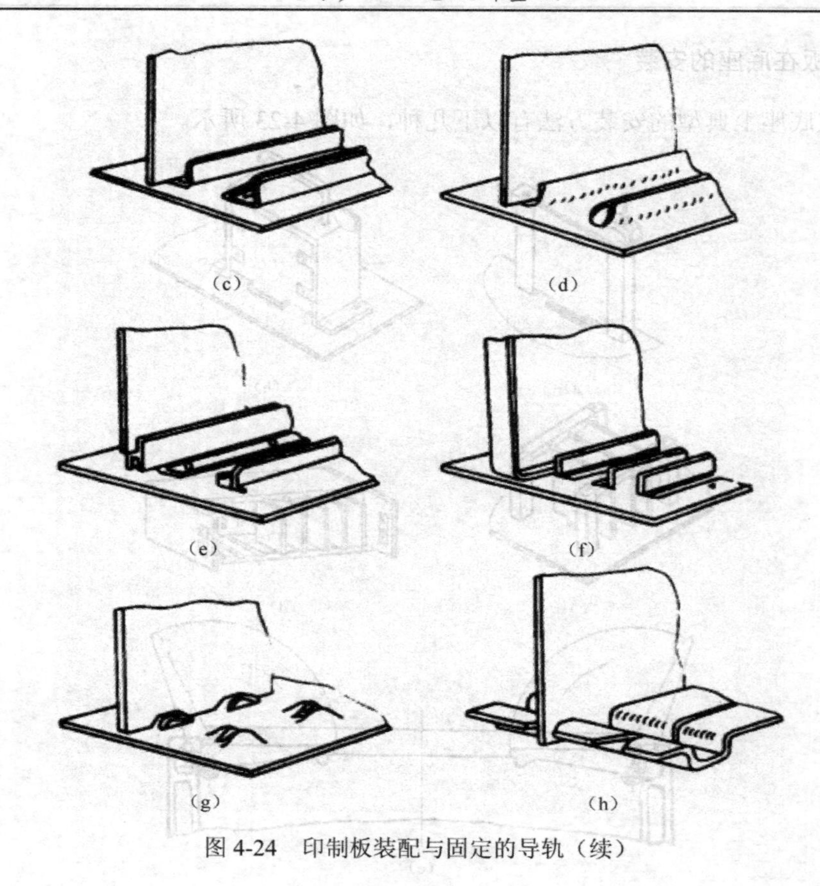

图 4-24　印制板装配与固定的导轨（续）

4.4　机箱标准化

4.4.1　概述

标准化是指对产品的品种、规格、质量、技术条件及检验、试验方法等制订一些强制性的技术规定。标准化是国家的一项重要技术、经济政策。加强标准化工作，对于保证和提高产品质量，合理发展新产品品种，缩短新产品研制和生产准备周期，保证产品互换性和生产技术的协作配合，以及便于使用维修，降低成本和提高生产率等都具有十分重大意义。标准化水平是衡量一个国家技术和管理水平的尺度，也是现代化的一个重要标志。推行标准化对我国现代化建设的重大意义如下所述。

① 标准化后，可以使通用零、部件，采用先进的工艺方法进行专业化大量生产，这样既可降低成本，又可提高质量。

② 设计中尽量采用标准零、部件，可以减少设计时间和工作量，使设计人员有更多的时间和精力用于关键零、部件的设计或从事创造性设计。

③ 标准件可以外购和储备一定数量作为备用件，使检修工作大为简化。由于标准件具有互换性的优点，当其失效时，即可很方便地换上备用件。

④ 技术条件和检验、试验方法标准化后，既可改进标准件的质量，又可提高其可靠性。

通用化是尽量减少和合并产品的型式、尺寸和材料品种等，使标准零件尽可能在不同规格的产品上通用。即在同一类型，不同规格或不同类型的产品中，提高部分零部件或整件彼此相互通用程度。

系列化则指在同一类型产品中，根据生产和使用的技术要求，经过技术和经济分析，适当地加以归并和简化，将产品的主要参数和性能指标，按照一定的规律进行分档，合理安排产品的品种规格，以形成系列。

技术标准是对产品和工程建设的质量、规格及其检验方法等方面所作的技术规定，也是从事生产与建设工作的一种技术依据。在我国，技术标准分为国家标准、部颁标准和企业标准三级。在贯彻技术标准的过程中，对一些基础性的国家标准、部颁标准，一般都适合企业各类产品的具体情况。当上级标准所规定的内容不能满足企业使用时，应在不违反上级标准的精神实质下，进行补充或提高某些技术标准，以适应本企业各类产品的需要。

技术标准按其内容也可分为基础标准，产品标准、毛坯原料标准、工艺标准等。我国电子产品结构标准化工作是从电子仪器机箱结构标准化工作开始的，随着电子工业的迅速发展，近十几年，我国分别制定了有关标准，以一般通用的室内、坑道、车厢和舱室等方面使用的电子产品以及插箱（分机）面板的宽度和高度为基础，确定机架、机柜的尺寸系列，其目的在于统一电子产品的尺寸制式。

电子产品结构设计人员，必须牢固地树立标准化的设计思想，熟悉和了解现有有关各类技术标准，并做到认真贯彻，严格执行。同时在设计实践过程中不断地总结经验，进一步完善和发展现有的标准，以取得最大的技术、经济效果。

4.4.2　积木化结构

积木化就是把一些通用性、重复性较大的部分，用成熟的电路和结构形式固定下来，使之标准化、系列化，并在一定范围内规定为通用的标准单元。在设计新的整机时，使用这些积木式组件（或稍加补充）即可构成一个新品种，这样就可以大大缩短设计和试制周期，减少重复劳动，使产品结构紧凑，操纵维修方便，提高生产效率和产品质量。

积木化采用标准单元来组装整机。这些单元在电路上应具有独立的功能，在结构上要便于实现接插式组合。对电子仪器，积木化主要是解决品种、质量、效率的问题。对于军用和复杂的电子产品来说，积木化则可减小体积，减轻质量，提高可靠性，易于更换、维修。

通常，积木式组件可分为功能积木组件和非功能组件。功能积木组件是指本身能完成一定功能的积木化结构。一个产品可由几个或几十个功能积木组件组成。例如，一台电视机由高频头、通道、视频放大、帧扫描、行扫描、音频放大和电源稳压七个积木组件组成。

非功能组件是指不能构成独立功能的组件。例如，在有些构成独立功能的电路中，由于有几个大功率或高电压的元器件，或者某些易受振动、冲击影响的元器件不宜组装在一个功能组件中，而将这些元器件从功能组件中抽出隔离开来，抽出某些元器件后的电路组件称为非功能组件。

积木化的形式有多种多样，应用范围甚广，从最小的集成电路块到功能插箱，都可以采用积木化结构，在结构设计中应尽量提高积木化的程度。

积木化结构类型很多，一般可以分为如下几种。

1. 框架-面板式积木化结构

许多大型设备（如通信机站、卫星地面站、巨型计算机等）和部分中型电子产品均采用这种结构。如图 4-25 所示为一框架-面板式积木化结构。

该产品的插箱机架由一个波纹状的钢制底板（7），在后部安装一个钢制插座安装框（5）〔其上装有插座（6）〕，在前面设有钢制导轨支架（3）组成。底板制成波纹状是为了获得较好的刚度。铝板制的导轨（4）由机架前部的导轨支架和后部的插座安装框来支承固定。导轨上下有两个凹槽，可以将积木式组件（插入单元 1，2）插入。铝制导轨同时起着屏蔽和散热作用。

2. 积木块组装机箱结构

将电子产品按电原理方框图划分成一系列具有独立功能的电路单元，并把每一单元的器件装入一个积木盒内（称为积木块），然后把积木块分别固定到底座上而构成积木块组装机箱结构（如图 4-26 所示）。积木化结构的发展前途广阔，对于复杂的电子产品，使用积木化意义更大。

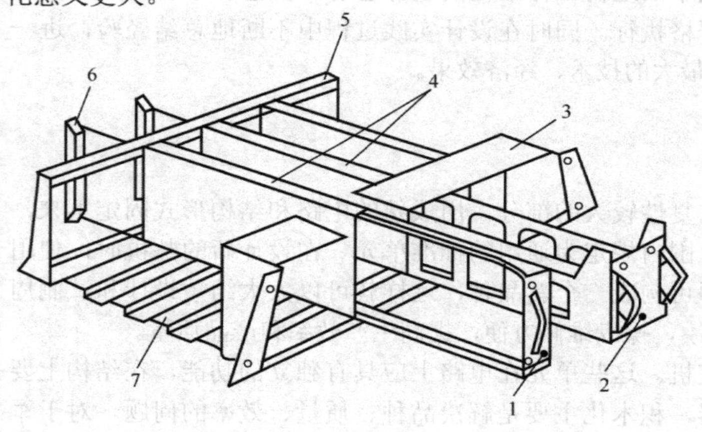

图 4-25　框架-面板式积木化结构

1、2—插入单元　3—导轨支架　4—导轨　5—插座安装框
6—插座　7—框架底板

图 4-26　积木块组装机箱结构

第5章　电子设备的工程设计

电子设备在使用和运输过程中，要经受各种环境因素和机械因素的影响。因此，必须以电子设备实际的使用和运输要求设计产品，使其能在相应环境下正常工作。电子设备的防护设计主要针对环境因素和机械因素的影响。此外，现代电子设备设计，不仅要求造型新颖、美观、大方，色彩符合现代人的欣赏习惯，以及使用新材料、新工艺、新结构，还包括产品的设计必须符合人机工程学的要求。

5.1　机 械 防 护

电子设备在使用和运输过程中，要经受各种机械因素的影响。其所经受的机械作用可分为两类：一是电子设备工作时产生的机械摩擦和磨损，如电子设备中伺服系统的长期工作所产生的磨损使产品精度降低；电位器的长期工作所产生的磨损使其电参数发生变化而失效。二是电子设备在运输过程中和在运载工具中工作时，受到外界的动力作用，虽然是随机产生的，但终将可能对产品造成严重破坏性后果。我们在此所讨论的机械因素对电子设备的影响是指电子设备所受到的各种动力作用，包括振动、冲击、碰撞、惯性力和离心力等。电子设备受上述机械力的作用，有可能造成产生故障。

5.1.1　机械环境

电子设备在运输和使用过程中会受到干扰机械力的形式包括振动、冲击、离心力和机构运动所产生的摩擦力等。在设备所处的场所，这些对电子设备构成影响和干扰的机械力通常统称为机械环境。根据机械环境对电子设备的作用性质，可将其分为几种类型。

1．振动

物体受重复交变力（激振力）作用即产生振动，这时物体作周期性往复运动。激振力启源于运载工具的发动机及电子设备的高速旋转体的质量偏心等。振幅大小和振动频率高低取决于运输工具和电子设备具体安装应用场合。振动可能是单一频率的，也可能是多种频率振动的叠加。

2．冲击和碰撞

这是指机械力的非周期性扰动对电子设备的作用，其特点是作用时间短暂，但加速度很大。根据对电子设备作用的频繁程度和强度大小，非周期性扰动力又可以分为冲击和碰撞力。

冲击和碰撞是一种不规则的瞬间外力作用于电子设备的现象。如果这种外力随机出现，作用时间极短，加速度大，称为冲击。如这种外力具有重复性，作用时间较冲击长且加速度不大，称为碰撞。冲击和碰撞从本质上来看没有多大的区别，只是对电子设备的影响有所不同。冲击持续时间越短，冲击加速度越大，其破坏作用越大。

（1）碰撞

碰撞是设备或元件在运输和使用过程中经常遇到的一种冲击力，例如，车辆在坑洼不平道路上的行驶、飞机的降落以及船舶的抛锚等。这种冲击作用的特点是次数较多，具有重复性，波形一般是正弦波。

（2）冲击

冲击是设备或元件在运输和使用过程中遇到的非经常性的、非重复性的冲击力。例如，撞车或紧急刹车、舰船触礁、炸弹爆炸和产品跌落等。其特点是次数少，不经常遇到，但加速度大。

3．惯性力和离心力（或离心加速度）

惯性力是由运载工具变速运动时所产生的加速度引起的。加速度越大，电子设备所承受的惯性力也越大。离心加速度是电子设备进行旋转或曲线运动时所产生的加速度，离心加速度越大，电子设备所承受的离心力也越大。惯性力和离心力过大可能带来严重后果。

离心力所造成的破坏是严重的。例如，具有电接触点之类的电器产品，如继电器、开关等，当离心力作用方向恰好与电接触点的开、合方向一致时，若离心力大于电接触点间的接触压力，触点将自动脱开或闭合，将造成系统误动作、信号中断或电气线路断路等故障。

4．随机振动

随机振动是指机械力的无规则运动对产品产生的振动干扰。随机振动在数学分析上不能用确切的函数来表示，只能用概率和统计的方法来描述其规律。随机振动主要是由外力的随机性引起的，例如，路面的凹凸不平使汽车产生随机振动；海浪使船舶产生随机振动；火箭点火时由于燃烧不均匀引起部件的随机振动等。

5.1.2　隔振和缓冲设计

系统的振动特性受质量、刚度和阻尼 3 个参数的影响。对于电子设备的振动和冲击隔离来说，隔振系统的质量一般是指电子设备的质量，而刚度和阻尼则由电子设备的支撑装置提供。用于减弱振动和冲击传递的支撑装置称为隔振器。在工程中，隔振器又被习惯性地叫作减振器。通常，由许多电子器件组装成的电子设备是一种精密仪器，在机械环境中，尤其是在运载工具中，电子设备及其内部的电子元器件、机械零部件及组件等都不可避免地受振动冲击的干扰。因此，采用减振器进行隔离就成为减弱振动、冲击对电子设备干扰的一种主要措施。

1．减振器的类型

减振器所用的弹簧种类繁多，提供弹性恢复力的材料有橡胶弹簧、金属弹簧、空气弹簧、泡沫材料、软木和毛毡等。目前，已经生产了各种类型的标准减振器，可根据电子设备所处的机械环境正确选用减振器，并进行合理布局，使之组成一个较为完善的防振缓冲系统，以达到对电子设备进行机械防护的目的。比较而言，橡胶和金属弹簧减振器的结构紧凑，工艺成熟，生产成本低，适用性强，可靠性比较高。因此，这两种减振器被广泛应用于电子设备的振动、冲击隔离。

（1）橡胶减振器

橡胶减振器是以橡胶作为减振器的弹性元件，以金属作为支撑骨架，故也称为橡胶-金属减振器。

橡胶减振器是以橡胶作为减振器的弹性材料，其特点如下所述。

① 取型和制造比较方便。根据需要可随意选择三个相互垂直方向上的刚度，改变橡胶的内部构造，可大幅度改变弹簧刚度。

② 橡胶自身具有较大的阻尼，对高频振动的能量吸收有显著效果。使用橡胶减振器的动力机器在通过共振区时，不致产生过大的振幅，故不需另加阻尼器。

③ 阻尼比 ξ 随橡胶硬度的增大而增加。当长时间处于共振状态时，橡胶会发生蠕变而使阻尼失效，故橡胶减振器适合于系统偶尔发生共振的情况，也适合于静位移小而瞬时位移可能很大的冲击。因此，橡胶能承受瞬时的较大形变，承受冲击力，缓冲性能较好。

④ 动载荷下的弹性模量比静载荷大，两者比值一般在 1～2 之间。随着硬度的增加以及频率的升高，动态弹性模量也会变大。采用橡胶减振器的系统，其动态固有频率与静态力学性质求得的固有频率不同，这是由于橡胶具有弹性后效特性之故。当橡胶受力时，变形总是滞后于作用力，即作用力改变时橡胶的变形并不同步改变。所以橡胶的动刚度比静刚度大，设计或选用减振器时必须考虑这一因素。当系统受到冲击时，橡胶减振器的冲击刚度比静刚度、动刚度都大，这对缓冲特别有利。

⑤ 天然橡胶的性质受环境条件影响大，当温度低至-60℃时，橡胶硬度显著增加，失去隔振作用；当温度高于 60℃，表面产生裂纹并逐渐加深，最后失去强度。此外，天然橡胶耐油性差，对酸和臭氧等反应敏感，容易老化。

上述缺点一部分已被人工橡胶所克服，例如，丁睛橡胶可在油中使用，硅橡胶的使用温度可提高到 115℃。

目前，在电子工业中，常用橡胶减振器，如 JP 型平板式减振器和 JW 型碗形减振器，如图 5-1 和图 5-2 所示是这两种减振器的结构图。

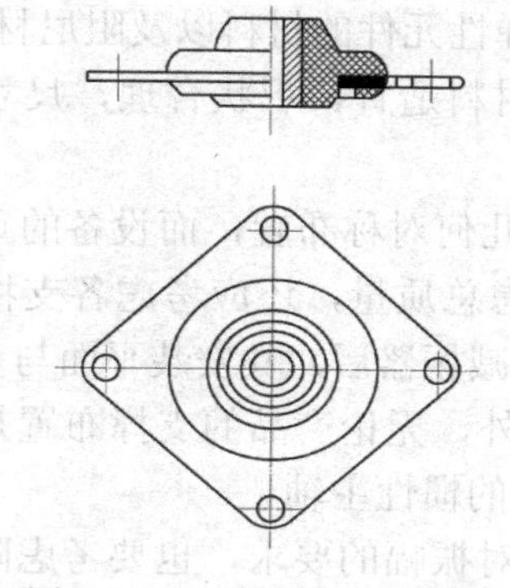

图 5-1　JP 型平板式减振器

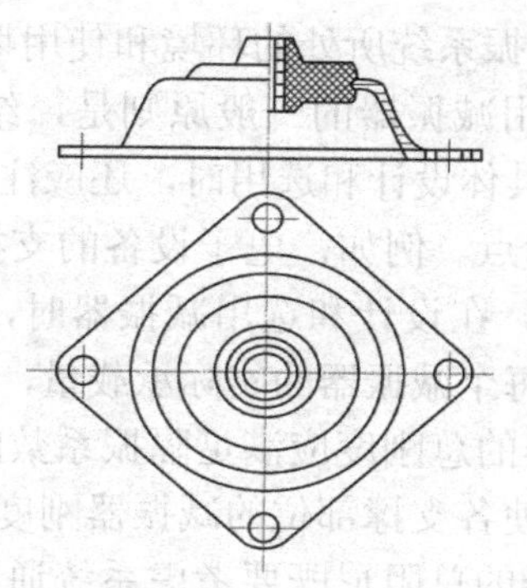

图 5-2　JW 型碗形减振器的结构图

（2）金属弹簧减振器

金属减振器用弹簧钢板或钢丝绕制弹簧而制成的，常用的弹簧有圆柱形弹簧和圆锥形弹簧，是以金属作为弹性材料的减振器，其特点如下所述。

① 材料的性能稳定，对环境条件反应不敏感，可在油污、高低温等恶劣环境下工作，不易老化。

② 动刚度和静刚度基本相同，而且刚度的取值范围很大，故适用于静态位移要求较大的减振器；弹簧不但能做得很柔软，亦能做得非常硬。当工作应力低于屈服应力时，弹簧不会产生蠕变；但是当应力超过屈服应力时，也会使弹簧产生永久变形。因此，使用时应保证动态应力不超过弹性极限。

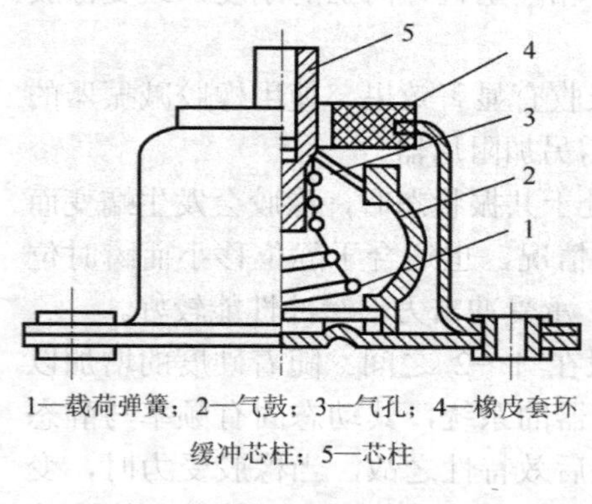

1—载荷弹簧；2—气鼓；3—气孔；4—橡皮套环缓冲芯柱；5—芯柱

图 5-3　JZN 型减振器结构图

③ 材料自身几乎无阻尼，容易传送高频振动，或者由于自激振动而传送中频振动。在经过共振区时，产品会产生过大的振幅，有时需要另加阻尼器或在金属减振器中加入橡胶垫层、金属丝网等以克服这一缺点。

④ 弹簧的设计与计算资料比较成熟，刚度可制造得相当准确。金属弹簧种类很多，如圆柱形弹簧、圆锥形弹簧和盘形弹簧等，其中圆柱形弹簧应用最广。

目前，在电子工业中的金属减振器大多数未标准化，需要根据具体条件来设计。常用的标准金属减振器有 JZN 型，如图 5-3 是这种减振器的结构图。

2．减振器选用

（1）设计、选用的原则

在电子设备的隔振设计中，应尽量选用已颁布的标准产品，对于一些有特殊要求而又无标准产品可用的场合，则可根据需要自行设计减振器。

设计减振器要考虑的主要因素如下所述。

① 根据对隔振系统固有频率和减振器刚度的要求，决定减振器的形状和几何尺寸。

② 根据对系统通过共振区的振幅要求，决定阻尼系数或阻尼比。

③ 根据隔振系统所处的环境和使用期限，选取弹性元件的材料以及阻尼材料。

设计和选用减振器的一般原则是，结构紧凑，材料适宜，形状合理，尺寸尽量小，隔振效率高。在具体设计和选用时，还应注意以下因素。

① 载荷特点。例如，电子设备的支撑大多采用几何对称布置，而设备的重心却往往偏离几何对称轴。在设计和选用减振器时，不仅要考虑总质量，还应考虑各支撑部位的重力大小，以确定每个减振器的实际承载量，使产品安装减振器后，其安装平面与基础平行。

② 减振器的总刚度应满足隔振系数的要求。此外，无论产品的支撑布置是否与几何中心对称，均应使各支撑部位的减振器刚度对称于系统的惯性主轴。

③ 减振器的总阻尼既要考虑系统通过共振区时对振幅的要求，也要考虑隔振区隔振效率，尤其是当频率较高时对振动衰减的要求。

（2）橡胶减振器的设计

橡胶减振器是以橡胶作为减振器的弹性元件，以金属作为支撑骨架，故称为橡胶-金属减振器。这种减振器由于使用橡胶材料，因而阻尼较大，对高频振动的能量吸收尤为显著，当振动频率通过共振区时，也不至产生过大的振幅。橡胶能承受瞬时的较大形变，因此能承受冲击力，缓冲性能较好。这种减振器采用天然橡胶，受温度变化大，当温度超过60℃时，表面会产生裂纹并逐渐加深，最后失去强度。此外天然橡胶耐油性差，对酸性和光等反应敏感，容易老化。近年来化工技术的发展，人工橡胶使其工作性能大大提高，如有多种可在油中使用的改性橡胶，出现了使用温度可在100℃以上的改性橡胶。

常用的橡胶减振器有 JP 型和 JW 型，性能基本相同，仅结构外形上有区别。这两种减振器额定载荷范围是 45～157.5 N，在常温和额定负荷下，垂直方向静压缩位移为 1.2～2.0 mm，其固有频率可查表求出。

① 硬度：

用于减振器的橡胶肖氏硬度范围为 30～70，橡胶的疲劳现象不明显，实验表明，经 30 万次振动后，其弹性模量几乎没有变化。

② 温度：

橡胶材料对温度比较敏感，在不同的温度下橡胶的弹性模量会发生变化。当电子设备及其隔振系统的温度变化范围较宽时，尤其要注意当弹性模量改变时对隔振性能的影响。橡胶材料的弹性模量通常是在常温下给出的，如果产品的环境温度变化较大，在计算弹性模量或刚度时，应将求得的参数乘上温度影响系数，所得修正参数才是橡胶材料在实际环境中的性能参数。然后，根据材料受温度影响的程度，判断其是否适应产品在不同环境中的使用要求。

③ 形状系数：

弹性模量与橡胶的相对变形、外形尺寸有关。根据橡胶的使用状态，将其表面分为约束面与自由面。约束面为加载面，在加载过程中，该面不变形；自由面是非加载面，该面在加载时会产生变形。约束面积与自由面积两者的比值称为形状系数。

相同的橡胶材料，形状系数不同其弹性模量也不同。在实验中，将测量所得的与形状系数有关的弹性模量称为表观弹性模量。

形状系数越大，则橡胶的总硬度越大。当橡胶减振器形状不太复杂时，其弹簧刚度可直接用计算方法求得。当形状复杂时，一般是将其分解成若干简单形状，分别求出各简单形状的刚度值，然后组合成减振器的刚度。

橡胶减振器的选用原则如下所述。

① 由电子设备的使用场合及运载工具，可以明确其所承受机械因素的性质和大小，如振动频率、加速度和冲击加速度等。

② 由电子设备的使用温度条件，可以明确所需减振器的工作条件。一般橡胶减振器的工作温度为-40～80℃，过冷橡胶会硬化，过热则橡胶会软化。

③ 由电子设备的外形、尺寸、质量和重心位置等，可以决定布置减振器的位置并确定支承点（设备上固定减振器的点）数量。

（3）金属弹簧减振器

金属弹簧减振器对环境条件反应不敏感，适用于恶劣环境，如高温、高寒和油污等；工作性能稳定，不易老化；刚度变化范围宽，不但能做得非常柔软，亦能做得非常钢硬。其缺点是阻尼比很小，因此必要时还应另加阻尼器或在金属减振器中加入橡胶垫层、金属丝网等。金属弹簧减振器一般未标准化，需要时可参考相关技术资料根据具体条件来设计。

3．隔振系统的设计

电子设备与动力机械不同，在大多数情况下，电子设备都仅仅是机械环境中的受害对象。所谓电子设备隔振，是指减弱振动、冲击等机械环境对产品的干扰或影响。因此，除非另有说明，这里所说的隔振，均指被动隔振。

常用的减振材料有软木、泡沫塑料、橡胶及金属弹簧等。在电子设备中使用最多的是橡胶减振器和金属弹簧减振器。

5.1.3　隔振和缓冲的结构设计

为了减少振动和冲击对电子设备内部元器件的影响，保证电子设备正常工作，可以采取下列几个方面的措施。

1．消除振源

减弱或消除振动和冲击的干扰源。例如，振动源、通风机和运载器中的发动机等都应进行单独隔振，对旋转部件应进行动平衡试验，消除制造、装配或材料缺陷造成的因偏心引起的离心惯性力。

2．结构刚性问题

当激振频率较低时，应增强结构的刚性，提高产品及元器件的固有频率与激振频率的比值，使隔振系数接近于 1，使设备和元件的固有频率远离共振区。在结构上可采取下列具体措施。

① 产品中的导线应尽可能编扎在一起，并用线夹分段固定在刚体结构上。

② 当安装在印制电路板上的电阻、电容、晶体管和集成电路模块较多时，尽量采用无引线元器件焊接，必须采用的带引线器件也应最大限度地缩短引线，以提高其刚度。

③ 在各种边界条件中，悬臂式结构的刚性最差，在振动激励下很容易引起结构损坏，这是结构设计中应避免的结构形式。

④ 提高元器件、组部件和结构本身的抗振动、冲击能力，采取各种措施增加元器件、部件和结构件的强度和刚度，合理地配置和安装元器件、部件，如图 5-4 所示。

⑤ 在振动源与敏感元件之间引入隔离措施。虽然振动和冲击是两种不同性质的机械因素，但在结构设计时，往往只采用减振器来隔离振动和冲击的影响。

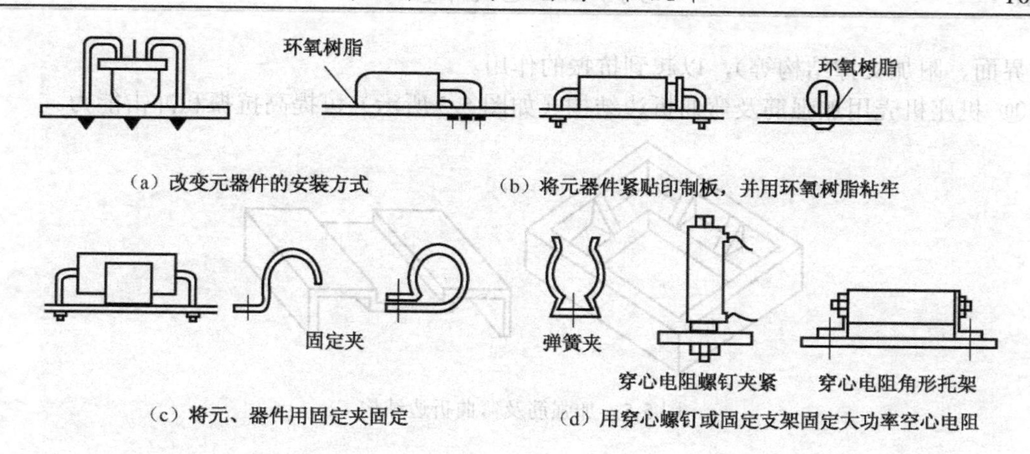

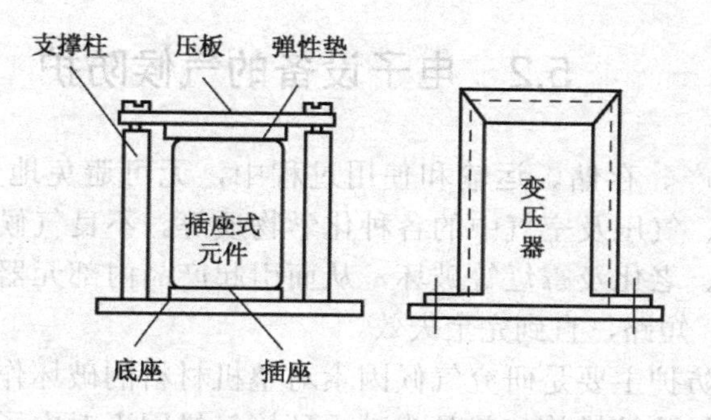

(e) 用压板螺钉或特制支架，固定插入式元件或变压器

图 5-4 提高抗振动、冲击能力的措施

根据减振器安装的位置不同，可分为主动隔离和被动隔离。将产生振动的产品，如发动机、电动机、鼓风机和各种泵等隔离起来，使振动源与支撑基座隔开，称为主动隔离。将需要减振和缓冲的电子设备或元器件、部件与支撑基座隔开，避免由于运输和其他机械因素干扰称为被动隔离。虽然这两类隔振、缓冲的对象不同，但隔振、缓冲的原理和方法是一致的，都是在产品下面或四周安置弹性体或减振器，以吸收振动和冲击的能量，减少对产品的影响。

⑥ 当激振频率较高时，用提高结构刚度的方法避开共振，会使产品笨重，成本提高。这时可在产品和基础之间安装减振器，以减少振动和冲击对产品的危害。

⑦ 对于陶瓷、玻璃等元器件（或其他脆性元件）与金属零件的连接处，或者某些结构或产品内部因元件排列密度高，空间有限而无法安装减振器时，可采用具有软弹性的胶状物充填在需要隔离的部位，以起到减振的作用。

⑧ 通常印制线路板上装有很多元件，除了本身的固有频率外，它上面的元器件都有各自的频率，因此在振动过程中相互间将出现耦合，从而使固有频率分布很宽。当受到激振干扰时，要想避开共振是很困难的。另外，还可用甲基硅橡胶灌封整个印制板插件，使印制板及其上的元器件成为一个整体，能很大程度提高印制装配板的抗振动、冲击的能力，但维修困难，必要时才能采用。

⑨ 提高印制线路板的自身刚度（附加加强筋）和装配刚度（如增加印制线路板边缘与

支撑界面、附加支撑结构等），以起到抗振的作用。

⑩ 机座机壳用加强筋及弯曲折边结构（如图 5-5 所示）可提高抗振和冲击能力。

图 5-5　加强筋及弯曲折边结构

5.2　电子设备的气候防护

电子设备在生产、存储、运输和使用过程中，无可避免地受到各种环境和气候的影响，如温度、湿度、气压及空气中的各种化学物质等。不良气候将使产品的结构、材料遭受不同程度的腐蚀、老化及霉烂等破坏，从而引起产品内部元器件性能变化，绝缘程度下降，甚至发生漏电、短路，直到完全失效。

电子设备气候防护主要是研究气候因素对整机材料的破坏作用及其防护问题。对电子设备采取的各种气候防护措施，就是为减少环境气候因素对电子设备的影响，从而提高产品的可靠性。

对电子设备气候影响的维护，可从以下几方面考虑。

1. 选用适当的材料

这是从根本上提高产品内部元器件、零部件抗气候因素影响能力的办法。例如，选用耐腐蚀性良好的金属和非金属（包括涂料膜）材料、耐温性高的绝缘材料，以及化学稳定性好的材料等。

2. 采用化学和电化学等防护方法

对产品的机壳或内部零部件所使用的有机或无机绝缘材料等，采取相应的化学和电化学防护方法，可以提高它们抗各种气候因素影响的能力。化学和电化学防护方法的选择与产品内部零部件所采用的材料和使用的环境有关。通常的防护方法有电镀、油漆、化学涂覆等。对于一些湿热地区或其他特殊气候条件下使用的产品，必须采取一些特殊的防潮湿、防盐雾、防霉菌等化学防护方法。

3. 采取相应的结构措施

对于长期工作在恶劣气候和气压很低条件下的电子设备，可以采用各种密封结构。密封是防止潮湿及其他腐蚀性介质长期影响的有效办法。

5.2.1　腐蚀效应

1．腐蚀效应概述

当电子设备经历潮湿或其他恶劣气候环境时，有可能因为腐蚀效应而失效。材料受环境介质的化学作用而发生性能下降、状态改变，直至损坏、变质，这就是腐蚀。现已发现，几乎所有材料（金属和非金属材料）在使用过程中，由于受环境作用都会发生腐蚀。

根据被腐蚀材料的种类，可分为金属材料腐蚀和非金属材料腐蚀两大类。

金属与周围环境介质之间发生化学或电化学作用，而引起的破坏或变质称为金属腐蚀。按腐蚀机理分类可分为化学腐蚀、电化学腐蚀和物理腐蚀。

化学腐蚀主要为金属在无水的液体和气体以及干燥气体中的腐蚀。在干燥的空气中，金属与氧作用形成表面氧化膜层，可列入化学腐蚀范围。

物理腐蚀是指金属由于单纯的物理溶解作用引起的破坏，金属与熔融液态金属相接触引起的金属溶解或开裂就属于物理腐蚀。

电化学腐蚀是指金属表面与离子导电介质发生电化学反应引起的破坏。金属材料在潮湿的大气、海水和土壤等自然环境及酸、碱、盐溶液和水介质中的腐蚀都属于电化学腐蚀。电化学腐蚀是最普遍、最常见的金属腐蚀，在造成电子设备故障的常见原因中，金属的电化学腐蚀是最常见的因素。大多数电子设备的制造、运输、储存和使用都是在地面或接近地面的地方进行，因此金属材料在潮湿大气中的腐蚀破坏是电子设备防腐蚀设计重点考虑的问题。

非金属材料在化学介质中或化学介质与其他因素（如应力、光和热等）共同作用下，因变质而丧失使用性能称为非金属材料腐蚀。电子设备使用的非金属材料以有机高分子材料最为广泛，如塑料、涂料、薄膜和绝缘材料等。高分子材料腐蚀的主要形式有老化、化学裂解、溶解和应力开裂等。高分子材料在一般大气环境中的老化是电子设备中常见的腐蚀现象。高分子材料不导电，也不以离子形式溶解，其腐蚀过程难以用电化学规律阐明。

金属的腐蚀过程大多在金属表面发生，但高分子材料不同，其周围的腐蚀介质（气体、蒸汽和液体等）向材料内部渗透、扩散是腐蚀的主要原因。

由于生物活动而引起材料变质破坏的现象通常称为生物腐蚀，其中由于霉菌和其他微生物引起的腐蚀称为霉变。对于电子设备，尤其是对微电子设备，霉变导致绝缘材料的绝缘性能下降、印制电路或细微金属导线的短路等，可导致严重故障。因此，防霉变设计也是电子设备环境防护设计中不可忽视的一项内容。

应该强调指出的是，由于电子元器件的微型化和高密度组装，使得一些腐蚀现象往往用肉眼难以观察到，但其微弱的腐蚀程度和微量的腐蚀产物可引起强烈的腐蚀效应。例如，附着在继电器接点上的腐蚀产物可以引起导通失效；铜、银导电器件表面生成的氧化膜或硫化膜使其导电率发生极大变化；光学透镜发霉后形成雾状蚀斑等。

现代科学技术的发展，要求电子设备具有更高的精度和可靠性。但是，目前的电子设备比几年前制造的电子设备更易于受到腐蚀的损害。密集的装配、高阻抗的电路以及很高的放大率，使现代器件对表面腐蚀更为敏感，这是从未有过的，也使得防腐蚀设计变得更加重要。

我们所讨论的腐蚀防护设计的范围，包括金属材料腐蚀、高分子材料老化和微生物腐蚀三部分。

2．腐蚀性环境因素

凡是能够作为腐蚀介质引起材料腐蚀的环境因素都可称之为腐蚀性环境因素，主要有以下几种。

（1）水分

无论是以湿气、蒸汽形式存在还是以液体水的形式存在，它们都是最基本的腐蚀介质。它侵蚀金属和非金属，还帮助微生物生长。水分来自降水（雨、雪、冰、霜和雾）、自然水（江、河、湖和海）、冷凝水和潮湿空气等。

（2）氧和臭氧

空气和水中的氧和臭氧是加速高分子材料老化的主要因素。

（3）温度

高温增加材料的化学活性，化学反应的速度一般都按温度每升高 10℃而增加一倍的规律加速。因此，温度升高，腐蚀速度加快。温度与湿度的效应是并存的，温度下降引起相对湿度升高，有可能发生凝水。

（4）腐蚀性气体

二氧化硫、硫化氢、氧化氮、氯、氯化氢、氨和有机酸气体等都会引起材料腐蚀。这些气体来自工业大气和某些高分子材料的释放物。

（5）盐雾

盐雾是由含盐的微细液滴所构成的弥散系统。大气中的盐雾主要出现在海上和沿海地区，也出现在盐碱地区的空中。海水中，海浪不断相互撞击和拍击海岸，产生大量泡沫，这些泡沫被气流撕成细小液滴飘向空中，经过裂解、蒸发和混合等复杂过程，成为一种弥散系统。内陆盐碱地区的含盐泥土被风刮起，并粉碎成尘埃飘向空中，经过复杂的过程也形成盐雾。盐雾中溶有大量的以氯化钠为主的盐类，对金属有极强的腐蚀性。降落在绝缘体表面，作为一种导电液体将严重降低表面电阻，如果被吸收，则降低体积电阻。

（6）沙和灰尘

沙和灰尘往往在工业区出现，其中含有大量焦油产物、灰分及煤烟。沙尘指风带起的粉末状的沙子。沙和灰尘是高度吸湿的，落在电子元件表面上，能保持潮湿，其中可溶性物质溶于水分中形成电解液。火山区的灰尘含有硫，对许多材料都有很大腐蚀性。

（7）太阳辐射

有机化合物和合成材料最易受阳光影响而老化变质。在地球上，最大的太阳辐射发生在热带和赤道区。但在温带区，太阳辐射热效应和光化学效应的组合仍然有很大的损害性。在我国，最大太阳辐射出现在西部高原地带。

（8）微生物和动物

这是生物性环境因素，主要指霉菌和一些对材料和产品有破坏作用的昆虫、鼠类及鸟类等，它们的生存活动与气候条件有密切关系。

在一个具体的环境中，通常同时存在几种环境因素，因此，要考虑各种环境因素的综合作用。在沙漠气候环境中，高温（日间）、太阳辐射和沙尘是主要因素。在热带湿热条件下，高温加剧了湿度、盐雾的作用，有利于霉菌的生长（在某个温度范围）。

环境条件中的机械性因素（振动、冲击和加速度等）和电磁性因素（磁场、电场等），如果单独出现并不引起腐蚀性损害，当这些因素与腐蚀性因素共同作用时，则能够增大腐蚀程度。

作为一个明显的例子，在腐蚀介质与拉伸应力共同作用下，金属材料有可能发生应力腐蚀破裂，这是一种后果十分严重的局部腐蚀现象。

3. 防腐蚀设计的基本要求

实践证明，采取恰当的防护措施，腐蚀可受到一定程度的控制，有些腐蚀事故是可以避免的。防腐蚀措施应该在电子设备的设计阶段确定，这一责任主要落在设计人员身上。

在进行防腐蚀设计时，应该考虑的主要因素有：电子设备可能遭遇的环境条件及主要的腐蚀性环境因素；对腐蚀损坏最敏感的部位（包括元器件、零部件和材料）；要求保护的程度（临时性防护、可更换零件防护和稳定永久性防护等）以及允许采用的防护手段。通过对各种因素的综合分析，预测可能发生的腐蚀类型和危险性后果，从而确定合理而有效的防腐蚀措施。防止电子设备腐蚀损坏的基本方法有以下几种。

① 采用高耐蚀性材料。

② 消除或减弱环境中的腐蚀性因素。

③ 对不耐蚀材料进行耐蚀性表面处理。

④ 防腐蚀结构设计。

⑤ 电化学保护。

只用一种方法来达到防止腐蚀的目的是不切实际的，通常将几种方法结合起来使用，以获得最佳结果。

5.2.2　潮湿侵蚀及其防护

1. 潮湿对电子设备的危害

潮湿、盐雾、霉菌、气压以及污染气体对电子设备影响很大，其中潮湿的影响是最主要的。特别是在低温、高湿条件下，使空气湿度达到饱和而使机内元器件、印制电路板上产生凝露现象，使电性能下降、故障率上升。对库存产品、闲置产品或周期性停机（例如，一班制工作方式）产品的开机通电更容易发生不良现象。潮湿能加速金属材料的锈蚀，在有盐雾和酸碱等腐蚀性物质的空气作用下，金属的腐蚀更加严重。在一定温度下，潮湿能促使霉菌的生长，并引起非金属材料霉烂。

电子设备受到潮湿空气的侵蚀，会在元器件或材料表面凝聚一层水膜，并渗透到材料内部，从而造成绝缘材料的表面电导率增加，体积电阻率降低，介质损耗增加，导致零部件电气短路、漏电或击穿等。潮气还能引起覆盖层起泡甚至脱落，使其失去保护作用。

潮气会引起电子器件发生下列故障。

① 电阻器额定值逐渐增大或减小，直到电阻器断路或短路。

② 电容器电极回路内电阻增大或造成短路，电容量、损耗和漏电增大，出现极板短路，降低击穿电压。

③ 引起半导体器件双极型器件反向电流和增益的漂移，引起场效应管阈电压、沟道电流和跨导的漂移。

以上种种变化的结果会降低参数的可靠性或增大偶然失效的概率。参数可靠性的降低使信号失真，电子设备不能完成其正常功能。偶然失效概率的增大会缩短产品的平均故障间隔时间，增加产品的维护成本。

潮气对结构材料作用的结果是可能改变部件的参数。由于介质固有电容和损耗的增大而降低电感的品质因素，增大交叉干扰电平，降低电气安装的接触电阻等。

2. 潮湿的防护

电子设备防潮的主要目的就是在生产、使用过程中以及在预定的存放期内，确保各个部件和整个产品的工作能力。防潮湿的措施很多，常用的方法有浸渍、灌封和涂覆等。

（1）浸渍

浸渍是将被处理的元件或材料浸入不吸湿的绝缘液中，经过一定时间使绝缘液体进入元件或材料的小孔、缝隙和结构件的空隙，从而提高了元件或材料的防潮湿性能和其他性能。

浸渍主要用于线绕产品（变压器、电感线圈等）。在浸渍时，空隙和气孔被填满，同时在绕组表面形成绝缘层。由于浸渍的结果，提高了电强度和机械强度，并因排挤出热导率低的空气而改善了线绕部件的导热性。

产品的结构应保证浸渍剂容易渗透。浸渍剂品种很多，其性能各有不同，常用的有酚醛绝缘漆、三聚氰胺醇酸绝缘漆、有机硅聚酯浸渍漆、环氧脂无溶剂绝缘烘漆等。

浸渍剂的选用取决于对元件或材料提出的要求，通常浸渍剂应具有良好的渗透能力、化学中性、表面强硬化能力、良好的附着能力、优良的导热性和耐热、耐冷性等。

（2）灌封

灌封是用热溶状态的树脂、橡胶等将电器元件浇注封闭，形成一个与外界完全隔绝的独立的整体。灌封除可保护电子元件避免潮湿、腐蚀外，还能避免强烈振动、冲击及剧烈温度变化等对电子元件的不良影响。但此法多适用于小型的单元、部件及元器件，如小型变压器、密封插头、固体电路、微膜组件及集成电路等。

对于灌封材料的要求主要是应具有优异的黏附力、很小的透湿性、较高的软化点以及优良的向物体缝隙渗透的能力。常用的灌封材料有有机硅橡胶、有机硅凝胶；对于小型变压器及高压插头等元件采用环氧树脂，以提高防潮性能。

（3）密封

密封是防止潮湿长期影响的最有效方法。密封是将电子设备的分机、部件、元器件或一些复杂的装置，甚至整机安装在不透气的密封盒内，使之和外界隔绝。这种防潮手段属于机械防潮。

在密封盒内根据需要可以充入液体、气体和高压气体，例如，可以充入氢气、氦气、氮气或绝缘油。充入高压气体或绝缘油可提高抗电强度，充入氢气、氦气和氮气可提高散热能力。

密封结构分为不可拆卸密封和可拆卸密封。不可拆密封采用金属板材料经冲压成型的盒形结构，将电子设备或分机、部件装入盒内后，用焊接的方法与盒盖焊封，一般只适用于一次性使用产品，如导弹和卫星上使用的产品、深海电缆的接力站等。对于需要经常修理、维护的产品，采用可拆卸密封结构。它的密封是把橡皮填充在盒体和盒盖之间，当连接螺钉拧紧后，使橡皮变形紧贴在金属表面上从而形成密封。

（4）驱除潮气

作为防潮湿的辅助手段，有时对某些产品采用定期通电加热的方法来驱除潮气。

（5）吸潮

用吸潮剂吸掉潮气也是防潮湿的常用手段之一。常用硅胶作为吸潮剂，它具有很大的吸水性，可吸收它本身质量的 30%的水分，硅胶吸水达到饱和时呈蓝紫色，可在 120～150℃的烘箱中烘干后继续使用，所以用硅胶作吸潮剂是一个较为经济有效的办法。

5.2.3　霉菌及其防护

1．生物腐蚀及其危害

由于微生物在材料或产品上的活动，直接或间接地引起这些材料或产品性质改变，总称为生物引起的劣化变质，又称为生物腐蚀。其中，微生物引起的劣化变质称为霉变，是生物腐蚀中最主要的一类。

霉菌是指生长在营养基质上而形成绒毛状、蜘蛛网状或絮状菌丝体的真菌。霉菌种类繁多，分布极广，传播途径很多，它的孢子体型极小，易于随空气流动而传播。凡是空气能潜入的地方，它都可能进入。元器件上的灰尘、人手留下的汗迹和油脂都能为它提供营养。霉菌对电子设备的危害分为直接危害和间接危害两类。

（1）直接危害

霉菌的生长直接破坏了作为它的培养基的材料，如纤维素、油脂、皮革、橡胶、脂肪酸脂、某些涂料和部分塑料，使材料性能劣化，会造成表面绝缘电阻下降，漏电增加，尤其是可使某些灵敏的电子线路的频率阻抗特性发生严重变化。

（2）间接危害

霉菌的代谢物会对材料引起间接腐蚀，包括对金属的腐蚀。同时，霉菌会使元器件和电子设备的外观变化、损害，也会给人的身体造成危害。

有害生物在自然界分布和生长情况以及危害程度，受环境温度、食物等多种因素的制约。我国各地区自然条件差别很大，有害生物分布情况也不一样。在湿热环境中，电子材料和产品更容易遭受霉菌侵蚀。因此，防霉设计是湿热环境中电子设备防护设计的重要内容。

2. 霉菌的防护

电子设备的霉菌防护方法有以下几种。

（1）控制环境条件

如在生产车间、库房等采用空调或其他措施以消除霉菌生长条件。此外，用足够的紫外线辐射、日光照射，以及定期对电子设备通电增温等，也能有效地阻止霉菌生长。

（2）防止霉菌生长

① 密封防霉菌：对产品采用气密封结构，将产品严格密封，隔绝空气，使霉菌不能侵入，并加入干燥剂，使其内部空气干燥、清洁，这是防止霉菌生长的最有效措施，可达到长期防霉菌效果。

② 防霉菌包装：为防止电子设备在流通过程中受到霉菌侵蚀，可采用防霉菌包装。防霉菌包装通常要求对易发霉的产品或零部件先进行有效的防霉菌处理，然后再包装；或是将产品采用密封容器包装，并在其内放置具有抑菌或杀菌作用的挥发性防霉菌剂进行包装。

③ 表面涂覆：在材料或零部件表面形成一层保护性涂层，或者是含有防霉菌剂的涂料层，使微生物无法接触到材料或零部件。

（3）使用防霉菌材料

选择抗霉材料应根据以下原则：

① 避免使用易于霉变的非金属材料。

② 以金属材料制成的零部件，除非其工作在不利于霉菌生长的环境，否则应采用表面涂层加以保护。

③ 对合成高分子材料，应尽量选用合成树脂本身具有耐霉性的品种。

④ 对难以判断的材料，应通过试验确定具抗霉能力，再加选择。

（4）防霉菌处理

电子材料种类繁多、功能各异，常常从功能、经济等因素考虑而选用了易长霉的材料。当产品的结构形式不能保证避免霉菌的侵蚀时，必须对材料进行防霉菌处理。所谓防霉菌处理是指使用杀菌剂，并通过适当的工艺方法对材料加以处理，使其具有抗霉能力。

杀菌剂是指具有杀死或抑制微生物生长毒性的化学物质。多数杀菌剂可在生产过程中与其他原材料混合在一起使用，或用于对产品进行防霉菌的后处理。通常不需改变或很少需要增加原来的生产程序，使用方便。

常用的杀菌剂主要是有机杀菌剂，包括有机铜化合物、有机锌化合物和有机酸等。杀菌剂之所以能够抑制微生物的生长或导致其死亡，是因为影响了微生物的代谢过程。如有的杀菌剂能产生抗代谢作用或与代谢产物发生作用，使正常的代谢物变为无效的代谢物；有机化合物中的醇能使细胞变性。用防霉剂处理零件和整机，其防霉菌效果显著。

作为一种实用杀菌剂，必须具备的条件是：有足够的杀菌力，毒性低；对人无毒性或实际不表现其毒性；性能稳定，对产品无不良影响；价格低廉，来源方便。

防霉剂的使用方法有以下三种形式。

① 把防霉剂与材料的原料混合在一起，制成具有防毒能力的材料，即混合法。

② 把防毒剂和清漆混合，喷涂于整机、零件和材料表面，即喷涂法。

③ 制成防霉剂稀溶液，对材料进行浸渍处理，即浸渍法。

各种防霉剂都具有不同程度的毒性或难闻气味，使用时应注意劳动保护。

5.2.4　灰尘的防护

1. 灰尘对电子设备的危害

灰尘主要成分是砂土、燃料残渣、废气、海盐、生物碎屑和金属粒子等。灰尘是通过空气流动而传播的。空气中的灰尘绝大部分呈棱角状，且表面粗糙，吸潮量大。如灰尘降落在电子设备金属表面，由于其吸湿性，很快就成为水珠的凝聚核心，从而加速了金属的腐蚀。如灰尘随空气进入电子设备的内部，会引起产品中的活动部分加速磨损，造成轴承、开关、电位器和继电器损坏，或产生接触不良等现象。含盐分较重的灰尘，其吸潮性严重，从而降低了元器件、材料的绝缘性能，容易引起电子设备短路或拉弧（如高压打火等）现象，严重时会烧坏元器件，造成电子设备不能正常工作。

2. 防尘措施

（1）防尘网

理想的防尘措施是将电子设备设计成密封的机壳（或机箱），但这与电子设备的散热相矛盾，因此可在电子设备的各进出风口处设置滤尘网（或罩），防止灰尘进入电子设备内部。且滤尘网要经常擦洗，以防止沉积过多灰尘阻塞网孔，而影响散热。

（2）除尘

为降低空气中的灰尘含量，应注意保持电子设备所在的室内清洁，可使用吸尘设备。有必要时可定期用无水清洁剂，如高纯度酒精，清洗对灰尘敏感的元器件或部件，仪器表面也应经常清理。

5.2.5　材料老化及其防护

1. 材料老化

塑料、橡胶和涂料等以其良好的耐腐蚀性、抗振性、绝缘性及易加工成型和质量轻等优点而被广泛应用于电子设备中。塑料、橡胶和涂料等高分子材料都以高聚物为基本成分，它们的差别只在于机械性能和使用状态的不同。有不少在塑料和橡胶中应用的高聚物都可以用作涂料或者作为涂料的改性材料。高分子材料在加工、储存和使用过程中，物理化学性质和机械性能逐渐恶化，这种变化称为老化。老化是一种不可逆的化学变化。塑料、橡胶和涂料等老化后，其性能的变化必然影响元器件的性能变化，从而大大降低了电子设备的可靠性。

（1）老化的特征

老化是由于高分子材料的化学成分、分子结构和物理状态等内因和经受光、热、电、机械应力、氧气、臭氧和化学介质等外因作用而引起的腐蚀现象。高分子材料抵抗化学介质的能力通常称之为耐腐蚀性，抵抗室外气候条件的能力称之为耐候性。

高分子材料的老化现象虽然很多，但归纳起来主要的变化表现在以下四个方面。

① 外观的变化：如变色、龟裂、发黏、变硬、变脆、变形、起泡和剥落等。

② 物理性能的变化：如密度、导热系数和分子量等变化。

③ 力学性能变化：如拉伸强度、延伸率、抗冲击强度、抗弯曲强度、剪切强度、硬度、弹性、附着力和耐磨性等的改变。

④ 电性能变化：如绝缘电阻、介质损耗和击穿电压等的改变。

一种高分子材料在它的老化过程中，一般都不会也不可能同时具有或同时出现上述所有的变化和现象，往往只是其中一些性能指标发生变化。此外，根据不同使用要求，还可以从实用角度出发，有所侧重地选择一些评价指标，如对结构材料选强度和尺寸稳定性；对于绝缘材料可选表面电阻；对热绝缘材料选导热系数；作为防腐、防锈的涂料，主要考核其耐腐蚀的性能要求，有良好的附着力、耐水和其他腐蚀介质，因此，起泡、裂纹、生锈和脱落是主要的评价指标。

（2）老化的外内因

① 高分子材料老化的内因。

高分子材料老化的内因有：高聚物的化学结构；高聚物的物理结构；成型加工条件的影响和外来杂质的影响。

高分子材料内部组成不同，对材料的老化性能有很大影响。

② 高分子材料老化的外因。

影响高分子材料老化的外因是指外界的环境因素，有物理因素、化学因素和生物因素等。主要有太阳光、氧、臭氧、热、水分、有害气体以及微生物等大气环境因素。

③ 其他因素。

高聚物在成型加工过程中受到外界热及压力的作用，使其内部发生不同变化，因而不同的成型加工条件所得到的制品具有不同的耐老化性能。如在采用模压法制取塑料制品时，对耐老化性能影响就较小；提高物体表面的粗糙度有助于提高漆膜在其表面上的附着能力。

2．材料老化防护

同金属材料的腐蚀一样，材料的老化也是一种不可避免的自然现象。因此，应针对产生老化的原因，采取防老化措施，以延长塑料、橡胶和涂料等的使用寿命。目前常用的防老化措施如下所述。

（1）选用耐老化材料

根据零部件的使用环境，选择相应的耐老化材料。表 5-1 列出了几种常用工程塑料的抗老化性能。例如，对于室外使用的塑料制品，可选用聚碳酸酯、改性聚苯乙烯、有机玻璃、氟塑料等耐气候性良好的塑料。

表 5-1　工程塑料的抗老化性能

塑料名称	耐老化性能
环氧树脂	浇铸品耐气候性差，玻璃钢耐辐射性良好
聚乙烯	在大气中会被紫外线破坏
聚丙烯	光、热和氧（或臭氧）会引起老化，耐气候性差
聚氯乙稀	热稳定性和耐光性差
聚苯乙稀	在日光下会逐渐老化、变黄、开裂、改性聚苯乙稀（AS)的耐气候性稍好
ABS 塑料	加黑色颜料的 ABS 塑料耐气候性好，不加黑色颜料的耐气候性差，特别是耐紫外光性能差
有机玻璃	具有良好的耐气性
聚甲醛	长期在大气中暴露会老化，强度下降、表面龟裂；另外，长期耐热性和耐辐射性也不够好
氯化聚醚	具有良好的耐气候性，特别是具有优良的抗热老化性能（120℃以下）
聚苯醚	耐老化性不好，尤其是热氧化老化对其制品的影响较大
聚碳酸脂	耐气候性好，能抵御日光、雨水和气温激烈变化的影响。耐热老化性能亦好，耐辐射能力欠佳
聚四氟乙烯	耐气候性良好，耐辐射性和电晕性较差。聚偏氯乙烯的耐紫外线和耐辐射性好
聚砜	耐热老化性能好，耐辐射性较好
聚酰亚胺	耐辐射性良好，耐臭氧性好，耐电晕性好，但耐气候性差

（2）添加防老化剂

防老化剂是一类能够防护和抑制光、热、氧、臭氧和重金属离子等外因对高分子材料产生破坏作用的物质，分为以下几种。

① 抗氧剂能够抑制氧化反应和臭氧老化反应。

② 紫外线稳定剂能防止和抑制光氧化反应的发生和发展。

③ 热稳定剂能防止材料在加工（高温下）和使用过程中因受热而发生降解或交联。

④ 防霉剂能防止材料发生霉腐。

添加防老化剂的方法，对于塑料通常是在树脂捏合、造粒时加入，也可在聚合或聚合反应的后处理过程中加入。对橡胶，可在合成橡胶的聚合反应的后处理过程中加入，也可以在生胶加工成半成品或制品的过程中加入。在电子设备结构设计中，应该根据具体使用环境选用那些对光、热和臭氧等因素具有较高稳定性和本身具有耐霉性的高分子材料，同时，应该选用添加了防老化剂的材料品种。

（3）物理防护

物理防护主要是指在高分子材料表面涂覆上防护层，以防止老化，具体方法如下所述。

① 涂漆。

许多塑料都可以采用涂漆的方法来提高耐候性。在选用塑料使用的涂料时，应注意各种涂料对于各种性能不同的塑料适应性不同，除应考虑涂料对塑料的黏着性外，还必须考虑塑料的应变、耐热性和增塑剂的迁移性等。目前，用作橡胶防护涂层的涂料有改性天然橡胶涂料、硅橡胶涂料等。应当注意，由于橡胶是高弹性材料，所以不宜使用缺乏弹性、硬度高和脆性大的涂料。

② 镀金属。

在塑料制品表面镀上一层金属保护膜，能对塑料的老化起到良好的防护效果，还可以使其表面具有金属特性，扩大了应用范围。目前，镀金属的塑料品种以 ABS 和聚丙烯占多数。

③ 涂布防老化剂溶液。

将高分子材料制品浸入含有防老化剂的溶液中，或将这些溶液涂布在制品上，在表面形成保护膜，从而可起到显著的防护效果。在橡胶表面涂防老化剂溶液也是一种有效的防老化措施。石蜡这类物质是一种良好的橡胶防老化剂，它在橡胶表面形成的一层膜，能够隔离和阻止氧和臭氧对橡胶的侵袭和破坏，还能减弱光对橡胶的破坏作用。

（4）维护保养

加强对塑料、橡胶零部件的保养、维护和更新，杜绝因老化而产生的不良后果。

5.2.6　金属腐蚀及其防护

电子设备中大量应用金属材料。金属材料和周围腐蚀介质发生化学或电化学作用，从而导致金属的腐蚀。如某些金属零件或结构长期暴露在大气中，受水蒸气的作用，就会在金属表面形成氧化物和盐类，这就是腐蚀。腐蚀从金属表面开始逐步深入内部，使金属零件的机械性能变坏甚至失效，使导电金属零件的导电性能剧烈降低，增加损耗或产生接触不良；使机械传动系统的精度降低；造成电磁元器件的参数改变等不良后果。此外，金属腐蚀还带来了增加对产品的维修、零件更换的次数，以及为采取防腐蚀措施而增加生产工序等间接损失。

1．金属腐蚀及其危害

关于金属腐蚀的基本概念在前面已经说明，在此不再叙述。

金属腐蚀的发生必然影响到金属零件、元器件的电性能、机械性能和防护性能，造成接触件接触不良、机械传动系统的精度降低、固定件的可靠性下降、电磁元器件的参数改变等不良后果，同时可能造成电器短路，还可能因绝缘材料漏电而降低介质的电性能，严重地影响电子设备的性能参数，降低其使用寿命。

2．金属防腐蚀材料及应用

（1）使用耐腐蚀材料

金属和合金的耐腐蚀能力高低大致可分为以下 4 类。

① 化学性能十分稳定：不需要任何防护就可以用在较为严酷的气候环境中。如金、银、铂、铑、钯、金铜合金、金镍合金、不锈钢等。

② 耐蚀性较高：在无防护涂覆时，可用于室内或一般气候条件中；在湿热和盐雾条件下，需要有防护涂覆，如铬钢、铬镍钢、铜、铝青铜、铍青铜、镉、镍、铅、锡、铅锡合金等。

③ 耐蚀性较低：在有一定的防护涂覆时，才能用于室内一般气候条件。如碳钢、铸铁、坡莫合金、锡锌青铜、黄铜、防锈铝、硬铝等。

④ 耐蚀性极差：只有在可靠的涂覆下，才能用于室内或良好气候条件下。如铬锰钢、镍铬硅钢、镁、锌合金等。

金属材料的耐蚀性能除了与本身的物质结构、化学性能有关外，还与它们接触的介质有密切关系。在选材时，首先要知道腐蚀介质的种类、腐蚀强度、pH 值以及影响耐蚀性的条件，如环境湿度、温度等。在可能的条件下，可以考虑选用非金属材料（如塑料、橡胶、陶瓷、玻璃钢等）代替金属材料。

（2）选材原则

从防腐蚀角度出发，选材应该遵循以下原则。

① 环境因素和腐蚀介质是选材必须明确的条件。

材料的耐蚀性能与所接触的介质有密切的关系，在选材时，首先要知道环境中腐蚀介质的种类、腐蚀强度、pH 值以及影响腐蚀性的诸如环境温度、湿度变化和应力等各种因素，以此作为选材的主要依据。

例如，在大气腐蚀条件下，温度和污染介质含量是影响金属腐蚀速度的两个主要因素。当大气中含有氨时，会使钢和铜合金的腐蚀加剧，而对镍却不产生影响。当大气中含有大量硝酸盐时，Cu-Ni-Zn 合金易产生腐蚀疲劳，而不锈钢则无此弊病。

在某些条件下，可以考虑选用非金属材料代替金属材料，以求得更好的防蚀效果。非金属材料种类很多，如塑料、玻璃钢、橡胶和陶瓷等，只要使用得当，都可作为电子设备的防蚀材料。

目前，在电子设备中，广泛利用工程塑料制造机箱、面板、旋钮、支架和手柄等一般构件，以及齿轮、链轮、蜗轮和蜗杆等耐磨传动零件。

② 根据对保护程度的要求选择材料。

对于那些一旦发生腐蚀则会带来严重后果，可靠性要求很高，以及长期运行而又无法更换或维修的关键性零部件，在不宜采取其他防腐措施的情况下，应选用高耐蚀性的材料；而对非关键性部件则可采用耐蚀性较低的材料，并辅以其他防腐蚀措施，可获得较好的经济效果。

③ 在选材的同时，还要考虑与之相应的防护措施。

一种金属材料加上适当的防护措施可以组成良好的耐蚀体系。在选材时，应注意所选材料可采取何种防护措施，以及材料与防护措施形成的体系所能达到的防腐蚀效果。

④ 注意材料之间的兼容性。

不同金属相互接触有可能造成电偶腐蚀。在一定条件下，非金属材料可导致金属或镀层产生腐蚀。在选材时，必须避免不同材料之间的相互影响。

⑤ 注意材料的可加工性。

对选定的材料还要考虑其加工性能、焊接性能，注意材料加工后是否会降低其耐蚀性能。

（3）大气环境中的选材

在大气环境中，作为电子设备的结构材料通常以钢铁（铸铁、普通碳钢和合金钢）、铝合金为主，并进行适当的表面处理以增强其防腐能力。常用金属材料的防腐处理方法有以下几种。

① 碳钢、低合金钢和铸铁：可以用金属镀层或油漆涂覆层保护。当由于工作条件的限制不能采用保护层时，应采用油封防锈。

② 铝及铝合金：采用电化学氧化处理或化学氧化处理，铸造铝合金采用油漆涂层保护。

③ 铜及铜合金：在大气中容易变色，当变色影响其导电性能或外观要求时，可根据不同的使用条件和使用要求，采用酸洗、钝化处理、金属镀层或油漆层加以保护。

④ 锌合金制造的零件：可以采用磷化、钝化、金属镀层或油漆层加以保护。

⑤ 镁合金制造的零件：可以采用阳极氧化或化学氧化处理，并涂覆油漆层保护。

（4）海水环境中的选材

对大型海洋工程，通常采用价格低廉、制造方便的低碳钢和普通低合金钢，并辅之以涂料和阴极保护措施。当强度要求高时，可采用低合金高强度钢。对飞溅区部位，由于腐蚀严重，可采用特种涂料或金属喷涂层保护。

当环境腐蚀条件比较苛刻，普通钢铁材料难以满足防腐蚀要求，材料用量又不很大时，采用高耐蚀性材料，如耐海水不锈钢、铜合金等。特别是当可靠性要求很高时，应选用镍基合金和钛合金。

（5）有应力时的选材

在有拉伸应力存在的条件下，应尽量选用在给定环境中尚未发生过应力腐蚀破裂的材料，或对现有可供选择的材料进行试验筛选，择优使用。

3．表面涂覆

表面涂覆是电子设备最常用的金属防腐蚀方法。表面涂覆就是在零件表面涂覆一层耐蚀性较强的金属或非金属覆盖层，将基体金属与腐蚀介质隔离开，以达到防腐蚀的目的。表面涂覆既可起到保护金属不受腐蚀的作用，又可对零件进行装饰，还能满足零件的一些特殊要求，如有些表面涂覆可以提高元器件及设备的电气性能。

表面覆盖层可分为金属覆盖层和非金属覆盖层两大类。也可根据主要作用分为防护性镀层（防止金属零部件被腐蚀）；防护装饰性镀层（不仅能够防止腐蚀，而且能赋予金属零件装饰性外观）；功能性镀层（赋予金属零件表面以某种特殊功能，如导电性镀层、磁性镀层、可焊性镀层和耐磨性镀层等）。

根据构成覆盖层的物质不同，可将覆盖层分为以下 3 类。

（1）金属覆盖层

用电镀或化学涂覆办法在金属表面覆盖一层金属。常用作覆盖层的金属有锌、铜、铬、镍、银、锡、金、铅和铝等及其合金。常用的金属镀层有某些零部件镀锌层、PCB 电连接处的镀银层、塑料上的镀铜层、某些器件上的镀镍层、PCB 焊盘上的镀锡层、高级产品的连接及器件上的镀金层等。

（2）化学覆盖层

用化学或电化学方法在金属表面覆盖一层化合物（绝大部分是金属氧化物）的保护膜。常用的有磷化、发蓝、钝化和氧化等。如钢铁的氧化处理、铜及其合金的氧化处理、铜及其合金的钝化处理、钢铁的磷化处理、铝及铝合金的化学氧化、铝及铝合金的阳极氧化等。

（3）涂料覆盖层

涂料涂于零件表面后，能自行起物理化学变化，并结成一层坚韧的薄膜，常用的涂料有油漆和塑料等。

表面覆盖有机膜是由有机成膜物质构成的覆盖层，包括涂料及塑料、橡胶或沥青涂层等。涂料（油漆）是指以流动状态涂覆在物体表面上，干燥后能附着于物体表面并形成连续覆盖膜的物质。一般把能够形成有机覆盖层的化学材料统称为涂料。

在物体表面涂覆涂料大致有三个目的：保护性——防锈蚀、防潮湿等；装饰性——赋予物体美观，也包括标识作用；功能性——杀菌防霉、隔音、防磁、调节传热性和导电性等。

1）漆膜防护机理

① 屏蔽作用：在金属表面涂覆涂料后，把金属和环境介质隔离开，这种保护作用可称为屏蔽作用。例如，在潮湿大气中只要把水和氧隔离，金属腐蚀就会停止。实际并非完全如此，所有的涂料膜都不能使基体金属和环境介质绝对隔绝。因为主要成膜物质都具有一定的透气性。实际上，涂料膜的屏蔽作用主要是加大了金属表面微电池两极间的电阻。涂料膜的屏蔽作用与成膜物质的结构、填料种类、涂装工艺以及涂料膜厚度有关。防腐蚀涂料应选用透气性小的成膜物质和屏蔽性大的固体填料，同时应增加涂覆层数，以达到致密无孔。

② 涂层的缓蚀作用：防锈涂料利用化学性能起抑制腐蚀的作用。

除此之外，涂层的电化学保护作用在防锈涂料中广泛使用，如金属粉末涂料中的锌粉可对钢铁基体起保护作用，而且锌的腐蚀产物是氯化锌和碳酸锌，可填满涂料膜的空隙，而使腐蚀大大降低。

2）涂料的成膜分类

涂料基本上由三大部分组成，即主要成膜物质、次要成膜物质和辅助成膜物质。

① 主要成膜物质：包括油料和树脂两大类。用油作为主要成膜物质的涂料称为油性涂料；用树脂作为主要成膜物质的涂料称为树脂涂料。树脂可分为天然树脂和人造树脂。用油和一些天然树脂或合成树脂作为主要成膜物质的涂料称为油基涂料。

② 次要成膜物质：主要是颜料。作为颜料使用的物质大部分是各种不溶于水的无机物，包括某些金属及非金属元素、氧化物、硫化物及盐类，有时也使用某些有机颜料。

体质颜料又称填料，主要作用是增加厚度，加强涂料膜体质，能提高经久坚硬、耐磨和耐水等性能。常用的体质颜料为重晶石粉、重质碳酸钙和滑石粉等。

③辅助成膜物质：主要作用是改变涂料的工艺性及涂料膜的物理、化学和机械性能，

本身并不构成涂料膜。辅助成膜物质包括两大类，即溶剂和其他辅助材料。

溶剂在涂料中起溶解成膜物质的作用，涂料干燥后，溶剂全部挥发。常用的溶剂有松节油、溶剂汽油等有机物质。近来涂料开发的重要方向是以水代替有机溶剂，这种涂料称为水溶性涂料。使用水溶性涂料对于防止大气污染和节约能源具有十分重要的意义。涂料中辅助材料种类很多，按其功能来分主要有催干剂、固化剂、增塑剂和乳化剂等。

3）涂料的选用

合理选用涂料是保证涂料能较长期使用的重要因素。

① 根据环境选用涂料：选用涂料必须考虑被保护设备或零部件的环境与涂料的运用范围的一致性。这里主要是指环境介质的腐蚀性、环境温度和光照条件等，并应在适合的前提下尽量选用价廉的涂料。

② 根据被保护表面的性质选用涂料：要考虑涂料对被保护表面是否具有足够的结合能力，是否会发生不利于结合的化学反应等。

③ 根据涂料的性能合理地配套选用涂料：为获得良好的防腐蚀效果，实际应用涂料一般均采用“多层异类”的涂覆原则，即选用几种不同性能的涂料配套，施行多层涂覆，从而获得理想的防护效果。对金属结构的涂装一般由底漆和面漆构成，涂料的配套使用是指底漆与基体金属的配套使用、底漆与面漆的配套使用、底漆与腻子的配套使用等。配套使用必须以涂层之间具有适当的附着力和相互间不起不良作用为原则。

4）涂装方法

刷涂和浸涂刷涂设备简单，效率低，适用于干燥慢的涂料。浸涂法是将被涂物体放入涂料中浸渍，然后取出，让表面多余的涂料自然滴落，经过干燥后达到目的。空气喷涂利用喷枪借助于空气使涂料微粒化呈雾状，然后随空气喷射到物体上，这种方法生产效率高，平整光滑，对涂料的适应性强。电泳涂装分为阳极电泳和阴极电泳两种，阳极电泳是被涂物作为阳极，使用阳极性涂料；阴极电泳是被涂物作为阴极，使用阴极性涂料；粉末涂装是使用粉末涂料进行涂装的方法。

5.3　人-机工程在电子设备设计中的应用

5.3.1　人-机工程概述

人-机工程设计是指对人的知觉显示、操作控制、人-机系统的设计及其布置、作业系统的组合等进行有效的研究，其目的是使电子产品获得最高效率，使操作者在作业时感到安全和舒适。人-机工程学是研究人在某种工作环境中的解剖学、生理学和心理学等方面的各种因素，研究人和机器及环境的相互作用，研究在工作、家庭生活中和休假时怎样统一考虑工作效率、人的健康安全和舒适等问题的学科。人-机工程学是运用人体测量学、生理学、心理学和生物力学，以及工程学等学科的研究方法和手段，综合地进行人体结构、功能、心理以及力学等问题研究的学科，用以设计使操作者能发挥最大效能的机械、仪器和控制装置，并研究控制台上各个仪表的合适位置。

人是指工作的人；机是指人控制的一切对象的总称；环境是指人、机器共处的特殊条件，它既包括物理、化学因素的效应，也包括社会因素的影响。

人、机、环境是系统的三大要素，通过这三大要素之间物质、能量和信息传递，加工与控制等作用，组成一个复杂系统。

人-机工程设计就是从“系统”的总体出发，一方面既要研究人、机、环境各要素本身的性能，另一方面又要研究这三大要素之间的相互关系相互作用、相互影响以及它们之间的协调方式，运用系统工程的方法找出最优组合方案，使人-机-环境系统的总体性能达到最佳状态，即满足舒适宜人、安全、高效、经济等指标。

1. 人体特性的研究

在人-机系统中，人是最活跃最重要同时也是最难控制和最脆弱的环节。

人体特性研究的主要内容是在工业产品造型设计中与人体有关的问题。例如，人体形态特征参数、人的感知特性、人的反应特性以及人在劳动中的心理特征和人为差错等。研究的目的是解决机器设备、工具、作业场所以及各种用具的设计如何适应人的生理和心理特点，为操作者（或使用者）创造安全、舒适、健康、高效的工作条件。

2. 人-机系统的整体设计

人们设计人-机系统的目的就是为了使整个系统工作性能最优化，即系统的工作效果要佳。这是指系统运行时实际达到的工作要求，如功率大、速度快、精度高、运行可靠；人的工作负荷小，人完成任务所承受的工作负担或工作压力小，不易疲劳等。

人与机器各有特点，在生产中应充分发挥各自的特长，合理地分配人机功能。显然，为了提高整个系统的效能，除了必须使机器的各部分（包括环境系统）都适合人的要求外，还必须解决机器与人体相适应问题，即如何合理地分配人机功能，二者如何相互配合以及人与机器之间又如何有效地交流信息等。

3. 人与机器间信息传递和工作场所设计

需要研究人与机器及环境之间信息交换过程，探求人在各种操作环境中的工作成效问题。信息交换包括机器（显示装置）向人传递消息和机器（操纵装置）接受人发出的信息，而且都必须适合人使用。

人-机工程所要解决的重点不是这些装置的工程技术的具体设计问题，而是从适合人使用的角度出发，向设计人员提出具体要求，怎样使仪表能保证操作者看得清楚，读数迅速准确；怎样设计操纵装置才能使人操作起来得心应手，迅速快捷、安全可靠等。

工作场所设计的合理性，对人的工作效率有直接影响。工作场所设计一般包括工作空间设计、作业场所的总体布置、工作台或操纵台设计以及座位设计等，研究工作场所的目的在于保证物质环境符合人体的特点，既能使人高效地完成工作，又要感到舒适和不易产生疲劳。

4. 环境设计和人的安全

生产现场有各种各样的环境条件，如高温、潮湿、振动、噪声、粉尘、光照、辐射、有毒等。为了克服这些不利的环境因素，保证生产的顺利进行，就需要设计一系列环境控制装置，以适合操作人员的要求，保障人身安全。

安全在生产中是放在第一位的，这也是人-机-环境系统的特点。为了确保安全，不仅要研究产生中的不安全因素并采取预防措施，而且要探索不安全因素的潜在危险，力争把事故消灭在设计阶段。安全保障技术包括机器的安全本质化、防护装置、保险装置、冗余性设计、防止人为失误装置、事故控制方法、救援方法、安全保护措施等。

5. 研究方法和系统分析评价法

人-机工程设计的研究方法主要有实测法、实验法、模拟与模型试验法、系统分析评价法、调查研究法等。

系统分析评价法是将人-机-环境系统作为一个综合系统来分析。在明确系统总体要求的前提下，通过确立若干候选方案，相应建立有关模型和模拟试验，着重分析研究三大要素对系统总体性能的影响和所应具备的各自功能及相互关系，用系统工程的方法不断修正和完善系统的结构形式，以期达到最优组合。

系统分析评价法主要有作业方法分析法、信息输入和输出分析法、作业负荷分析、频率分析法、界面（交换面）分析法、调查研究法等。

6. 人-机工程设计的相关学科

主要有人体科学方面的生理学、心理学、人体解剖学、人体测量学、运动生物力学；安全科学方面的劳动卫生学、劳动保护学安全心理学等；环境科学方面的环境保护学、环境监测学、环境卫生学、环境医学、环境心理学等；技术科学方面的工业设计、工程设计、机械工程、电气电子工程安全工程、系统工程、管理工程、信息论、控制论、计算机等；其他还有社会科学和美学等。这些学科都是人-机工程学的基础，为人-机工程学的研究提供了先进的研究理论、方法和手段。

人-机工程设计是在科学技术发展过程中，由多门科学相互交叉、综合、渗透、重构而形成的，是交叉科学领域的一门重要学科。

7. 工业设计

在设计与制造产品时，都应该运用人-机工程设计的原理和方法，以解决人机之间的关系，使其更好地适应人的要求。（如工业系统、家庭活动、一般机具、日用商品、工程建筑等）。

工业设计是一种创造性活动，不只注意产品外形是否美观及表面质量，还需注意与产品结构和功能的关系，满足生产者和使用者的要求，达到方便宜人与环境协调的人机关系。

人-机工程在产品设计中的作用有以下几方面。

（1）提供人体参数

一切物都是为人使用和操纵的，人是主体。在人-机系统中如何充分发挥其能力，保护其功能，并进一步发挥其潜在的功能问题，是人-机系统研究中的重要环节之一。为此，必须应用人体科学的研究方法，对人体结构特征和机能特征进行研究，提供人体各部分的尺寸、体重、体表面积、比重、重心，以及人体各部分在活动时的相互关系和可及范围等人的结构特征参数；提供人的感知能力、运动（操作）能力和人脑功能的机能特性；分析人在各种劳动时的生理变化、能量机理、疲劳机理以及对各种劳动负荷的适应能力；探讨人在工作中影响心理状态的因素和心理因素对工作效率的影响；提出特殊环境下操作者智力素质的选拔和培训条件与标准。

（2）使“机”适合人

产品的功能特点是通过人的使用体现出来的，而产品的结构形式是体现其功能的具体手段。工业设计能否充分体现产品功能的科学性、使用合理性，以及舒适、安全、省力和高效等性能都反映出产品结构是否合理，造型是否适宜。产品功能的发挥不仅取决于它的性能，还和人-机工程设计与工程心理学等知识有直接关系。在进行工业设计时，既要能充分体现功能特点，又要有相关信息显示装置、操纵控制装置、工作台和控制台等部件的形状大小、色彩及其布置等方面的设计数据与基准。

（3）考虑环境因素

环境影响人的生活、健康，特别是影响人工作能力的发挥，影响机器正常运行和性能。从性质上看，环境因素可分为物理因素（如声、光、热等）、化学因素（如有害有毒物质等）、生理因素（如疾病、药物、营养、睡眠等）、生物因素（如病毒和其他微生物等）、心理因素（动机、恐惧感、工作负荷等）等。

环境也可分为直观环境和一般环境。直观环境包括显示和控制装置的布局、人体姿态和照明等，主要指表现在人-机界面上的一些情况；一般环境主要指物理因素和化学因素。

（4）合理处理人机环境关系

系统设计就是在明确系统总体要求的前提下，着重分析和研究人、机、环境三大要素对系统总体性能影响和所应具备的各自功能及相互关系。

如系统中人和机的职能如何分工，如何配合；机器和环境如何适应人；机和人对环境又有何影响等问题。经过不断修改和完善人-机-环境系统的结构方式，最终确保系统最优组合方案的实现。

5.3.2　人-机工程在产品设计中的应用

1. 显示装置

在人-机系统中，显示装置是将产品的信息传递给操作者，使之能做出正确的判断和决策，进行合理操作的装置。

（1）显示设计的基本原则

在进行各种有目的的生活活动或生产劳动中，通常都要经历“感觉—思维判断—行为”三个阶段。人们接受信息的速度和是否正确地接受了信息，在很大程度上取决于仪表显示设计是否得当。因此，应当十分重视产品的显示设计。在显示设计中，应遵循的基本原则如下所述。

① 视觉特性原则。

显示设计应以人接受信息的视觉特性为根据，以保证操作者可迅速而正确地获得需要的信息。显示的精确应与人的视觉辨认特性和系统要求相适应，不宜过低，也不宜过高。

② 信息特性原则。

显示信息的种类和数目不能过多，同样的参数应尽量采用同一种显示方式。显示的信息数量应限制在人的视觉通道容量所允许的范围内，使之处于最佳信息条件下。显示的格式应简单明了，显示的意义应明确易懂，以利于操作者迅速接受信息，正确理解和判断信息。

③ 显示特性原则。

仪表的指针、刻度、标记、字符等与刻度盘之间，在形状、颜色、亮度等方面应保持合适的对比关系，以使目标清晰可辨。一般的目标应有确定的形状、较强的亮度和鲜明的颜色。相对于目标而言，背景的亮度应低些，颜色应暗些，同时也要考虑与其他感觉器官配合。

④ 显示操纵一致原则。

显示应在空间关系、运动关系和概念上与系统中其他显示、操纵装置兼容。显示装置的编码应与相关操纵装置的编码一致，运动方向应相同。

(2) 显示装置分类

显示装置按电子产品的显示功能可分为五类：读数用显示装置、检查用显示装置、警戒用显示装置、追踪用显示装置和调节用显示装置。

① 读数用显示装置。

此类产品刻度的具体数值描述了系统的状态和参数，供操作者读出数值之用。如汽车的时速表、飞机的高度表和家庭的水表、电度表、煤气表等。读数用显示装置运用于要求提供准确的测量值计量值和变化值的场合。

② 检查用显示装置。

这类产品用来显示设备或系统状态参数偏离正常值的情况，它们大部分有数字指示，一般无须读出确切数值，只是为了检查仪表指针的指示是否偏离正常位置。当发现偏离正常位置时，应调整设备的运行状况，使仪表读数回到正常位置。

③ 警戒用显示装置。

这类产品用来显示设备运行状态是否处于正常范围之内，它们的指示范围一般分为三个区域，即正常区、警戒区和危险区。当仪表指示进入警戒区危险区时，要及时进行处理。在显示装置上可用不同颜色或不同图形符号将 3 个区域明显区别开来，如用绿、黄、红三种不同颜色分别表示正常区、警戒区、危险区。

④ 追踪用显示装置。

在动态控制系统中，追踪操纵是根据显示装置提供的信息进行的，以便使设备按照人所要求的动态过程工作，或者按照客观环境的某种动态过程工作。因此，这类显示装置必须显示实际状态与需要达到状态之间的差异及其变化趋势，如追踪和瞄准飞行中的目标。

⑤ 调节用显示装置。

这类产品只用来指示操纵装置的调节值，而不指示系统运行的动态过程。

2. 操纵装置

操纵装置是将人的信息输送给机器，用以调整、改变机器状态的装置，将操作者输出的信号转换成机器的输入信号。人的信息一般是通过肢体的活动或声音输出的。在人-机系统中，人就是通过操纵装置来控制机器设备安全正常运转的。

操纵装置的设计首先要充分考虑操作者的体形生理、心理、体力和能力。操纵装置的大小、形态等要适应人手或脚的运动特征，用力范围应当处在人体最佳用力范围之内，不能超出人体用力的极限；重要的或使用频繁的操纵装置应布置在人反应最灵敏、操作最方便、肢体能够达到的空间范围内。操纵装置的设计还要考虑耐用性、运转速度、外观和能耗等因素。

（1）操纵装置的类型

① 手控。

用手控制的方式有按钮、开关、选择器旋钮、曲柄、杠杆和手轮等，如图 5-6 所示。

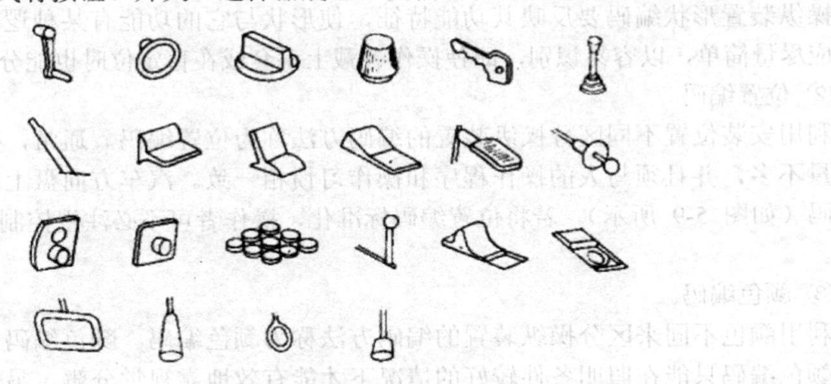

图 5-6 手控操纵装置

② 脚控。

用脚控制的方式有脚踏板、脚踏钮、膝操纵器等，如图 5-7 所示。

③ 其他。

其他方式有声控、光控或利用敏感元件的换能装置实现起动或关闭的机件。

（2）操纵装置的特征编码与识别

为了说明操纵装置的位置或状态，确认操作的准确性，不同的操纵装置应各具特点，以便于记忆、寻找和感受信息，保证操作的正确性。当许多相同形式的操纵装置排列在一起时，赋予每个操纵装置以自己的特征和代号，就叫操纵装置的编码。

操纵装置编码能减少误操作，提高工作效率。操纵装置编码分为形状编码、位置编码、颜色编码、符号编码等。

① 形状编码。

将各种不同功能的操纵装置设计成各种不同形状，以其特有的形状区分操作装置的编码方法称为形状编码，如图 5-8 所示。形状编码可以减轻视觉负担，便于利用触觉进行辨认。

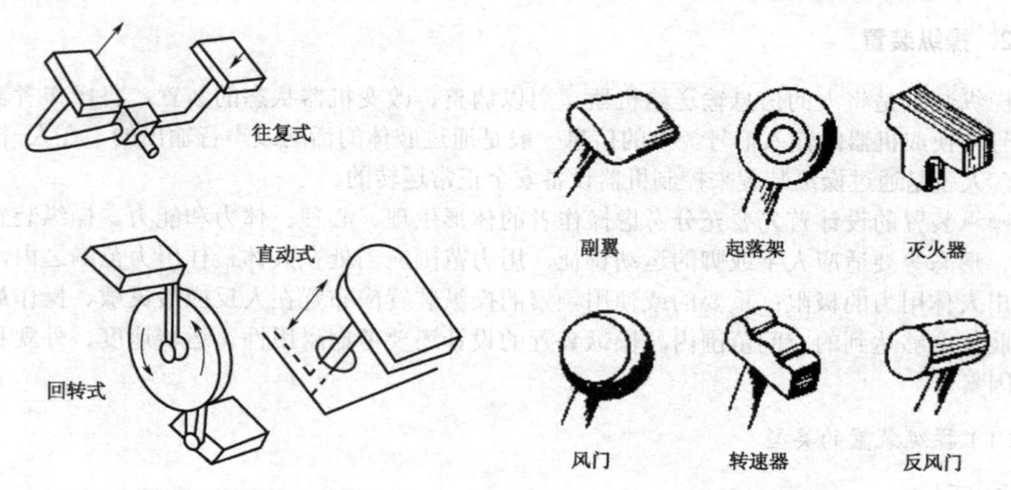

图 5-7　脚控操纵装置　　　　图 5-8　形状编码

操纵装置形状编码要反映其功能特征，使形状与它的功能有某种逻辑上的联系，形状编码应尽量简单，以容易识别，即使操作者戴上手套或在盲定位时也能分辨清楚。

② 位置编码。

利用安装位置不同区分操纵装置的编码方法称为位置编码。通常，位置编码的操纵装置数量不多，并且须与人的操作程序和操作习惯相一致。汽车方向盘上的操纵装置多用位置编码（如图 5-9 所示）。若将位置编码标准化，操作者可不必注视控制对象就能正确进行操作。

③ 颜色编码。

利用颜色不同来区分操纵装置的编码方法称为颜色编码。颜色编码受使用条件限制，因为颜色编码只能在照明条件较好的情况下才能有效地靠视觉分辨。另外，颜色编码包含的种类不宜过多，否则容易混淆，不利于识别。如果将颜色编码与位置编码及形状编码组合使用则效果更佳。

④ 符号编码。

用符号或文字标在操纵装置上的编码方法叫符号编码。当采用符号编码时，要充分考虑相关因素；说明文字应在与操纵装置的最接近处；应简洁明了，选择通用的缩写；应明确介绍该操纵装置控制内容；要采用规范的清晰字体；要有充足的照明条件。汽车音响、录音机、录像机产品等广泛使用符号编码，如图 5-10 所示。

图 5-9　位置编码

图 5-10　符号编码

3．显示装置的布局与排列

（1）显示装置的布局

显示面板的设计应尽可能使显示表面处于最佳观察范围内（如图 5-11 和图 5-12 所示），并做到视距相等。对不同数量的仪表和控制室的容量，可采用不同形式的显示板。当显示装置数量较少时，可采用结构简单的平面形显示板；当显示装置数量较多时，可把显示板设计成圆弧形或折弯行。

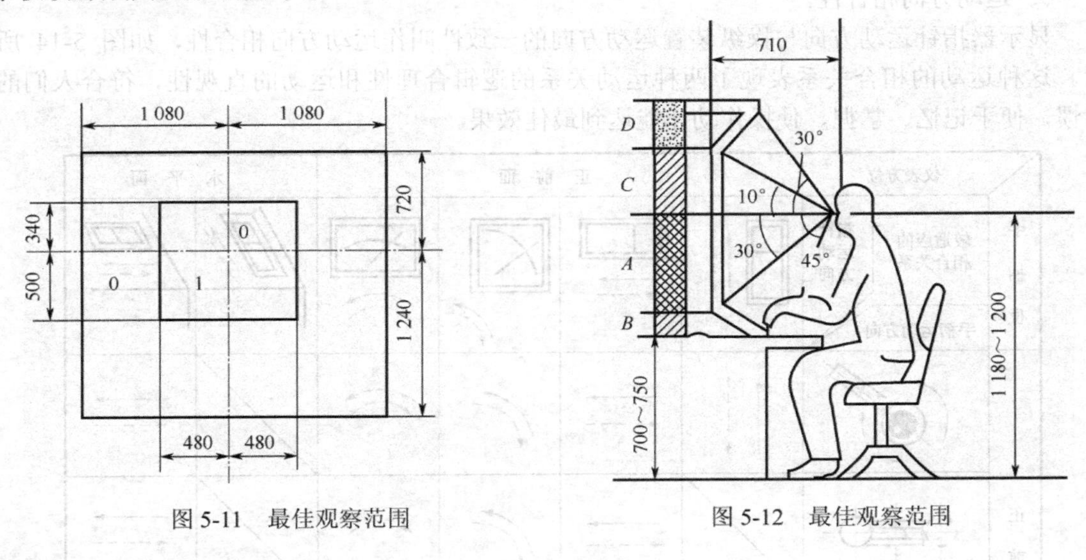

图 5-11　最佳观察范围　　图 5-12　最佳观察范围

（2）显示装置的排列

显示装置之间的距离不宜过大，以缩小搜索视野的范围。组合仪表和屏幕显示装置为解决这一问题提供了条件。

显示装置的排列顺序应与它在实际操作中的使用顺序应一致；功能上有联系的显示装置应划分区域排列或靠近排列。

仪表及显示装置的排列应适应视觉的运动规律和习惯。例如，视野中心的左上象限布置经常观察的显示装置，右下象限布置不经常观察的显示装置；在水平方向可多排列些显示装置，使之呈水平方向的矩形；对于固定使用顺序的显示装置，应按由左至右或由上往下排列。当显示装置与控制装置不在同一平面时，应根据人的心理、生理习惯配置。显示装置的排列应与操作和控制它们的开关和按钮保持对应的关系，以利于控制与显示的协调。

（3）操纵显示相合性

在设计操纵装置与显示装置时，不仅应当考虑它们各自的适用性，同时也必须考虑它们彼此配合的一致性，这就叫作相合性。

① 位置相合性。

操纵装置与显示装置空间位置应相互保持一致性关系叫作位置相合性，如图 5-13 所示。

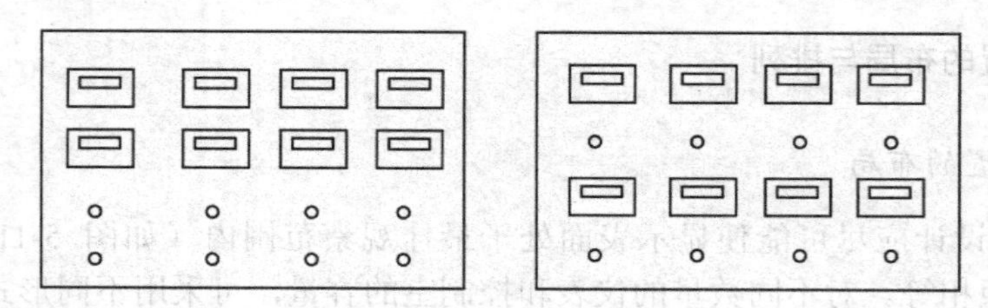

图 5-13 位置相合性

② 运动方向相合性。

显示器指针运动方向与操纵装置运动方向的一致性叫作运动方向相合性，如图 5-14 所示。这种运动的相合关系表现了两种运动关系的逻辑合理性和运动的直观性，符合人们的习惯，便于记忆、掌握，使操作动作能达到最佳效果。

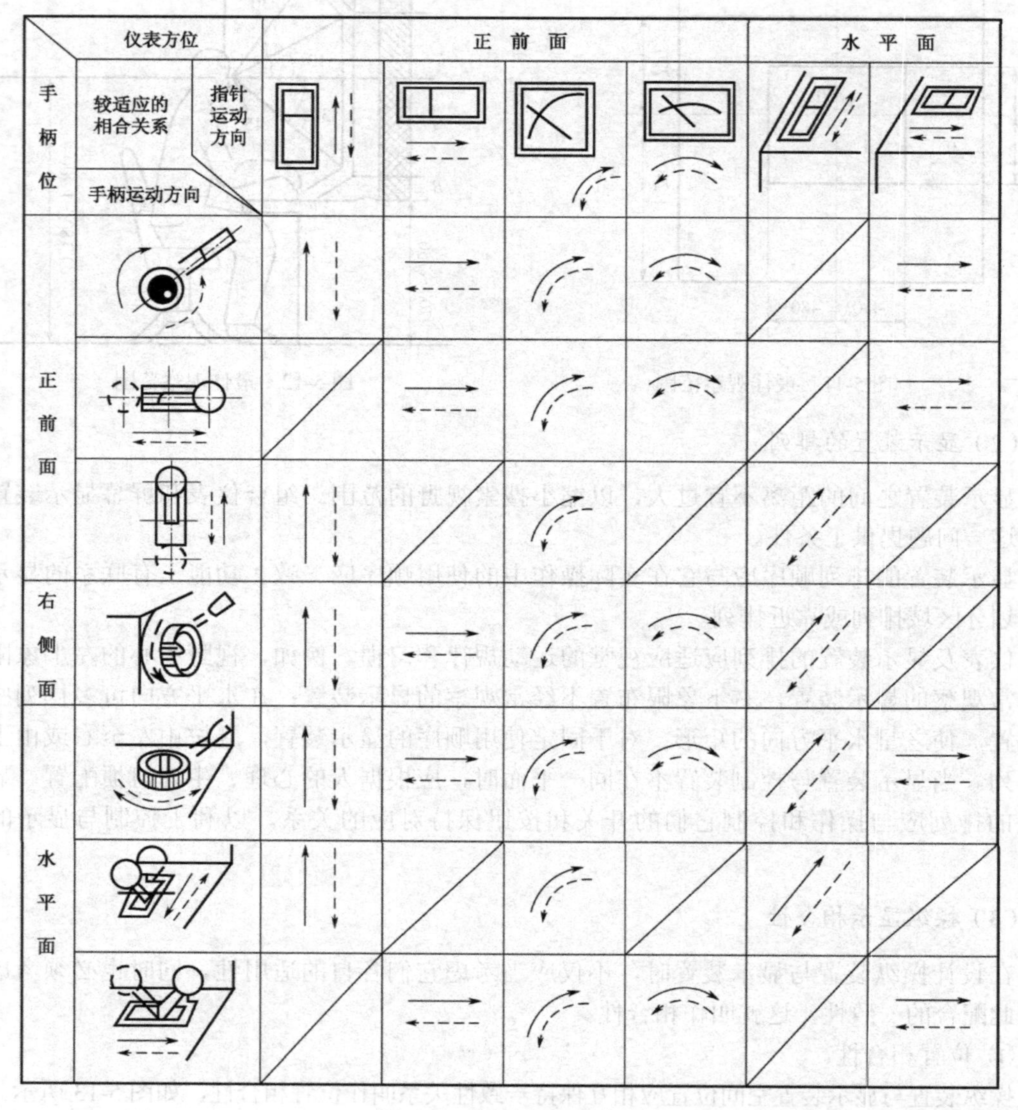

图 5-14 运动方向相合性

③ 概念的相合性。

显示器与操纵装置编码的意义要与其作用一致，与人们长期形成的共同习惯相一致。如用表示危险的红色来标明禁止和停止，用表示安全的绿色来标明运行和通过。

5.4　电子设备的使用和生产要求

5.4.1　对电子设备的使用要求

在设计电子设备时，不但要充分了解产品的工作环境条件与特点，还必须了解用户（使用方面）对电子设备提出的各种要求。只有能充分满足使用要求的电子设备才能充分发挥其效能。

1. 体积、质量要求

电子设备的体积和质量大小已成为表征产品技术性能的指标之一，减小电子设备的体积和质量本身不是目的，而只作为满足一些现代要求（扩大产品的应用范围、降低材料消耗和改善使用特性等）的手段。

电子设备系统的总体积和总质量取决于产品本身、冷却或加热装置、辅助装置、备件和电源等的体积（质量）之总和。由此，减小电子设备的体积和质量的措施应涉及产品的所有各个组成部分。

电子设备的外形尺寸首先取决于所用元件的特点及元件的安装密度。元件的安装密度受到工作特性的限制。例如，由于元件过分密集，会造成散热困难，并使电磁兼容性、维修性等问题变得更加复杂。在这种情况下，可能要采用功率更大、更复杂、更昂贵的冷却方法，增加辅助屏蔽和元件连接通路等。因此，冷却装置、屏蔽体和连接器本身的体积（质量）在个别情况下可能比靠元件的高安装密度所节省下来的体积（质量）还大。

从生产角度考虑，减小电子设备的体积和质量，意味着原材料消耗降低，具有一定的经济意义。

为表示电子设备的体积和质量，则须将其体积和质量量化。表征电子设备体积和质量的指标如下所述。

（1）平均质量体积比

定义：产品的总质量与总体积之比为设备的平均质量体积比。用 D 表示：

$$D=W/V$$

式中，D 为平均质量体积比，单位为 t/m^3、kg/dm^3、g/cm^3；W 为设备的质量，单位为 t、kg、g；V 为以设备外形尺寸计算的总体积，单位为 m^3、dm^3、cm^3。

（2）组装密度因数

定义：产品内部零部件、元器件的体积总和与机箱机柜内部容积的比值称为体积组装密度因数，用 K 表示。

$$K = (\frac{1}{V_r}\sum_{i=1}^{N} V_i) \times 100\%$$

式中，V_r为机箱（柜）内部容积，单位为 m^3、dm^3、cm^3；V_i为各零部件、元器件的体积，单位为 m^3、dm^3、cm^3。

（3）*D* 和 *K* 值对结构设计的影响

电子设备的平均质量体积比 *D* 对结构设计有直接影响。当 *D* 为 0.5 kg/dm^3 时，结构设计不会遇到困难，当 *D* 为 1.5～1.7 kg/dm^3 时，结构设计需要精心安排；当 *D* 为 2～2.2 kg/dm^3 时，结构设计需要应用特殊材料（如高强度金属合金）、高稳定度小型化元器件，并采用新结构；当 *D* 达到 2.5 kg/dm^3 以上时，结构设计将很困难。

随着平均质量体积比 *D* 的增大，产品的组装密度因数 *K* 也会提高。目前，一般的电子设备其 *K* 值为 10%～25%；结构紧凑的电子设备（如采用多层印制电路板和超小型元器件的产品）其 *K* 值为 25%～40%；而采用微组件技术、灌封电路的电子设备，其 K 值可达 60%。

D 越大，*K* 越大，标志着电子设备的组装密度越高。

现代电子设备当使用和安装条件较苛刻时，希望有较高的组装密度，但组装密度高会产生一系列的矛盾，给结构设计带来较大的困难。主要表现在以下几个方面。

① 产品温升限制是绝大多数产品（特别是中、大功率产品）提高组装密度时遇到的最大困难。产品组装密度高则单位体积发热量增大，散热困难。为了确保产品温升不超过限度就需要采用强迫冷却系统，冷却系统本身具有一定的体积和质量，反而提高了产品的总体积和质量。因而不能过分地追求高组装密度。一般说来，在没有强迫冷却的情况下，产品内的温度随平均质量体积比增加而升高。当平均质量体积比为 2～3 kg/dm^3 时，产品内温度可达 150～200℃。显然，这样的产品不进行强迫冷却是无法工作的。

② 随着组装密度提高、元器件间距离减小，会导致产品性能稳定性和可靠性下降。尤其是超高频和高压产品，由于分布电容增大，易产生自激，使脉冲波形变坏，在高压下还易发生飞弧、短路和击穿。

③ 随着组装密度提高，装配和维护修理困难增加，也会降低产品的可靠性。此外，组装密度高的产品，生产成本往往较高，维护费用增大，其经济性也较差。

④ 紧凑性高的产品，在整机结构方面要求有较高的零件加工精度和装配精度，因而提高了产品成本。

2. 各种防护要求

电子设备工作于各种工作环境中，为了设备可靠地工作，在设计电子设备结构时，必须采取各种防护措施，以增强电子设备适应各种工作环境的能力，具体应考虑以下问题。

① 通过热设计提高电子设备的散热能力，从而把产品的温升控制在允许范围之内；根据设备使用环境特点，保证其内部各零部件、元器件和结构件能够承受温度骤变的热冲击。

② 通过各种防护、防腐设计提高电子设备抗恶劣环境的能力，保持产品在各种恶劣气候条件下能可靠地工作。

③ 通过减振缓冲设计和加强机械结构强度、刚度，使电子设备能适应外界机械因素的作用。

④ 利用各种防干扰措施，保证电子设备性能稳定，以达到技术指标。

3. 操纵、维修的要求

电子设备的操纵性能如何，是否便于维护、修理，直接影响到产品的可靠性。因此，在结构设计时必须全面考虑。

（1）对电子设备的操纵要求

原则上可归纳为以下几点。

① 为操纵者创造良好的工作条件。例如，产品不会产生令人厌恶的噪声，且色彩调和，给人以好感，其安装位置适当。

② 产品操作简单，操纵者能很快进入工作状态，不需要很熟练的操作技术。

③ 产品安全可靠，有保险装置。当操纵者发生误操作时，不会损坏产品，更不能危及人身安全。

④ 控制机构轻便，尽可能减少操纵者的体力消耗；读数指示系统清晰，便于观察，且长时间观察不易疲劳，也不损伤视力。

（2）从维护方便出发，对结构设计提出的要求

① 当发生故障时，便于打开维修或能迅速更换备用件。如采用插入式和折叠式结构、快速装拆结构，以及可换部件式结构等。

② 可调元件、测试点应布置在产品的同一面，经常更换的元器件应布置在易于装拆的部位，电路单元应尽可能采用印制板并用插座与系统连接。

③ 元器件的组装密度不宜过大，即体积填充系统在可能的条件下应取低一些（一般最好不超过 0.3），以保证元器件间有足够的空间，便于装拆和维修。

④ 产品应具有过负荷保护装置（如过电流、过电压保护），危险和高压处应有警告标志和自动安全保护装置（如高压自动断路门开关）等，以确保维修安全。

⑤ 产品最好具备监测装置和故障预报装置，能使操纵者尽早地发现故障，或预测失效元器件，及时更换维修，以缩短维修时间，防止大故障出现。

5.4.2　电子设备的生产要求

在设计电子设备时，必须考虑生产上的各种要求，如结构工艺性、经济性、标准化等。符合生产要求的电子设备才能高效率、低成本地制造出来，产品质量也能得到保证。

1. 结构工艺性

产品的工艺性是指产品无须作重大变化，且在一定数量下以最低成本适于工业制造的程度。工艺性与工艺过程不同，它是在设计和研制产品时所赋予产品的一些质量指标，这些指标规定有可能以最少的人力、物力制造产品，降低成本，缩短设计和掌握制造产品的

时间。

结构工艺性包括零件加工工艺性和装配工艺性（机械装配和电气装配）。

结构的工艺性是指结构是否适合于所规定的生产批量材料和工时的消耗，制造新结构所需的时间以及生产资金的相对耗费量等结构性能的总和。因此，影响结构工艺性的因素是多方面的。决定电子设备的主要因素有结构的继承性、零件的重复性、结构的标准化、毛坯选择及工艺过程的合理性、材料品种是否适当，以及工时和材料的消耗和装配工艺性等。

工艺性是按下列主要工艺性质来进行评价的：标准化零部件的适用范围；早期研制出的产品的继承性；所研制的产品零部件的重复性；材料和品种的同类型；材料的利用率；模压件、冲压件、铸造件与零件总数的比例关系等。为了定量地表征结构的工艺性，常常用到下列几个量化的参数。

（1）标准化因数

定义：表征机械结构中标准化或规格化零件的使用程度，用 K_b 表示。

$$K_b = \frac{N_b}{N}$$

式中，N_b 为产品中规格化和标准化零件的数量；N 为产品中结构零件的总数量。

（2）继承性因数

定义：表征结构的继承性程度，用 K_j 表示。

$$K_j = \frac{N_j}{N}$$

式中，N_j 为结构中采用已经掌握的、从其他产品中移用的或其他工厂能提供的以及标准化的结构零件数。

（3）重复性因数

定义：表征机械结构中零件规格的统一程度，用 K_{ch} 表示。

$$K_{ch} = \frac{N_{ch}}{N}$$

式中，N_{ch} 为同一规格的零件名称数。

（4）材料利用因数

定义：表征材料的合理使用程度，用 K_c 表示。

$$K_c = \frac{N_c}{N_m}$$

式中，N_c 为产品中某类材料制成的零件质量总和；N_m 为产品中某类材料制成的零件之毛坯质量的总和。

（5）总工艺性因数

定义：为上述各个因数之和的算术平均值，用 K 表示。

$$K=\frac{1}{n}\sum_{i=1}^{n}K_i$$

式中，$K_1=K_b$，$K_2=K_s$，$K_3=K_{ch}$，$K_4=K_c$，…

从以上工艺指标可以看出：

① 标准化因数 K_b 越大，即表示产品标准化、规格化的程度越高，结构工艺性越好。

② 继承性因数 K_j 越大，只要其采用的结构零件本身工艺性良好，则产品的结构工艺性越好。

③ 重复性因数 K_{ch} 越小，表示设备中采用的零件种类少，其结构工艺性越好。

④ 材料利用因数 K_c 越大，表示材料利用率越高，其材料消耗、工时消耗低，经济性好，结构工艺性好。

⑤ 总工艺性因数比越大，表示其整体结构工艺性越好。

然而需要指出的是，上述工艺性指标因数不能包括结构工艺的全部因素（如装配工艺性，零件加工工艺性等），所以也难以建立一个评定结构工艺性的客观标准，其结构工艺性的评定仅能是相对的。

2．经济性

电子设备的经济性包括两方面内容：使用经济性和生产经济性。

（1）使用经济性

使用经济性包括产品在使用、储存、运输过程中所消耗的费用。其中产品维修费所占比例最大，电价次之。使用经济性与产品的可靠性有密切的关系，因为产品维修费与产品可靠性成反比，随着产品可靠性的提高其使用费用逐步下降。如在设计电子设备时提高产品的维护修理性能，降低产品的电路和结构复杂性，以及减少电能消耗等，对于提高产品的使用经济性是很有利的。

（2）生产经济性

生产经济性实际上就是生产成本，它包括生产设备费用、原材料和辅助材料费用、工资、管理费用及其他附加费用等。

（3）产品经济性的提高

要提高产品的经济性，就必须在设计阶段时充分考虑以下几方面。

① 充分研究产品技术条件，深入了解产品设计参数、性能和使用条件，正确制定设计方案和确定产品复杂程度，这是决定产品经济性的必要环节。

② 根据产量确定产品的结构形式和生产类型。因为产量的大小决定了生产批量，不同的生产批量对产品的结构有很大影响，生产的批量不同其生产方法（类型）也不同，因而其经济性也不同。

③ 根据生产厂的生产条件，按照最经济的生产方法设计零部件，从而降低产品的生产成本。

④ 根据产品性能，在满足技术要求的条件下，选用最经济合理的原材料和元器件。

⑤ 周密地进行产品结构设计，使产品具有良好的操纵维修性能和使用性能，以降低设备的维修费用和使用费用。

3. 生产条件对产品的要求

任何电子设备在其研制阶段之后都要投入生产。生产厂的设备情况、技术和工艺水平、生产能力和生产周期，以及生产管理水平等因素，都属于生产条件。产品如要顺利地投产，必须满足生产条件对它的要求，否则，就不可能生产出优质的产品，甚至根本无法投产。

生产条件对产品的要求，一般有以下几个方面。

① 产品中的零、部件及元器件，其品种和规格应尽可能地少，尽量使用由专业厂生产的通用零、部件或产品。因为这样便于生产管理，有利于提高产品质量，降低成本。

② 产品中的机械零、部件必须具有较好的结构工艺性，能够采用先进的工艺方法和流程，使得原材料消耗低，加工工时短。例如，零件的结构、尺寸和形状便于实现工序自动化；以无屑加工代替切削加工，提高冲压件、压塑件的数量和比例等。

③ 产品中的零、部件和元器件及其各种技术参数、形状和尺寸等应最大限度地标准化和规格化，还应尽可能采用生产厂以前曾经生产过的零、部件，充分利用生产厂的先进经验，使产品具有继承性。

④ 产品所使用的原材料其品种、规格越少越好，应尽可能少用或不用贵重材料，立足于使用国产材料和来源多、价格低的材料。

⑤ 产品（含零、部件）的加工精度要与技术条件要求相适应，不允许无根据地追求高精度。在满足产品性能指标的前提下，其精度等级应尽可能地低，装配也应简易化，尽量不搞选配和修配，力求减少装配工人的体力消耗，同时也便于自动流水生产。

第6章　电子元器件

电子元器件是在电路中具有独立电气功能的基本单元。元器件在各类电子产品中占有重要的地位，特别是通用电子元器件，如电阻器、电容器、电感器、晶体管、集成电路、开关、接插件等，是电子产品中必不可少的基本材料。熟悉各类电子元器件的性能、特点和用途，对设计、安装和调试电子线路十分重要。电子元器件的发展很快，品种规格也极为繁多。就装配焊接的方式来说，当前已经从传统的通孔插装方式全面转向表面安装方式。本章从电子整机产品制造工艺基本原则的角度出发，按其类别、性能、选用等简单介绍电子元器件，力求对各种电子元器件有一概括性了解，以利于在设计、组装与调试电子产品中能够正确地使用元器件。

6.1　电　阻　器

电阻器是电子整机中使用最多的基本元件之一，简称电阻。电阻器是一种消耗电能的元件，在电路中用于稳定、调节、控制电压或电流的大小，起限流、降压、偏置、取样、调节时间常数、抑制寄生振荡等作用。电阻器的种类繁多，其分类方式也不同。

- 按结构形式可分为一般电阻器、片状电阻器、可变电阻器（电位器）。
- 按制造工艺或材料可分为合金型、薄膜型和合成型电阻器等。
- 按用途可分为普通型、精密型、高频型、高压型、敏感型和熔断型电阻器（亦称保险丝电阻器）。

电阻器的主要技术指标有额定功率、标称阻值、允许偏差（精度等级）、温度系数、非线性度、噪声系数和极限电压等。

① 额定功率：电阻器在电路中长时间连续工作不损坏，或不显著改变其性能所允许消耗的最大功率称电阻器的额定功率。电阻器的额定功率并不是电阻器在电路中工作时一定要消耗的功率，而是电阻器在电路中工作时允许消耗功率的限额。不同类型的电阻有不同系列的额定功率，见表6-1。

表6-1　电阻器的功率等级

名称	额定功率 / W					
实芯电阻器	0.25	0.5	1	2	5	
线绕电阻器	0.5	1	2	6	10	15
	25	35	50	75	100	150
薄膜电阻器	0.025	0.05	0.125	0.25	0.5	1
	2	5	10	25	50	100

② 标称阻值：阻值是电阻的主要参数之一，不同类型的电阻阻值范围不同，不同精度的电阻其阻值系列亦不同。

③ 阻值精度：实际阻值与标称阻值的相对误差为电阻精度（允差）。在电子产品设计中，可根据电路的不同要求选用不同精度的电阻。

④ 温度系数：所有材料的电阻率都随温度变化而变化，电阻的阻值同样如此。

⑤ 非线性：当流过电阻中的电流与加在两端的电压不成正比变化时称为非线性。一般金属型电阻线性度很好，非金属电阻线性度差。

⑥ 噪声：噪声是产生于电阻中的一种不规则电压起伏，它包括热噪声和电流噪声两种。任何电阻都有热噪声，降低电阻的工作温度，可以减小热噪声；电流噪声与电阻内的微观结构有关，合金型无电流噪声，薄膜型较小，合成型最大。

⑦ 极限电压：当电阻两端电压增加到一定值时，会发生烧毁现象，使电阻损坏，根据电阻的额定功率可计算出电阻的额定电压 U，$U=\sqrt{P\cdot R}$，所加电压升高到一定值不允许再增加时的电压称为极限电压。极限电压受电阻尺寸及结构的限制。

6.2 电 位 器

电位器是一种可调电阻，对外有三个引出端，其中两个为固定端，一个为滑动端（也称中心抽头），滑动端在两个固定端之间的电阻体上做机械运动，使其与固定端之间的电阻发生变化。

6.2.1 电位器的主要技术指标

衡量电位器质量的技术参数很多，但对一般电子产品来说，最主要的指标有标称阻值、额定功率、滑动噪声、极限电压、分辨力、阻值变化规律等。

① 标称阻值：标在产品上的名义阻值，其系列与电阻的系列类似。

② 阻值精度：实测阻值与标称阻值的相对误差，其范围根据不同精度等级可允许±20%、±10%、±5%、±2%、±1%的误差，精密电位器精度可达±0.1%。

③ 额定功率：电位器的两个固定端上允许耗散的最大功率为电位器的额定功率。在使用中应注意，额定功率不等于中心抽头与固定端的功率。一般电位器的额定功率系列为 0.063、0.125、0.25、0.5、0.75、1、2、3，线绕电位器功率系列有 0.5、0.75、1、1.6、3、5、10、16、25、40、63、100，单位为 W。

④ 滑动噪声：当电刷在电阻体上滑动时，电位器中心端与固定端的电压出现无规则的起伏现象称为电位器的滑动噪声，它是由电阻率分布的不均匀性和电刷滑动时接触电阻的无规律变化引起的。

⑤ 分辨力：电位器对输出量可实现的最精细的调节能力称为分辨力。

⑥ 阻值变化规律：常见电位器阻值变化规律分线性变化、指数变化和对数变化。此外，根据不同需要，还可制成其他函数（正弦、余弦）规律变化的电位器。

⑦ 电位器的轴长与轴端结构：电位器的轴长是指从安装基准面到轴端的尺寸。轴长尺寸系列有 6、10、16.5、16、25、30、40、50、63、80（mm）；轴的直径系列有 $\Phi 2$、$\Phi 3$、

Φ4、Φ6、Φ8、Φ10（mm）。

常用电位器的轴端结构是根据调节旋钮的要求确定的，有光轴的、开槽的、滚花的、单平面或双平面的很多种形式。电位器的轴长与轴端结构如图6-1所示。

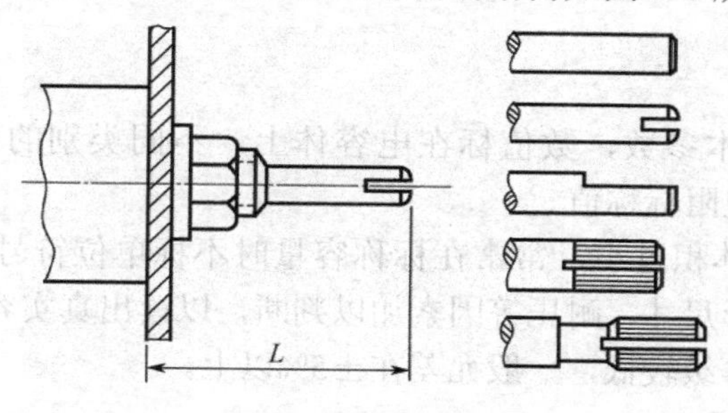

图6-1　电位器的轴长与轴端结构

6.2.2　电位器的类别与型号

电位器的种类繁多，用途各异。通常可按用途、材料、结构、阻值变化规律及驱动机构的运动方式等分类。常见接触式电位器种类见表6-2。

表6-2　接触式电位器分类

分类形式			举例
材料	合金型	线绕	线绕电位器（WX）
		金属箔	金属箔电位器
	薄膜型		金属膜电位器（WJ）、金属氧化膜电位器（WY）、复合膜电位器（WH）、碳膜电位器（WT）
	合成型	有机	有机实芯电位器（WS）
		无机	无机实芯电位器、金属玻璃釉电位器（WI）
	导电塑料		直滑式（LP）、旋转式（CP）（非部标）
用途			普通、精密、微调、功率、高频、高压、耐热
阻值变化规律		线性	线性电位器（X）
		非线性	对数式（D）、指数式（Z）、正余弦式
结构特点			单圈、多圈、单联、多联、有止挡、带推拉开关、带旋转开关、锁紧式
调节方式			旋转式、直滑式

6.3　电　容　器

电容器在电子仪器中是一种必不可少的基础元件。它的基本结构是在两个相互靠近的导体之间覆一层不导电的绝缘材料——介质。它是一种储能元件，可在介质两边储存一定的电荷，储存电荷的能力用电容量表示，基本单位是法拉，用 F 表示。由于法拉的单位太大，因而电容量的常用单位是微法（μF）和皮法（pF）。

6.3.1　电容器的主要技术指标

电容器的主要技术指标有标称容量及精度、额定电压、损耗角正切值、电容温度系数等。

1．标称容量及精度

容量是电容器的基本参数，数值标在电容体上，不同类别的电容有不同系列的标称值。常用的标称系列同电阻标称值。

注意：某些电容的体积过小，常常在标称容量时不标单位符号，只标数值，这就需要根据电容器的材料、外形尺寸、耐压等因素加以判断，以读出真实容量值。

电容器的容量精度等级较低，一般允差在±5%以上。

2．额定电压

电容器两端加电压后，能保证长期工作而不被击穿的电压称为电容器的额定电压。电压系列随电容器类别不同而有所区别，额定电压的数值通常都在电容器上标出。

3．损耗角正切值

电容器介质的绝缘性能取决于材料及厚度，绝缘电阻越大漏电流越小。漏电流的存在，将使电容器消耗一定电能，这种损耗称为电容器的介质损耗（有功功率），如图 6-2 所示。图中 δ 角是由于电容损耗而引起的相移，此角即为电容器的损耗角。

电容器的损耗电路如图 6-3 所示，相当于在理想电容上并联一个等效电阻。R 相当于漏电阻。此时，电容上存储的无功功率为 $P_\delta = U_C I_C = U_C \cdot I \cdot \cos\delta$，损耗的有功功率为 $P = U_C I_R = U_C \cdot I \cdot \sin\delta$。由此可见，只用损耗的有功功率来衡量电容的优劣是不准确的，因为功率的损耗不仅与电容本身质量有关，而且与加在电容器上的电压及电流有关，同时只看损耗功率，而不看存储功率也不足以衡量电容器的质量。为确切反应电容器的损耗特性，用损耗功率与存储功率之比来反应，即

$$\frac{P}{P_q} = \frac{U_C I \sin\delta}{U_C I \cos\delta} = \tan\delta$$

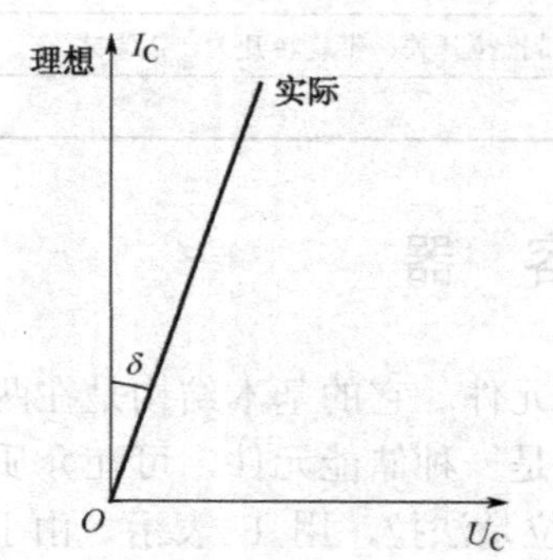

图 6-2　电容器的介质损耗

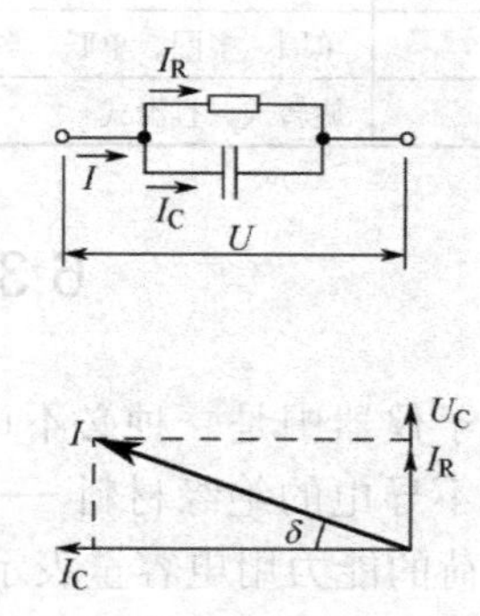

图 6-3　电容损耗等效电路

tanδ 称为电容器损耗角的正切值，它真实地表明了电容器的质量优劣。不同类型的电容器其 $\tan\delta$ 的数值不同，一般在 $10^{-2} \sim 10^{-4}$ 之间。

4．电容温度系数

温度、湿度、气压对电容量都会有影响，通常用温度系数 a_c 来表示。

$$a_c = \frac{1}{C} \cdot \frac{\Delta C}{\Delta t} \quad (1/℃)$$

式中，C 为电容量，$\triangle t$ 为温度变化量。

云母电容及瓷介电容稳定性最好，温度系数可达 10^{-4}/℃数量级，铝电解电容温度系数最大，可达 10^{-2}/℃。多数电容的温度系数为正值，个别类型的电容其温度系数为负值，如瓷介电容器。

6.3.2　电容器的型号及容量标志方法

根据国家标准，电容器型号命名由 4 部分内容组成，其中第 3 部分作为补充说明电容器的某些特征，如无说明，则只需 3 部分组成，即两个字母和一个数字。大多数电容器都由三部分内容组成。型号命名格式如下：

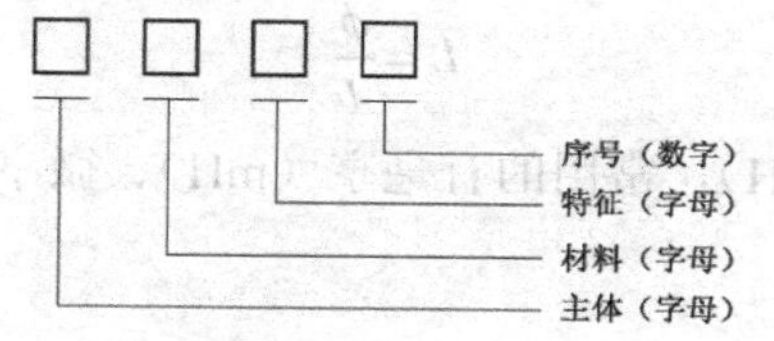

电容器的标志内容见表 6-3。

表 6-3　电容器的标志内容

第 1 部分（主称）		第 2 部分（材料）		第 3 部分（特征）	
符号	含义	符号	含义	符号	含义
C	电容器	C	瓷介	W	微调
		Y	云母		
		I	玻璃釉		
		O	玻璃（膜）		
		B	聚苯乙烯		
		F	聚四氟乙烯		
		L	涤纶		
		S	聚碳酸酯	J	金属膜
		Q	漆膜		
		Z	纸介		
		H	混合介质		
		D	铝电解		
		A	钽		
		N	铌		
		T	钛		

一般电容器主体上除了标注上述符号外，还标有标称容量、额定电压、精度与技术条件等。

6.4 电　感　器

电感器的应用范围很广泛，它在调谐、振荡、耦合、匹配、滤波、延迟、补偿及偏转聚焦等电路中都是必不可少的。由于其用途、工作频率、功率、工作环境不同，对电感器的基本参数和结构形式就有不同的要求，从而导致电感器的类型和结构多样化。

电感器的主要技术指标有电感量、固有电容、品质因数、额定电流、稳定性等。

1．电感量

在没有非线性导磁物质存在的条件下，一个载流线圈的磁通与线圈中电流成正比，其比例常数被称为自感系数，用 L 表示，简称电感。即，

$$L=\frac{\phi}{I}$$

电感的实用单位是亨利（H），常用的有毫亨（mH）、微亨（μH）、毫微亨（nH）。

2．固有电容

线圈匝间的导线，在空气、绝缘层和骨架之间存在分布电容。此外，屏蔽罩之间、多层绕组的层与层之间、绕组与底板间也都存在分布电容，这样电感的实际等效电路如图 6-4 所示。

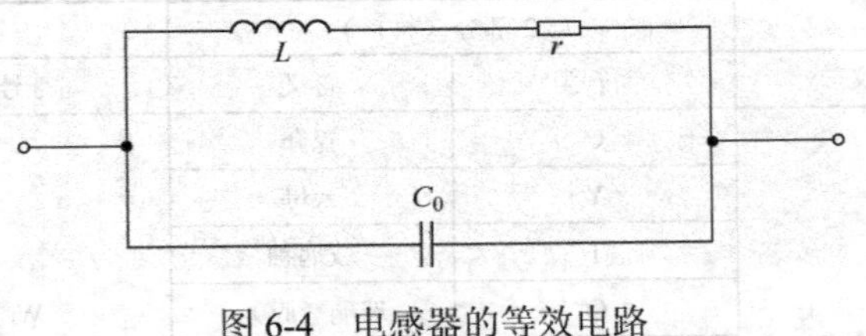

图 6-4　电感器的等效电路

等效电容 C_0 就是固有电容，由于固有电容的存在，会使线圈的等效总损耗电阻增大，品质因数降低。

3．品质因数（Q 值）

电感线圈的品质因数定义为

$$Q=\frac{\omega L}{R}$$

式中，ω是工作角频率；L 是线圈的电感量；R 是线圈的等效总损耗电阻（包括直流电阻、高频电阻及介质损耗电阻）。

4．额定电流

额定电流是线圈中允许通过的最大电流。

5. 稳定性

使线圈产生变形、温度变化所引起的固有电容和漏电损耗增加，这都影响电感的稳定性。电感线圈的稳定性通常用电感温度系数和不稳定系数两个量来衡量，其值越大，表示稳定性越差。电感器的参数测量比较复杂，一般通过专用仪器进行测量，如电感测量仪和电桥等。

6.5 变 压 器

在电子电路中，根据工作频率不同可将变压器分为高频变压器、中频变压器、低频变压器、脉冲变压器等几类，常见变压器如图6-5所示。

变压器由初级线圈、次级线圈、铁芯或磁芯组成。一般，铁芯用于低频变压器，磁芯用于高频变压器。变压器的作用是变压、阻抗变换和隔直流等。

(a) 电源变压器

(b) 高频变压器

(c) 中功率隔离、自耦变压器

(d) 高压输出变压器

图6-5 常见变压器实物图

1. 高频变压器

常用的高频变压器有黑白电视机中的天线阻抗变换器和半导体收音机中的天线线圈等。天线线圈一般由两个两邻而又相互独立的初级、次级绕组套在同一磁棒上构成，匝数多的为初级线圈，匝数少的为次级线圈，其外形如图6-6所示，其作用是完成阻抗变换，以获得尽可能高的灵敏度和足够的选择性。

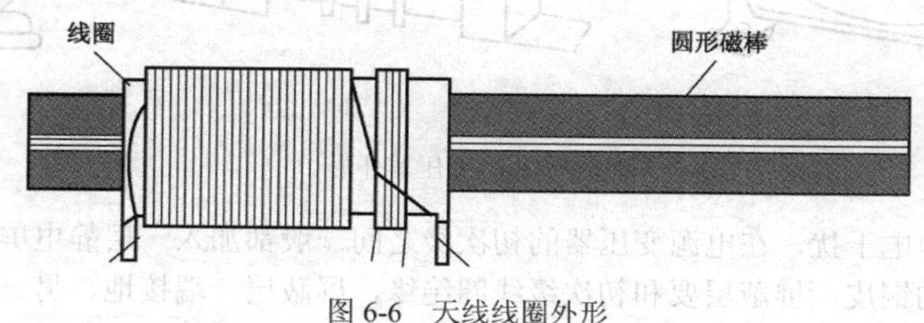

图6-6 天线线圈外形

2. 中频变压器

中频变压器又称中周变压器，简称中周，是超外差收音机中频放大级和电视机中频放大级的关键元件之一。通常，中频变压器有单调谐回路与双调谐回路两种。根据耦合方式不同，可分为电感耦合和电容耦合；根据调谐方式不同，又分为调感式和调容式两种。晶体管收音机大都采用单调谐方式，结构较简单，占用空间较小。在它的初级并联一个电容来组成调谐回路，而次级不并联电容，通过调节线圈中的磁芯来改变线圈电感量以达到调整谐振频率的目的。双调谐方式则是在变压器初、次级回路中都并联电容，使两个回路都可以调谐，两个回路之间可以采用电感耦合，也可以来用电容耦合。

3. 低频变压器

在电子技术中，低频变压器一般包括电子产品的输入、输出变压器和 1 kVA 以下的电源变压器。

（1）输入、输出变压器

输入、输出变压器的作用是完成阻抗匹配、耦合、倒相等，它们由铁芯、骨架线圈构成。铁芯通常采用 E 字形硅钢片，骨架由尼龙或塑料压制而成，在骨架上绕制漆包线。输入变压器的初次级线匝数比为 3∶1 至 1∶1（乙类推挽），输出变压器初次级线圈的匝数比为 10∶1 至 7∶1。

输入、输出变压器的大小、外形相似，应用中难以区分。但输入变压器的初级和输出变压器的次级皆为两根引线，前者导线细、匝数多、阻值为几十欧姆至几百欧姆左右，后者导线粗，匝数少，阻值为 1 欧姆左右，由此便可区别。

（2）电源变压器

交流供电系统中的电子产品都离不开电源变压器。电子产品中常用的小型变压器的外形如图 6-7 所示，由铁芯、线圈、骨架和绝缘物等构成。

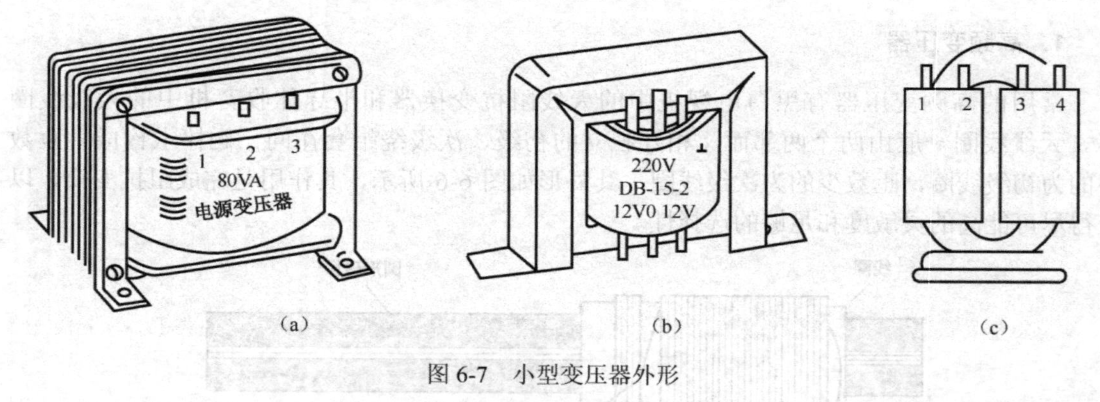

图 6-7　小型变压器外形

为了防止静电干扰，在电源变压器的初次级之间一般都加入一层静电屏蔽层。屏蔽层一般采用很薄的铜皮，屏蔽层要和初次级线圈绝缘，屏蔽层一端接地，另一端悬空，其首尾绝不能短接。

值得提出的是，对于计算机等高精度的电子产品，电源变压器要多层屏蔽（或全屏蔽），屏蔽的引线按不同的工艺要求，连接方法也不同。

如图 6-8 所示是一种全屏蔽变压器，它能更有效地减小分布电容的影响。这种变压器除在初级和次级间加屏蔽层外，还在初级和次级分别加屏蔽

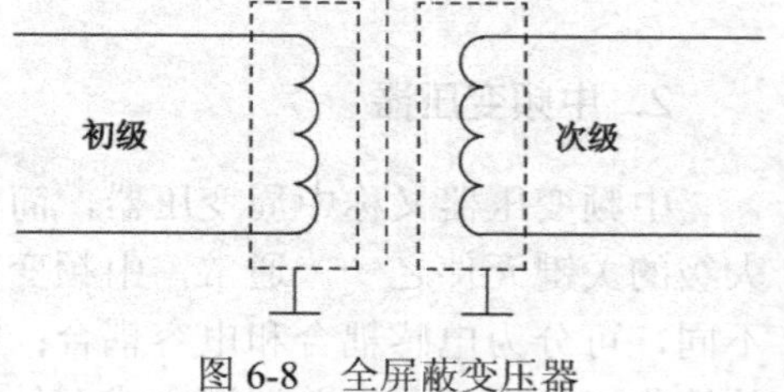

图 6-8　全屏蔽变压器

层。初级屏蔽接设备的金属外壳，级间屏蔽层和次屏蔽层皆接到直流工作地上（即直流电源地）。

4. 脉冲变压器

脉冲变压器用于各种脉冲电路中，其工作电压、电流等均为非正弦脉冲波。常见的脉冲变压器有电视机的行输出变压器、行推动变压器、开关变压器、电子点火器的脉冲变压器、臭氧发生器的脉冲变压器等。

6.6 开关及接插元件简介

开关、接插元件大多串接在电路中，其质量及可靠性直接影响电子系统或设备的可靠性，其中突出的问题是接触问题。接触不可靠不仅影响电路的正常工作，而且也是噪声的重要来源之一。合理地选择和正确使用开关及接插件，将会大大降低电子产品的故障率。

影响开关和接插元件质量及可靠性的主要因素是温度、湿度、工业气体和机械振动等。温度、湿度、工业气体也易使触点氧化，致使接触电阻增大，绝缘性能下降；振动易使接触不稳。为此，在选用时，应根据产品的技术条件规定的电气、机械、环境、动作次数等合理选择。

6.6.1 常用接插件

1. 圆形接插件

圆形接插件如图 6-9 所示，俗称航空插头插座。它有一个标准的旋转锁紧机构，并具有多接点和插拔力较大的特点，连接比较方便，抗振动性极好，同时还容易实现防水密封以及电场屏蔽等特殊要求。适用于大电流连接，广泛用于不需要经常插拔的电气之间及电气与机械之间的电路连接中。此类连接器接点数量从两个到近百个，额定电流可从 1 A 到数百 A，工作电压均为 300～500 V。

2. 矩形接插件

矩形排列能充分利用空间位置，所以被广泛应用于机内互连。当带有外壳或锁紧装置时，也可用于机外的电缆和面板之间的连接，如图 6-10 所示。

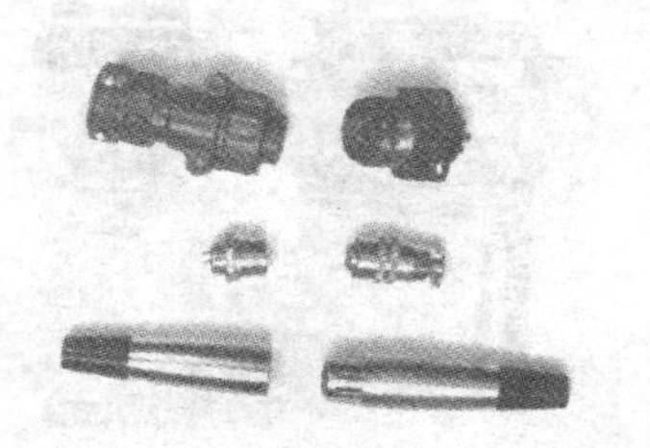
图 6-9 圆形接插件

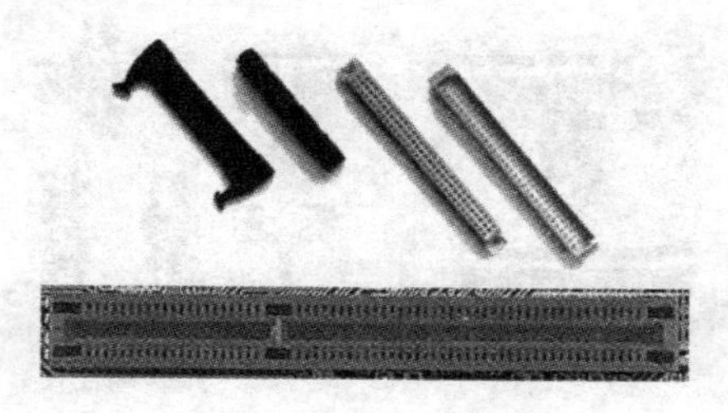
图 6-10 矩形接插件

这类插头座可分为插针式和双曲线簧式、带外壳和不带外壳式、带锁紧式和非锁紧式；接点数目、电流、电压均有多种规格，根据电路要求，可查手册。

3. D形接插件

这种接插件的端面很像字母 D，具有非对称定位和连接锁紧机构，如图 6-11 所示。常见的接点数有 9、15、25、37 等几种，连接可靠，定位准确，用于电器设备之间的连接。典型的应用有计算机的 RS-232 串行数据接口和 LPT 并行数据接口（打印机接口）。

4. 印制板接插件

印制板接插件的结构形式有直接型、插针型、间接型等，如图 6-12 所示，选用时可查手册。

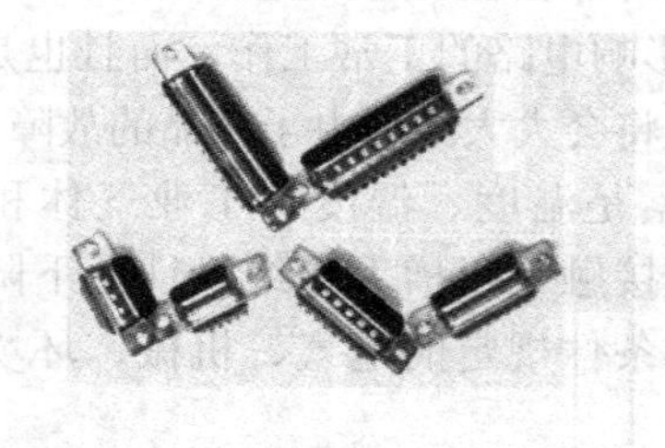

图 6-11　D 形接插件

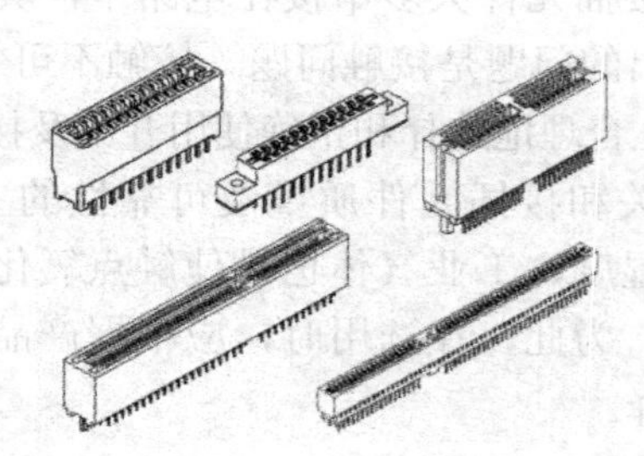

图 6-12　印制板接插件

5. 同轴接插件

同轴接插件（如图 6-13 所示）又叫作射频接插件或微波接插件，用于传输射频信号、数字信号的同轴电缆之间连接，工作频率可达到数千兆赫兹以上。Q9 型卡口式同轴接插件常用于示波器的探头电缆连接。

6. 带状电缆接插件

带状电缆是一种扁平电缆，从外观看像是几十根塑料导线并排黏合在一起。带状电缆占用空间小，轻巧柔韧，布线方便，不易混淆。带状电缆插头（如图 6-14 所示）是电缆两端的连接器，它与电缆的连接不用焊接，靠压力使连接端内的刀口刺破电缆的绝缘层实现电气连接，工艺简单可靠。带状电缆接插件的插座部分直接装配焊接在印制电路板上。

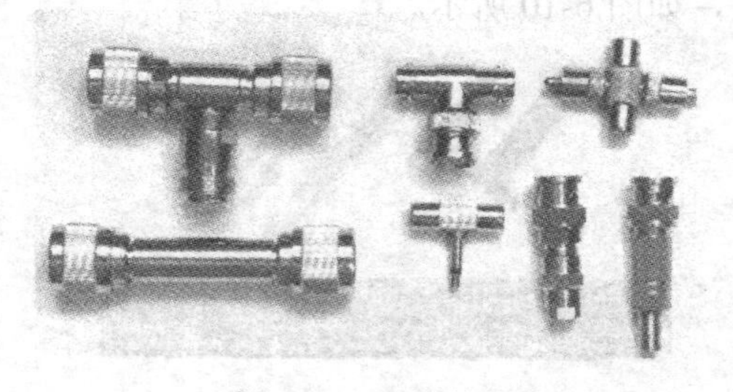

图 6-13　同轴接插件

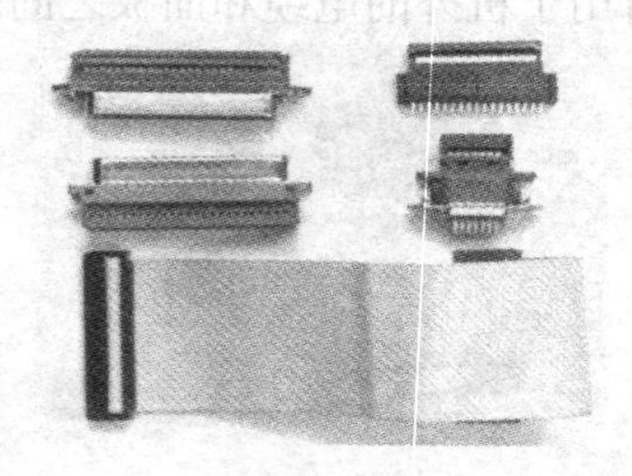

图 6-14　带状电缆接插件

带状电缆接插件用于低电压、小电流的场合，能够可靠地同时传输几路到几十路数字信号，但不适合用在高频电路中。在高密度的印制电路板之间已经越来越多地使用了带状电缆接插件，特别是在微型计算机中，主板与硬盘、软盘驱动器等外部设备之间的电气连接几乎全部使用这种接插件。

6.6.2　开关

开关在电子产品中用于接通和切断电路，其中大多数都是手动式机械结构。由于此结构操作方便，价廉可靠，目前使用十分广泛。随着新技术的发展，各种非机械结构的开关不断出现，如气动开关、水银开关，以及高频振荡式、电容式、霍尔效应式等各类电子开关。常用的机械结构开关有波段开关、键盘开关、直键开关、波形开关、钮子开关、拨动开关等。下面介绍几种常用的机械结构开关。

1．波段开关

波段开关（如图 6-15 所示）分为大、中、小型三种。波段开关靠切入或咬合实现接触点的闭合，可有多刀位、多层型组合，绝缘基体有纸质、瓷质或玻璃布环氧树脂板等几种。旋转波段开关的中轴带动其各层的接触点联动，同时接通或切断电路。波段开关的额定工作电流一般为 0.05～0.3 A，额定工作电压为 50～300 V。

2．键盘开关

键盘开关（如图 6-16 所示）多用于计算机（或计算器）中数字式电信号的快速通断。键盘有数码键、字母键、符号键及功能键，或是它们的组合。触点的接触形式有簧片式、导电橡胶式和电容式等多种。

图 6-15　波段开关

图 6-16　键盘开关

3．直键开关

直键开关（如图 6-17 所示）俗称琴键开关，属于摩擦接触式开关，有单键的，也有多键的。每一键的触点个数均是偶数（即 2 刀、4 刀、……，以至 12 刀）；键位状态可以锁定，也可以是无锁的；可以是自锁的，也可以是互锁的（当某一键按下时，其他键就会弹开复位）。

4．波形开关

波形开关（如图 6-18 所示）俗称船形开关，其结构与钮子开关相同，只是把扳动方式的钮柄换成波形按钮，按动换位。波形开关常用作设备的电源开关，其触点分为单刀双掷和双刀双掷等几种，有些开关带有指示灯。

图 6-17　直键开关

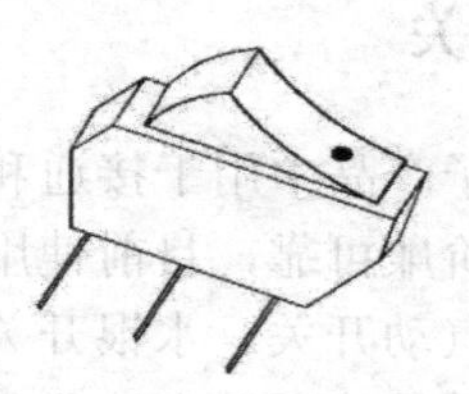

图 6-18　波形开关

5．钮子开关

钮子开关（如图 6-19 所示）是电子产品中最常用的一种开关。有大、中、小型和超小型的多种，触点有单刀、双刀及三刀的几种，接通状态有单掷和双掷的两种，额定工作电压一般为 250 V，额定工作电流为 0.5～5 A。

6．拨动开关

拨动开关（如图 6-20 所示）一般是水平滑动式换位，切入咬合式接触，常用于计算器、收录机等民用电子产品中。

图 6-19　钮子开关　　图 6-20　拨动开关

6.7　散　热　器

功率半导体器件的耗散功率是指在一定条件下，使结温 T 不超过允许值时的电流和电压的乘积。当结温超过允许值时，电流将急增致使器件损坏。要保证结温不超过允许值，就要采取散热措施。在电子产品中，一般都将大功率半导体器件紧固在散热器上进行散热。

散热器一般选用优质铝合金材料制成片叶状，为了提高散热能力，有的表面经过电化学处理。散热器的系列产品繁多，电子产品中常用的散热器的外型如图 6-21 所示。

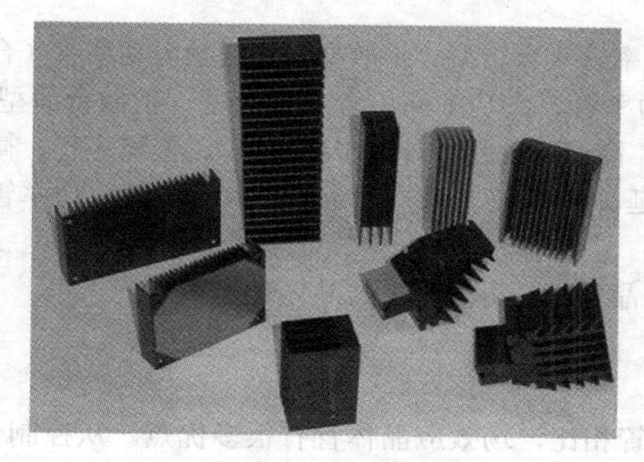

图6-21 常见散热器外形

6.8 半导体分立器件

半导体分立器件自 20 世纪 50 年代问世以来，曾为电子产品的发展起到重要的作用。现在，虽然集成电路已经广泛使用，并在不少场合取代了晶体管，但是晶体管有其自身的特点，还会在电子产品中发挥其他元器件所不能取代的作用。

1. 二极管

按照结构工艺不同，半导体二极管可以分为点接触型和面接触型两类。点接触型二极管PN结的接触面积小，结电容小，适用于高频电路，但允许通过的电流和承受的反向电压也比较小，所以只适合在检波、变频等电路中工作；面接触型二极管 PN 结的接触面积大，结电容比较大，不适合在高频电路中使用，但它可以通过较大的电流，多用于频率较低的整流电路。

半导体二极管可以用锗材料或硅材料制造。锗二极管的正向电阻很小，正向导通电压约为 0.2 V，但反向漏电流大，温度稳定性较差，现在在大部分场合被肖特基二极管（正向导通电压约为 0.2 V）取代；硅二极管的反向漏电流比锗二极管小很多，缺点是需要较高的正向电压（0.5～0.7 V）才能导通，只适用于信号较强的电路。

在采用国产元器件的电子产品中，常用的检波二极管多为 2AP 型，常用的整流二极管为2CP或2CZ型，稳压二极管多用2CW型，开关二极管多用2CK型，变容二极管常用的型号是 2CC 型等。此外，恒流二极管、微波二极管、变容二极管、雪崩二极管、光敏二极管、热敏二极管、压敏二极管、磁敏二极管和发光二极管也常在电路中使用。

2. 双极型三极管

三极管的种类很多，按照结构工艺分类，有PNP和NPN型。按照制造材料分类，有锗管和硅管。锗管的导通电压低，更适合在低电压电路中工作；硅管的温度特性比锗管稳定，穿透电流很小。按照工作频率分类，低频管可以用在工作频率为 3 MHz 以下的电路中；高频管的工作频率可以达到几百 MHz，甚至更高。按照集电极耗散的功率分类，小功率管的额定功耗在 1 W 以下，而大功率管的额定功耗可达几十 W 以上。常见双极型三极管如下所述。

① 锗管：高频小功率管（合金型、扩散型）和低频大功率管（合金型、台面型）。

② 硅管：低频大功率管、大功率高压管（扩散型、扩散台面型、外延型）、高频小功率管、超高频小功率管、高速开关管（外延平面工艺）、低噪声管、微波低噪声管、超 β 管（外延平面工艺、薄外延、钝化技术）、高频大功率管、微波功率管（外延平面型、覆盖型、网状结构、复合型）。

③ 专用器件：单结晶体管、可编程单结晶体管等。

3．场效应晶体管

和普通双极型三极管相比，场效应晶体管有很多优点。从控制作用来看，三极管是电流控制器件，而场效应管是电压控制器件。场效应晶体管栅极的输入电阻非常高，一般可达几百 MΩ，甚至几千 MΩ，所以，当对栅极施加电压时，基本上不分取电流，这是一般三极管不能与之相比的。另外，场效应管还具有噪声低、动态范围大等优点。场效应晶体管广泛应用于数字电路、通信设备和仪器仪表，已经在很多场合取代了双极型三极管。常见场效应晶体管如下所述。

① 结型硅管：N 沟道（外延平面型）、P 沟道（双扩散型）、隐埋栅、V 沟道（微波大功率）。

② 结型砷化镓管：肖特基势垒栅（微波低噪声、微波大功率）。

③ 硅 MOS 耗尽型：N 沟道、P 沟道。

④ 硅 MOS 增强型：N 沟道、P 沟道。

6.9　半导体集成电路

集成电路是利用半导体工艺或厚膜、薄膜工艺，将电阻、电容、二极管、双极型三极管、场效应晶体管等元器件，按照设计要求连接起来，制作在同一硅片上，成为具有特定功能的电路。这种器件打破了电路的传统概念，实现了材料、元器件、电路的三位一体，与分立元器件组成的电路相比，具有体积小、功耗低、性能好、质量轻、可靠性高、成本低等许多优点。几十年来，集成电路的生产技术取得了迅速的发展，集成电路得到了极其广泛的应用。

对集成电路分类是一个很复杂的问题，分类方法有很多种——按制造工艺分类、按基本单元核心器件分类、按集成度分类、按电气功能分类、按应用环境条件分类、按通用或专用的程度分类等。

1．按照制造工艺分类

按照制造工艺分类，集成电路可以分为半导体集成电路、薄膜集成电路、厚膜集成电路和混合集成电路。

用厚膜工艺（真空蒸发、溅射）或薄膜工艺（丝网印刷、烧结）将电阻、电容等无源元件连接制作在同一片绝缘衬底上，再焊接上晶体管管芯，使其具有特定的功能，叫作厚膜或薄膜集成电路。如果再连接上单片集成电路，则称为混合集成电路。这三种集成电路通常定为某种电子整机产品专门设计的专用产品。

用平面工艺（氧化、光刻、扩散、外延工艺）在半导体晶片上制成的电路称为半导体集成电路（也称单片集成电路）。这种集成电路作为独立的商品，品种最多，应用最广泛，一般所说的集成电路就是指半导体集成电路。

2．按照基本单元核心器件分类

按照基本单元核心器件分类，半导体集成电路可以分为双极型集成电路、MOS 型集成电路和双极-MOS 型（BIMOS）集成电路。

用双极型三极管或 MOS 场效应晶体管作为基本单元的核心器件，可以分别制成双极型集成电路或 MOS 型集成电路。由 MOS 器件作为输入级、双极型器件作为输出级电路的双极-MOS 型（BIMOS）集成电路，结合了以上二者的优点，具有更强的驱动能力，而且功耗较小。

3．按照集成度分类

按照集成度分类，有小规模（集成了几个门电路或几十个元件）、中规模（集成了一百个门以上或几百个元件以上）、大规模（一万个门以上或十万个元件）、超大规模（十万个元件以上）集成电路。

4．按照电气功能分类

按照电气功能分类，一般可以把集成电路分成数字和模拟集成电路两大类，见表 6-4。这种分类方法可以算是一种传统的方法，由于近年来的技术进步，新的集成电路层出不穷，已经有越来越多的品种难以简单地照此归类了。

表 6-4　半导体集成电路的分类

数字集成电路	逻辑电路	门电路、触发器、计数器、加法器、延时器、锁存器等
		算术逻辑单元、编码器、译码器、脉冲发生器、多谐振荡器
		可编程逻辑器件（PAL、GAL、FPGA、ISP）
		特殊数字电路
	微处理器	通用微处理器、单片机电路
		数字信号处理器（DSP）
		通用／专用支持电路
		特殊微处理器
	存储器	动态／静态 RAM
		ROM、PROM、EPROM、E^2PROM
		特殊存储器件
模拟集成电路	接口电路	缓冲器、驱动器
		A/D、D/A、电平转换器
		模拟开关、模拟多路器、数字多路/选择器
		采样／保持电路
		特殊接口电路

续表

<table>
<tr><td rowspan="12">模拟集成电路</td><td rowspan="4">光电器件</td><td>光电传输器件</td></tr>
<tr><td>光发送 / 接收器件</td></tr>
<tr><td>光电耦合器、光电开关</td></tr>
<tr><td>特殊光电器件</td></tr>
<tr><td rowspan="4">音频 / 视频电路</td><td>音频放大器、音频 / 射频信号处理器</td></tr>
<tr><td>视频电路、电视机电路</td></tr>
<tr><td>音频 / 视频数字处理电路</td></tr>
<tr><td>特殊音频 / 视频电路</td></tr>
<tr><td rowspan="4">线性电路</td><td>线性放大器、模拟信号处理器</td></tr>
<tr><td>运算放大器、电压比较器、乘法器</td></tr>
<tr><td>电压调整器、基准电压电路</td></tr>
<tr><td>特殊线性电路</td></tr>
</table>

5. 按照通用或专用的程度分类

按照通用或专用的程度分类，集成电路还可以分成通用型、半专用、专用等几个类型。

半专用集成电路也叫作半定制集成电路（SCIC），是指那些由器件制造厂商提供母片，再经整机厂用户根据需要确定电气性能和电路逻辑的集成电路。常见的半通用集成电路有门阵列（GA）、标准单元器件（CBIC）、可编程逻辑器件（PLD）、模拟阵列和数字-模拟混合阵列等。

专用集成电路也叫作定制集成电路（ASIC），是整机厂用户根据本企业产品的设计要求，从器件制造厂专门定制的、专用于本企业产品的集成电路。

显然，从有利于采用法律手段保护知识产权、实现技术保密的角度看，ASIC 集成电路最好，SCIC 比通用集成电路好；从技术上说，ASIC、SCIC 芯片的功能更强、性能更稳定，大批量生产的成本更低。

6. 按应用环境条件分类

按应用环境条件分类，集成电路的质量等级分为军用级、工业级和商业（民用）级。在军事工业、航天、航空等领域，环境条件恶劣、装配密度高，军用级集成电路应该有极高的可靠性和温度稳定性，对价格的要求退居其次；商业级集成电路工作在一般环境条件下，保证一定的可靠性和技术指标，追求更低廉的价格；工业级集成电路是介于二者之间的产品，但不是所有集成电路都有这三个等级的品种。

6.10　表面组装元器件

表面组装元器件是外形为矩形片状、圆柱形或异形，其焊端或引脚制作在同一平面内并适合表面组装工艺的电子元器件。表面组装元器件与传统的插装元器件相比在功能上基本相同，但是其体积明显减小、高频特性提高、耐振动、安装紧凑等优点是传统通孔元件所无法比拟的。最初的表面组装元器件是用于厚膜集成电路的外贴元件，主要是无引线矩形片式电阻器和陶瓷独石电容器，后来又出现了圆柱形、立方体和异形结构的无引线元器件，从而极大地促使了电子产品向多功能、高性能、微型化、低成本的方向发展。随后一些机电元件，如开关、继电器、滤波器、延迟线、热敏和压敏电阻也都实现了片式化。目前，表面组装元器件已经在计算机、移动通信设备、医疗电子产品，以及数码产品中得到了广泛的应用。

本节主要介绍目前 SMT 生产中常用的表面组装元器件，侧重介绍它们的分类、外形尺寸和识别标志等。

6.10.1　表面组装电阻器

表面组装电阻器是贴片元器件中应用最广的元件之一。表面组装电阻器最初为矩形片状，20 世纪 80 年代初出现了圆柱形。随着表面组装元器件向集成化、多功能化方向发展，又出现了电阻网络、电容网络、阻容混合网络、混合集成电路等短小、扁平引脚的复合元器件。它与分立元器件相比，具有微小型化、无引脚（或扁平、矮小引脚）、尺寸标准化，特别适合在印制电路板上进行表面安装等特点。常见电阻器的实物如图 6-22 所示。

（a）片式电阻器

（b）圆柱形电阻器

（c）电阻网络

图 6-22　常见表面组装电阻器实物

1．矩形片式电阻器

片式电阻根据制造工艺不同分为两种类型，一类是厚膜型，另一类是薄膜型。厚膜电阻器是目前表面组装技术中应用最广泛的元件之一，与传统插装电阻器相比较，其体积小、质量轻、电性能稳定、可靠性高、机械强度高、高频特性优越。薄膜型电阻精度高，电阻温度系数小，稳定性好，但阻值范围较窄，适用于精密和高频领域。

2．圆柱形固定电阻器

圆柱形固定电阻器即金属电极无引脚端面元件（Metal Electrode Face Bonding Type）简称 MELF 电阻器，其结构形状和制造方法基本上与引线电阻器相同，它分为碳膜、金属膜和玻璃釉膜三大类。与片式电阻器相比，无方向性和正反面性，包装使用方便，装配密度高，固定到印制板上有较高的抗弯曲能力，特别是噪声电平和三次谐波失真都比较低，常用于高档音响电器产品中。

3．表面组装电阻网络

表面组装电阻网络又称贴片排电阻或集成电阻器。它是将按一定规律排列的分立电阻器集成在一起的组合型电阻器，具有体积小、质量轻、可以高密度安装、可靠性高、可焊性好等特点。在使用时，焊接远离元件的引出端不会带来热冲击，引出端扁平短小，且元件均进行了密封，寄生电参数小，便于屏蔽。电阻网络按电阻膜特性分为厚膜型和薄膜型，其中厚膜电阻网络用得最多，薄膜电阻网络只在要求高频、精密的情况下使用。

表面组装电阻网络分为 SOP 型电阻网络、芯片功率型电阻网络、芯片载体网络和芯片阵列型电阻网络 4 种结构，其结构与特征见表 6-5。

表 6-5　表面组装电阻网络的结构与特征

类　型	结　构	特　征
SOP 型	外引出端子与 SOIC 相同，膜塑封装，厚膜或薄膜电阻	可以高密度组装
芯片功率型	氧化钽厚膜或薄膜电阻	功率大，外形也稍大，适合专用电路
芯片载体型	电阻芯片贴于载体基板上，基板侧面四周电极均匀分布	可做成小型、薄型、高密度电路，仅适用再流焊接
芯片阵列型	电阻芯片以阵列排列，在基板两侧有电极	小型、简单电阻网络

小型扁平封装（SOP）型电阻网络是将电阻元件用厚膜方法或薄膜方法制作在氧化铝基板上，将内部连接线与外引出端焊接后，模塑封装而制成，引线间距为 1.27 mm。SOP 型电阻网络的外形如图 6-23 所示。

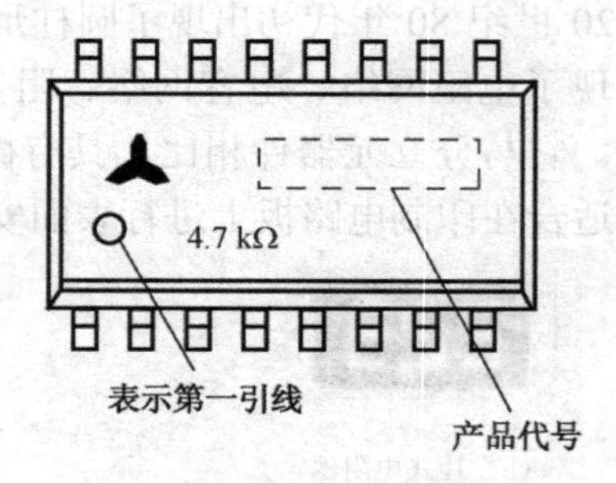

图 6-23　SOP 型电阻网络的外形

4．表面组装电位器

表面组装电位器又称片式电位器（Chip Potentiometer）。它包括片状、圆柱状、扁平矩形结构等各类电位器，在电路中起调节分电路电压和分电路电阻的作用，故分别称之为分压式电位器和可变电阻器。

表面组装电位器按结构可分为敞开式和密闭式两类。

（1）敞开式微调电位器

敞开式微调电位器的实物和外形如图 6-24 所示。这种电位器无外壳保护，灰尘和潮气易进入产品，对性能有一定影响，但价格低廉，因此常用于消费类电子产品中。此外，敞开式的片状电位器仅适用于再流焊工艺，不适用于波峰焊工艺。

（a）实物图

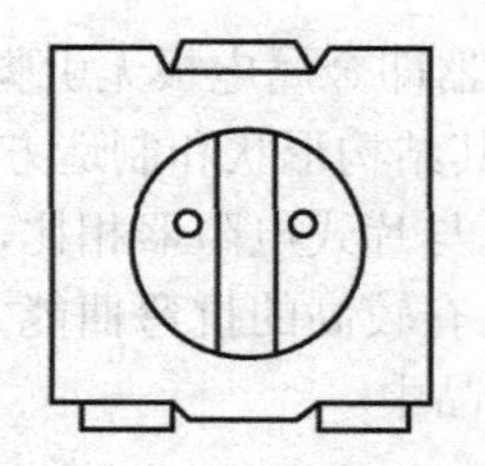

（b）外形示意图

图 6-24　敞开式微调电位器的实物和外形图

（2）密封式微调电位器

密封式微调电位器经过密封处理，适应各种焊接方式，具有调节方便、可靠、寿命长的特点，常用于高档电子产品中。密封式电位器有几种不同的类型，即单圈或多圈调节，以及顶部（垂直）或侧面式（水平）调节几种。不同类型密封式电位器如图 6-25 所示。

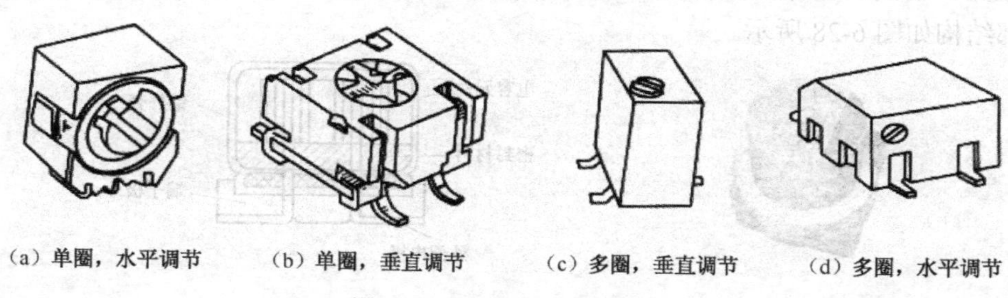

（a）单圈，水平调节　（b）单圈，垂直调节　（c）多圈，垂直调节　（d）多圈，水平调节

图 6-25　几种密封式电位器

6.10.2　表面组装电容器

表面组装电容器通常按照形状和材料不同来分类。按照形状可以分为扁平形和圆柱形两大类；按照材料不同可以分为多层片状瓷介电容器、电解电容器、有机薄膜电容器、微调电容器等几大类。在实际应用中，表面组装电容器中大约 80%是多层片状瓷介电容器，其次是表面安装钽和铝电解电容器，表面安装有机薄膜和云母电容器则比较少见。

1. 多层片状瓷介电容器

多层片状瓷介电容器由多个单层瓷介电容器片叠置在一起并联而成。陶瓷介质和电极在同一次焙烧循环中烧结成为一个坚硬的整体，所以也称为独石电容器，其实物及内部结构如图 6-26 所示。

2. 钽电解电容器

钽电解电容器简称钽电容，实物如图 6-27 所示。钽电容的其主要特点是单位体积容量大，当容量超过 0.33 pF 时，大都采用钽电解电容器。由于其电解质响应速度快，因此在需要高速运算处理的大规模集成电路中应用较多。钽电容使用固体电解质，能在其上面直接连接引出线，可根据不同的使用要求做成各种形状。

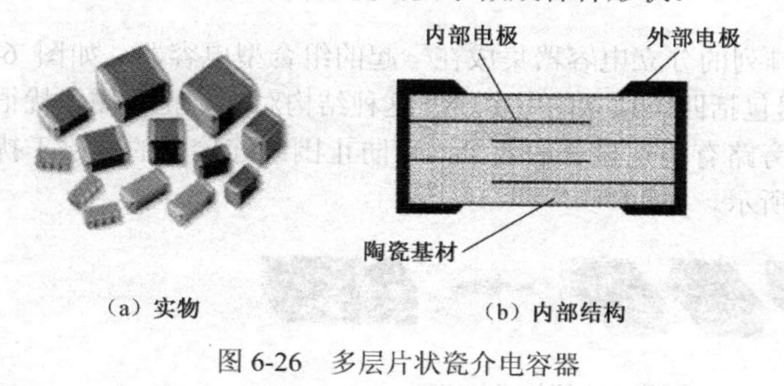

（a）实物　（b）内部结构

图 6-26　多层片状瓷介电容器

图 6-27　钽电容实物

3．铝电解电容器

铝电解电容器芯子是用电解纸夹入阳极箔与阴极箔之间卷绕后得到的，经电解液浸渍后通过密封衬垫密封在封装壳内。这种形式可防止两电极间的短路，通过密封可使工作电解液不泄露，密封衬垫采用密封效果好、耐热性高、耐腐蚀的硬质橡胶。铝电解电容器实物和内部结构如图 6-28 所示。

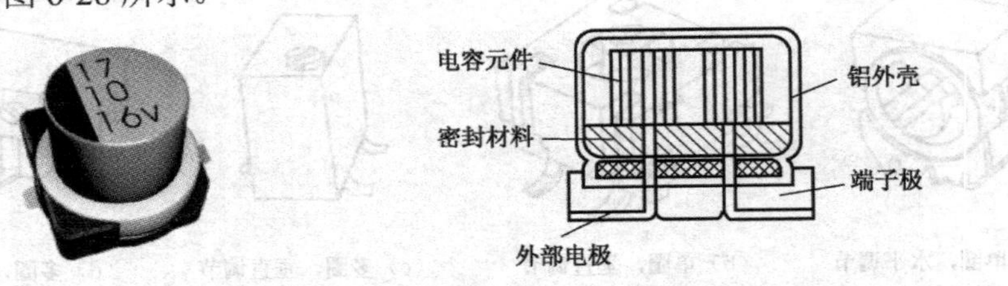

（a）铝电解电容器实物　　（b）铝电解电容内部结构

图 6-28　铝电解电容器实物和内部结构

4．微调电容器

表面组装用的微调电容器按所用介质可分为薄膜微调电容器和陶瓷微调电容器两种。陶瓷微调电容器已经在各类电子产品中得到广泛应用，其实物和内部结构如图 6-29 所示。

（a）实物　　（b）内部结构图

图 6-29　微调电容器实物和内部结构

与普通微调电容器相比，表面组装用的陶瓷微调电容器主要有以下两个特点。

① 制作片式陶瓷微调电容器的材料具有很高的耐热性，其配件具有优异的耐焊接热特性。

② 小型化，使用中不产生金属渣，安装方便，不发生拴住现象。

5．网络电容器

网络电容器是将按一定规律排列的分立电容器集成在一起的组合型电容器。如图 6-30 所示。图 6-30 所示的网络电容器包括四个独立的电容器，这种结构对于防止电磁干扰很有效，特别是用作数码信号线噪音旁路有特别显著的效果，可防止围绕连接器的电磁干扰。常见网络电容器的外形如图 6-31 所示。

图 6-30　网络电容器构成示意图

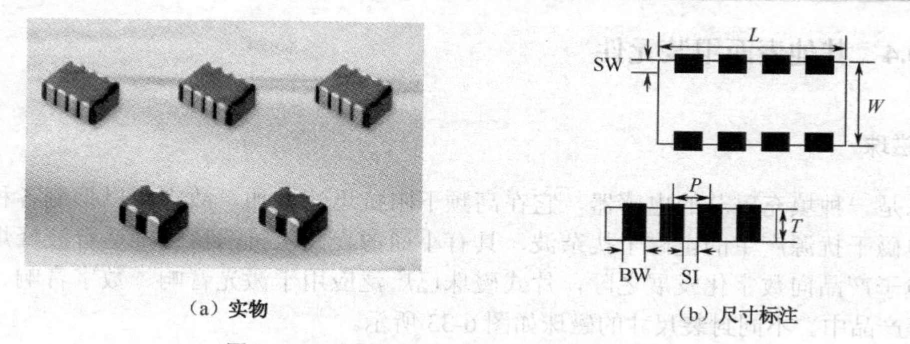

（a）实物　　　　（b）尺寸标注

图 6-31　网络电容器的实物及外形尺寸标注

6.10.3　表面组装电感器

表面组装电感器与普通的小型电感器相比，体积仅相当于一般小型电感器的几分之一，甚至几十分之一，具有规范化的外形，有利于表面组装技术的使用和高密度组装。有的表面组装电感器应用真空蒸发工艺和光刻技术，高频性能得到改进，削弱或消除了邻近效应和涡流损耗的影响。表面组装电感器均采用铁氧体磁芯或磁性薄膜形成磁路，有效地提高了电感量和 Q 值，在一个较宽的频率范围内具有适当的电参数。

表面组装电感器的种类很多，按外形可分为矩形和圆柱形两种；按电感量分为固定的和可调的两种；按磁路可分为开路和闭路两种；按结构和制造工艺可分为绕线型、多（叠）层型、卷绕型和薄膜型等。目前，用量较大的有绕线型表面组装电感器和多层型表面组装电感器。

1．绕线型表面组装电感器

绕线型表面电感器是对传统电感器进行了技术改进，缩小体积，把引线改为适合表面贴装的端电极结构，采用高精度的线圈骨架及高超的绕线技术相结合而制成的。绕线型表面组装电感器和多层型表面组装电感器相比，其特点是电感量范围宽、电感量精度高、损耗小、制作工艺继承性强、简单、成本低等，但不足之处是在进一步小型化方面受到限制。绕线型表面组装电感器主要用于各种高频回路以及抑制各种高频杂波。

2．多层型表面组装电感器

多层型表面组装电感器与绕线型相比，其体积小，有利于电路小型化；磁路呈闭和状态，不干扰周围的元件，也不易受临近元件的干扰，有利于元器件的高密度组装。缺点是电感量和 Q 值较低。其结构如图 6-32 所示。

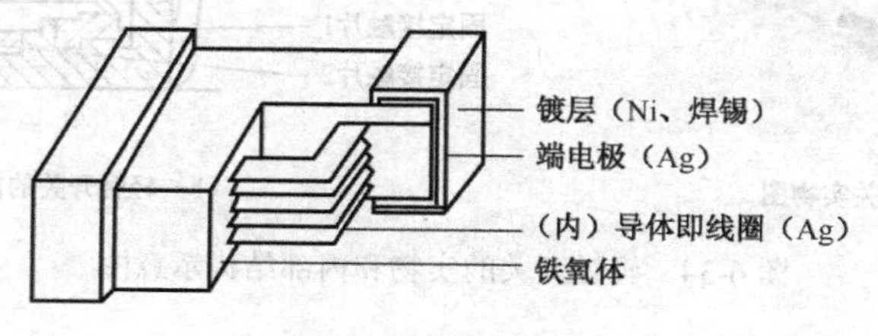

图 6-32　多层型表面组装电感器结构示意图

6.10.4　其他表面组装元件

1. 磁珠

磁珠是一种填充磁芯的电感器，它在高频下阻抗迅速增加，故它可以抑制各种电子线路中由电磁干扰源产生的电磁干扰杂波，具有小而薄、高阻抗的特性，适合波峰焊和再流焊。在电子产品向数字化发展之际，片式磁珠已广泛应用于激光音响、数字音响、数字式录像机等产品中。不同封装尺寸的磁珠如图 6-33 所示。

图 6-33　磁珠实物图

2. 表面组装用开关

表面组装用轻触开关的实物和内部结构如图 6-34 所示。这种开关在接触转换结构上配置了各种形状的轻触按钮键，开关的底座材料是用高耐热性的树脂材料做成的，在底座上嵌入一对固定接触片（固定接触片 1 和固定接触片 2），在底座中心装有已成型的可动接触弹簧片，弹簧片的凸缘与底座内的固定接触片 1 保持连接状态，作用于按键板 2 及按键板 1 的压力，使可动接触弹簧片与固定接触片 2 导通。取消压力后可动弹簧片恢复原位，完成开关作用。按键板 1 的作用是将外部来的力传递给可动弹簧片，使可动弹簧片正确动作；按键板 2 把力传递给固定接触片 1，完成接触转换动作。

（a）防尘型轻触开关实物图

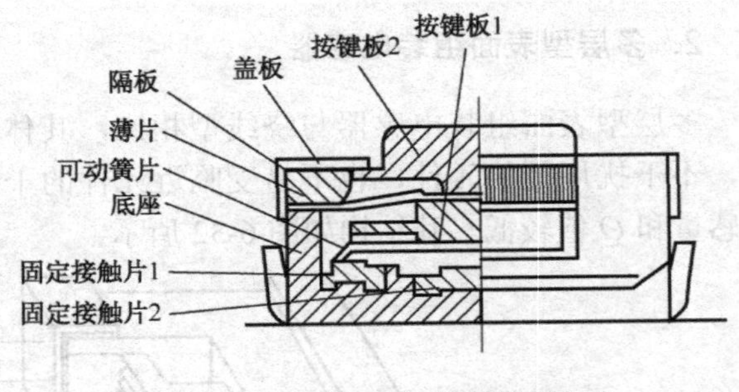

（b）轻触开关的内部结构示意图

图 6-34　轻触开关的实物和内部结构示意图

3. 表面组装振荡器

表面组装振荡器有陶瓷振荡器、晶体振荡器和LC振荡器三种。陶瓷振荡器和晶体振荡器的实物如图6-35所示。

陶瓷振荡器

晶体振荡器

图6-35　表面组装振荡器实物

陶瓷振荡器又称陶瓷振子，常用于振荡电路中，振荡频率稳定度介于石英晶体与LC或RC振荡电路之间。振子作为电信号和机械振动的转换元件，其谐振频率由材料、形状及所采用的振动形式所决定。振子要做成表面组装形式，则必须保持其基本的振动方式。可以采用不妨碍元件振动方式的新型封装结构，做到振子无须调整，具有高稳定性和可靠性，以适合贴片机自动化贴装。因为其具有高度的稳定性和免调整性，尺寸微小且成本低廉。典型应用包括电视机、录像机、汽车电子产品、电话、复印机、照相机、语音合成器、通信设备、遥控器和玩具等。

6.10.5　表面组装半导体器件

表面组装器件（SMD）包括各种半导体器件，既有分立的二极管、三极管、场效应管，也有数字电路和模拟电路的集成器件。由于工艺技术的进步，SMD的电气性能指标更好一些。

1. 表面组装二极管

表面组装二极管通常有以下三种封装形式。

（1）圆柱形的无引脚二极管

其封装结构是将二极管芯片装在具有内部电极的细玻璃管中，玻璃管两端装上金属帽作正负电极。外形如图6-36所示，通常用于齐纳二极管、高速开关二极管和通用二极管。

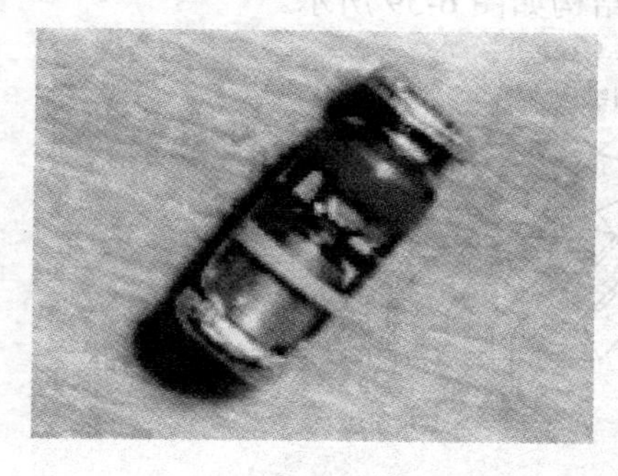
（a）实物图

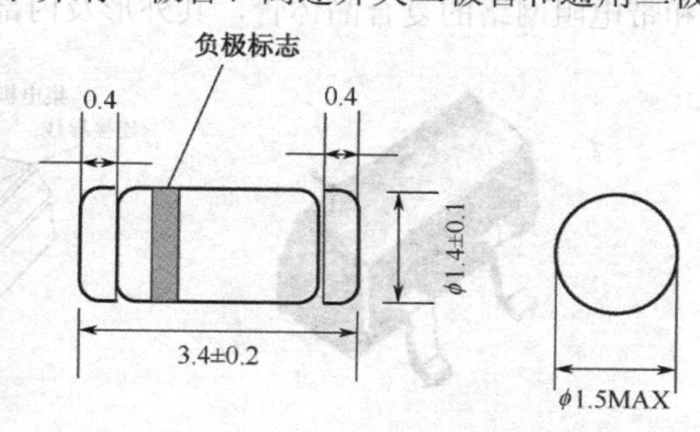

（b）常见结构示意图

图6-36　圆柱形的无引脚二极管

（2）片状二极管

片状二极管为塑封矩形薄片，如图 6-37 所示，常用作肖特基二极管，整流二极管等。

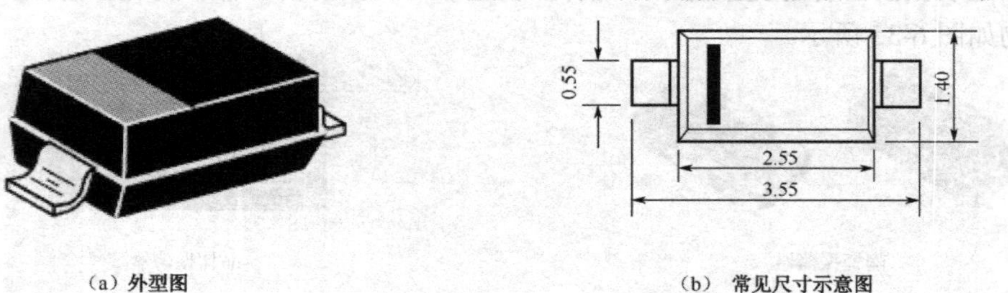

（a）外型图　　（b）常见尺寸示意图

图 6-37　片状二极管

（3）SOT-23 封装形式的片状二极管

其外形如图 6-38 所示，多用于封装复合二极管，也用于高速开关二极管和高压二极管。

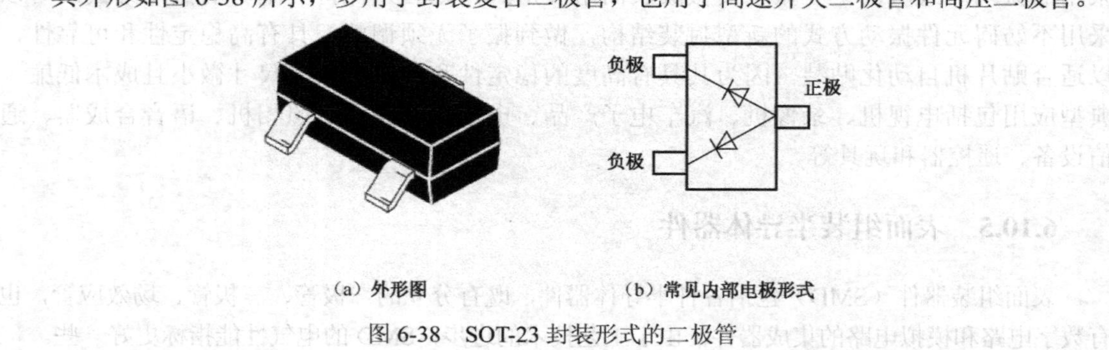

（a）外形图　　（b）常见内部电极形式

图 6-38　SOT-23 封装形式的二极管

2. 表面组装晶体管

表面组装晶体管封装形式主要有 SOT-23、SOT-89 和 SOT-143 等。

（1）SOT-23

SOT-23 是有三条“翼形”引脚的通用型表面组装晶体管，常见的有小功率晶体管、场效应管和带电阻网络的复合晶体管，其外形及内部结构如图 6-39 所示。

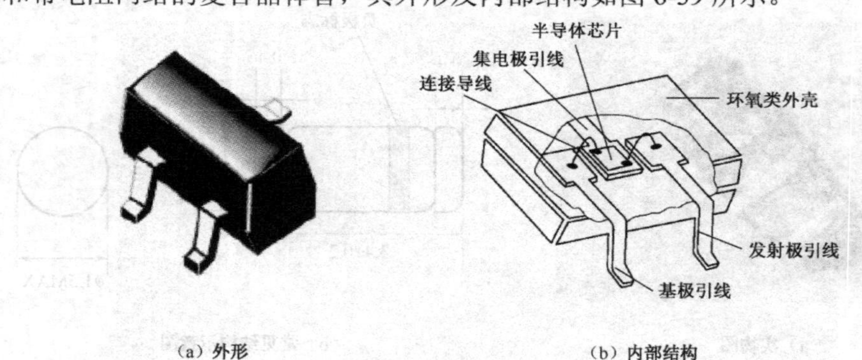

（a）外形　　（b）内部结构

图 6-39　SOT-23 外形及内部结构示意图

（2）SOT-89

SOT-89 具有三条薄的短引脚，分布在晶体管的一端，晶体管芯片粘贴在较大的铜片上，以增加散热能力。这种封装形式适合于较高功率的场合，常见的有硅功率表面安装晶体管，其外形如图 6-40 所示。

（3）SOT-143

SOT-143 有 4 条“翼形”短引脚，散热性能与 SOT-23 相当，引脚中宽度偏大一点的是集电极，其外形如图 6-41 所示。这类封装常见的有双栅场效应管及高频晶体管。

图 6-40　SOT-89 封装

图 6-41　SOT-143 封装

3．小外形模压塑料封装

小外形模压塑料封装是两侧具有翼形或 J 形短引线的一种表面组装元器件封装形式。小外形模压塑料封装也称作 SOIC，由双列直插式封装 DIP 演变而来。这类封装有两种不同的引脚形式：一种具有“翼形”引脚，这类封装称为 SOP（Small Out-Line Package），封装结构如图 6-42 所示；另一种具有“J”形引脚，这类封装称为 SOJ，封装结构如图 6-43 所示。

（a）SOP封装实物

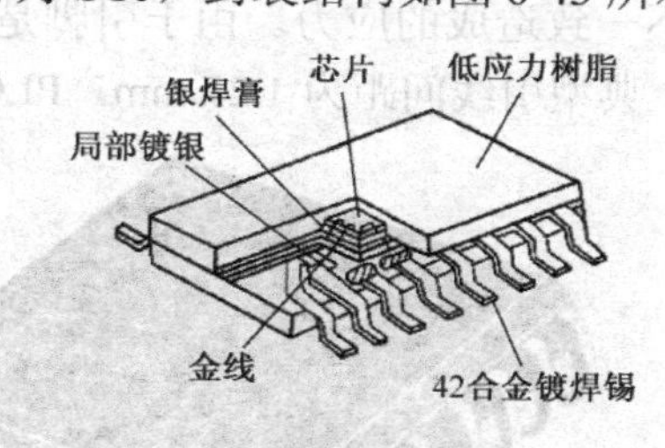

（b）SOP封装内部结构

图 6-42　SOP 封装结构

（a）SOJ封装实物

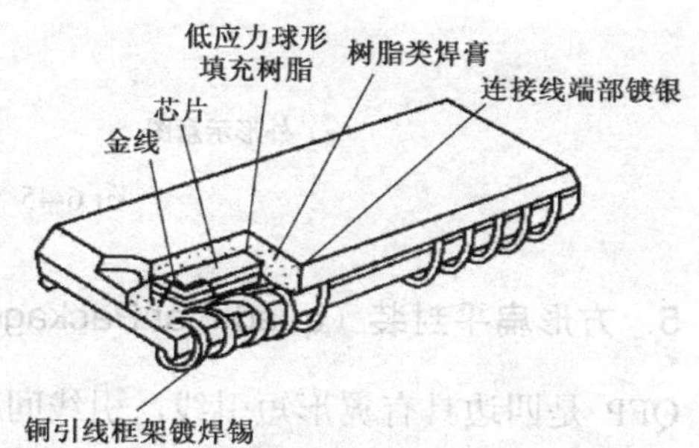

（b）SOJ封装内部结构

图 6-43　SOJ 封装结构

SOP 封装的优点是它的“翼形”引脚易于焊接和检测，但占 PCB 面积大；而 SOJ 封装占 PCB 面积较小，能够提高装配密度。

随着技术的发展，SOP 封装出现了几种延伸形式，如 SSOP、TSOP 和 HSOP 等。SSOP 类似于 SOP，但宽度比 SOP 更窄，是可节省组装面积的新型封装，如图 6-44（a）所示。TSOP 是薄形 SOP，引脚间距最小为 0.3 mm，如图 6-44（b）所示。HSOP 是带散热器的 SOP，外形如图 6-44（c）所示。

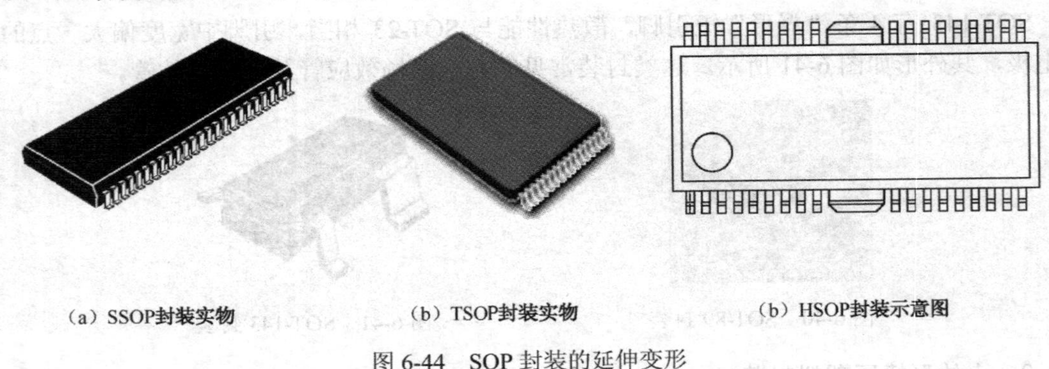

（a）SSOP封装实物　（b）TSOP封装实物　（b）HSOP封装示意图

图 6-44　SOP 封装的延伸变形

4．塑封有引线芯片载体（Plastic Leaded Chip Carrier，PLCC）

PLCC 封装四边短引脚呈“J”形，向封装体下面弯曲。引脚材料为 Cu 合金，不但导热、导电性能好，而且引脚还具有一定弹性，这样可以缓解焊接时引脚与印制电路板的热膨胀系数不一致造成的应力。由于引脚是“J”形，引脚占用印制电路板的面积少，所以安装密度高，典型引线间距为 1.27 mm。PLCC 外形如图 6-45 所示。

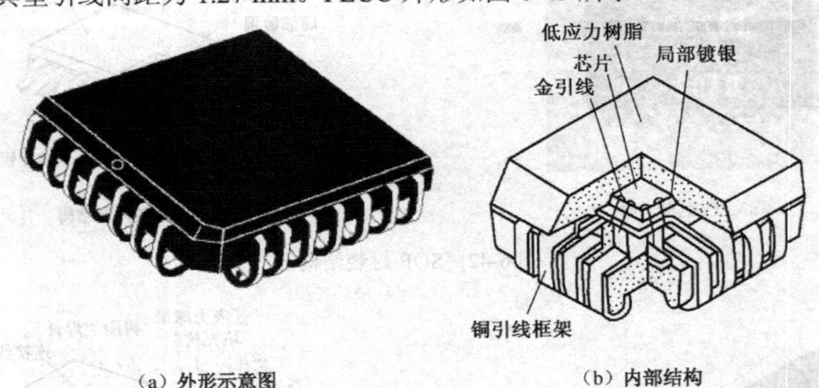

（a）外形示意图　（b）内部结构

图 6-45　PLCC 封装结构

5．方形扁平封装（quad Flat Package，QFP）

QFP 是四边具有翼形短引线，引线间距为 1.00 mm、0.80 mm、0.65 mm、0.50 mm、0.40 mm、0.30 mm 等的封装薄形表面组装集成电路。

QFP 按其封装材料、外形结构及引脚间距常分为如下几种。

（1）塑封 QFP

塑封 QFP 是使用量最大且应用面最广的方形扁平封装产品，占所有 QFP 的 90%以上，其引线间距通常为 1.0 mm、0.8 mm 和 0.65 mm。塑封 QFP 实物如图 6-46（a）所示。

（2）陶瓷 QFP（CQFP）

陶瓷封装的 QFP 是价格较高的气密性方形扁平封装产品，多用于军事通信装备及航空航天等要求高可靠或使用环境条件苛刻的尖端电子装备中，其引脚间距通常为 1.27 mm、1.0 mm、0.8 mm 和 0.635mm。

（3）薄型 QFP（TQFP）

TQFP 是为了适应各种薄型电子整机而开发的产品，因封装厚度比常规 QFP 薄而得名，最小封装厚度可达 1.4 mm 甚至更薄，如图 6-46（b）所示，其引脚间距为 0.5 mm、0.4 mm 和 0.3 mm。

（4）带保护垫的 QFP（BQFP）

BQFP（Quad Flat Package with Bumper）是美国开发的一种带缓冲垫的四边引脚扁平封装。在封装本体的四个角设置突起（缓冲垫）以防止在运送过程中引脚发生弯曲变形，如图 6-46（c）所示。典型引线间距为 0.635 mm，引线数为 84、100、132、164、196、244 等。

（a）塑封 QFP （b）TQFP （c）PQFP

图 6-46 方形扁平封装（QFP）的几种形式

6. 球形格栅阵排列封装（Ball Grid Array，BGA）

球形格栅阵排列封装（BGA）是大规模集成电路的一种极富生命力的新型封装方法，是将原来器件 PLCC 的 J 形封装和 QFP 翼形封装的电极引脚改变成球形引脚，把从器件本体四周“单线性”顺列引出的电极改变成体腹之下“全平面”式的格栅阵排列，这样既可以疏散引脚间距，又能够增加引脚数目。

按封装材料的不同，BGA 封装主要有 PBGA（Plastic BGA，塑料封装的 BGA）、CBGA（Ceramic BGA，陶瓷封装的 BGA）、CCBGA（Ceramic Column BGA，陶瓷柱状封装的 BGA）、TBGA（Tape BGA，载带状封装的 BGA）、CSP（Chip Scale Package 或 μBGA）几种。

PBGA 是目前使用较多的 BGA，如图 6-47 所示。它使用 63Sn/37Pb 成分的焊锡球，焊锡的溶化温度约为 183℃。焊锡球直径在焊接前直径为 0.75 mm，回流焊以后，焊锡球高度减为 0.46～0.41 mm。PBGA 的优点是成本较低，容易加工。不过应该注意，由于用塑料封装，容易吸潮。

（a）PBGA 正面

（b）PBGA 反面

图 6-47　PBGA 示意图

CBGA 焊球的成分为 90Pb/10Sn，它与 PCB 连接处的焊锡成分仍为 63Sn/37Pb。CBGA 的焊锡球高度较 PBGA 高，因此它的焊锡熔化温度较 PBGA 高，较 PBGA 不容易吸潮，且封装更牢靠。CBGA 芯片底部焊点直径要比 PCB 上的焊盘大，拆除 CBGA 芯片后，焊锡不会粘在 PCB 的焊盘上。

CCBGA 的焊锡柱直径为 0.51 mm，柱高度为 6.2 mm，焊锡柱间距一般为 1.27 mm，焊锡柱的成分是 90Pb/10Sn。

TBGA 的焊锡球直径为 0.76 mm，球间距为 1.27 mm。与 CBGA 相比，TBGA 对环境温度要求控制严格，当芯片受热时，热张力集中在 4 个角上，焊接时容易有缺陷。

CSP 芯片的封装尺寸仅略大于裸芯片尺寸，不超过 20%，这是 CSP 与 BGA 的主要区别。CSP 较 BGA，除了体积小之外，还有更短的导电通路、更低的电抗性，更容易达到频率为 500～600 MHz 的范围。

6.10.6　表面组装元器件的包装

表面组装元器件包装形式直接影响组装生产的效率，必须结合贴片机送料器的类型和数目进行优化设计。表面组装元器件的包装类型有编带包装、管装、托盘包装和散装。

1. 编带包装（Tape）

编带包装所用的编带主要有纸带、塑料带和黏结式带三种。纸带（如图 6-48 所示）主要是用于包装片式电阻、电容的 8 mm 编带。塑料带（如图 6-49 所示）用于包装各种片式无引线元件、复合元件、异形元件、SOT、SOP、小尺寸 QFP 等片式元器件。黏结式编带主要用来包装 SOP、片式电阻网络、延迟线、片式振子等外形尺寸较大的片式元器件。

图 6-48　纸编带

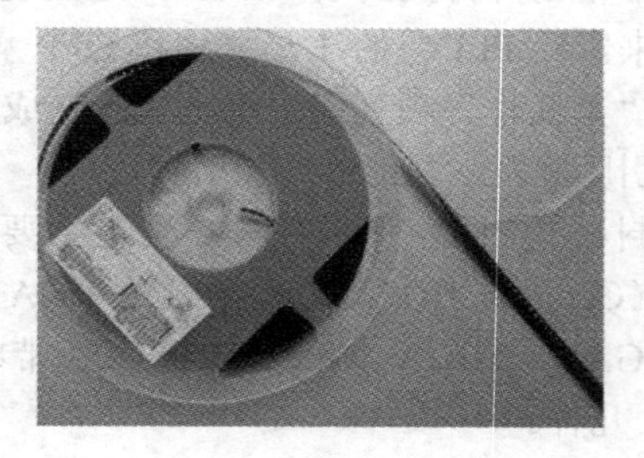

图 6-49　塑料编带

（1）纸编带

纸编带由基带、纸带和盖带三部分组成，是使用较多的一种编带。带上的小圆孔是进给定位孔，通常为 4 mm。矩形孔是片式元件的承料腔，其尺寸由元件外形尺寸而定。1.0 mm×0.5 mm 以下的小元件的元件间距为 2 mm，0603 及以上元件间距为 4 mm。如图 6-50 所示是 0402 封装的编带图，如图 6-51 所示是 0603、0805、1206、1210 封装的编带图。

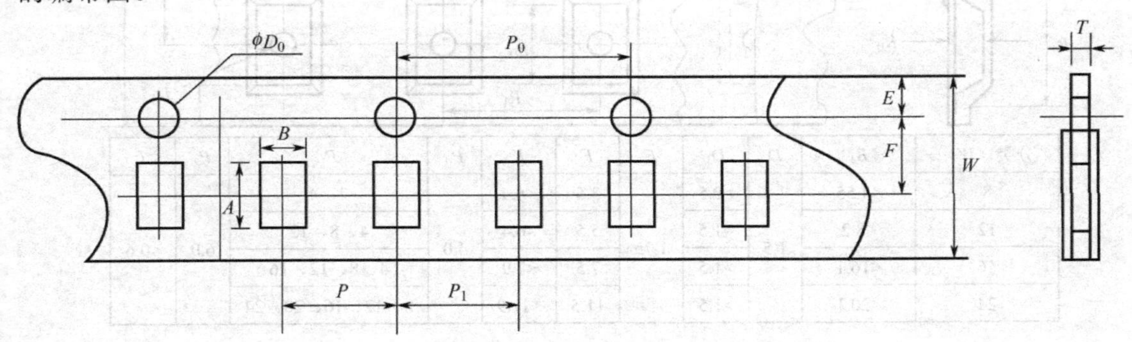

图 6-50　0402 封装的编带图

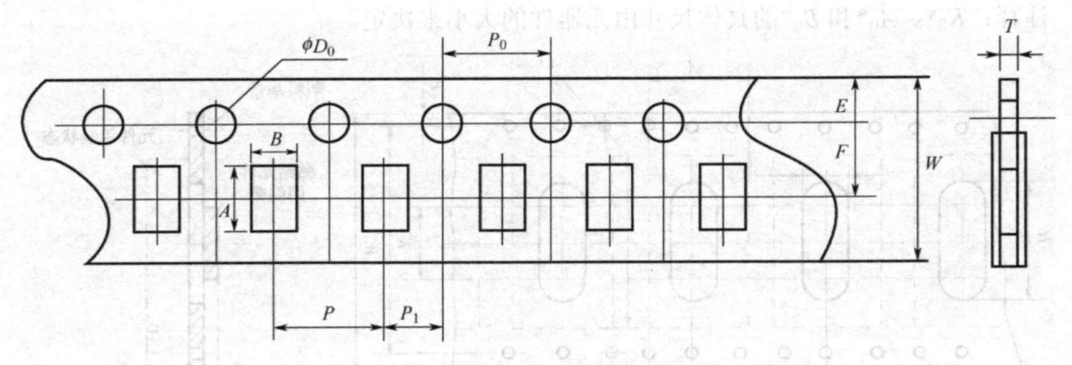

图 6-51　0603、0805、1206、1210 封装的编带示意图

（2）塑料编带

塑料编带因载带上带有元件定位的料盒也被制作成“凸型”塑料编带。塑料编带的带宽范围比纸带大，尺寸主要有 8 mm、12 mm、16 mm、24 mm、32 mm、44 mm、56 mm、72 mm，塑料编带由附有料盒的载带和薄膜盖组成。载带和料盒是一次模塑成形的，其尺寸精度好，编带方式比纸带简便。塑料编带包装尺寸如图 6-52 所示。

（3）黏结式编带

黏结式编带常用于包装尺寸大一些的器件，如 SOIC 等，包装的元器件依靠不干胶黏合在编带上，但编带上有一个长槽元孔，供料器上的专用针形销将元器件顶出，以便使元器件在与黏结带脱离时被贴片机的真空吸嘴吸住，黏结式编带的外型如图 6-53 所示。

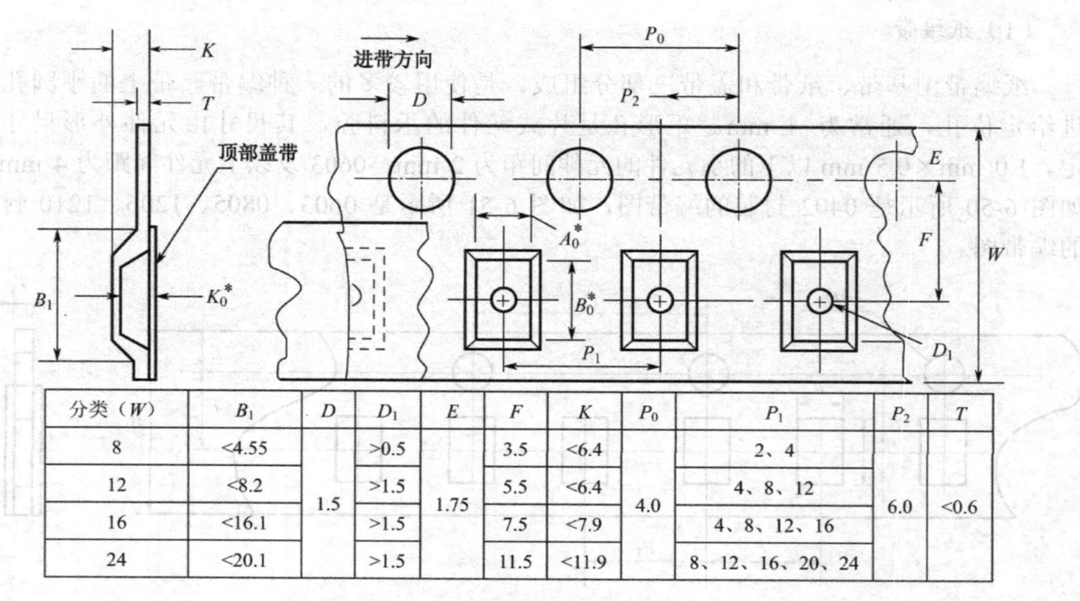

分类（W）	B_1	D	D_1	E	F	K	P_0	P_1	P_2	T
8	<4.55	1.5	>0.5	1.75	3.5	<6.4	4.0	2、4	6.0	<0.6
12	<8.2		>1.5		5.5	<6.4		4、8、12		
16	<16.1		>1.5		7.5	<7.9		4、8、12、16		
24	<20.1		>1.5		11.5	<11.9		8、12、16、20、24		

图 6-52 塑料编带包装尺寸

注释：K_0*、A_0*和 B_0*的具体尺寸由元器件的大小来决定。

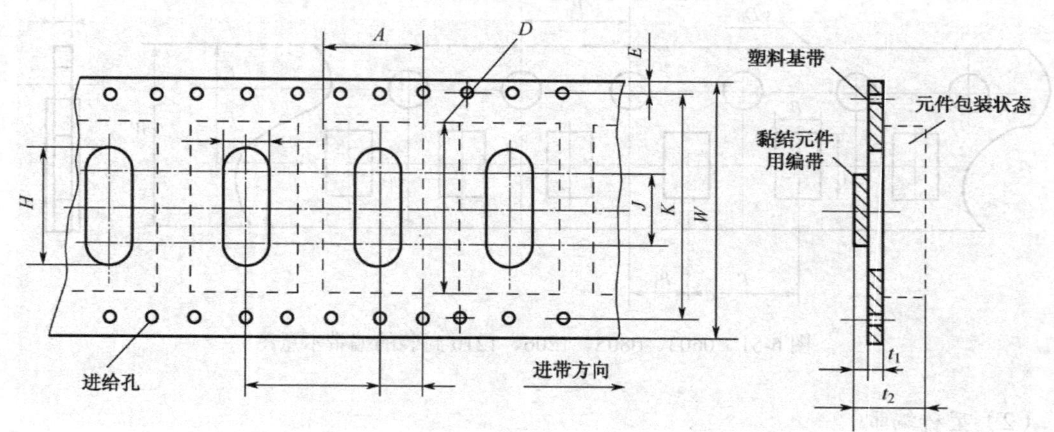

图 6-53 黏结式编带

2. 管式包装（Stick）

管式包装主要用来包装某些异形和小型器件，用于 SMT 元器件品种很多且批量小的场合。管式包装实物如图 6-54 所示。

图 6-54 管式包装实物

许多 SMD 采用管状包装，它具有轻便、价廉的优点，通常分为两大类：PLCC 和 SOJ。PLCC 采用如图 6-55 所示中的 A 型管包装；SOP 采用如图 6-55 所示中的 B 型管包装。

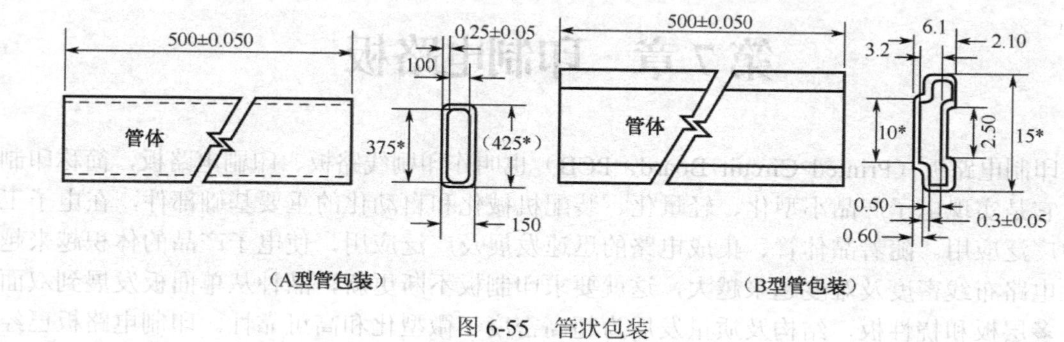

图 6-55　管状包装

3．托盘包装（Tray）

托盘包装是用矩形隔板依托盘按规定的空腔等分，再将器件逐一装入盘内，主要用于 SOP、SOJ、PLCC 以及异形元件等，如图 6-56 所示。

4．散装（Bulk）

散装是将片式元件自由地封入成形的塑料盒或袋内，这种包装方式成本低、体积小，但适用范围小，多为圆柱形电阻采用。风华高科公司设计的包装矩形元件的塑料盒如图 6-57 所示。

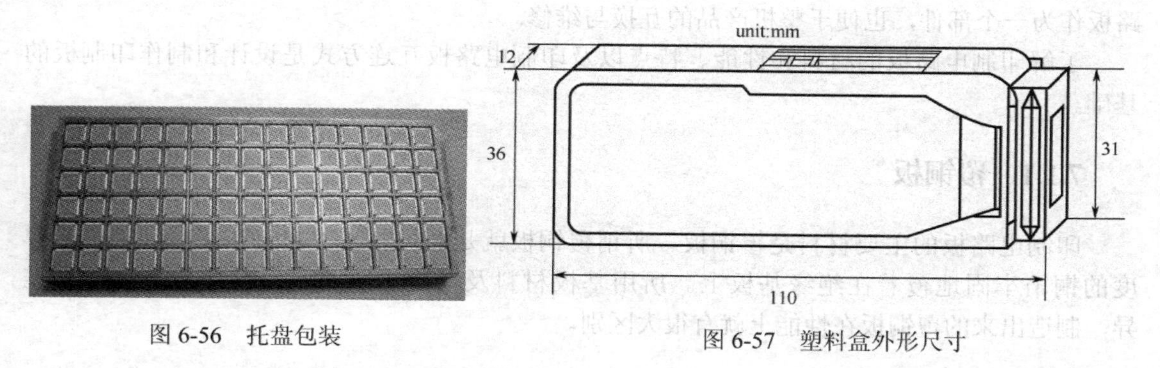

图 6-56　托盘包装　　图 6-57　塑料盒外形尺寸

片状元器件最重要的特点是小型化和标准化。国内外已经制定了有关标准，对片状元器件的外型尺寸、结构与电极形状等都作了规定，这些对表面组装技术的发展无疑具有非常重要的意义。

第7章　印制电路板

印制电路板（Printed Circuit Board，PCB）也叫作印刷线路板、印刷电路板，简称印制板，它是实现电子产品小型化、轻量化、装配机械化和自动化的重要基础部件，在电子工业中广泛应用。随着晶体管、集成电路的迅速发展及广泛应用，使电子产品的体积越来越小，电路布线密度及难度越来越大，这就要求印制板不断更新，品种从单面板发展到双面板、多层板和挠性板，结构及质量发展为超高密度、微型化和高可靠性。印制电路板已经广泛地应用在电子产品的生产制造中。

7.1　印制电路板的类型与特点

印制电路板由绝缘底板、连接导线和装配焊接电子元器件的焊盘组成，具有导电线路和绝缘底板的双重作用。它可以实现电路中各个元器件的电气连接，代替复杂的布线，减少了接线工作量，简化了电子产品的装配、焊接、调试工作；缩小了整机体积，降低了产品成本，提高了电子产品的质量和可靠性；印制电路板具有良好的产品一致性，它可以采用标准化设计，有利于在生产过程中实现机械化和自动化；使整块经过装配调试的印制电路板作为一个部件，也便于整机产品的互换与维修。

了解印制电路板的材料和性能、特点以及印制电路板互连方式是设计和制作印制板的基础。

7.1.1　覆铜板

印制电路板的主要材料是覆铜板。所谓覆铜板就是经过黏接、热挤压工艺，使一定厚度的铜箔牢固地覆着在绝缘基板上。所用基板材料及厚度不同，铜箔与黏接剂也各有差异，制造出来的覆铜板在性能上就有很大区别。

1. 覆铜板性能

① 抗剥强度：铜箔与基板之间结合强度，取决于黏合剂性能及铜箔表面的处理质量。

② 抗弯强度：覆铜板所能承受弯曲的能力，取决于覆铜板的基板材料和厚度。

③ 翘曲度：覆铜板相对于平面的不平度，取决于板材和厚度。

④ 耐浸焊性：覆铜板在焊接时，在一定温度的熔融焊锡中所承受的铜箔抗剥能力，取决于板材和黏合剂。

覆铜板性能的优劣直接影响印制板成品的质量，应根据需要选择覆铜板种类及生产厂商，以保证产品质量。

2. 覆铜板组成

覆铜板由铜箔和基板两部分组成。

（1）铜箔

铜箔质量直接影响覆铜板的性能，要求铜箔表面不得有划痕、砂眼和皱折，金属纯度不低于99.8%，厚度误差不大于±5 μm。按照部颁标准规定，铜箔厚度的标称系列为18 μm、25 μm、35 μm、70 μm和105 μm。我国目前正在逐步推广使用35 μm厚度的铜箔。铜箔越薄，越容易蚀刻和钻孔，特别适合于制造线路复杂的高密度印制板。

（2）基板

高分子合成树脂和增强材料组成的绝缘层压板可以作为覆铜板的基板。合成树脂的种类繁多，常用的有酚醛树脂、环氧树脂、三氯氰胺树脂等。增强材料一般有纸质和无机纤维材料的玻璃布、玻璃毡等，它们决定了基板的机械性能，如耐浸焊性、抗弯强度等。

3. 常用覆铜板种类及特性

不同的电子产品对覆铜板的板材要求也不同，下面是国内常用的几种覆铜板种类及特性，供设计时选用。

① 覆铜箔酚醛纸层压板：用于一般无线电及电子产品中，价格低廉，易吸水，在恶劣环境下不宜使用。

② 覆铜箔酚醛玻璃布层压板：用于温度、频率较高的电子及电器设备中，价格适中，可达到满意的电性能和机械性能要求。

③ 覆铜箔环氧玻璃布层压板：是孔金属化印制板常用的材料，具有较好的冲剪、钻孔性能，且基板透明度好，是电器性能和机械性能较好的材料，但价格较高。

④ 覆铜箔聚四氟乙烯层压板：具有良好的抗热性和电性能，用于耐高温、耐高压的电子产品中。

7.1.2 印制电路板类型与特点

印制电路板是由印制电路加基板构成的。印制电路板是由一定厚度的铜箔通过黏接剂热压在一定厚度的绝缘基板上的，在绝缘基材上，按预定的设计，用印制的方法得到的导电图形，它包括印制线路和印制元件或两者结合而成的电路。完成了印制电路和印制线路工艺加工的板子通称印制板。印制电路板不包括安装在板上的元器件和进一步的加工。安装了元器件或其他部件的印制板部件通常称为印制电路板组件。

1. 印制电路板的类型

一般印制电路板分为以下3种基本类型。

① 单面板：印制板上仅一面有导电图形。

② 双面板：印制板上两面都有导电图形。

③ 多层板：印制板是由 4 层或 4 层以上互相连接的导电图形层，层间用绝缘材料相隔，经黏合热压后形成的。

印制电路板又可分为刚性和柔性两种。

2. 印制电路的形成

有以下两种使基板上再现导电图形的基本方式。

（1）减成法

先将基板上敷满铜箔，然后用化学或机械方式除去不需要部分。这是普遍采用的方式，它又可分为以下两种方法。

① 蚀刻法：用化学腐蚀办法减去不需要的铜箔。

② 雕刻法：用机械加工方法除去不需要的铜箔，多用在单件试制或业余条件下。

（2）加成法

在绝缘基板上用某种方式敷设所需的印制电路图形，敷设印制电路方法有丝印电镀法和黏贴法等。

7.2　印制电路板制造工艺

印制板制造工艺技术在不断进步，不同类型和不同要求的印制板要采用不同的制造工艺。当前使用最广泛的是铜箔蚀刻法，即将设计好的图形转移到敷铜板上形成防蚀图形，然后用化学蚀刻除去不需要的铜箔，从而获得导电图形。本节将重点介绍印制电路板的制造工艺。

7.2.1　印制板制造过程

印制板的制造工艺发展很快，不同类型和要求的印制板要采用不同的工艺，但在这些不同的工艺流程中，有许多必不可少的基本环节是类似的。

1. 底图胶片制版

在印制板的生产过程中，无论采用什么方法都需要使用符合质量要求的 1:1 的底图胶片（也叫原版底片，在生产时还要把它翻拍成生产底片）。获得底图胶片通常有两种途径：一种是利用计算机辅助设计系统和光学绘图机直接绘制出来；另一种是先绘制黑白底图，再经过照相制版得到。

（1）CAD 光绘法

这种方法是在应用 CAD 软件布线后，用获得的数据文件来驱动光学绘图机，使感光胶片曝光，经过暗室操作制成原版底片。CAD 光绘法制作的底图胶片精度高，质量好，但需要比较昂贵、复杂的设备和具有一定水平的技术人员进行操作，所以成本较高，这也是

CAD 光绘法至今不能迅速取代照相制版法的主要原因。

（2）照相制版法

用绘制好的黑白底图照相制版，版面尺寸通过调整相机的焦距准确达到印制板的设计尺寸，相版要求反差大、无砂眼。整个制版过程与普通照相大体相同，如图 7-1 所示，具体过程不再详述。需要注意的是，在照相制版以前，应该检查核对底图的正确性，特别是那些经过长时间放置的底图；在曝光前，应该确保焦距准确，才能保证尺寸精度；相版干燥后需要修版，对相版上的砂眼进行修补，用刀刮掉不需要的搭接和黑斑。制作双面板的相版，应使正、反面两次照相的焦距保持一致，保证两面图形尺寸的完全吻合。

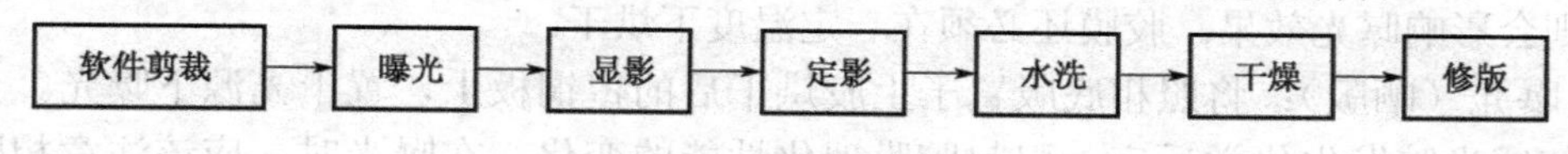

图 7-1　照像制版流程

2. 图形转移

把相版上的印制电路图形转移到覆铜板上称为图形转移。具体方法有丝网漏印法和光化学法等。

（1）丝网漏印法

用丝网漏印法在覆铜板上印制电路图形，与油印机在纸上印刷文字相类似，如图 7-2 所示。

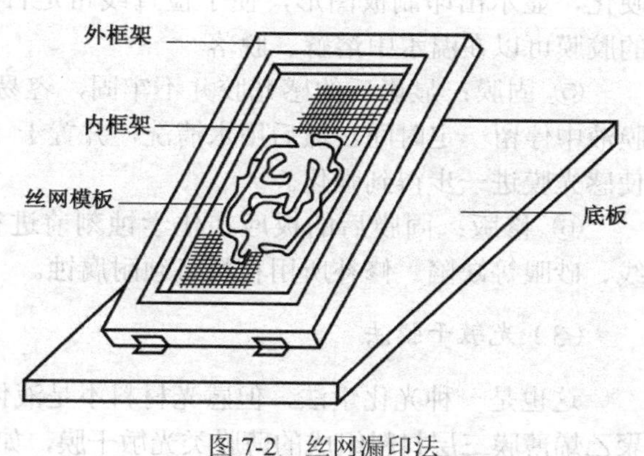

图 7-2　丝网漏印法

在丝网上涂敷、黏附一层漆膜或胶膜，然后按照技术要求将印制电路图制成镂空图形（相当于油印中蜡纸上的字形）。现在，漆膜丝网已被感光膜丝网或感光胶丝网取代。经过贴膜（制膜）、曝光、显影、去膜等工艺过程，即可制成用于漏印的电路图形丝网。在漏印时，只需将覆铜板在底座上定位，使丝网与覆铜板直接接触，将印料倒入固定丝网的框内，用橡皮刮板刮压印料，即可在覆铜板上形成由印料组成的图形。漏印后需要烘干、修版。漏印机所用丝网材料有真丝绢、合成纤维绢和金属丝三种，规格以目为单位。常用为 150～300 目，即每平方毫米上有 150～300 个网孔。目数越大，则印出的图形越精细。丝网漏印多用于批量生产，印制单面板的导线、焊盘或版面上的文字符号。这种工艺的优点是设备简单、价格低廉、操作方便；缺点是精度不高。漏印材料要求耐腐蚀，并有一定的附着力。在简易的制板工艺中，可以用助焊剂和阻焊涂料作为漏印材料。即先用助焊剂漏印焊盘，再用阻焊材料套印焊盘之间的印制导线。待漏印材料干燥以后进行腐蚀，腐蚀掉覆铜板上不要的铜箔后，助焊剂随焊盘、阻焊涂料随印制导线均留在板上。自然，这是一种简捷的印制电路板的制作工艺。

（2）直接感光法（光化学法之一）

直接感光法适用于品种多、批量小的印制电路板生产，它的尺寸精度高，工艺简单，对单面板或双面板都能应用。直接感光制板法的主要工艺流程如图 7-3 所示。

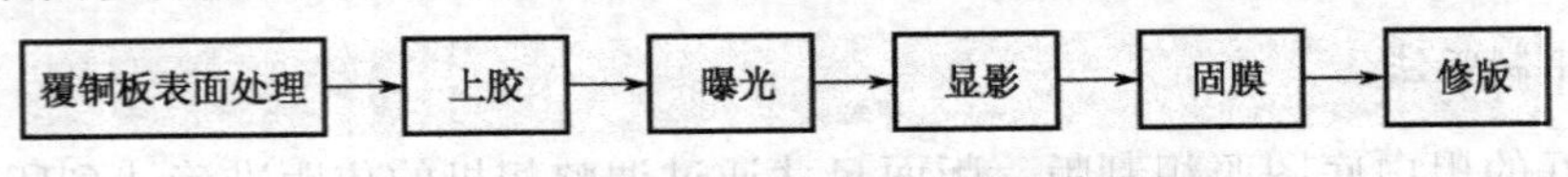

图 7-3　直接感光制版法的主要工艺流程

① 表面处理：用有机溶剂去除覆铜板表面上的油脂等有机污物，用酸去除氧化层。通过表面处理，可以使感光胶在铜箔表面牢固地黏附。

② 上胶：在覆铜板表面涂覆一层可以感光的液体材料（感光胶）。上感光胶的方法有离心式甩胶、手工涂覆、滚涂浸蘸、喷涂等。无论采用哪种方法，都应该使胶膜厚度均匀，否则会影响曝光效果。胶膜还必须在一定温度下烘干。

③ 曝光（晒版）：将照相底版置于上胶烘干后的覆铜板上，置于光源下曝光。光线通过相版使感光胶发生化学反应，引起胶膜理化性能的变化。在曝光时，应该注意相版与覆铜板的定位，特别是双面印制板，定位更要严格，否则两面图形将不能吻合。

④ 显影：曝光后的板在显影液中显影后，再浸入染色溶液中，将感光部分的胶膜染色硬化，显示出印制板图形，便于检查线路是否完整，为下一步修版提供方便，未感光部分的胶膜可以在温水中溶解、脱落。

⑤ 固膜：显影后的感光胶并不牢固，容易脱落，应使之固化，即将染色后的板浸入固膜液中停留一定时间。然后用水清洗，并置于 100～120℃的恒温烘箱内烘干 30～60 分钟，使感光膜进一步得到强化。

⑥ 修版：固膜后的板应在化学蚀刻前进行修版，以便修正图形上的黏连、毛刺、断线、砂眼等缺陷。修补所用材料必须耐腐蚀。

（3）光敏干膜法

这也是一种光化学法，但感光材料不是液体感光胶，而是一种由聚酯薄膜、感光胶膜、聚乙烯薄膜三层材料组成的薄膜类光敏干膜，如图 7-4 所示。干膜的使用方法如下所述。

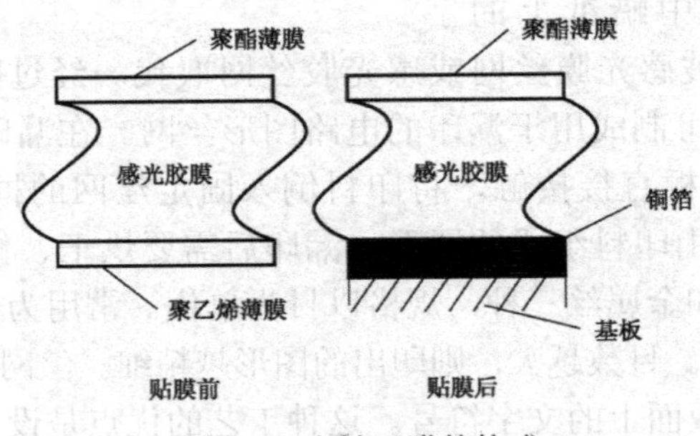

图 7-4　光敏干膜的构成

① 铜板表面处理：清除表面油污，以便干膜可以牢固地黏贴在板上。

② 贴膜：揭掉聚乙烯保护膜，把感光胶膜贴在覆铜板上，一般使用滚筒式贴膜机。

③ 曝光：将相版按定位孔位置准确置于贴膜后的覆铜板上进行曝光，曝光时应控制光源强弱、曝光时间和温度。

④ 显影：曝光后，先揭去感光胶膜上的聚酯薄膜，再把板浸入显影液中，显影后去除板表面的残胶。在显影时，也要控制显影液的浓度、温度及显影时间。

3．化学蚀刻

蚀刻是利用化学方法去除板上不需要的铜箔，留下组成焊盘、印制导线及符号等的图形。为确保质量，蚀刻过程应该严格按照操作步骤进行，在这一环节中造成的质量事故将无法挽救。

（1）蚀刻溶液

常用的蚀刻溶液为三氯化铁（$FeCl_3$），它蚀刻速度快，质量好，溶铜量大，溶液稳定，价格低廉。蚀刻机理为氧化还原反应，方程式如下：

$$2FeCl_3+Cu \rightarrow 2FeCl_2+CuCl_2$$

此外，还有适用于不同场合的其他类型的蚀刻液，如酸性氯化铜蚀刻液（$CuCl_2$-NaCl-HCl）、碱性氯化铜蚀刻液（$CuCl_2$-NH_4CL-NH_3H_2O）、过氧化氢–硫酸蚀刻液（H_2O_2-H_2SO_4）等。

当大量使用蚀刻液时，应注意环境保护，要采取措施处理废液，并回收废液中的金属铜。

（2）蚀刻方式

① 浸入式：将板浸入蚀刻液中，用排笔轻轻刷扫即可。这种方法简便易行，但效率低，对金属图形的侧腐蚀严重，常用于数量很少的手工操作制板。

② 泡沫式：以压缩空气为动力，将蚀刻液吹成泡沫，对板进行腐蚀。这种方法工效高，质量好，适用于小批量制板。

③ 泼溅式：利用离心力作用将蚀刻液泼溅到覆铜板上，达到蚀刻目的。这种方式的生产效率高，但只适用于单面板。

④ 喷淋式：用塑料泵将蚀刻液压送到喷头，呈雾状微粒高速喷淋到由传送带运送的覆铜板上，可以进行连续蚀刻。这种方法是目前技术较先进的蚀刻方式。

4．孔金属化与金属涂覆

（1）孔金属化

当双面印制板两面的导线或焊盘需要连通时，可以通过金属化孔实现。即把铜沉积在贯通两面导线或焊盘的孔壁上，使原来非金属的孔壁金属化。在双面和多层印制电路板的制造过程中，孔金属化是一道必不可少的工序。

孔金属化是利用化学镀技术，即用氧化–还原反应产生金属镀层。基本步骤是，先使孔壁上沉淀一层催化剂金属（如钯），作为在化学镀铜中铜沉淀的结晶核心，然后浸入化学镀铜溶液中。化学镀铜可使印制板表面和孔壁上产生一层很薄的铜，这层铜不仅薄而且附着力差，一擦即掉，因而只能起到导电的作用。化学镀以后进行电镀铜，使孔壁的铜层加厚并附着牢固。

孔金属化的方法很多，它与整个双面板的制作工艺相关，大体上有板面电镀法、图形电镀法、反镀漆膜法、堵孔法、漆膜法等。但无论采用哪种方法，在孔金属化过程中都需下列各个环节：钻孔、孔壁处理、化学沉铜、电镀铜加厚等。

金属化孔的质量对双面印制板是至关重要的。在整机中，许多故障的原因出自金属化孔。因此，对金属化孔的检验应给予重视。检验内容一般包括如下几方面。

① 外观：孔壁金属层应完整、光滑、无空穴、无堵塞。

② 电性能：金属化孔镀层与焊盘的短路与断路，孔与导线间的孔线电阻值。

③ 孔的电阻变化率：环境试验（高低温冲击、浸锡冲击等）后，变化率不得超过5%～10%。

④ 机械强度（拉脱强度）：孔壁与焊盘的结合力应超过一定值。

⑤ 金相剖析试验；检查孔的镀层质量、厚度与均匀性，以及镀层与铜箔之间的结合质量等。

（2）金属涂覆

为提高印制电路的导电、可焊、耐磨、装饰性能，延长印制板的使用寿命，提高电气连接的可靠性，可以在印制板图形铜箔上涂覆一层金属。金属镀层的材料有金、银、锡、铅锡合金等，涂覆方法可用电镀或化学镀两种。

电镀法可使镀层致密、牢固、厚度均匀可控，但设备复杂、成本高。此法用于要求高的印制板和镀层，如插头部分镀金等。

化学镀虽然设备简单、操作方便、成本低，但镀层厚度有限且牢固性差。因而只适用于改善可焊性的表面涂覆，如板面铜箔图形镀银等。

为提高印制板的可焊性，浸银是镀层的传统方式。但由于银层容易发生硫化而发黑，反而降低了可焊性和外观质量。为了改善这一工艺，目前较多采用浸锡或镀铅锡合金的方法，特别是把铅锡合金镀层经过热熔处理后，使铅锡合金与基层铜箔之间获得一个铜锡合金过渡界面，大大增强了界面结合的可靠性，更能显示铅锡合金在可焊性和外观质量方面的优越性。近年来，各制板厂普遍采用印制板浸镀铅锡合金的方法，用热风整平工艺代替电镀铅锡合金工艺，可以简化工序，防止污染，降低成本，提高效率。经过热风整平的镀铅锡合金印制板具有可焊性好、抗腐蚀性好、长期放置不变色等优点。目前，在高密度的印制电路板生产中，大部分采用这种工艺。

5. 助焊剂与阻焊剂的使用

印制板经表面金属涂覆后，根据不同需要可以进行助焊或阻焊处理。

（1）助焊剂

在电路图形的表面上喷涂助焊剂，既可以保护镀层不被氧化，又能提高可焊性。对助焊剂的基本要求是：

① 在常温下稳定，在焊接过程中具有高活化性，表面张力小，能够迅速而均匀地流动。

② 腐蚀性小，绝缘性能好。

③ 容易清除焊接后的残留物。

④ 不产生刺激性气味和有害气体。

⑤ 材料来源丰富，成本低，配制简便。

酒精松香水是最常用的助焊剂。

（2）阻焊剂

阻焊剂是在印制板上涂覆的阻焊层（涂料或薄膜）。除了焊盘和元器件引线孔裸露以外，印制板的其他部位均在阻焊层之下。阻焊剂的作用是限定焊接区域，防止焊接时搭焊、桥连造成的短路，改善焊接的准确性，减少虚焊；防护机械损伤，减少潮湿气体和有害气体对板面的侵蚀。

在高密度镀铅锡合金印制板和采用自动焊接工艺的印制板上，为使板面得到保护并确保焊接质量，均需要涂覆阻焊剂。

7.2.2　印制板生产工艺

在印制板的生产过程中，虽然都需要上述各个环节，但不同印制板具有不同的工艺流程。在这里，主要介绍最常用的单、双面印制板的工艺流程。

1. 单面印制板的生产流程

单面印制板的生产流程如图7-5所示。

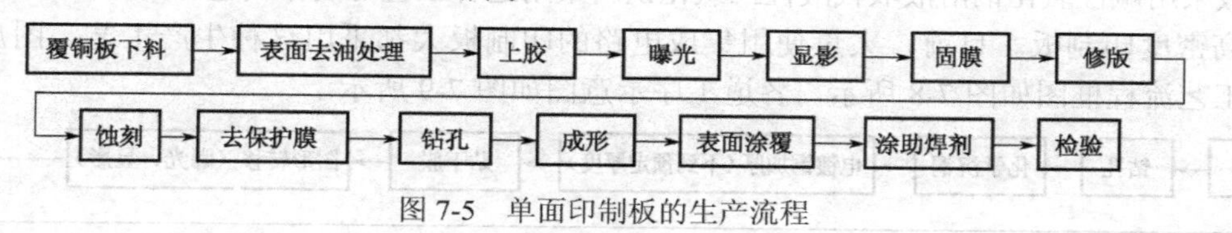

图7-5　单面印制板的生产流程

单面板工艺简单，质量易于保证。但在进行焊接前还应再度进行检验，内容如下所述。

① 导线焊盘、字符是否清晰，有无毛刺，是否有桥接或断路。

② 镀层是否牢固、光亮，是否喷涂助焊剂。

③ 焊盘孔是否按尺寸加工，有无漏打或打偏。

④ 板面及板上各加工的孔尺寸是否准确，特别是印制板插头部分。

⑤ 板厚是否合乎要求，板面是否平直无翘曲等。

2. 双面印制板的生产流程

双面板与单面板的主要区别在于增加了孔金属化工艺，即实现两面印制电路的电气连接。由于孔金属化的工艺方法较多，相应双面板的制作工艺也有多种方法。概括分类可有先电镀后腐蚀和先腐蚀后电镀两大类。先电镀的方法有板面电镀法、图形电镀法、反镀漆膜法；先腐蚀的方法有堵孔法和漆膜法。常用的堵孔法和图形电镀法工艺介绍如下。

（1）堵孔法

这是较为老式的生产工艺，制作普通双面印制板可采用此法，工艺流程如图7-6所示。

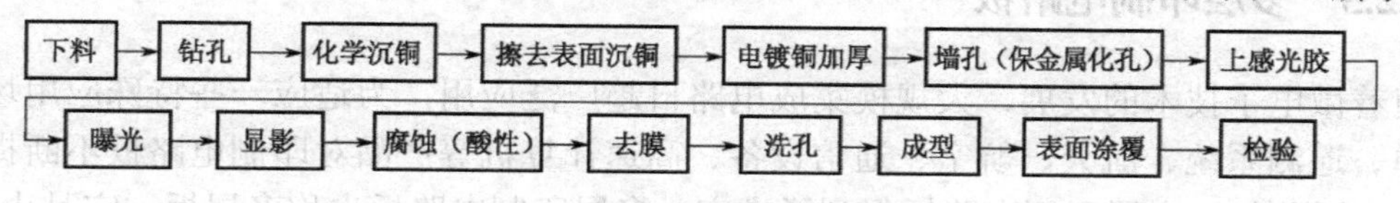

图7-6　双面印制板的工艺流程

堵孔可用松香酒精混合物，各道工序如图 7-7 所示。

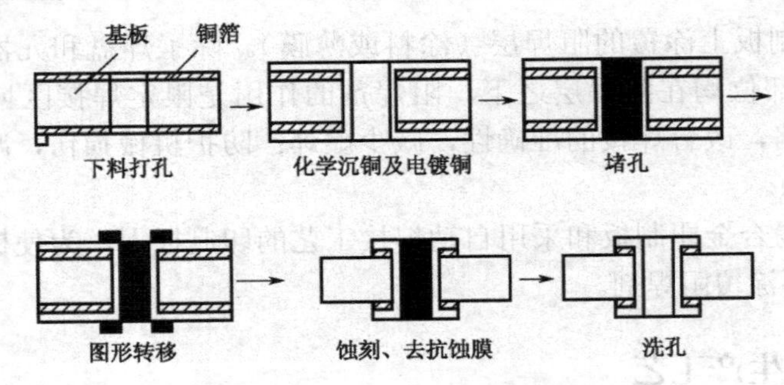

图 7-7　堵孔法工序示意图

（2）图形电镀法

这是较为先进的制作工艺，特别是在生产高精度和高密度双面板中更能显示出优越性。它与堵孔法的主要区别在于采用光敏干膜代替感光液，采用表面镀铅锡合金代替浸银，腐蚀液采用碱性氧化铜溶液取代酸性三氯化铁。采用这种工艺可制作线宽和间距在 0.3 mm 以下的高密度印制板。目前，大量使用集成电路的印制板大都采用这种生产工艺。图形电镀法的工艺流程框图如图 7-8 所示，各道工序示意图如图 7-9 所示。

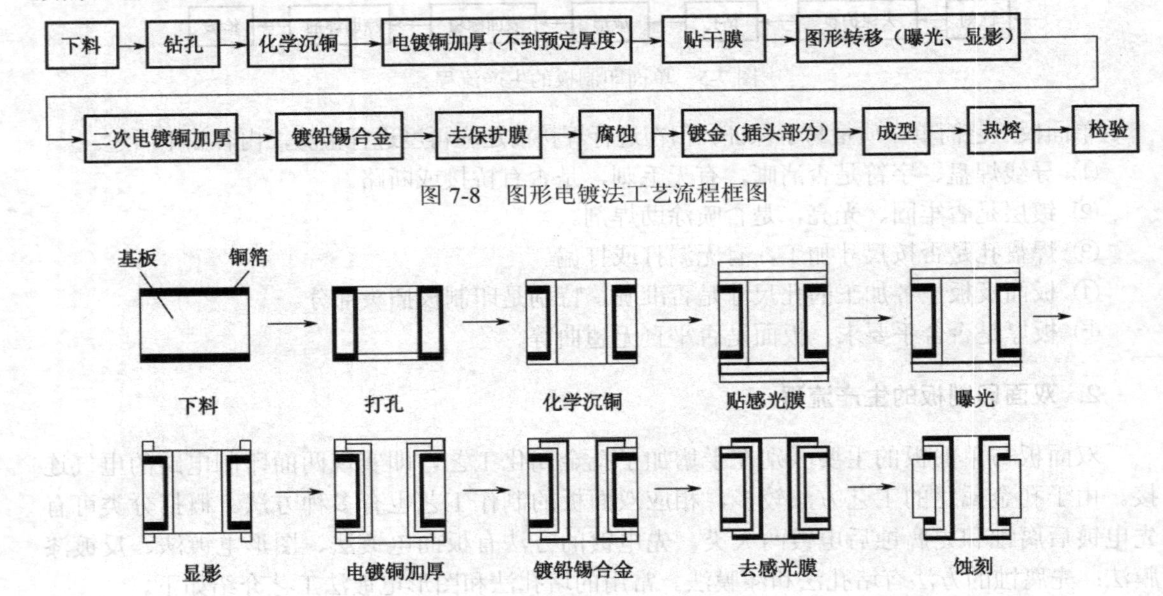

图 7-8　图形电镀法工艺流程框图

图 7-9　图形电镀法工艺流程

7.2.3　多层印制电路板

随着微电子技术的发展，大规模集成电路日趋广泛应用，为适应一些特殊应用场合，如导弹、遥测系统、航天、航空、通信设备、高速计算机等产品对印制电路板不断提出的新要求，近几年，多层印制电路板得到了推广。多层印制电路板也称多层板，它是由 4 层及以上相互连接的导电图形层、层间用绝缘材料相隔、经黏合后形成的印制电路板，其剖面如图 7-10 所示。

图 7-10　多层印制版的剖面

多层板具有如下特点。

① 装配密度高、体积小、质量轻、可靠性高。

② 增加了布线层，提高了设计灵活性。

③ 可对电路设置抑制干扰的屏蔽层等。

多层板是在双面板基础上发展起来的，在布线层数、布线密度、精度等方面都得到了迅速的提高。目前，国外多层板的制板层数可高达 20 层，印制导线的宽度及间距可达到 0.2 mm 以下。

多层板方便了电路原理的实现，可在多层印制电路板的内层设置地网、电源网、信号传输网等，适应某些电路在实际应用中的特殊要求。

1．多层板工艺设计中的几个问题

多层板的工艺设计比普通单、双面板要复杂得多。首先，在设计前必须了解制板厂家的工艺过程、技术条件及生产能力，以便使自己的设计符合厂家的工艺要求（指按厂家的要求绘制图纸、编制有关技术文件）。一般设计多层板需要确定下列内容。

① 成品板的图形及尺寸。

② 焊盘内外直径、导线宽度。

③ 各层布线图。

④ 层数、板材及板的最终厚度。

⑤ 铜箔厚度、电镀层厚度等。

由于多层板的几个电路层通过金属化孔实现相互之间的电气连接，因此在设计中，各层定位孔的设置、各个图形尺寸的公差都要求严格准确。在不同平面的电路层上都应该确保定位孔与各焊盘、导线之间的尺寸公差，这是产品质量的关键保证。设计尺寸的公差应参考专门设计手册。

绘制多层板各层电路的版图，用传统的人工绘图已经不能胜任。为适应高密度、高精度的要求，必须采用计算机辅助设计，由计算机完成自动布线、自动绘图，绘图精度可达到 0.05 mm 以上。

2．多层板的制作工艺过程

在多层板的制作过程中，不仅金属化孔和定位精度比一般双面印制板有更加严格的尺寸要求，而且增加了内层图形的表面处理、半固化片层压工艺及孔的特殊处理。

多层印制板的制作过程如图 7-11 所示。

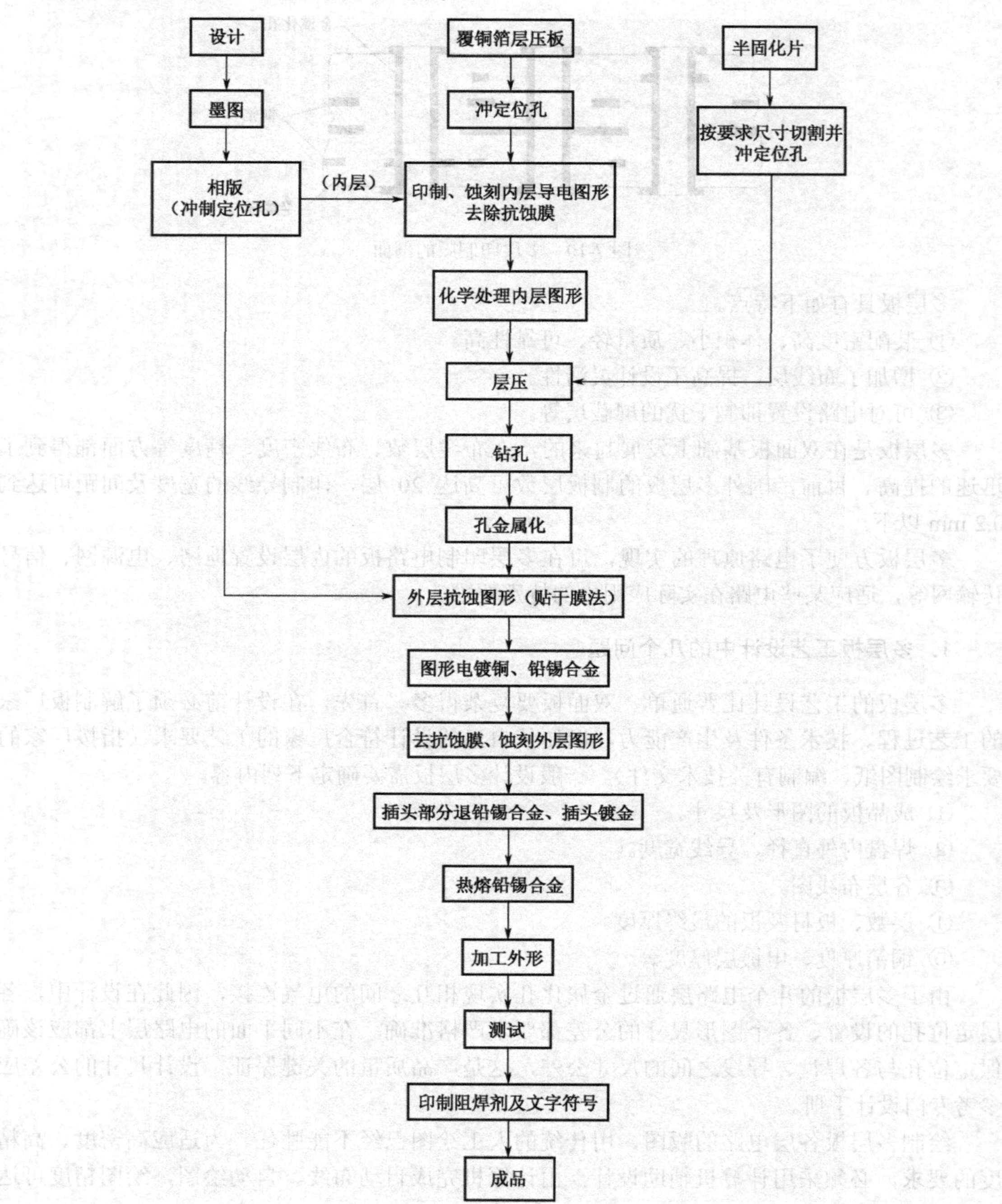

图 7-11　多层印制板的制作过程

在整个制作过程中，“层压”是一道重要工序。必须保证成品厚度、黏结强度和精确的定位精度。“孔化”是另一道重要工序，工艺质量的关键是钻孔，它要求孔的内层铜环干净，无环氧树脂沾污，内壁光滑，尺寸精度高。为此，通常必须使用数控钻床配备硬质合金钻头。在孔金属化前，需要对孔进行特殊处理，即使用一种特制溶液对孔壁进行凹蚀处理，如图 7-12 所示。处理后，使孔壁铜环相对突出，以便消除铜环表面的环氧树脂，使孔金属化后各层良好地互相连接。

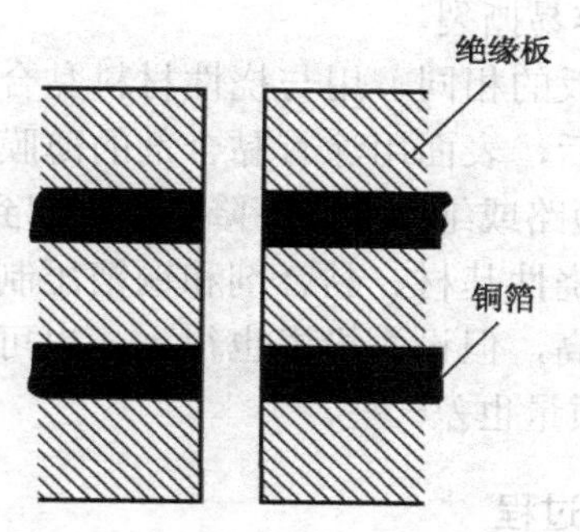

图 7-12 凹蚀处理后的孔壁

3. 多层板的可靠性检测

多层印制板通常用于具有特殊要求的场合，因此对其质量及可靠性的检测也必然十分严格。检测内容包括导体电阻、金属化孔电阻、内层短路与开路，以及同层及各层线路之间的绝缘电阻、镀层结合强度、黏接强度、可焊性、耐热冲击、耐机械振动、耐压、电流强度等多项指标，各项指标均使用专用仪器及专门手段进行检测。

7.2.4 挠性印制电路板

随着电子产品的装配密集度、可靠性和小型化的不断提高，与其有着密切关系的挠性印制电路板应运而生。已经普及的双面板金属化孔技术和产品尺寸及材料规格的进步，都为挠性印制电路板的发展奠定了良好的基础。现在，挠性电路板正逐渐被多种产品广泛应用。特别是高档电子产品，如笔记本电脑、袖珍式电话机和手机、军事仪器设备、汽车仪表电路、照相机等都使用了挠性电路板。挠性电路板未来的应用范围和发展前景是无可限量的。

挠性印制电路板又称软性印制板，如图 7-13 所示。与一般印制板相同，挠性电路板也分为单面板、双面板和多层板，它的显著优点有：软性材料电路能够弯曲、卷缩、折叠，可以沿着 X、Y 和 Z 三个平面移动或盘绕，软性板连接可以伸缩自如，伸缩 7×10^5 次而不断裂；能够连接活动部件，在三维空间里实现立体布线；体积小，质量轻，装配方便，比使用其他线路板更加灵活；容易按照电路要求成形，提高了装配密度和版面利用率。

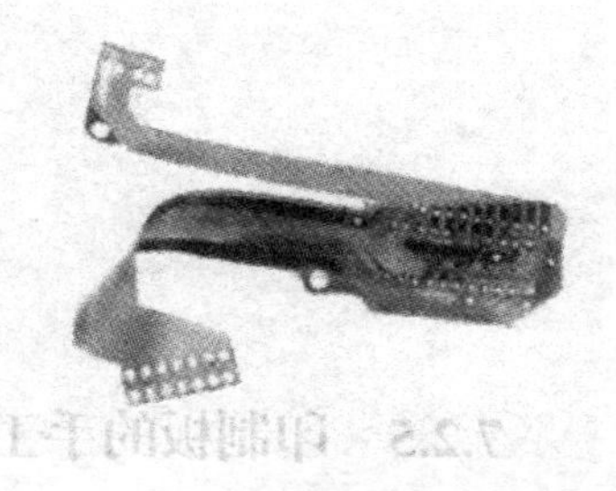

图 7-13 挠性印制电路板

1. 挠性板材料

挠性印制板的基材有氟塑料、聚酯、聚酰亚胺及其复合材料。目前国内外应用较多的是聚酰亚胺材料，这种材料的优点是在耐热、绝缘、抗老化、尺寸稳定等方面具有良好的性能；缺点是稍脆，在缺口处容易撕裂。

挠性板的铜箔与普通印制板的相同，用与挠性材料黏合力强、耐折叠的黏合剂压制在基材上。挠性印制电路制好以后，表面用涂有黏合剂的薄膜覆盖。覆盖层能使电路不受沾污，防止电路和外界接触引起短路或绝缘性能下降，并能起到加固作用。

挠性覆铜板是用滚压法把挠性基材、黏合剂和铜箔压制而成的，可以连续压制成卷，长达几十米，所以生产效率很高，但设备投资也很大。也可以用投资小的手工间歇压制法制造挠性覆铜板，但效率低，质量也差一些。

2. 挠性印制板的制作工艺过程

挠性印制电路板的制作过程如图 7-14 所示，与制造其他板的主要不同之处是压制覆盖层。

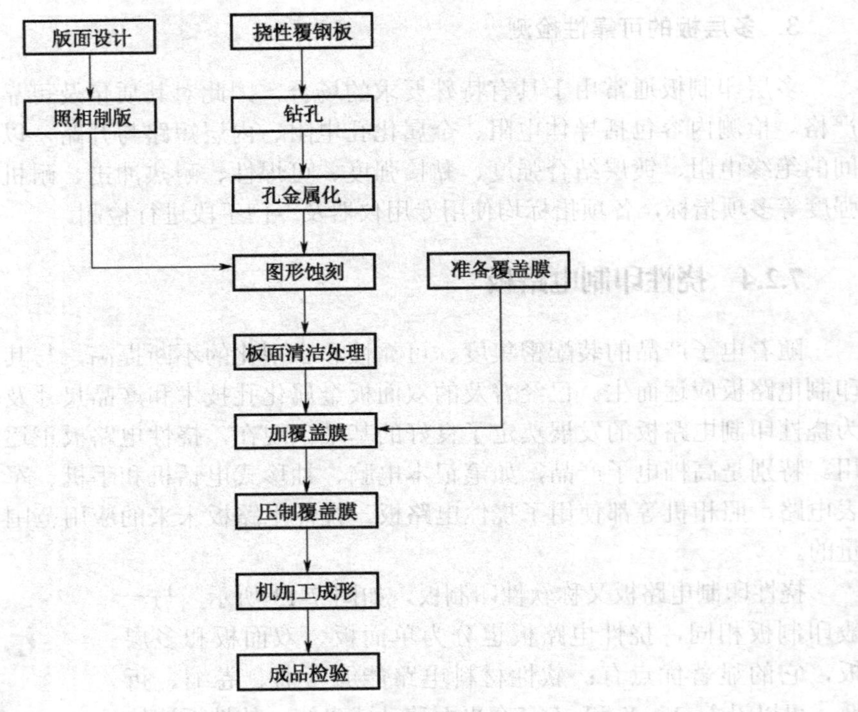

图 7-14　挠性印制电路板的制作过程

7.2.5　印制板的手工制作

在产品研制阶段或科技及创作活动中往往需要制作少量印制板，进行产品性能分析试验或制作样机，为了赶时间和经济性需要也要自制印制板。以下介绍几种简单易行的方法。

1. 描图蚀刻法

这是常用的一种制板方法，由于最初使用调和漆作为描绘图形的材料，所以也称漆图法。具体步骤如下所述。

（1）下料

所谓下料就是按实际设计尺寸剪裁覆铜板（剪床、锯割均可），去四周毛刺。

（2）拓图

所谓拓图就是用复写纸将已设计的印制板布线草图拓在覆铜板的铜箔面上。印制导线用单线，焊盘以小圆点表示。在拓制双面板时，板与草图应有 3 个不在一条直线上的点定位。

（3）钻孔

拓图后检查焊盘与导线是否有遗漏，然后在板上打样冲眼，以样冲眼定位打焊盘孔。打孔时注意钻床转速应取高速，钻头应刃磨锋利，进刀不宜过快，以免将铜箔挤出毛刺，注意保持导线图形清晰。清除孔的毛刺时不要用砂纸。

（4）描图

所谓描图就是用稀稠适宜的调和漆将图形及焊盘描好。描图时应先描焊盘，方法可用适当的硬导线蘸漆点漆料，漆料要蘸得适中，描线用的漆稍稠，点时注意与孔同心，大小尽量均匀，如图 7-15 所示。焊盘描完后可描印制导线图形。可用鸭嘴笔、毛笔等配合尺子，注意直尺不要与板接触，可将两端垫高，以免将未干的图形蹭坏。

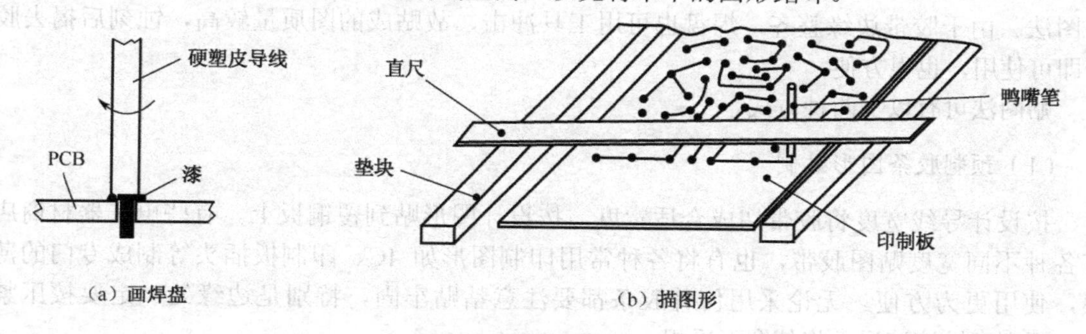

图 7-15　描图法示意图

（5）修图

描好的图在漆未全干（不沾手）时及时进行修图，可使用直尺和小刀，沿导线边沿修整，同时修补断线或缺损图形，保证图形质量。

（6）蚀刻

蚀刻液一般使用三氯化铁水溶液，浓度在 28%～42%之间，将描修好的板子完全浸没到溶液中，蚀刻印制图形。

为加速蚀刻，可轻轻搅动溶液，也可用毛笔刷扫板面，但不可用力过猛，防止漆膜脱落，低温季节可适当加热溶液，但温度不要超过 50℃。蚀刻完成后将板子取出用清水冲洗。

（7）去膜

用热水浸泡后即可将漆膜剥掉，未擦净处可用稀料清洗。

（8）清洗

漆膜去净后，用碎布蘸去污粉反复在板面上擦拭，去掉铜箔氧化膜，露出铜的光亮本色。为使板面美观，擦拭时应固定顺某一方向，这样可使反光方向一致，看起来更加美观。擦后，用水冲洗，晾干。

（9）涂助焊剂

冲洗晾干后应立即涂助焊剂（可用已配好的松香酒精溶液）。涂助焊剂后便可使板面得到保护，提高可焊性。

注意：此法描图不一定用漆，各种抗三氯化铁蚀刻的材料均可用，如虫胶酒精液、松香酒精溶液、蜡、指甲油等。其中松香酒精液因为本身就是助焊剂，故可省略步骤（7）和（9），即蚀刻后不用去膜即可焊接，但须将步骤（8）提前到下料之后进行。当采用无色溶液描图时可加少量甲基紫，使描图便于观察和修改。

2．贴图蚀刻法

贴图蚀刻法是利用不干膜条（带）直接在铜箔上贴出导电图形代替描图，其余步骤同描图法。由于胶带边缘整齐，焊盘也可用工具冲击，故贴成的图质量较高，蚀刻后揭去胶带即可使用，也很方便。

贴图法可有以下两种方式。

（1）预制胶条图形贴制

按设计导线宽度将胶带切成合适宽度，按设计图形贴到覆铜板上。有些电子器材商店有各种不同宽度贴图胶带，也有将各种常用印制图形如 IC、印制板插头等制成专门的薄膜，使用更为方便。无论采用何种胶条都要注意粘贴牢固，特别是边缘处一定要按压紧贴，否则腐蚀溶液浸入将使图形受损。

（2）贴图刀刻法

该方法是当图形简单时，用整块胶带将铜箔全部贴上，然后用刀刻法去除不需要的部分。此法适用于保留铜箔面积较大的图形用。

3．雕刻法

前面所述贴图刀刻法也可直接雕刻铜箔，不用蚀刻直接制成板，如图 7-16 所示是用刻刀和直尺配合刻制图形，用刀将铜箔划透，用摄子或钳子撕去不需要的铜箔。也可用微型砂轮直接在铜箔上磨削出所需图形，与刀刻法原理相同，不再详述。

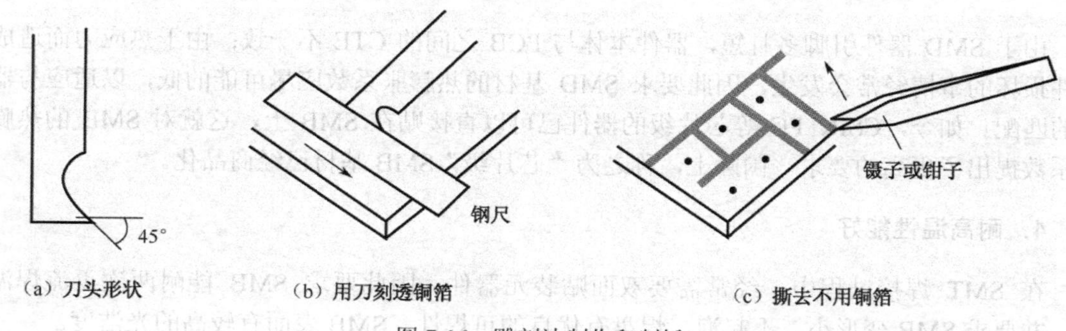

（a）刀头形状　（b）用刀刻透铜箔　（c）撕去不用铜箔

图7-16　雕刻法制作印制板

7.3 表面组装用印制电路板

表面组装用印制板（Surface Mount Printed Circuit Board，SMB），在功能上与通孔插装PCB相同。之所以称之为SMB，不仅因为在工艺上是直接将SMC/SMD贴装在SMB上，还由于对用于制造SMB的基板来说，其性能要求比插装PCB基板要高得多；其次是SMB的设计、制造工艺也要复杂得多，许多高新技术是制造插装PCB时根本不用的技术，如多层板、金属化孔、盲孔、埋孔等技术，但在SMB制造中却部分或全部使用，故世界上将SMB制造能力作为PCB制造水平的标志。换言之，世界PCB技术是以能生产密度越来越高的SMB为目标而向前发展的，SMB已成为当前PCB制造厂的主流先进产品。

7.3.1　表面组装印制板的特征

SMB与插装PCB相比，具有以下特征。

1．高密度

由于SMD器件引脚数高达100～1 000条，引脚中心距已由1.27 mm过渡到0.5 mm，甚至0.3 mm，因此SMB要求细线、窄间距，线宽从0.2～0.3 mm缩小到0.15 mm、0.1 mm，甚至0.05 mm、2.54 mm，网络之间过双线已发展到过3根导线，最新技术已达到过6根导线，细线、窄间距极大地提高了PCB的安装密度。

2．小孔径

单面PCB中的过孔主要用来插装元器件，而在SMB中，大多数金属化孔不再用来插装元器件，而是用来实现层与导线之间的互连，小孔径为SMB提供了更多的空间。目前SMB上的孔径为ϕ0.46～0.3 mm，并向ϕ0.2～0.1 mm方向发展，与此同时，出现了以盲孔和埋孔技术为特征的内层中继孔。

3. 热膨胀系数（CTE）低

由于 SMD 器件引脚多且短，器件本体与 PCB 之间的 CTE 不一致；由于热应力而造成器件损坏的事情经常会发生，因此要求 SMD 基材的热膨胀系数应尽可能的低，以适应与器件的匹配。如今，CSP、FC 等芯片级的器件已可以直接贴在 SMB 上，这就对 SMB 的热膨胀系数提出了更高的要求。国际上，称之为“芯片级”SMB 基材已经商品化。

4. 耐高温性能好

在 SMT 焊接过程中，经常需要双面贴装元器件，因此要求 SMB 能耐两次再流焊温度，并要求 SMB 变形小，不起泡，焊盘有优良的可焊性，SMB 表面有较高的光洁度。

5. 平整度高

SMB 要求很高的平整度，以便 SMD 引脚与 SMB 焊盘密切配合。SMB 焊盘表面涂覆层不再使用 Sn/Pb 合金热风整平工艺，而是采用镀金工艺或者预热助焊剂涂覆工艺。

6. SMB 上的阻焊图形（Solder Mask）精度高

SMB 上的阻焊图形（Solder Mask）也要求高精度，常用的网印阻焊图形的方法已很难满足高精度要求，因此 SMB 上阻焊图形大都采用液体感光阻焊剂，由于在 SMB 上可两面安装 SMD，因此 SMB 还要求板两面都印有阻焊图形及标记符号。

此外，由于细线、高精度对基板的表面缺陷要求严格，特别是对基板平整度要求更为严格，SMB 的翘曲度要求控制在 0.5%以内；在 SMB 上安装 SMD 时都采用贴片机，大都采用大拼版进行表面安装，经再流焊后再把 SMB 逐块分开。因此要求 SMB 以大拼版形式供应，在生产 SMB 拼版时要使用 V 形槽铣切办法。

综上所述，SMB 与插装 PCB 相比，无论是基材的选用，还是 SMB 本身的制造工艺，其要求均已远远超过插装 PCB。

7.3.2　SMB 基材质量的主要参数

由于 PCB 是电子组件的结构支撑件，对电气、耐热等多种性能有要求，因此需要对 SMB 基材性能进行标准测试。现将有关主要参数介绍如下。

1. 玻璃化转变温度（T_g）

除了陶瓷基板外，几乎所有的层压板都含有聚合物。聚合物是由有机材料合成的，它的特点是在一定温度条件下，基材结构会发生变化，在这个温度之下基材是硬而脆的，即类似玻璃的形态，通常人们称之为玻璃态；若在这个温度之上，材料会变软，呈橡胶样形态，人们又称之为橡胶态或皮革态，这时它的机械强度明显变低，因此人们把这种决定材料性能的临界温度称为玻璃化转变温度（Glass Transition Temperature，T_g）。显然，作为结构材料，人们都希望它的玻璃化转变温度越高越好，玻璃化转变温度是聚合物特有的性能，它是选择基板的一个关键参数。其道理何在呢？这是因为在 SMT 焊接过程中，焊接温度通常在220℃左右，远远高于PCB基板的T_g，故PCB受高温后会出现明显的热变形，而片式元器件却是直接焊在SMB表面上，当焊接温度降低后，焊点通常在180℃就首先冷却，而此时SMB温度仍高于T_g，PCB仍处于热变形状态，到PCB完全冷却时必然会产生很大的热应力，该应力作用在元器引脚上，严重时会使元件损坏。

由试验测得在玻璃转变温度以下，基板材料的热膨胀量和温度近似成线性关系，即基板材料的CTE近似常数，而一旦当温度超过材料的玻璃转变温度时，基板材料的热膨胀量将随温度成指数关系升高，CTE按指数增大。

在选择电路基板材料时，玻璃化转变温度确实是重要的参数之一，T_g不但要比电路工作温度高，同时还要尽可能接近工艺中出现的最高温度。

T_g高的SMB具有下列优点：在SMB钻孔加工过程中，有利于钻制微小孔，而低T_g的板材在钻孔时会因高速钻孔产生大量的热能，而引起板材中树脂软化以致加工困难。T_g高的SMB在较高温度环境中仍具有相对较小的CTE，与片式元器件的CTE相接近，故能保证产品可靠地工作。特别是FQFP、BGA等元器件经高温焊接后，SMB的热变形会对元器件产生较高的热应力，因此，在选择电子产品的PCB基板时应适当选择T_g较高的基材。

2．热膨胀系数（CTE）

任何材料受热后都会膨胀，高分子材料通常高于无机材料，当膨胀应力超过材料承受限度时，会对材料产生损坏。对于多层板结构的SMB来说，X，Y方向（即长、宽方向）的CTE与Z方向（厚度）的CTE存在差异性。因此，当多层板受热时，Z方向中的金属化孔就会因膨胀应力的差异性受到损坏，严重时会造成金属化孔发生断裂。为什么会发生这么严重的后果呢？让我们分析一下多层板的结构与制造工艺。多层板是由几片单层“半固化树脂片”热压制成的，半固化树脂片则是由玻璃维布处于半固化状态，然后将半固化片逐层叠加起来的，如需要做内层电路，还应按要求放置内电路铜箔，最后将叠加好的几层半固化片热压成型，冷却后再在需要的位置上钻孔，并进行电镀处理，最后生成电镀通孔，称之为金属化孔。由于基板上钻孔后的孔壁几乎就是环氧树脂，因而它与镀铜层的结合力不会很高。一般金属化孔的孔壁仅有25 μm厚，且铜层致密性不会很高，金属化孔制成后，也就实现了SMB层与层之间的互连。早期多层板的结构有一定的隐患，即半固化中因受玻璃纤维布的增强作用以及各层铜布线的约束，通常CTE明显减低。由于金属化孔的孔壁薄，镀铜层结构又不太致密，因此SMB受热后，Z方向的热应力就会作用在金属化孔的孔壁上，对它的脆弱部分施加应力，会导致孔壁断裂或部分断裂，特别是这种缺陷事先是无法预知的，有时在电子产品使用一段时间后，会由于疲劳等多种原因而产生隐性缺陷。

3．介电常数

基板材料的介电特性稳定是为了实现高频电路工作稳定，要求基板材料具有稳定、一致的介电常数值。实现这一特性的重要途径是玻璃纤维布与树脂分布的均一化。大多的板材料其树脂的质量比在35%～65%范围，基板材料中不同树脂量与不同频率的对介电特性有一定影响。树脂量越高越接近树脂本身的介电常数值，整个基板材料的介电常数表现越低；树脂量越小，整个基板材料的介质损失因数值就越接近玻璃纤维布的介质损失因数值，即介质损失因数值越小。可以从理论上计算出不同树脂与玻璃纤维布含量比例时整个基板材料的介电常数值。

基板材料的填充材料对基板材料的性能提高有显著效果。适于激光钻孔的无卤化基板材料，一般要在基板材料树脂中混入一些无机填充材料。在达到板的规定厚度情况下，由于填充材料的混入，使用树脂量比例有所减少，这样板的 T_g 会得到提高。在 X、Y、Z 方向上热膨胀量会有所减低。由于所加入的填充材料都具有高介电常数、低介质损失因数特性，这样造成在树脂中加入填充材料板的电常数升高，而介质损失因数值有所降低。

4．高频信号传输特性

在刚性印制电路板制造中多使用电解铜箔。基板材料中的树脂与铜箔间的剥离强度与铜箔的粗化面的表面处理轮廓度大小相关。一般来讲，处理面的处理层轮廓大的铜箔，它的剥离强度就高。在存在高频信号的印制电路板场合，由于“表皮效果”的影响，只有导电线路的表面才有信号的流通，这样，当铜箔处理层的轮廓大时，就有反射衰减的表现。这会引起信号传输损失加大。因此，降低粗化面处理层的轮廓度是高频电路用基板所期望的。

在高频电路中，使用具有低轮廓极薄箔已经成为一种发展潮流。压延铜箔具有低轮廓的特性和较高剥离强度性能。高频电路基板不仅需要铜箔在厚度方向降低其尺寸，而且还期望铜箔底面（靠基材树脂的面）的宽幅的尺寸精度也有所提高。低轮廓铜箔易于实现上述两项对铜箔的性能要求。另外采用低轮廓铜箔还由于它在蚀刻电路图形加工后，在基板上铜粉的残留甚少（或者是没有），因此可达到 PCB 的耐电压性和长期电气绝缘性提高的效果。

7.4　印制电路板的质量检查及发展

印制板作为基本的重要电子部件，制成后必须通过必要的检验才能进入装配工序。尤其是在批量生产中，对印制板进行检验是产品质量和后工序顺利进展的重要保证。

7.4.1　印制电路板的质量

1．目视检验

目视检验简单易行，借助简单工具如放大镜、卡尺等，对要求不高的印制板用此方法进行检验，其主要检验内容如下所述。

① 外形尺寸与厚度是否在要求的范围内，特别是与插座导轨配合的尺寸。

② 导电图形是否完整和清晰，有无短路和断路、毛刺等。

③ 表面质量：有无凹痕、划伤、针孔及表面粗糙。

④ 焊盘孔及其他孔的位置及孔径，有无漏打或打偏。

⑤ 镀层质量：镀层平整光亮、无凸起缺损。

⑥ 涂层质量：阻焊剂均匀牢固，位置准确，助焊剂均匀。

⑦ 板面平直无明显翘曲。

⑧ 字符标记清晰、干净，无渗透、划伤、断线。

2. 连通性检验

使用万用表对导电图形连通性能进行检测，重点是双面板的金属化孔和多层板的连通性能。批量生产中应配备针床测试仪等专用设备进行检测。

3. 绝缘性能

检测同一层不同导线之间或不同层导线之间的绝缘电阻以确认印制板的绝缘性能。在检测时，应在一定温度和湿度下按印制板标准进行。

4. 可焊性

检验焊料对导电图形润湿性能，可参见相关国家标准。

5. 镀层附着力

检验镀层附着力可采用胶带试验法。将质量好的透明胶带粘到要测试的镀层上，按压均匀后快速掀起胶带一端扯下，镀层无脱落为合格。

此外，还有铜箔抗剥强度、镀层成分、金属化孔抗拉强度等多种指标，根据印制板的要求选择检测内容。

7.4.2 印制电路板的发展

近年来，由于集成电路和表面安装技术的发展，电子产品迅速向小型化、微型化方向发展，作为集成电路载体和互连技术核心的印制电路板也在向高密度、多层化、高可靠方向发展，目前还没有一种互连技术能够取代印制电路板的作用。新的发展主要集中在高密度板、多层板和特殊印制电路板三个方面。

1. 高密度板

电子产品微型化要求尽可能缩小印制板的面积，超大规模集成电路的发展则是芯片对外引线数的增加，而芯片面积不增加甚至减小，解决的办法只有增加印制电路板上布线密度。增加密度的关键有两条：① 减小线宽和间距；② 减小过孔孔径。这两条已成为目前衡量制板厂技术水准的标志，目前能够达到线宽和间距为 0.1～0.2→0.07→0.03（mm）；过孔孔径为 0.3→0.25→0.2（mm）。我国制板厂目前较为成熟的技术为线宽和间距 0.13～0.15 mm，孔径为 0.4 mm。

2. 多层板

多层板是在双面板的基础上发展的，除了双面板的制造工艺外，还有内层板的加工、层间定位、叠压、黏合等特殊工艺。目前，多层板生产以 4～8 层为主，如计算机主板和工控机 CPU 板等。

3. 特殊印制板

在高频电路及高密度装配中用普通印制板往往不能满足要求，各种特殊印制板应运而生，并在不断发展。

(1) 微波印制板

在高频（几百兆赫数以上）条件下工作的印制板，对材料、布线布局都有特殊要求，例如，印制导线线间和层间分布参数的作用，以及利用印制板制作电感和电容等“印制元件”。微波电路板除采用聚四氟乙烯板以外，还有复合介质基片和陶瓷基片等，其线宽和间距要求比普通印制板高出一个数量级。

(2) 金属芯印制板

金属芯印制板可以看作一种含有金属层的多层板，主要解决高密度安装引起的散热性能，且金属层有屏蔽作用，有利于解决干扰问题。

(3) 碳膜印制板

碳膜板是在普通单面印制板上制成导线图形后再印制一层碳膜形成跨接线或触点（电阻值符合设计要求）的印制板，它可使单面板实现高密度、低成本、良好的电性能及工艺性，适用于电视机、电话机等家用电器。

(4) 印制电路与厚膜电路的结合

将电阻材料和铜箔顺序黏合到绝缘板上，用印制板工艺制成需要的图形，在需要改变电阻的地方用电镀加厚的方法减小电阻，用腐蚀方法增加电阻，制造成印制电路和厚膜电路结合的新的内含元器件的印制板，从而在提高安装密度，降低成本上开辟出新的途径。

第8章　装配焊接技术

电子产品的电气连接是通过对元器件、零部件的装配与焊接来实现的。安装与连接是按照设计要求制造电子产品的主要生产环节。在传统的电子产品制造过程中，安装与连接技术并不复杂，往往不受重视。但以 SMT 为代表的新一代安装技术，主要特征表现在装配焊接环节，由它引发的材料、设备、方法改变，使电子产品的制造工艺发生了根本性革命。

产品的装配过程是否合理，焊接质量是否可靠，对整机性能指标的影响是很大的。经常听说，一些精密复杂的仪器因为一个焊点的虚焊、一个螺钉的松动而不能正常工作，甚至由于搬运、振动使某个部件脱落造成整机报废。所以，掌握正确的安装工艺与连接技术，对于电子产品的设计和研制、使用和维修都具有重要的意义。实际上，对于一个电子产品来说，通常只要打开机箱，看一看它的结构装配和电路焊接质量，就可以立即判定它的性能优劣，也能够判断出生产企业的技术力量和工艺水平。装配焊接操作是考核电子装配技术工人的主要项目之一；对于电子工程技术人员来说，观察他能否正确地进行装配、焊接操作，也可以作为评价他的工作经验及其基本动手能力的依据。

8.1　安 装 技 术

制造电子产品，可靠与安全是两个重要因素，而零件的安装对于保证产品的安全可靠是至关紧要的。任何疏忽都可能造成整机工作失常，甚至导致更为严重的后果。

8.1.1　安装的基本要求

1．保证导通与绝缘的电气性能

电气连接的通与断是安装的核心。这里所说的通与断，不仅是在安装以后简单地使用万用表测试的结果，而且要考虑在振动、长期工作、温度、湿度等自然条件变化的环境中，都能保证通者恒通、断者恒断。这样，就必须在安装过程中充分考虑各方面的因素，采取相应措施。两个安装示例如图 8-1 所示。

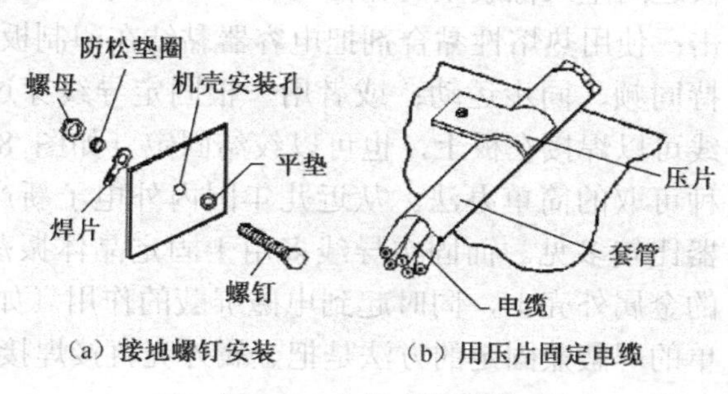

（a）接地螺钉安装　　（b）用压片固定电缆

图 8-1　电气安装示例

图 8-1（a）表示一台仪器机壳为接地保护螺钉设置的焊片组件。在安装中，靠紧固螺钉并通过弹簧垫圈的止退作用保证电气连

接。如果安装时忘记装上弹簧垫圈，虽然在一段时间内仪器能够正常工作，但使用中的振动会使螺母逐渐松动，导致连接发生问题。这样，通过这个组件设置的接地保护作用就可能失效。

图 8-1（b）表示用压片将电缆固定在机壳上。安装时应该注意，一要检查压片表面有无尖棱毛刺，二要给电缆套上绝缘套管。因为此处要求严格保证电缆线同机壳之间的绝缘。金属压片上的毛刺或尖角，可能刺穿电缆线的绝缘层，导致机壳与电缆线相通。这种情况往往会造成严重的安全事故。

实际的电子产品千差万别，有经验的工艺工程师应该根据不同情况采取相应的措施，保证可靠的电气连接与绝缘。

2. 保证机械强度

电子产品在使用的过程中，不可避免地需要运输和搬动，会发生各种有意或无意的振动、冲击，如果机械安装不够牢固，电气连接不够可靠，都有可能因为加速运动的瞬间受力使安装受到损害。

如图 8-2 所示，把变压器等较重的零部件安装在塑料机壳上，图 8-2（a）所示的办法是用自攻螺钉固定。由于塑料机壳的强度有限，容易在振动的作用下，使塑料孔的内螺纹被拉坏而造成外壳的损伤。所以，这种固定方法常常用在受力不大的场合。显然，图 8-2（b）所示的方法将大大提高机械强度，但安装效率比前一种稍低，且成本也要略高一些。

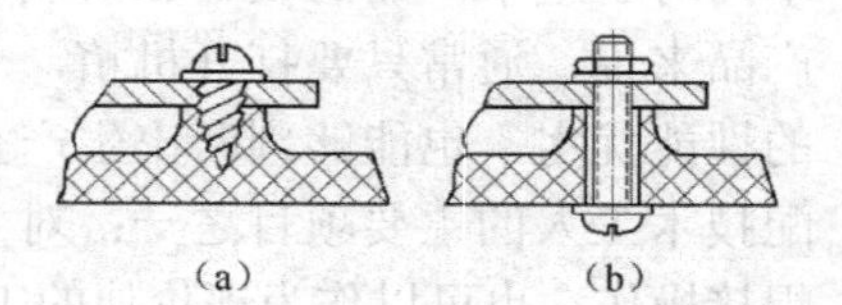

图 8-2　安装的机械强度

又如图 8-3 所示，对于大容量的电解电容器来说，早期产品的体积很大，一般不能安装在印制电路板上，必须加装卡子，如图 8-3（a）所示，或把电容器用螺钉安装在机箱底板上，如图 8-3（b）和（c）所示。近年来，电解电容器的制造技术不断进步，使电容比率（即电容量与其单位体积之比）迅速增大，小型化的大容量电容器已经普遍直接安装到印制板上。但是，与同步缩小体积的其他元器件相比较，大容量的电解电容器仍然是印制板上体积最大的元器件。考虑到机械强度，如图 8-3（d）所示的状态是不可靠的。无论是电容器引线的焊接点，还是印制板上铜箔与基板的黏接，都有可能在受到振动、冲击的时候因为加速运动的瞬间受力而被破坏。为解决这种问题，可以采取多种办法：在电容器与印制板之间垫入橡胶垫〔如图 8-3（e）所示〕或聚氯乙烯塑料垫〔如图 8-3（f）所示〕减缓冲击；使用热熔性黏合剂把电容器黏结在印制板上〔如图 8-3（g）所示〕，使两者在振动时保持同频、同步运动；或者用一根固定导线穿过印制板，绕过电容器把它压倒绑住，固定导线可以焊接在板上，也可以绞结固定〔如图 8-3（h）所示〕，这在小批量产品的生产中是一种可取的简单办法。从近几年国内外电子新产品的工艺来看，采用热熔性黏合剂固定电容器比较多见。而固定导线多用于固定晶体振荡器，这根导线是裸线，往往还要焊接在晶体的金属外壳上，同时起到电磁屏蔽的作用〔如图 8-3（i）所示〕；对晶体振荡器来说，更简单的屏蔽兼固定的方法是把金属外壳直接焊接在印制板上，如图 8-3（j）所示。

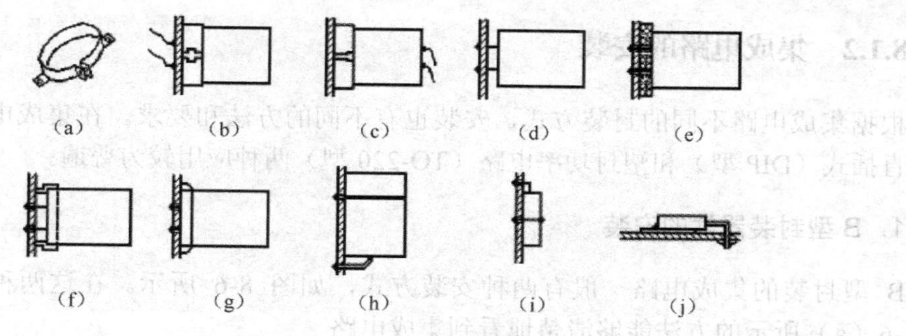

图 8-3 电子产品装配的机械强度

3．保证传热的要求

在安装中，必须考虑某些零部件在传热、电磁方面的要求。因此，需要采取相应的措施。大功率晶体管在机壳上安装时，利用金属机壳作为散热器的方法如图 8-4（a）所示。在安装时，既要保证绝缘的要求，又不能影响散热的效果，即希望导热而不导电。如果工作温度较高，应该使用云母垫片；当低于 100℃时，可以采用没有破损的聚酯薄膜作为垫片并在器件和散热器之间涂抹导热硅脂，能够降低热阻，改善传热的效果。穿过散热器和机壳的螺钉也要套上绝缘管。在紧固螺钉时，不要将一个拧紧以后再去拧另一个，这样容易造成管壳同散热器之间贴合不严〔如图 8-4（b）所示〕，影响散热性能。正确的方法是把两个（或多个）螺钉轮流逐渐拧紧，可使安装贴合严密并减小内应力。

4．接地与屏蔽要充分利用

接地与屏蔽的目的：一是消除外界对产品的电磁干扰；二是消除产品对外界的电磁干扰；三是减少产品内部的相互电磁干扰。接地与屏蔽在设计中要认真考虑，在实际安装中更要高度重视。产品可能在实验室工作很正常，但当到工业现场工作时，各种干扰可能就会出现，有时甚至不能正常工作，这绝大多数是由于接地、屏蔽设计安装不合理所致。例如，如图 8-5 所示的金属屏蔽盒，为避免接缝造成的电磁泄漏，安装时在中间垫上导电衬垫，则可以提高屏蔽效果。衬垫通常采用金属编织网或导电橡胶制成。

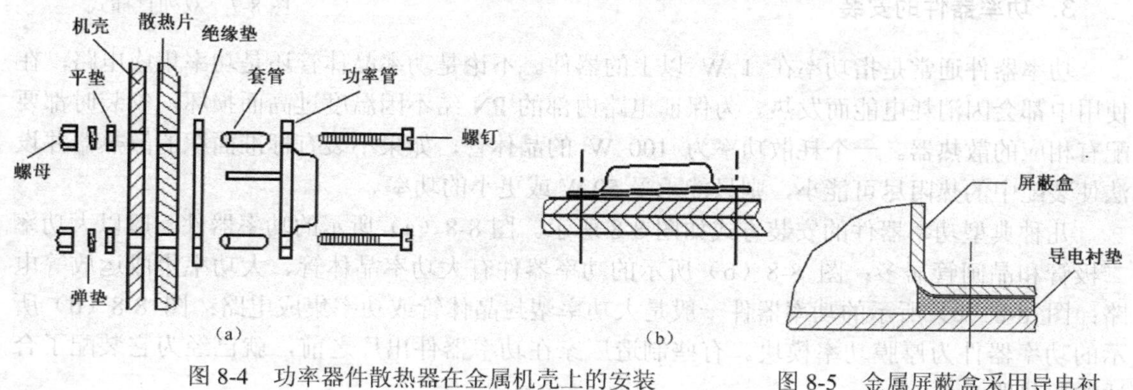

图 8-4 功率器件散热器在金属机壳上的安装

图 8-5 金属屏蔽盒采用导电衬垫防止电磁泄漏

8.1.2 集成电路的安装

根据集成电路不同的封装方式，安装也有不同的方法和要求。在集成电路中，以塑封双列直插式（DIP 型）和塑封功率电路（TO-220 型）两种应用较为普遍。

1. B 型封装器件的安装

B 型封装的集成电路一般有两种安装方式，如图 8-6 所示。在这两种安装方式中，图 8-6（a）所示的方法能够清楚地看到集成电路的标记，安装比较美观，但若要更换器件，就很不容易拆焊；而图 8-6（b）所示的安装效果则与此相反。必须注意，无论采用哪一种安装方法，都不能从器件引线的根部弯曲，应该从引线根部起留出 5 mm 的长度。为防止短路，每个引脚都要套上绝缘套管。

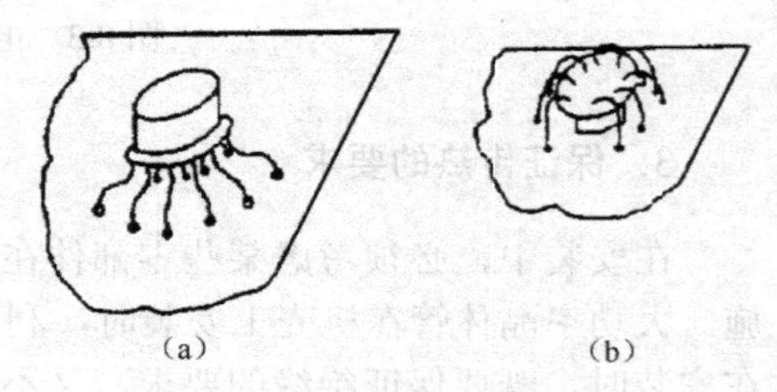

图 8-6 B 型封装集成电路的安装

2. 双列直插式集成电路的安装

双列直插式（DIP 型）器件一般采用专用插座进行安装。装配和焊接的规范程度主要取决于印制板设计、制作精度，因此比较容易掌握。当然，这种集成电路也能直接插焊在印制板上。直接插焊法虽然牺牲了可更换性，但却增加了可靠性，降低了成本。采用插座虽然方便，但要花费购买插座的钱，并且接触的可靠性较差。

插拔双列直插式集成电路一定要注意安装方法。插入时，如果插脚间距与插座不符，可以用平口钳小心地矫正引脚，如图 8-7 所示。将所有管脚都对准插座以后，再均匀地用力插入。拔出时，应该使用专用的集成电路起拔器。如果手头一时没有这种工具，可以用小螺丝刀轮流从两端轻轻撬起来。切勿只从一边猛撬，导致管脚变形甚至折断。

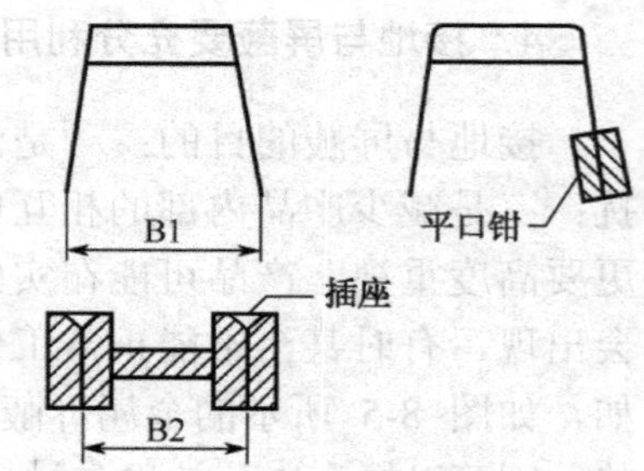

图 8-7 双列直插式

3. 功率器件的安装

功率器件通常是指功率在 1 W 以上的器件。不论是功率晶体管还是功率集成电路，在使用中都会因消耗电能而发热。为保证电路内部的 PN 结不因温度过高而损坏，安装时都要配有相应的散热器。一个耗散功率为 100 W 的晶体管，如果不装有标准面积的散热器并设法使装配中的热阻尽可能小，则只能承受 50 W 或更小的功率。

几种典型功率器件的安装方式如图 8-8 所示。图 8-8（a）所示的功率器件一般以大功率二极管和晶闸管居多；图 8-8（b）所示的功率器件有大功率晶体管、大功率集成运放等电路；图 8-8（c）所示的功率器件一般是大功率塑封晶体管或功率集成电路；图 8-8（d）所示的功率器件为厚膜功率模块。有些制造厂家在功率器件出厂之前，就已经为它装配了合适的散热器。

图 8-8 所示的安装方式在整机产品的实际电路中又可以分成两种具体形式。一种是直接将器件和散热片用螺钉固定在印制板上，像其他元器件一样在板的另一面进行焊接。这种

方法的优点是连线长度短，可靠性高；缺点是拆焊困难，不适合于功率较大的器件。另一种是将功率器件及散热器作为一个独立部件安装在设备中便于散热的地方，例如，安装在侧面板或后面板上，器件的电极通过安装导线同印制板电路相连接。其优点是安装灵活且便于散热，缺点是增加了连接导线。

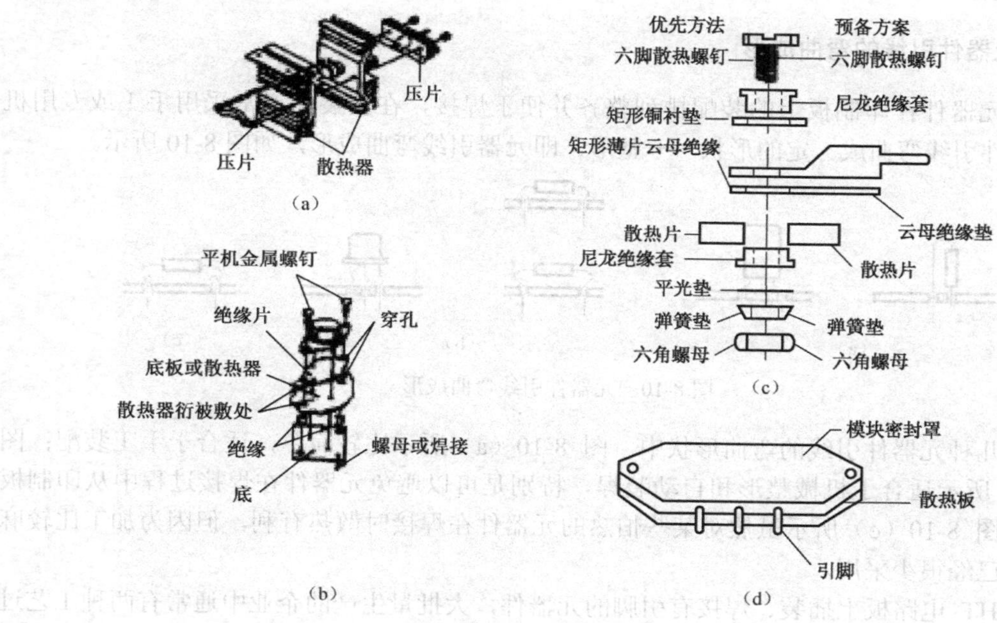

图 8-8　典型功率器件的安装

对于不能依靠引线支持自身和散热片质量的塑封功率器件，应该采用卧式安装或固定散热器的办法固定器件。有些三端器件的三条引线距离较小，可以采取如图 8-9 所示方法安装。有些器件引线的可塑性很差，可用搭焊的方法引出导线连接。

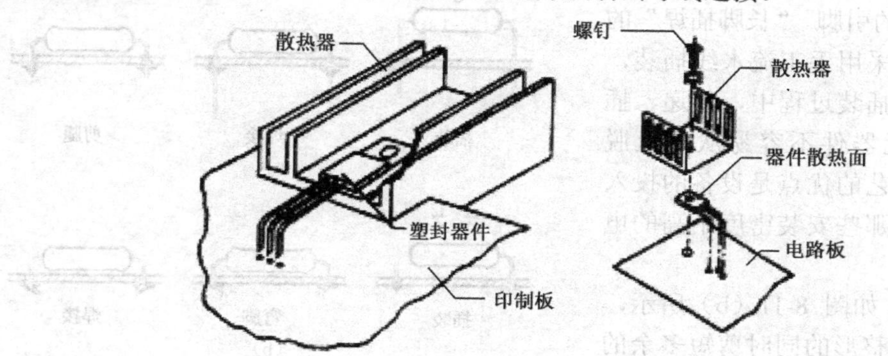

图 8-9　塑封功率器件的安装

8.1.3　印制电路板上元器件的安装

传统元器件在印制板上的固定方式可以分为卧式安装与立式安装两种。在电子产品开始装配、焊接以前，除了要事先做好全部元器件的测试筛选以外，还要进行两项准备工作：一是要检查元器件引线的可焊性，若可焊性不好，就必须进行镀锡处理；二是要根据元器件在印制板上的安装形式，对元器件的引线进行整形，使之符合在印制板上的安装孔位。如果没有完成这两项准备工作就匆忙开始装焊，很可能造成虚焊或安装错误，带来不必要的麻烦。

1. 元器件引线的弯曲成形

为使元器件在印制板上的装配排列整齐并便于焊接，在安装前通常采用手工或专用机械把元器件引线弯曲成一定的形状——整形，即元器引线弯曲成形，如图 8-10 所示。

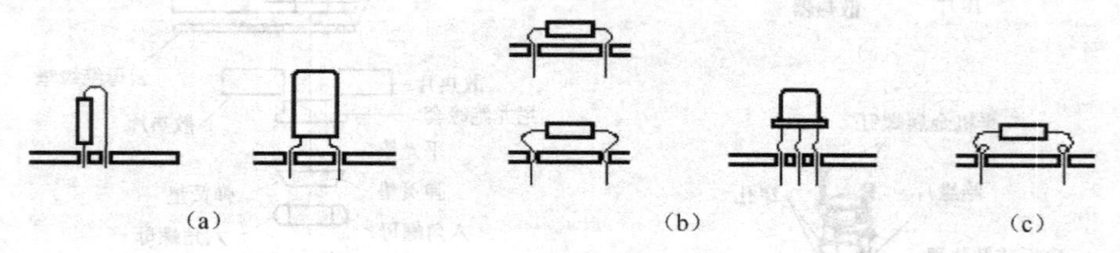

图 8-10　元器件引线弯曲成形

在这几种元器件引线的弯曲形状中，图 8-10（a）所示比较简单，适合于手工装配；图 8-10（b）所示适合于机械整形和自动装焊，特别是可以避免元器件在焊接过程中从印制板上脱落；图 8-10（c）所示虽然对某些怕热的元器件在焊接时散热有利，但因为加工比较麻烦，现在已经很少采用。

在 THT 电路板上插装、焊接有引脚的元器件，大批量生产的企业中通常有两种工艺过程：一是"长脚插焊"，二是"短脚插焊"。

所谓"长脚插焊"如图 8-11（a）所示，是指元器件引脚在整形时并不剪短，把元器件插装到电路板上后，可以采用手工焊接，然后手工剪短多余的引脚；或者采用浸焊、高波峰焊设备进行焊接，焊接后用"剪腿机"剪短元器件的引脚。"长脚插焊"的特点是，元器件采用手工流水线插装，由于引脚长，在插装过程中，传递、插装以后焊接，元器件不容易从板上脱落。这种生产工艺的优点是设备的投入小，适合于生产那些安装密度不高的电子产品。

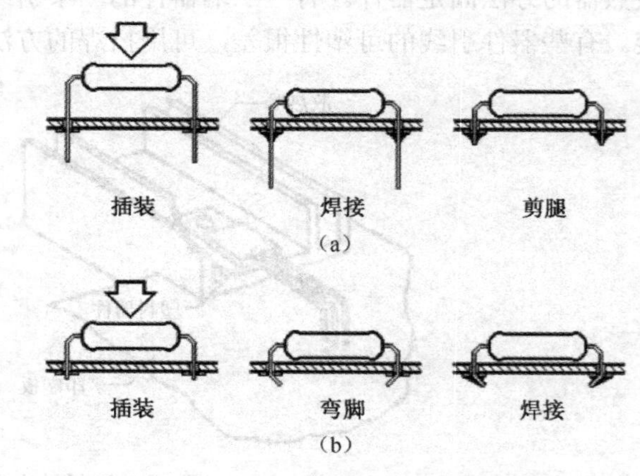

图 8-11　"长脚插焊"与"短脚插焊"

"短脚插焊"如图 8-11（b）所示，是指在对元器件整形的同时剪短多余的引脚，把元器件插装到电路板上后进行弯脚，这样可以避免电路板在以后的工序传递中脱落元器件。在整个工艺过程中，从元器件整形、插装到焊接全部采用自动生产设备。这种生产工艺的优点是生产效率高，但设备的投入大。

无论采用哪种方法对元器件引脚进行整形，都应该按照元器件在印制板上孔位的尺寸要求，使其弯曲成形的引线能够方便地插入孔内。为了避免损坏元器件，整形必须注意以下两点。

① 引线弯曲的最小半径不得小于引线直径的 2 倍，不能"打死弯"。

② 引线弯曲处距离元器件本体至少在 2 mm 以上，绝对不能从引线的根部开始弯折。对于那些容易崩裂的玻璃封装的元器件，在对引线整形时尤其要注意这一点。

2．元器件的插装

元器件插装到印制电路板上，无论是卧式安装还是立式安装，这两种方式都应该使元器件的引线尽可能短一些。在单面印制板上采用卧式装配方式时，小功率元器件总是平行地紧贴板面；在双面板上，元器件则可以离开板面约 1～2 mm，避免因元器件发热而减弱铜箔对基板的附着力，防止元器件的裸露部分同印制导线短路。

插装元器件还要注意以下原则。

① 要根据产品的特点和企业的设备条件安排装配的顺序。如果是手工插装、焊接，应该先安装那些需要机械固定的元器件，如功率器件的散热器、支架、卡子等，然后再安装靠焊接固定的元器件。否则，就会在机械紧固时，使印制板受力变形而损坏其他已经安装的元器件。如果是自动机械设备插装、焊接，就应该先安装那些高度较低的元器件，例如，电路的"跳线"、电阻一类元件，后安装那些高度较高的元器件，例如，轴向（立式）插装的电容器、晶体管等元器件，对于贵重的关键元器件，例如，大规模集成电路和大功率器件，应该放到最后插装；安装散热器、支架、卡子等要靠近焊接工序，这样不仅可以避免先装的元器件妨碍插装后装的元器件，还有利于避免因为传送系统振动丢失贵重元器件。

② 各种元器件的安装，应该尽量使它们的标记（用色码或字符标注的数值、精度等）朝上或朝着易于辨认的方向，并注意标记的读数方向一致（从左到右或从上到下），这样有利于检验人员直观检查；卧式安装的元器件，尽量使两端引线的长度相等对称，把元器件放在两孔中央，排列要整齐；立式安装的色环电阻应该高度一致，最好让起始色环向上以便检查安装错误，上端的引线不要留得太长以免与其他元器件短路，如图 8-12 所示。有极性的元器件，插装时要保证方向正确。

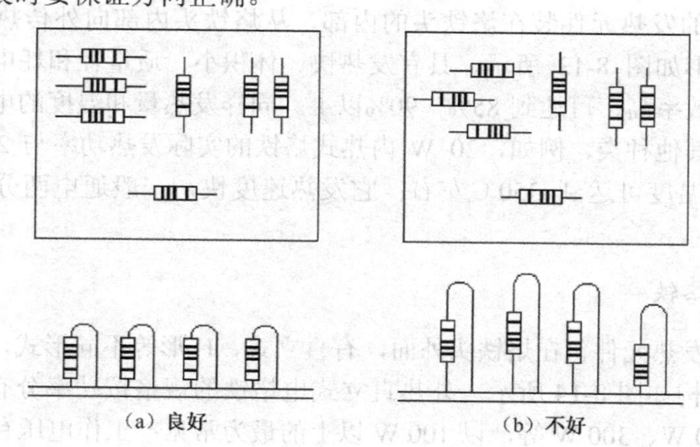

图 8-12 元器件的插装

③ 当元器件在印制电路板上立式装配时，单位面积上容纳元器件的数量较多，适合于

机壳内空间较小、元器件紧凑密集的产品。但立式装配的机械性能较差，抗振能力弱，如果元器件倾斜，就有可能接触临近的元器件而造成短路。为使引线相互隔离，往往采用加套绝缘塑料管的方法。在同一个电子产品中，元器件各条引线所加套管的颜色应该一致，便于区别不同的电极。因为这种装配方式需要手工操作，除了那些成本非常低廉的民用小产品之外，在档次较高的电子产品中不会采用。

④ 在非专业化条件下批量制作电子产品时，通常是手工安装元器件与焊接操作同步进行。应该先装配需要机械固定的元器件，先焊接那些比较耐热的元器件，如接插件、小型变压器、电阻、电容等，然后再装配焊接比较怕热的元器件，如各种半导体器件及塑料封装的元件。

8.2 焊 接 工 具

各种不同的电子零件在焊接时方法会有不同，焊接所需要的时间和热量也会不同，所以必须要根据所要进行的实际焊接工作来挑选合适的焊接工具，尤其是电烙铁。只有正确选用焊接工具才能达到事半功倍的焊接效果。

8.2.1 电烙铁的种类

按加热方式分类，有直热式、感应式等；按烙铁的发热能力（消耗功率）分类：有20 W、30 W、…、500 W 等；按功能分类，有单用式、两用式、调温式、恒温式等。根据用途、结构的不同，常用的电烙铁有以下几种。

1. 直热式电烙铁

最常用的电烙铁是单一焊接直热式电烙铁，它又可以分为内热式和外热式两种。

（1）内热式电烙铁

内热式电烙铁的发热元件装在烙铁头的内部，从烙铁头内部向外传热，所以被称为内热式电烙铁，其外形如图 8-13 所示，具有发热快、体积小、质量轻和耗电低等特点。内热式烙铁的能量转换效率高，可达到 85%～90%以上。同样发热量和温度的电烙铁，内热式的体积和质量都优于其他种类。例如，20 W 内热式烙铁的实际发热功率与 25～40 W 的外热式烙铁相当，头部温度可达到 350℃左右；它发热速度快，一般通电两分钟就可以进行焊接。

（2）外热式电烙铁

外热式烙铁的发热元件包在烙铁头外面，有直立式、Γ 形等不同形式，其中最常用的是直立式，外形和结构如图 8-14 所示。外热直立式电烙铁的规格按功率分有 30 W、45 W、75 W、100 W、200 W、300 W 等，以 100 W 以上的最为常见；工作电压有 220 V、110 V、36 V 几种，最常用的是 220 V 规格的电烙铁。

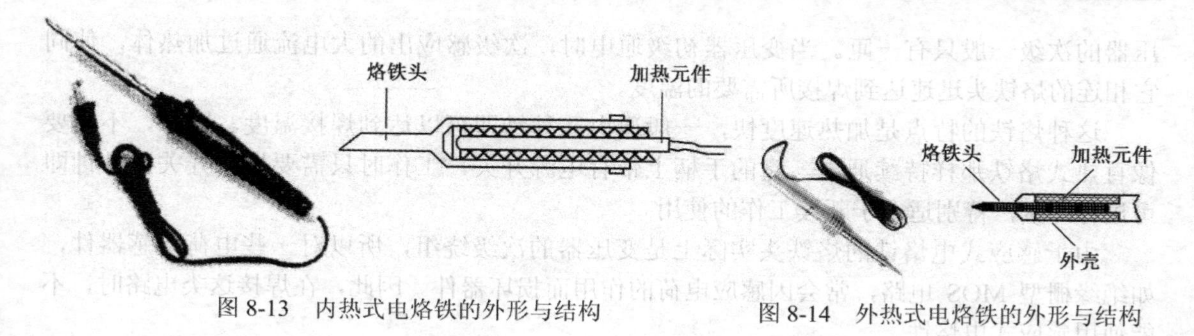

图 8-13　内热式电烙铁的外形与结构　　图 8-14　外热式电烙铁的外形与结构

（3）发热元件

电烙铁的能量转换部分是发热元件，俗称烙铁芯，它由镍铬发热电阻丝缠在云母、陶瓷等耐热、绝缘材料上构成。电子产品生产中最常用的内热式电烙铁的烙铁芯是将镍铬电阻丝缠绕在两层陶瓷管之间，再经过烧结制成的。

（4）烙铁头

存储、传递热能的烙铁头一般都是用紫铜材料制成的。根据表面电镀层的不同，烙铁头可以分为普通型和长寿型。

普通内热式烙铁头的表面通常镀锌，镀层的保护能力较差。在使用过程中，因为高温氧化和助焊剂的腐蚀，普通烙铁头的表面会产生不沾锡的氧化层，需要经常清理和修整。

近年来，市场还可以买到一种长寿命电烙铁，烙铁头的寿命比普通烙铁头延长数十倍，这是手工焊接工具的一大进步。一把电烙铁备上几个不同形状的长寿命烙铁头，可以适应各种焊接工作的需要。长寿命烙铁头通常是在紫铜外面渗透或电镀一层耐高温、抗氧化的铁镍合金，所以这种电烙铁的使用寿命长，维护少。长寿命烙铁头看起来与普通烙铁头没有差别，最简单的判断方法是将烙铁头靠近磁铁，如果两者之间有吸合磁力，说明烙铁头表面渗度了铁镍，则是长寿命烙铁头；反之，则是普通烙铁头。

（5）手柄

电烙铁的手柄一般用耐热塑胶或木料制成。如果设计不良，手柄的温升过高会影响操作。

（6）接线柱

这是发热元件同电源线的连接处。必须注意：一般电烙铁都有三个接线柱，其中一个是接金属外壳的。如果要考虑防静电问题，接线时应该用三芯线将电烙铁外壳接保护零线。

2. 感应式电烙铁

感应式电烙铁也叫速热烙铁，俗称焊枪，其结构如图 8-15 所示。它里面实际上是一个变压器，这个变

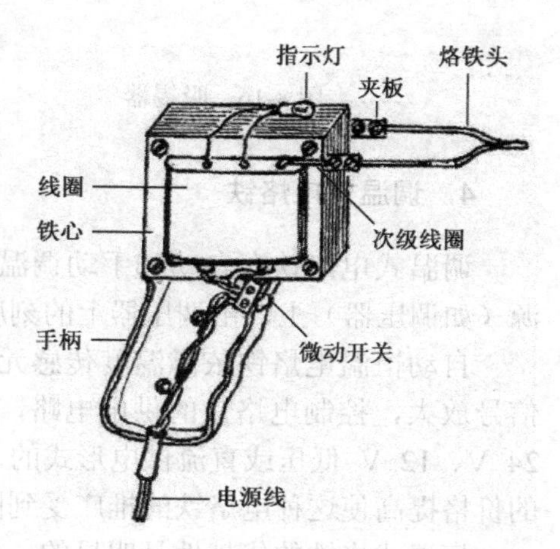

图 8-15　感应式电烙铁结构示意图

压器的次级一般只有一匝。当变压器初级通电时，次级感应出的大电流通过加热体，使同它相连的烙铁头迅速达到焊接所需要的温度。

这种烙铁的特点是加热速度快，一般通电几秒钟即可以达到焊接温度。因此，不需要像直热式烙铁那样持续通电。它的手柄上带有电源开关，工作时只需要按下开关几秒钟即可进行焊接，特别适合于断续工作的使用。

由于感应式电烙铁的烙铁头实际上是变压器的次级绕组，所以对一些电荷敏感器件，如绝缘栅型 MOS 电路，常会因感应电荷的作用而损坏器件。因此，在焊接这类电路时，不能使用感应式电烙铁。

3．吸锡器和两用式电烙铁

在焊接或维修电子产品的过程中，有时需要把元器件从电路板上拆卸下来。拆卸元器件是和焊接相反的操作，也叫作拆焊或解焊。常用的拆焊工具有吸锡器和两用电烙铁。

（1）吸锡器

吸锡器是常用的拆焊工具，使用方便，价格适中。吸锡器如图 8-16 所示，实际是一个小型手动空气泵，压下吸锡器的压杆，就排出了吸锡器腔内的空气；释放吸锡器压杆的锁钮，弹簧推动压杆迅速回到原位，在吸锡器腔内形成空气的负压力，就能够把熔融的焊料吸走。在电烙铁加热的帮助下，用吸锡器很容易拆焊电路板上的元器件。

（2）两用电烙铁

如图 8-17 所示的是一种焊接、拆焊两用的电烙铁，又称吸锡电烙铁。它是在普通直热式电烙铁上增加吸锡结构组成的，使其具有加热、吸锡两种功能。

图 8-16 吸锡器

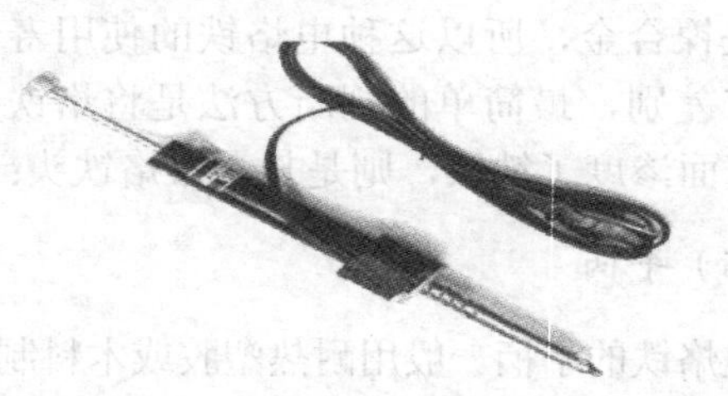

图 8-17 两用电烙铁示意图

4．调温式电烙铁

调温式电烙铁有自动和手动调温两种。手动调温实际上就是将电烙铁接到一个可调电源（如调压器）上，由调压器上的刻度可以设定烙铁的温度。

自动恒温电烙铁依靠温度传感元件监测烙铁头的温度，并通过放大器将传感器输出的信号放大，控制电烙铁的供电电路，从而达到恒温的目的。这种烙铁也有将供电电压降为 24 V、12 V 低压或直流供电形式的，对于焊接操作安全来说，无疑是大有益处的。但相应的价格提高使这种电烙铁的推广受到限制。

恒温式烙铁的优越性是明显的，如下所述。

① 断续加热，不仅省电，而且烙铁不会过热，寿命延长。

② 升温时间快，只需 40～60 s。

③ 烙铁头采用渗镀铁镍的工艺，不需要修整。

④ 烙铁头温度不受电源电压、环境温度的影响。例如，50 W、270℃的恒温烙铁，电源电压在 180～240 V 的范围内均能恒温，在电烙铁通电很短时间内就可达到 270℃。

此外，还有特别适合于野外维修使用的低压直流电烙铁和气体燃烧式烙铁。

8.2.2　电烙铁的选用

如果有条件，选用恒温式电烙铁是比较理想的。对于一般科研、生产应用，可以根据不同焊接对象，选择不同功率的普通电烙铁通常就能够满足需要。选择烙铁的依据见表 8-1。

表 8-1　选择烙铁的依据

焊接对象及工作性质	烙铁头温度（℃）（室温、220 V 电压）	选用烙铁
一般印制电路板、安装导线	300～400	20 W 内热式、30 W 外热式、恒温式
集成电路	300～400	20 W 内热式、恒温式
焊片、电位器、2～8 W 电阻、大电解电容器、大功率管	350～450	35～50 W 内热式、恒温式 50～75 W 外热式
8 W 以上大电阻、φ2 mm 以上导线	400～550	100 W 内热式、150～200 W 外热式
汇流排、金属版等	500～630	300 W 外热式
维修、调试一般电子产品		20 W 内热式、恒温式、感应式、储能式、两用式

烙铁头温度的高低，可以用热电偶或表面温度计测量，也可以根据助焊剂的冒烟状态粗略地估计出来。如图 8-18 所示，温度越低，冒烟越小，持续时间越长；温度高则与此相反。当然，对比的前提是在烙铁头上滴了等量的助焊剂。

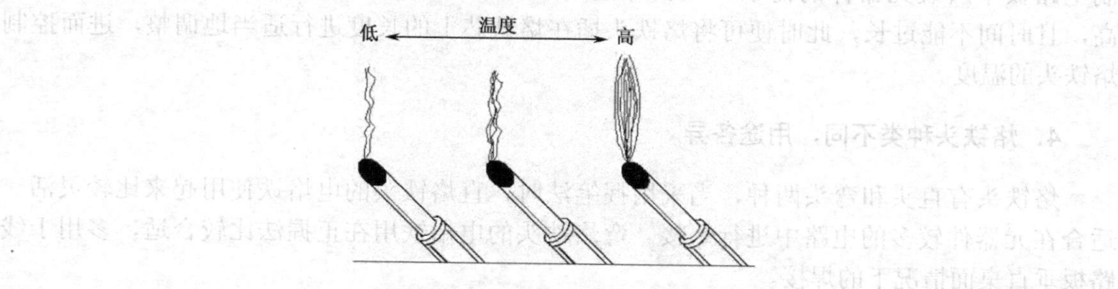

图 8-18　观察冒烟估计电烙铁温度

8.2.3　电烙铁的使用方法

1．电烙铁的握法

为了能使被焊件焊接牢靠，又不烫伤被焊件周围的元器件及导线，视被焊件的位置、大小及电烙铁的规格大小，适当地选择电烙铁的握法是很重要的。

电烙铁的握法可分为三种，如图 8-19 所示。图 8-19（a）所示为反握法，就是用五指把电烙铁的柄握在掌内。此法适用于大功率电烙铁，焊接散热量较大的被焊件。图 8-19（b）所示为正握法，此法使用的电烙铁也比较大，且多为弯形烙铁头。图中 3-19（c）所示为握笔法，此法适用于小功率的电烙铁，焊接散热量小的被焊件。

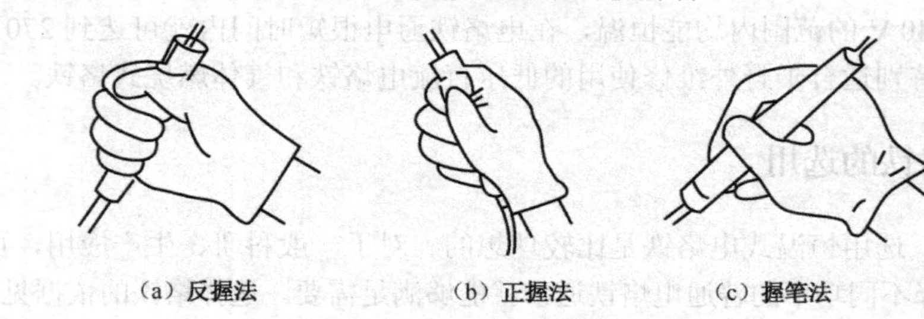

（a）反握法　（b）正握法　（c）握笔法

图 8-19　电烙铁的握法

2．新烙铁在使用前的处理

一把新烙铁不能拿来就用，必须先对烙铁头进行处理后才能正常使用。就是说，在使用前先给烙铁头镀上一层焊锡。具体的方法是，首先用锉把烙铁头按需要挫成一定的形状，然后接上电源，当烙铁头温度升至能熔锡时，将松香涂在烙铁头上，等松香冒烟后再涂上一层焊锡，如此进行二至三次，使烙铁头的刃面部挂上一层锡便可使用了。

当烙铁使用一段时间后，烙铁头的刃面及其周围就要产生一层氧化层，这样便产生“吃锡”困难的现象，此时可锉去氧化层，重新镀上焊锡。

3．烙铁头长度的调整

经过选择电烙铁的功率大小后，已基本满足焊接温度的需要，但是仍不能完全适应印制电路板中所装元器件的需求。如在焊接集成电路与晶体管时，烙铁头的温度就不能太高，且时间不能过长，此时便可将烙铁头插在烙铁芯上的长度进行适当地调整，进而控制烙铁头的温度。

4．烙铁头种类不同，用途各异

烙铁头有直头和弯头两种，当采用握笔法时，直烙铁头的电烙铁使用起来比较灵活。适合在元器件较多的电路中进行焊接。弯烙铁头的电烙铁用在正握法比较合适，多用于线路板垂直桌面情况下的焊接。

5．电烙铁不易长时间通电而不使用

因为这样容易使电烙铁芯加速氧化而烧断，同时也将使烙铁头因长时间加热而氧化，甚至被烧“死”不再“吃锡”。

6．更换烙铁芯时要注意引线不要接错

因为电烙铁有三个接线柱，而其中一个是接地的，另外两个是接烙铁芯两根引线的

（这两个接线柱通过电源线，直接与 220 V 交流电源相接）。如果将 220 V 交流电源线错接到接地线的接线柱上，则电烙铁外壳就要带电，被焊件也要带电，这样就会发生触电事故。

7．电烙铁在焊接时最好选用松香焊剂，以保护烙铁头不被腐蚀

氯化锌和酸性焊油对烙铁头的腐蚀性较大，使烙铁头的寿命缩短，因而不易采用。烙铁应放在烙铁架上，应轻拿轻放，决不要将烙铁上的锡乱抛。

8.2.4　热风枪

热风枪是一种贴片元器件的拆焊、焊接工具，如用于 SOIC、中小型 QFP 和 PLCC、小型 BGA 等的拆焊和焊接。

热风枪是维修电子产品的重要工具之一，主要由气泵、气流稳定器、线性电路板、手柄和外壳等基本组件构成。热风枪的外形如图 8-20 所示。

热风枪的正确使用方法如下所述。

1．拆扁平封装元器件方法

① 拆下元件之前要看清元器件方向，重装时不要放反。

② 观察元器件旁边及正背面有无怕热器件（如液晶、塑料元件、带塑料封装的 BGA 和 IC 等），如有要用屏蔽罩之类的物品把它们盖好。

③ 在要拆的元器件引脚上加适当的松香，可以使拆下元件后的 PCB 焊盘光滑，否则会起毛刺，重新焊接时不容易对位。

④ 把调整好的热风枪在距元件周围 20 cm^2 左右的面积内进行均匀预热（风嘴距 PCB 1 cm 左右，在预热位置较快速度移动，PCB 上温度不超过 130～160℃。

⑤ 线路板和元件加热：热风枪风嘴距元器件 1 cm 左右距离，在沿 IC 边缘慢速均匀移动，用镊子轻轻夹住元器件对角线部位。

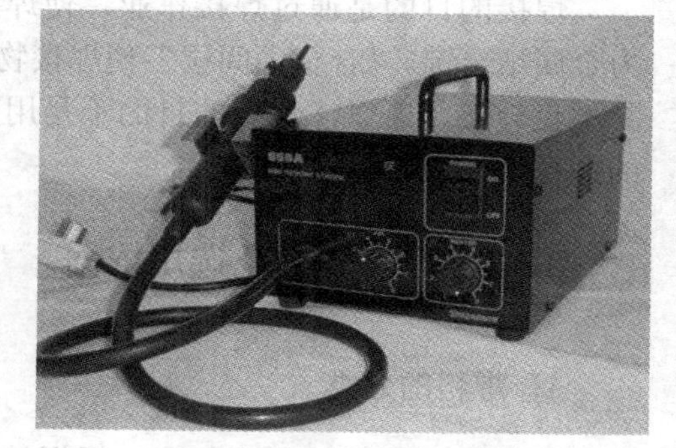

图 8-20　热风枪实物图

⑥ 如果焊点已经加热至熔点，拿镊子的手就会在第一时间感觉到，一定等到元器件引脚上的焊锡全部都熔化后再通过“零作用力”，小心地将元件从板上垂直提起，这样能避免将 PCB 或元器件损坏，也可避免 PCB 留下的焊锡短路。加热控制是返修的一个关键因素，焊料必须完全熔化，以免在取走元件时损伤焊盘。与此同时，还要防止板子加热过度，不应该因加热而造成板子扭曲。

⑦ 取下元器件后观察 PCB 上的焊点是否短路，如果有短路现象，可用热风枪重新对其进行加热，待短路处焊锡熔化后，用镊子顺着短路处轻轻划一下，焊锡自然分开。尽量不要用烙铁处理，因为烙铁会把 PCB 上的焊锡带走，PCB 上的焊锡少了，会增加虚焊的可能性。

2. 焊接扁平元器件方法

① 观察要装的元器件引脚是否平整，如果有 IC 引脚焊锡短路，用吸锡编带处理；如果元器件引脚不平，将其放在一个平板上，用平整的镊子背压平；如果元器件引脚不正，可用尖嘴镊子将其歪的部位修正。

② 在焊盘上放适量的助焊剂，过多加热时会把 IC 漂走，过少起不到应有作用。

③ 将扁平元器件按原来的方向放在焊盘上，把元器件引脚与 PCB 引脚位置对齐。对位时眼睛要垂直向下观察，四面引脚都要对齐，视觉上感觉四面引脚长度一致，引脚平直没歪斜现象。可利用松香遇热的黏着现象黏住元器件。

④ 用热风枪对元器件进行预热及加热，注意整个过程热风枪不能停止移动（如果停止移动，会造成局部温升过高而损坏元器件或 PCB），边加热边注意观察元器件，如果发现元器件有移动现象，要在不停止加热的情况下用镊子轻轻地把它调正；如果没有位移现象，只要元器件引脚下的焊锡都熔化了，要在第一时间发现（如果焊锡熔化了会发现元器件有轻微下沉，松香有轻烟，焊锡发亮等现象，也可用镊子轻轻碰元器件旁边的小元件，如果旁边的小元件有活动，就说明元器件引脚下的焊锡也临近熔化了），并立即停止加热。因为热风枪所设置的温度比较高，元器件及 PCB 上的温度是持续增长的，如果不能及早发现，温升过高会损坏元器件或 PCB。所以加热的时间一定不能过长。等 PCB 冷却后，用洗板水清洗并吹干焊接点，检查是否虚焊和短路。

8.3 焊料、焊剂

焊接的目的是通过焊接作业，使焊接体和焊锡熔合成“合金中间层”金属合金，通称为金属结合键。“合金中间层”使焊接物与焊锡固定在一起，其厚度要适中，太厚或太薄都是不良焊接。所以，焊接的目的不是用焊料把两个零件的接合点包起来，而是把两个零件的接合处加焊料，使它变为合金。

8.3.1 焊料分类及选用依据

1. 焊料的分类

为能使焊接质量得到保障，根据被焊物的不同，选用不同的焊料是很重要的。焊料是指易熔的金属及其合金，它的作用是将被焊物连接在一起。焊料的熔点比被焊物的熔点低，而且要易于与被焊物连为一体。

焊料按其组成成分，可分为锡铅焊料、银焊料、铜焊料。按照使用的环境温度又可分为高温焊料（在高温环境下使用的焊料）和低温焊料（在低温环境下使用的焊料）。

在锡铅焊料中，熔点在 450℃以上的焊料称硬焊料，熔点在 450℃以下的焊料称为软焊料。

抗氧化焊锡是在工业生产中自动化生产线上使用的焊料，如波峰焊等。这种液体焊料暴露在大气中时，焊料极易氧化，这样将产生虚焊，影响焊接质量。为此，在锡铅焊料中加入少量的活性金属，形成覆盖层保护焊料，使其不再继续氧化，从而提高焊接质量。

2. 焊料的选用

为能使焊接质量得到保障，视被焊物的不同，选用不同的焊料是很重要的。

在电子产品装配中，一般都选用锡铅系列焊料，也称焊锡。因为它有如下的优点，在焊接技术中得到广泛的应用。

① 熔点低。它在 180℃左右便可熔化，使用 25 W 外热式或 20 W 内热式电烙铁便可进行焊接。

② 具有一定的机械强度。因锡铅合金的强度比纯锡、纯铅的强度要高。又因电子元器件本身质量较轻，对焊点强度要求不是很高，故能满足其焊点的强度要求。

③ 具有良好的导电性。因锡、铅焊料属良导体，故它的电阻很小。

④ 抗腐蚀性能好。焊接好的印刷电路板不必涂抹任何保护层就能抵抗大气的腐蚀，从而减少了工艺流程，降低了成本。

⑤ 对元器件引线和其他导线的附着力强，不易脱落。

焊料的形状有圆片、带状、球状、焊锡丝等几种，常用的是焊锡丝，在其内部夹有固体焊剂松香。焊锡丝的直径种类很多，常用的有 2 mm、1.5 mm、1 mm 或更小的直径等。

8.3.2　锡铅焊料

锡焊是利用低熔点的金属焊料加热熔化后，渗入并充填金属件连接处间隙的焊接方法。锡焊使用的焊料最常见的就是锡铅焊料。由于锡铅焊料是由两种以上金属按照不同的比例组成的，因此，锡铅合金的性能就要随着锡铅的配比变化而变化。在市场上出售的焊锡，由于生产厂家的不同，锡铅焊料配制比例有很大的差别，为能使其焊锡配比满足焊接的需要，因此，选择配比最佳锡铅焊料是很重要的。

锡铅合金焊料熔融温度与特性分析图能帮助分析各种比例的锡铅合金焊料的特性。如图 8-21 所示，图中 ADBEC 线为固相线，固相线以下锡铅合金表现为固态；ABC 线为液相线，液相线以上锡铅合金表现为液态；ABD 区及 BCE 区为半熔融区，即固液混合区；FGH 线为最适合焊锡的温度线；图中 B 点为锡铅合金共晶点，锡铅合金比例约为 63：37，熔点为 183℃，在此点，锡铅合金焊料由固态直接熔化进入液体状态，而不需要经过固液共存的半区域，从而缩短了焊接时间。因此，共晶合金是合金焊料中较好的一种，其优点是熔点最低、结晶间隔很短、流动性好、机械强度高，所以，在电子产品的焊接中都采用这种比例的焊锡。

1. 锡焊及其特点

① 焊料熔点低于焊件。

② 焊件与焊料共同加热到焊接温度，焊料熔化而焊件不熔化。

③ 连接的形式是通过熔化的焊料润湿焊件的焊接面产生冶金、化学反应形成结合层而实现的。

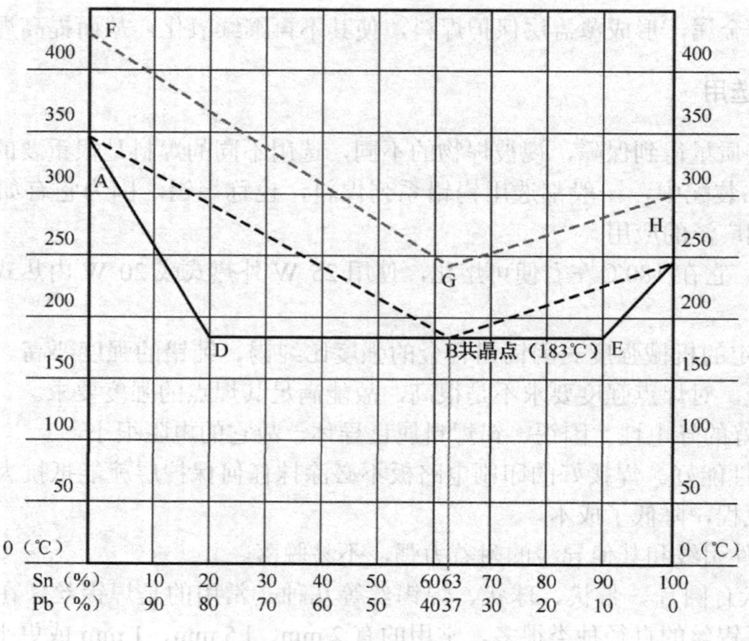

图 8-21 锡铅合金焊料性能图

2. 锡焊必须具备的条件

（1）焊件可焊性

不是所有的材料都可以用锡焊实现连接，只有一部分金属有较好可焊性，严格地说，应该可以锡焊，能用锡焊连接。一般铜及其合金、金、银、锌、镍等具有较好可焊性，而铝、不锈钢、铸铁等可焊性很差，一般需采用特殊焊剂及方法才能锡焊。

（2）焊料合格

铅锡焊料成分不合规格或杂质超标都会影响锡焊质量，特别是某些杂质含量，例如，锌、铝、镉等，即使是0.001%的含量也会明显影响焊料润湿性和流动性，降低焊接质量。

（3）焊剂合适

焊接不同的材料要选用不同的焊剂，即使是同种材料，当采用焊接工艺不同时，也往往要用不同的焊剂。例如，手工烙铁焊接和浸焊，焊后清洗与不清洗就需采用不同的焊剂。对手工锡焊而言，采用松香或活性松香能满足大部分电子产品装配要求。

（4）焊点设计合理

合理的焊点几何形状，对保证锡焊的质量至关重要，如图 8-22（a）所示的接点由于铅锡焊料强度有限，很难保证焊点足够的强度，而图 8-22（b）的接头设计则有很大改善。图 8-23 表示印制板上通孔安装元件引线与孔尺寸不同时对焊接质量的影响。

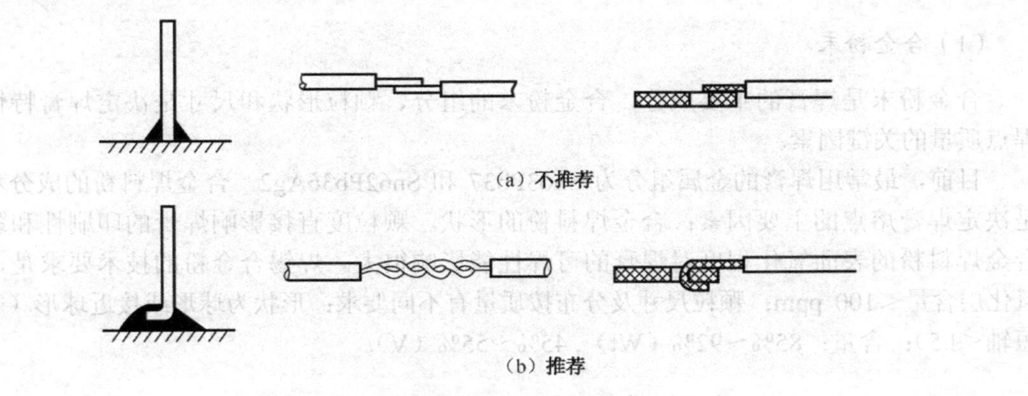

图 8-22　锡焊接点设计

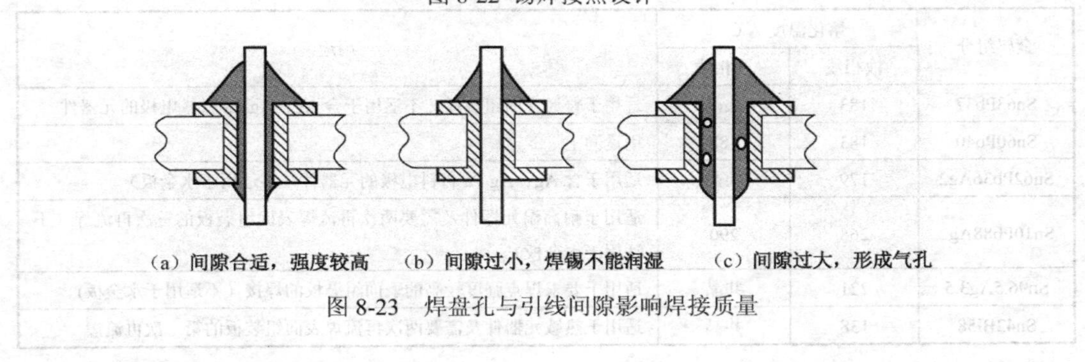

图 8-23　焊盘孔与引线间隙影响焊接质量

8.3.3　焊膏

焊膏是表面组装工艺的重要焊接工艺材料，它是形成焊点的基本材料，对焊接质量有很大的影响。

1. 焊膏的特点与分类

焊膏又称焊锡膏，锡膏，它是伴随着表面组装技术应运而生的一种新型焊料，也是表面组装生产中极其重要的辅助材料。锡膏是高黏度的膏体，在外力作用下，其流动行为会发生改变，并对锡膏的印刷质量有很大的影响。

焊膏可以按照不同的分类标准分为如下几类。

① 按合金粉末的成分可分为高温、低温，有铅和无铅焊膏。

② 按合金粉末的颗粒度可分为一般间距用和窄间距用焊膏。

③ 按焊剂的成分可分为免清洗、可以不清洗、溶剂清洗和水清洗焊膏。

④ 按松香活性可分为 R（非活性）、RMA（中等活性）、RA（全活性）焊膏。

⑤ 按黏度可分为印刷用和滴涂用焊膏。

2. 焊膏的组成

焊膏的组成中有效成分为焊锡合金粉和助焊剂，其余成分主要是为满足印刷工艺的要求而添加的。常用焊膏的金属组分、熔化温度与用途见表 8-3。

（1）合金粉末

合金粉末是焊膏的主要成分，合金粉末的组分、颗粒形状和尺寸是决定焊膏特性以及焊点质量的关键因素。

目前，最常用焊膏的金属组分为 Sn63Pb37 和 Sn62Pb36Ag2。合金焊料粉的成分和配比是决定焊膏熔点的主要因素；合金焊料粉的形状、颗粒度直接影响焊膏的印刷性和黏度；合金焊料粉的表面氧化程度对焊膏的可焊性能影响很大。焊锡合金粉的技术要求是，金属氧化层含量＜100 ppm；颗粒尺寸及分布按质量有不同要求；形状为球形或接近球形（长轴/短轴＜1.5）；含量：85%～92%（Wt），45%～55%（V）。

表 8-2 常用焊膏的金属组分、熔化温度与用途

金属组分	熔化温度/℃		用途
	液相线	固相线	
Sn63Pb37	183	共晶	适用于普通表面组装板，不适用于含 Ag、Ag/Pa 材料电极的元器件
Sn60Pb40	183	188	用途同上
Sn62Pb36Ag2	179	共晶	适用于含 Ag、Ag/Pa 材料电极的元器件（不适用于水金板）
Sn10Pb88Ag2	268	290	适用于耐高温元器件及需要两次再流焊表面组装板的首次再流焊（不适用于水金板）
Sn96.5Ag3.5	221	共晶	适用于要求焊点强度较高的表面组装板的焊接（不适用于水金板）
Sn42Bi58	138	共晶	适用于热敏元器件及需要两次再流焊表面组装板的第二次再流焊

（2）助焊剂

助焊剂的主要成分包括：

① 成膜物质——松香及衍生物、合成材料，最常用的是水白松香。

② 活化剂——最常用的活化剂有二羧酸、特殊羧基酸和有机卤化盐。

③ 增稠剂——增加黏度，起悬浮作用，只要加热后不留下有机溶剂不溶物就行。这类物质很多，优选的有蓖麻油、氢化蓖麻油、乙二醇-丁基醚、羧甲基纤维素等。

（3）合金焊料粉与助焊剂含量的配比

合金焊料粉与助焊剂含量的配比是决定焊膏黏度的主要因素之一。合金焊料粉的含量高，黏度就大；焊剂百分含量高，黏度就小。一般合金焊料粉质量百分含量在 75%～90.5%。免清洗焊膏以及模板印刷用焊膏的合金含量高一些，在 90%左右。

3. 对焊膏的技术要求

焊膏配方是黏度与焊粉金属颗粒尺寸妥协的一个结果，具有极细尺寸的低黏度焊膏具有较好的印刷性能，但印后几乎都会出现塌落。因此，对焊膏的评价应该综合考虑。对焊膏的技术要求，主要侧重于使用性能的评价。一般需要进行印刷性能、塌落度、焊球、扩展率 4 项测试或试验。

（1）焊膏外观

焊膏包装应标明供方名称、产品名称、标准分类号、批号、生产日期、焊剂类型、焊膏黏度、合金所占百分比、保存期等，焊膏表面无硬皮，合金粉和焊剂不分层，混和均匀。

（2）印刷性能

简便的方法是选中心距为 0.5 mm 或 0.4 mm 的 QFP 漏印模板，印刷 10 块，观察钢网上的孔眼是否堵死，漏板底面是否有多余的焊膏，并观察 PCB 上焊膏图形是否均匀一致，有无残缺现象，若无上述现象，一般认为焊膏的印刷性是好的。

（3）塌落度

反映焊膏印刷后保持图形原状的能力，塌落度越小，焊接时越不容易产生桥连现象。一般采用标准图形的漏板进行试验　（试验方法详见 IPC-TM-650 方法 2.8.35　）。

（4）焊球试验

在规定的试验条件下，检验焊膏中的合金粉末在不润湿的基板上熔合为一个球形的能力，目的是检验其焊剂的活性和焊粉的氧化程度。

4．几种常见的焊膏

（1）松香型焊膏

自焊锡膏问世以来，松香一直是其助焊剂的主要成分，即使是免清洗锡膏，助焊剂中也使用松香，这是因为松香具有优良的助焊性，并且焊接后松香的残留物成膜性好，对焊点有保护作用，有时即使不清洗，也不会出现腐蚀现象。特别是松香具有增黏作用，焊膏印刷能黏附片式元件，不易产生移位现象。此外，松香易与其他成分相混合起到调节黏度的作用，故锡膏中的金属粉末不易沉淀和分层。更多品牌的锡膏使用改进松香。

（2）水溶性焊膏

松香型焊膏在使用后有时需要用清洗剂去除松香残留物，传统的清洗剂是氟利昂（CFC-113）。随着环保意识的提高，人们发现氯氟烃类物质有破坏大气臭氧层的危害，受到蒙特利尔公约的禁用，水溶性焊膏是适应环保的需要而研制的新品种焊锡膏。

水溶性焊锡膏在组成结构上同松香型焊锡膏完全类似，其成分包括 Sn/Pb 粉末和糊状焊剂。只是在糊状焊剂中以其他有机物取代了松香，在焊接后可以直接用纯水进行冲洗。虽然水溶性焊锡膏已面世多年，但由于糊状焊剂中未使用松香，焊锡膏的黏结性能受到一定的限制，易出现黏结力不够大的问题，故水溶性焊膏未能推广。相信随着研究的深入，不远的将来焊膏的黏结性能会得到改善，使它获得广泛的应用。

（3）免清洗低残留物焊膏

免清洗低残留物焊锡膏也是适应环保需要而开发出的焊锡膏，顾名思义，它在焊接后不需要清洗。其实它在焊接后仍具有一定量的残留物，且残留物主要集中在焊点区，有时仍会影响到其他工艺过程（如针床的检测）。

免清洗低残留物焊锡膏的特点，一是活性剂不再使用卤素；二是减少松香用量，增加其他有机物质用量。实践表明松香用量的减少是相当有限的，这是因为一旦松香用量低到一定程度，会导致助焊剂活性的降低，防止焊接区二次氧化的作用也会降低。

在使用免清洗低残留物焊锡膏时，应对它的性能做全面、严格的测试，以确保焊接后对印制板组件的电气性能不会带来负面影响。在高等级的电子产品中即使采用免清洗锡膏，也应该清洗，以确保产品的可靠性。

5. 焊膏的发展动态

目前普通焊膏还在继续沿用，随着环保要求提出，免清洗焊膏的应用越来越普及。对于清洁度要求高必须清洗的产品，一般应采用溶剂清洗型或水清洗型焊膏，必须与清洗工艺相匹配。另外，为了防止铅对环境和人体的危害，无铅焊料也迅速地被提到议事日程上，日本已研制出无铅焊料并应用到实际生产中，美国和欧洲也在加紧研究和应用。

（1）无铅焊料的发展动态

铅及其化合物会给人类生活环境和安全带来较大的危害。电子工业中大量使用 Sn/Pb 合金焊料是造成污染的重要来源之一。日本首先研制出无铅焊料并应用到实际生产中，在 2003 年禁止使用有铅焊料。美国和欧洲在 2006 年禁止使用有铅焊料。我国一些独资、合资企业的出口产品也已经应用了无铅焊料，无铅焊料已进入实用性阶段。

（2）对无铅焊料的要求

① 熔点低，合金共晶温度近似于 Sn63/Pb37 的共晶温度 183℃。

② 无毒或毒性很低，所选用的材料现在和将来都不会污染环境。

③ 热传导率和导电率要与 Sn63/Pb37 的共晶焊料相当，具有良好的润湿性。

④ 机械性能良好，焊点要有足够的机械强度和抗热老化性能。

⑤ 要与现有的焊接设备和工艺兼容，可在不更换设备、不改变现行工艺的条件下进行焊接。

⑥ 焊接后对各焊点检修容易。

⑦ 成本要低，所选用的材料能保证充分供应。

（3）目前可替代 Sn/Pb 焊料的合金材料

可替代 Sn/Pb 焊料的无毒合金是 Sn 基合金，以 Sn 为主，添加 Ag、Zn、Cu、Sb、Bi、In 等金属元素，通过焊料合金化来改善合金性能，提高可焊性。

目前常用的无铅焊料主要是以 Sn-Ag，Sn-Zn，Sn-Bi 为基体，添加适量的其他金属元素组成三元合金和多元合金。

① Sn-Ag 系焊料。

Sn-Ag 系焊料具有优良的机械性能、拉伸强度、蠕变特性及耐热老化比 Sn-Pb 共晶焊料优越，延展性比 Sn-Pb 共晶焊料稍差，但不存在延展性随时间加长而劣化的问题；Sn-Ag 系焊料的主要缺点是熔点偏高，比 Sn-Pb 共晶焊料高 30～40℃，润湿性差，成本高。

② Sn-Zn 系焊料。

Sn-Zn 系焊料机械性能好，拉伸强度比 Sn-Pb 共晶焊料好，可拉制成丝材使用，具有良好的蠕变特性，变形速度慢，至断裂时间长；缺点是 Zn 极易氧化，润湿性和稳定性差，具有腐蚀性。

③ Sn-Bi系焊料。

Sn-Bi 系焊料是以 Sn-Ag（Cu）系合金为基体，添加适量的 Bi 组成的合金焊料；优点是降低了熔点，使其与Sn-Pb共晶焊料相近，蠕变特性好，增大了合金的拉伸强度；缺点是延展性变坏，变得硬而脆，加工性差，不能加工成线材使用。

（4）无铅焊接带来的问题

① 元器件：要求元件体耐高温，而且无铅化，即元件的焊接端头和引出线也要采用无铅镀层。

② PCB：要求 PCB 基材耐更高温度，焊后不变形，焊盘表面镀层无铅化，与组装焊接用的无铅焊料兼容，要低成本。

③ 助焊剂：要求开发新型的润湿性更好的助焊剂，要与预热温度和焊接温度相匹配，而且要满足环保要求。

④ 焊接设备：要求适应较高的焊接温度，再流焊炉的预热区要加长或更换新的加热元件；波峰焊机的焊料槽、焊料波喷嘴、导轨传输爪的材料要耐高温腐蚀。必要时（如高密度窄间距时）采用新的抑制焊料氧化技术和惰性气体或 N_2 保护焊接技术。

⑤ 工艺：无铅焊料的印刷、贴片、焊接、清洗以及检测都是新的课题，都要适应无铅焊料的要求。

⑥ 废料回收：从无铅焊料中回收Bi、Cu、Ag也是一个新课题。

8.3.4 助焊剂

助焊剂是自动焊接和手工焊接不可缺少的辅料，在波峰焊中，助焊剂和合金焊料分开使用，而在再流焊中，助焊剂则作为焊膏的重要组成部分。焊接效果的好坏，除了与焊接工艺、元器件和印刷板的质量有关外，助焊剂的选择是十分重要的。

1．助焊剂的作用

性能良好的助焊剂应具有以下作用。

① 除去被焊元件表面的氧化物。

② 防止焊接时焊料和焊接表面的再氧化。

③ 降低焊料的表面张力，加速被焊物的共熔反应。

④ 有利于将热传递到焊接区。

在进行焊接时，为能使被焊物与焊料焊接牢靠，就必须要求金属表面无氧化物和杂质，只有这样才能保证焊锡与被焊物的金属表面固体结晶组织之间发生合金反应，即原子状态的相互扩散。因此，在焊接开始之前，必须采取各种有效措施将氧化物和杂质除去。

通常除去氧化物与杂质的方法有两种，即机械方法和化学方法。机械方法是用砂纸和刀子将其除掉；化学方法则是用焊剂清除。用焊剂清除的方法具有不损坏被焊物，效率高等特点，因此，焊接时一般都采用这种方法。

助焊剂除上述所述去氧化物的功能外，还具有在加热时防止氧化的作用。由于焊接时必须把被焊金属加热到使焊料发生润湿并产生扩散的温度，但是随着温度的升高，金属表面的氧化就会加速，而助焊剂此时就在整个金属表面上形成一层薄膜，包住金属使其同空气隔绝，从而起到了加热过程中防止氧化的作用。

另外，助焊剂还有帮助焊料流动，减少表面张力的作用。当焊料熔化后，将贴附于金属表面，但由于焊料本身表面张力的作用，力图变成球状，从而减少了焊料的附着力，而焊剂则有减少表面张力，增加流动的功能，故使焊料附着力增强，使焊接质量得到提高。

助焊剂的另一个重要作用是把热量从烙铁头传递到焊料和被焊物表面。因为在焊接中，烙铁头的表面及被焊物的表面之间存在有许多间隙，在间隙中充有空气，空气又为隔热体，这样必然使被焊物的预热速度减慢。而焊剂的熔点比焊料和被焊物的熔点都低，故先熔化，并填满间隙和润湿焊点，使烙铁的热量通过它很快地传递到被焊物上，使预热的速度加快。

2. 助焊剂的种类

助焊剂可分为无机系列、有机系列和树脂系列几类。

（1）无机系列助焊剂

这种类型的助焊剂其主要成分是氯化锌或氯化氨及其混合物。这种助焊剂最大的优点是具有很好的助焊作用，但是具有强烈的腐蚀性。因此，多数用在可清洗的金属制品焊接中。如果对残留焊剂清洗不干净，就会造成被焊物的损坏。如果用于印制电路板的焊接，将破坏印制板的绝缘性能。市场上出售的各种焊油多数属于这类。

（2）有机系列助焊剂

有机系列助焊剂主要由有机酸卤化物组成。这种助焊剂的特点是助焊性能好、可焊性高。不足之处是有一定的腐蚀性，且热稳定性差，即一经加热，便迅速分解，然后留下无活性残留性。

（3）树脂活性系列焊剂

这种焊剂系列中最常用的是在松香焊剂中加入活性剂，如 SD 焊剂。松香是一种天然产物，它的成分与产地有关。用作焊剂的松香是从各种松树分泌出来的汁液中提取的，采用蒸馏法加工取出固态松香。

松香酒精焊剂是指用无水乙醇溶解纯松香配制成的25%～30%的乙醇溶液。这种焊剂的优点是没有腐蚀性、高绝缘性能、长期的稳定性及耐湿性，焊接后清洗容易，并形成膜层覆盖焊点，使焊点不被氧化腐蚀。

3. 助焊剂的选用

焊剂的选用主要考虑以下两个方面：焊剂的效力（润湿能力、传热能力、清洁表面能力）和焊剂的腐蚀性。

理想的焊剂应该具有高效力、低腐蚀性。然而，焊剂的效力与焊剂的腐蚀性是两个彼此对立的指标，焊剂的效力（活性）越高，它的腐蚀性就越大；反过来，也一样。因此，焊剂的活性只能在一定的范围内选择。其次，还需要考虑与工艺的配合性，如与焊接温度的适应性、与焊接时间的匹配性、焊后是否要清洗等。

① 电子线路的焊接通常都采用松香、松香酒精焊剂。这样可以保证电路元件不被腐蚀，电路板的绝缘性能不至于下降。

由于纯松香焊剂活性较弱，只有被焊的金属表面是清洁、无氧化层时，可焊性是好的。但有时为清除焊接点的锈渍，保证焊点的质量也可用少量的氯化胺焊剂，但焊接后一定要用酒精将焊接处擦洗干净，以防残留焊剂对电路的腐蚀。

为了改善松香焊剂的活性，在松香焊剂中加入活性剂就构成了活性焊剂，它在焊接过程中能去除金属氧化物及氢氧化物，使被焊金属与焊料相互扩散生成合金。例如，201-1 焊剂就属此种。

一般，电子元器件的引线多数为镀锡金属，但也有镀金、银或镍的金属，这些金属的焊接情况各有不同，可按金属镀层不同来选用不同的焊剂。

② 对铂、金、铜、银、镀锡等金属，可选用松香焊剂，这些金属都比较容易焊接。

③ 对于铅、黄铜、青铜、镀镍等金属，可选用有机焊剂中的中性焊剂，因这些金属比上述金属焊接性能差，如用松香焊剂将影响焊接质量。

④ 对于镀锌、铁、锡镍合金等，因焊接较困难，可选用酸性焊剂。当焊接完毕后，必须对残留焊剂进行清洗。

另外，应该正确选择助焊剂的配料比例。常用助焊剂的配料比例及应用见表 8-5。

8.3.5 阻焊剂

在焊接中，特别在浸焊和波峰焊中，为提高焊接质量，需用耐高温的阻焊涂料，使焊料只在需要的焊点上进行焊接，而把不需要焊接的部位保护起来，起到一种阻焊作用，这种阻焊材料叫作阻焊剂。

1. 阻焊剂的优点

① 防止桥接、拉尖、短路以及虚焊等情况的发生，减少印制板的返修率，提高焊接质量。

② 因印制板面部分被阻焊剂覆盖，焊接时受到的热冲击小，降低了印制板的温度，使板面不易起泡、分层，同时也起到保护元器件和集成电路的作用。

③ 除了焊盘外，其他部位均不上锡，这样可节约大量的焊锡。

④ 使用带有色彩的阻焊剂，可使印制板的板面显得整洁美观。

2. 阻焊剂的分类

阻焊剂按成膜方法分为热固化型和光固化型两大类，即所用的成膜材料是加热固化还是光照固化。目前，热固化阻焊剂被逐步淘汰，光固化阻焊剂被大量采用。

光固化阻焊剂使用的成膜材料是含有不饱和双键的乙烯树脂，包括不饱和聚酯树脂、丙烯酸（甲基丙烯酸）、环氧树脂、丙烯酸聚氢酸、不饱和聚酯、聚氨酯、丙烯酸酯等。光固化阻焊剂在高压汞灯下照射 2～3 分钟即可固化，因而可节约大量能源，提高生产效率，便于自动化生产。

8.4 焊 接 工 艺

8.4.1 手工焊接操作技巧

具体操作手法，在达到优质焊点的目标下可因人而异，但长期实践经验的总结，对初学者的指导作用也不可忽略。

1. 保持烙铁头的清洁

因为焊接时烙铁头长期处于高温状态，又接触焊剂等杂质，其表面很容易氧化并沾上一层杂质，这些杂质几乎形成隔热层，使烙铁头失去加热作用。因此，要随时在烙铁架上蹭去杂质，其方法前面已有阐述。

2. 采用正确的加热方法

要靠增加接触面积加快传热，而不要用烙铁对焊件加力。有人似乎为了焊得快一些，在加热时用烙铁头对焊件加压，这是徒劳无益的，而且危害不小。它不但加速了烙铁头的损耗，而且更严重的是对元器件造成损坏或不易觉察的隐患。正确方法应该根据焊件形状选用不同的烙铁头，或自己修整烙铁头，让烙铁头与焊件形成面接触而不是点或线接触，这就能大大提高效率。还要注意，加热时应让焊件上需要焊锡浸润的各部分均匀受热，而不是仅加热焊件的一部分，如图 8-24 所示。当然，对于热容量相差较多的两个部分焊件，加热应偏向需热较多的部分。

3. 加热要靠焊锡桥

在非流水线作业中，一次焊接的焊点形状是多种多样的，不可能不断更换烙铁头，要提高烙铁头加热的效率，需要形成热量传递的焊锡桥。所谓焊锡桥，就是靠烙铁上保留少量焊锡作为加热时烙铁头与焊件之间传热的桥梁。显然，由于金属液的导热效率远高于空气，而使焊件很快被加热到焊接温度。应注意，作为焊锡桥的锡保留量不可过多。

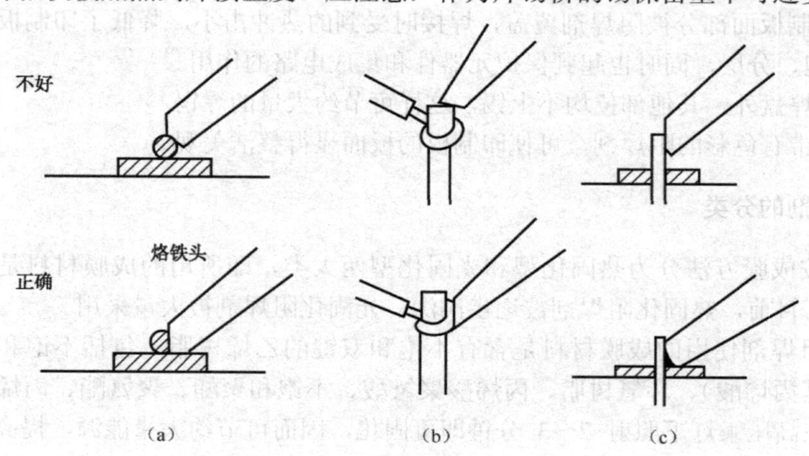

图 8-24　正确的加热方法

4．烙铁撤离有讲究

烙铁撤离要及时，而且撤离时的角度和方向对焊点形成有一定关系。如图 8-25 所示为不同撤离方向对焊料的影响。还有的人总结出，撤烙铁时轻轻旋转一下，可保持焊点处留有适当的焊料，这都是在实际操作中总结出的办法。

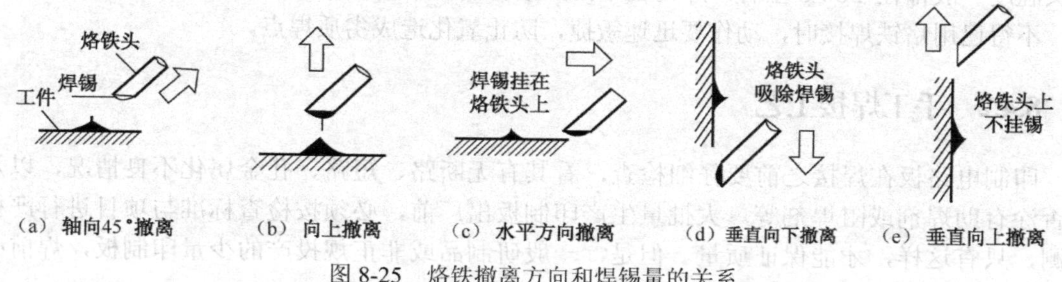

图 8-25　烙铁撤离方向和焊锡量的关系

5．在焊锡凝固之前不要使焊件移动或振动

当用镊子夹住焊件时，一定要等焊锡凝固后再移去镊子。因为焊锡凝固过程是结晶过程，根据结晶理论，在结晶期受到外力（焊件移动）会改变结晶条件，形成大粒结晶，焊锡迅速凝固，造成所谓“冷焊”。外观现象是表面光泽，呈豆渣状。焊点内部结构疏松，容易有气隙和裂缝，造成焊点强度降低，导电性能变差。因此，在焊锡凝固前，一定要保持焊件静止。

6．焊锡量要合适

过量的焊锡不但消耗了较贵的锡，而且增加了焊接时间，相应降低了工作速度。更为严重的是在高密度的电路中，过量的锡很容易造成不易觉察的短路。

但是焊锡过少不能形成牢固的结合，同样也是不允许的，特别是在板上焊导线时，焊锡不足往往造成导线脱落，如图 8-26 所示。

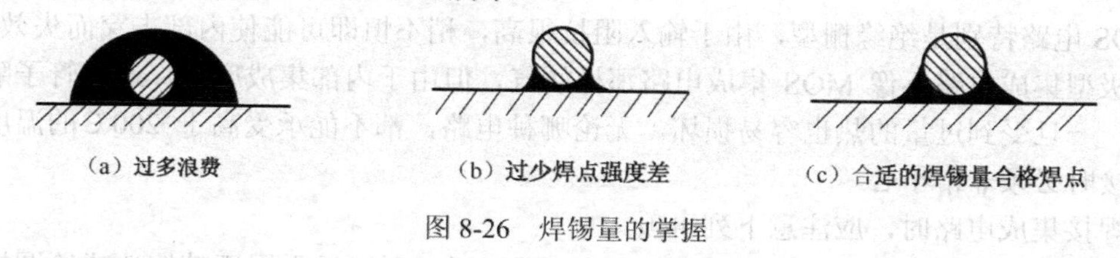

图 8-26　焊锡量的掌握

7．不要用过量的焊剂

适量的焊剂是非常有用的。但不要认为越多越好，过量的松香不仅造成焊后焊点周围需要擦洗的工作量，而且延长了加热时间（松香熔化、挥发需要并带走热量），降低工作效率，而当加热时间不足时，容易夹杂到焊锡中形成“夹渣”缺陷。对开关元件的焊接，过量的焊剂容易流到触点处，从而造成接触不良。

合适的焊剂量应该是松香水仅能浸湿将要形成的焊噗，不要让松香水透过印刷板流到元件面或插座孔里（如 IC 插座）。对使用松香芯的焊丝来说，基本不需要再涂松香水。

8. 不要用烙铁头作为运载焊料的工具

有人习惯用烙铁沾上焊锡去焊接，这样很容易造成焊料的氧化，焊剂的挥发，因为烙铁头温度一般都在 300℃左右，焊锡丝中的焊剂在高温下容易分解失效。在调试、维修工作中，不得已用烙铁焊接时，动作要迅速敏捷，防止氧化造成劣质焊点。

8.4.2 手工焊接工艺

印制电路板在焊接之前要仔细检查，看其有无断路、短路、孔金属化不良情况，以及是否涂有助焊剂或阻焊剂等。大批量生产印制板出厂前，必须按检查标准与项目进行严格检测，只有这样，才能保证质量。但是，一般研制品或非正规投产的少量印制板，焊前必须仔细检查，否则在整机调试中，会带来很大麻烦。

焊接前，将印制板上所有的元器件做好焊前准备工作（整形、镀锡）。焊接时，一般工序应先焊较低的元件，后焊较高的和要求比较高的元件等。次序是，电阻→电容→二极管→三极管→其他元件等。但根据印制板上的元器件特点，有时也可先焊高的元件后焊低的元件（如晶体管收音机），使所有元器件的高度不超过最高元件的高度，保证焊好元件的印制电路板元器件比较整齐，并占有最小的空间位置。不论那种焊接工序，印制板上的元器件都要排列整齐，同类元器件要保持高度一致。

晶体管装焊一般在其他元件焊好后进行，要特别注意的是，每个管子的焊接时间不要超过 5～10 s，并使用钳子或镊子夹持管脚散热，防止烫坏管子。

涂过焊油或氯化锌的焊点要用酒精擦洗干净，以免腐蚀；用松香作助焊剂的焊包，需清理干净。焊接结束后，须检查有无漏焊、虚焊现象。在检查时，可用镊子将每个元件脚轻轻提一提，看是否摇动，若发现摇动，应重新焊好。

1. 集成电路的焊接

MOS 电路特别是绝缘栅型，由于输入阻抗很高，稍不慎即可能使内部击穿而失效。

双极型集成电路不像 MOS 集成电路那样娇气，但由于内部集成度高，通常管子隔离层都很薄，一旦受到过量的热也容易损坏。无论哪种电路，都不能承受高于 200℃的温度，因此，焊接时必须非常小心。

在焊接集成电路时，应注意下列事项。

① 集成电路引线如果经过镀金镀银处理，不要用刀刮，只需用酒精擦洗或绘图橡皮擦干净就可以了。

② 对 CMOS 电路，如果事先已将各引线短路，焊前不要拿掉短路线。

③ 焊接时间在保证浸润的前提下，尽可能短，每个焊点最好用 3 s 时间焊好，最多不超过 4 s，连续焊接时间不要超过 10 s。

④ 使用的电烙铁最好是 20 W 内热式，接地线应保证接触良好。若用外热式，最好采用电烙铁断电，用余热焊接，必要时还要采取人体接地的措施。

⑤ 使用低熔点焊剂。

⑥ 工作台上如果铺有橡皮、塑料等易于积累静电的材料，电路片子及印制板等不宜放在台面上。

⑦ 集成电路若不使用插座，直接焊到印制板上，安全焊接顺序为地端→输出端→电源端→输入端。

⑧ 在焊接集成电路插座时，必须按集成块的引线排列图焊好每一个点。

2．几种易损元件的焊接

(1) 有机材料铸塑元件接点焊接

各种有机材料包括有机玻璃、聚氯乙烯、聚乙烯、酚醛树脂等材料，现在已被广泛用于电子元器件的制作，例如，各种开关、插接件等，这些元件都是采用热铸塑方式制成的。它们最大的弱点就是不能承受高温。当对铸塑在有机材料中的导体接点施焊时，如不注意控制加热时间，极容易造成塑性变形，导致元件失效或性能降低，造成隐性故障。如图 8-27 所示是由于焊接技术不当造成失效的例子。

图 8-27（a）所示为施焊时侧向加力，造成接线片变形，开关不通；图 8-27（b）所示为焊接时垂直施力，使接触片垂直位移，造成闭合时接线片不能导通；图 8-27（c）所示为焊接时焊剂过多，沿接线片浸润到接点，造成接触不良，形成较大接触电阻，图 8-27（d）所示为镀锡时间过长，造成下部塑壳软化，接线片因自重移位，簧片无法接通。

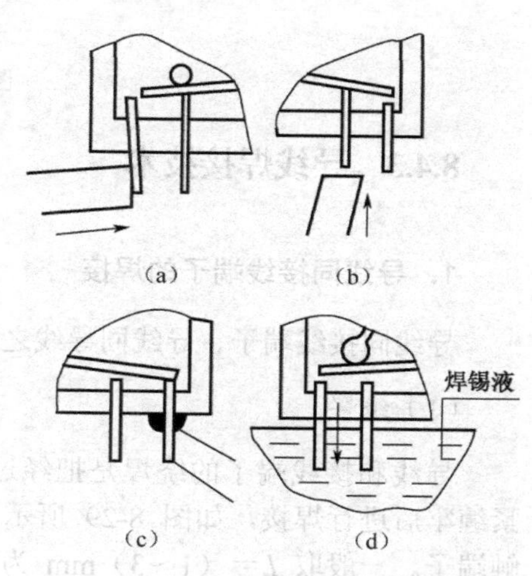

图 8-27　钮子开关焊接不当举例

(2) 其他类型铸塑制成的元件焊接

其他类型铸塑制成的元件也有类似问题，因此，这一类元件焊接时必须注意：

① 在元件预处理时，尽量清理好接点，力争一次镀锡成功，不要反复镀，尤其将元件在锡锅中浸镀时，更要掌握好浸入深度及时间。

② 焊接时烙铁头要修整尖一些，焊接一个接点时不应碰相邻接点。

③ 镀锡及焊接时加助焊剂量要少，防止浸入电接触点。

④ 烙铁头在任何方向均不要对接线片施加压力。

⑤ 时间要短一些，焊后不要在塑壳未冷前对焊点作牢固性试验。

3．簧片类元件接点焊接

这类元件如继电器、波段开关等，它们的共同特点是簧片在制造时加预应力，使之产生适当弹力，保证了电接触性能。如果安装施焊过程中对簧片施加外力，则易破坏接触点的弹力，造成元件失效，如图 8-28 所示。

如果装焊不当，容易造成以下 4 方面的问题。

① 装配时如对触片施力，造成塑性变形，开关失效。

② 焊接时对焊点用烙铁施力，造成静触片变形。

③ 焊锡过多，流到铆钉右侧，造成静触片弹力变化，开关失效。

④ 安装过紧，变形。

因此，这类元件装配焊接时，应对以上 4 个方面采取预防措施，保证元件有效工作。

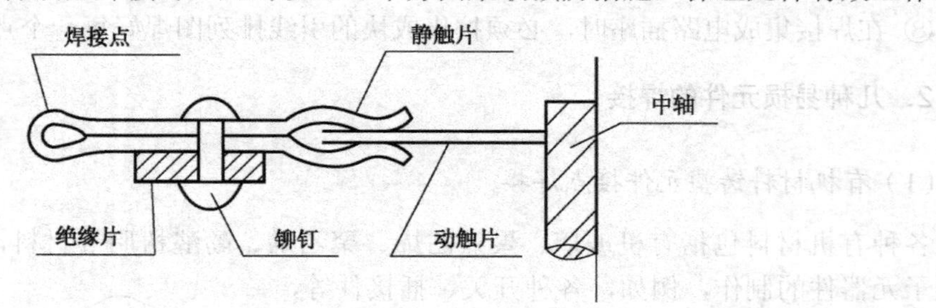

图 8-28　波段开关结构

8.4.3　导线焊接技术

1. 导线同接线端子的焊接

导线同接线端子、导线同导线之间的连接有 3 种基本形式.

（1）绕焊

导线和接线端子的绕焊是把经过镀锡的导线端头在接线端子上绕一圈，然后用钳子拉紧缠牢后进行焊接，如图 8-29 所示。在缠绕时，导线一定要紧贴端子表面，绝缘层不要接触端子。一般取 $L=$（1～3）mm 为宜。这种连接可靠性最好（L 为导线绝缘皮与焊面之间的距离）。

导线与导线的连接以绕焊为主，如图 8-30 所示，操作步骤如下所述。

① 去掉导线端部一定长度的绝缘皮。

② 将导线端头镀锡，并穿上合适的热缩套管。

③ 将两条导线绞合，焊接。

④ 趁热把套管推到接头焊点上，用热风或电烙铁烘烤热缩套管，套管冷却后应该固定并紧裹在接头上。

这种连接的可靠性最好，在要求可靠性高的地方常常采用。

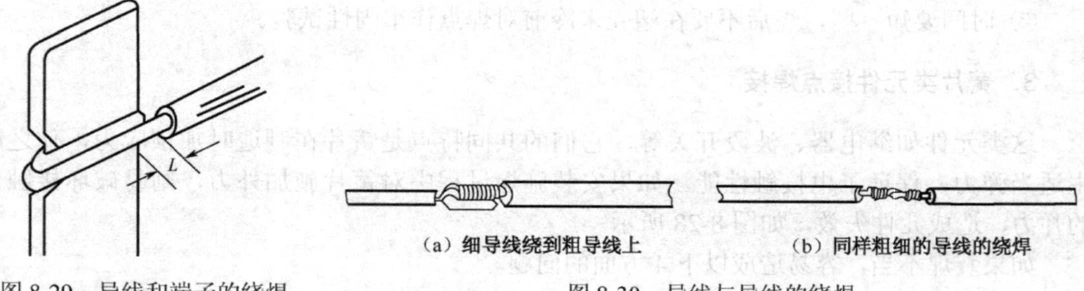

图 8-29　导线和端子的绕焊　　图 8-30　导线与导线的绕焊

（2）钩焊

将导线弯成钩形钩在接线端子上，用钳子夹紧后再焊接，如图 8-31 所示。其端头的处理方法与绕焊相同。这种方法的强度低于绕焊，但操作简便。

（3）搭焊

如图 8-32 所示为搭焊，这种连接最方便，但强度及可靠性最差。图 8-32（a）所示是把浸过镀锡的导线搭到接线端子上进行焊接，仅用在临时连接或不便于缠、钩的地方以及某些接插件上。对调试或维修中导线的临时连接，也可以采用图 8-32（b）所示的搭接办法。这种搭焊连接不能用在正规产品中。

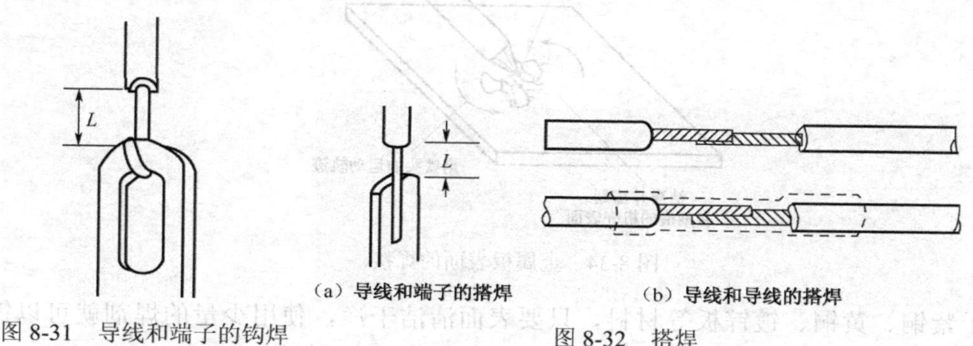

（a）导线和端子的搭焊　（b）导线和导线的搭焊

图 8-31　导线和端子的钩焊　　图 8-32　搭焊

2．杯形焊件焊接法

这类接点多见于接线柱和接插件，一般尺寸较大，如果焊接时间不足，容易造成“冷焊”。这种焊件一般和多股软线连接，焊前要对导线进行处理，先绞紧各股软线，然后镀锡，对杯形件也要进行处理，操作方法如图 8-33 所示。

① 往杯形孔内滴助焊剂。若孔较大，用脱脂棉蘸助焊剂在孔内均匀擦一层。

② 用烙铁加热并将锡熔化，靠浸润作用流满内孔。

③ 将导线垂直插入孔的底部，移开烙铁并保持到凝固。在凝固前，导线不可移动，以保证焊点质量。

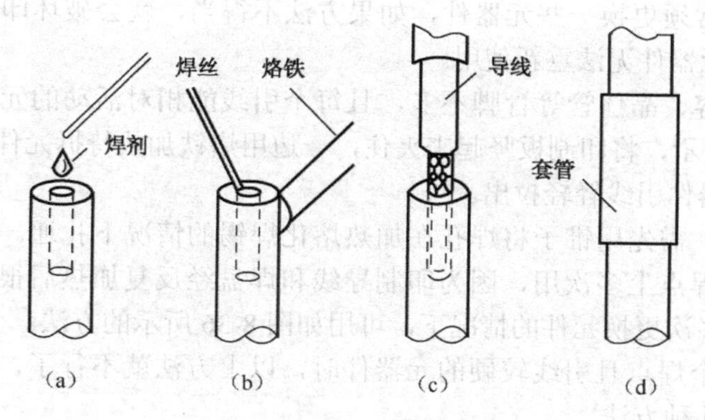

图 8-33　杯形接线柱焊接方法

④ 完全凝固后立即套上套管。

由于这类焊点一般外形较大，散热较快，所以在焊接时应选用功率较大的电烙铁。

3. 平板件和导线的焊接

如图 8-34 所示，在金属板上焊接的关键是往板上镀锡。一般金属板的表面积大，吸热多而散热快，要用功率较大的烙铁。根据板的厚度和面积的不同，选用 50～300 W 的烙铁为宜。当板的厚度在 0.3 mm 以下时，也可以用 20 W 烙铁，只是要适当增加焊接时间。

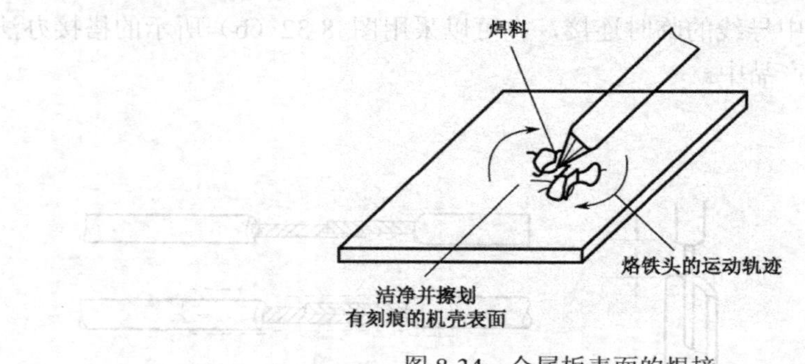

图 8-34　金属板表面的焊接

对于紫铜、黄铜、镀锌板等材料，只要表面清洁干净，使用少量的焊剂就可以镀上锡。如果要使焊点更可靠，可以先在焊区用力划出一些刀痕再镀锡。

因为铝板表面在焊接时很容易生成氧化层，且不能被焊锡浸润，采用一般方法很难镀上焊锡。但事实上，铝及其合金本身却是很容易“吃锡”的，镀锡的关键是破坏铝的氧化层。可先用刀刮干净待焊面并立即加上少量焊剂，然后用烙铁头适当用力在板上作圆周运动，同时将一部分焊锡熔化在待焊区。这样，靠烙铁头破坏氧化层并不断地将锡镀到铝板上去。铝板镀上锡后，焊接就比较容易了。当然，也可以使用酸性助焊剂，只是焊接后要及时清洗干净。

8.4.4 拆焊

调试和维修中常须更换一些元器件，如果方法不得当，就会破坏印制电路板，也会使换下而并没失效的元器件无法重新使用。

一般电阻、电容、晶体管等管脚不多，且每个引线能相对活动的元器件可用烙铁直接拆焊。如图 8-35 所示，将印制板竖起来夹住，一边用烙铁加热待拆元件的焊点，一边用镊子或尖嘴钳夹住元器件引线轻轻拉出。

当重新焊接时，需先用锥子将焊孔在加热熔化焊锡的情况下扎通。需要指出的是，这种方法不宜在一个焊点上多次用，因为印制导线和焊盘经反复加热后很容易脱落，造成印制板损坏。在可能多次更换元件的情况下，可用如图 8-36 所示的方法。

当需要拆下多个焊点且引线较硬的元器件时，以上方法就不行了，例如，要拆下多线插座。一般有以下几种方法。

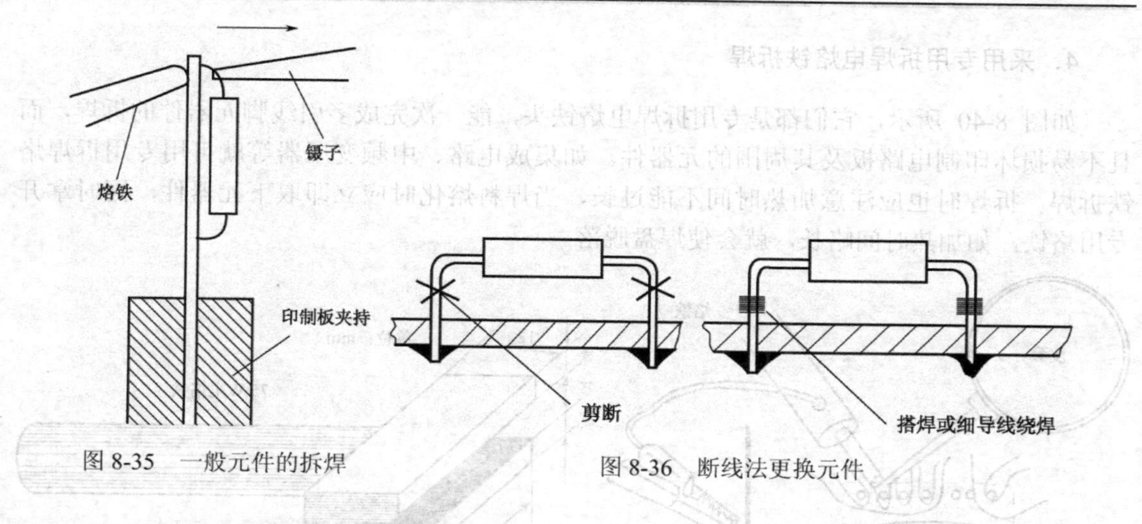

图 8-35 一般元件的拆焊

图 8-36 断线法更换元件

1. 选用合适的医用空心针头拆焊

将医用针头用钢锉锉平，作为拆焊的工具，具体的方法是：一边用烙铁熔化焊点，一边把针头套在被焊的元器件引线上，直至焊点熔化后，将针头迅速插入印制电路板的孔内，使元器件的引线脚与印制板的焊盘脱开，如图 8-37 所示。

2. 用铜编织线进行拆焊

将铜编织线的部分吃上松香焊剂，然后放在将要拆焊的焊点上，再把电烙铁放在铜编织线上加热焊点，待焊点上的焊锡熔化后，就被铜编织线吸去，如焊点上的焊料一次没有被吸完，则可进行第二次，第三次，直至吸完。当编织线吸满焊料后，就不能再用，就需要把已吸满焊料的部分剪去，如图 8-38 所示。

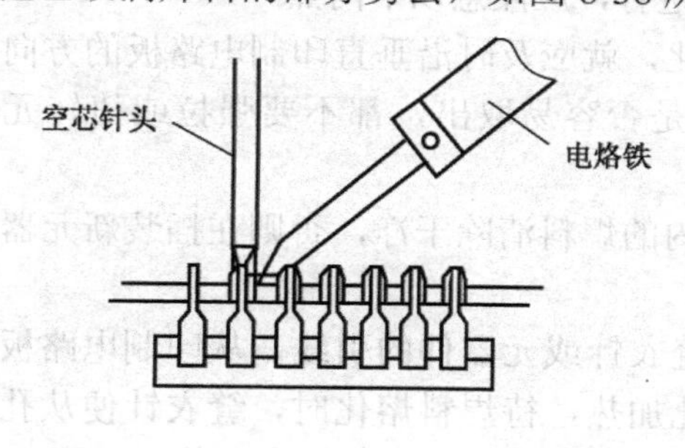

图 8-37 用医用空心开关拆焊

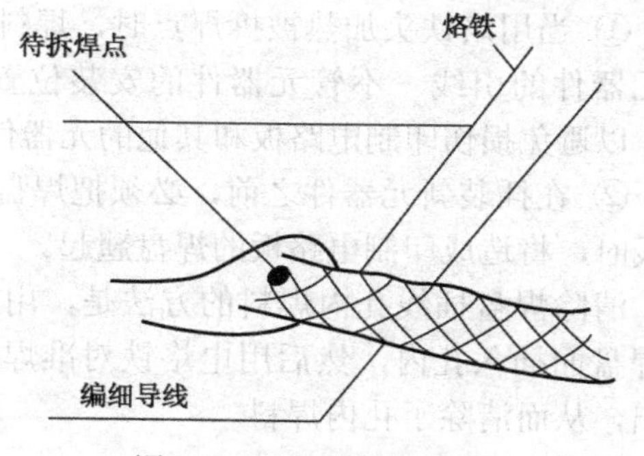

图 8-38 用吸锡材料拆焊

3. 用气囊吸锡器进行拆焊

将被拆的焊点加热，使焊料熔化，然后把吸锡器挤瘪，将吸嘴对准熔化的焊料，然后放松吸锡器，焊料就被吸进吸锡器内，如图 8-39 所示。

4．采用专用拆焊电烙铁拆焊

如图 8-40 所示，它们都是专用拆焊电烙铁头，能一次完成多引线脚元器件的拆焊，而且不易损坏印制电路板及其周围的元器件。如集成电路、中频变压器等就可用专用拆焊烙铁拆焊。拆焊时也应注意加热时间不能过长，当焊料熔化时应立即取下元器件，同时拿开专用烙铁，如加热时间略长，就会使焊盘脱落。

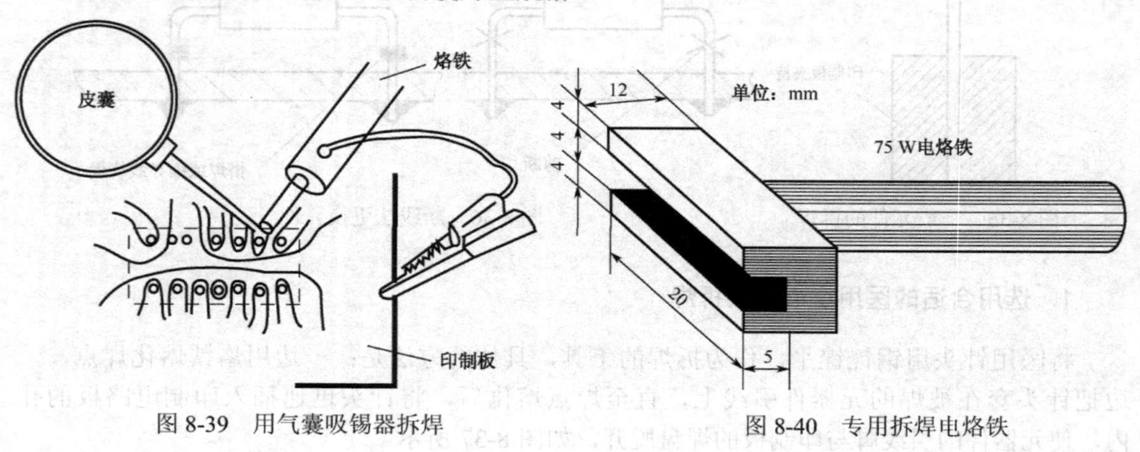

图 8-39　用气囊吸锡器拆焊　　　图 8-40　专用拆焊电烙铁

5．用吸锡电烙铁拆焊

吸锡电烙铁也是一种专用拆焊烙铁，它能在对焊点加热的同时，把锡吸入内腔，从而完成拆焊。

拆焊是一件细致的工作，不能马虎从事，否则将造成元器件的损坏和印制导线的断裂及焊盘的脱落等不应有的损失。为保证拆焊的顺利进行，应注意以下两点。

① 当用烙铁头加热被拆焊点时，焊料一旦熔化，就应及时沿垂直印制电路板的方向拔出元器件的引线。不管元器件的安装位置如何，是否容易取出，都不要强拉或扭转元器件，以避免损伤印制电路板和其他的元器件。

② 在插装新元器件之前，必须把焊盘插线孔内的焊料清除干净，否则在插装新元器件引线时，将造成印制电路板的焊盘翘起。

清除焊盘插线孔内焊料的方法是，用合适的缝衣针或元器件的引线，从印制电路板的非焊盘面插入孔内，然后用电烙铁对准焊盘插线孔加热，待焊料熔化时，缝衣针便从孔中穿出，从而清除了孔内焊料。

8.4.5　表面安装元器件的装卸方法

在表面组装生产过程中，由于片状元器件一般采用散装、管装、编带三种包装形式来提供，因此批量生产中一般采用组装机（又叫贴片机）贴装，它们在组装速度、精度、灵活性等方面各有特色，可根据产品的种类和生产规格等进行选择。这里仅就平常的手工装卸问题，给予介绍。

1．装卸工具

由于片状元器件体积非常小，怕热又怕碰，必须配用一套相应的工具来装卸。

（1）自动恒温电烙铁

自动恒温电烙铁是一种内热式电烙铁，主要由电烙铁身、可控硅温度控制电路（装在烙铁身内）、发热芯、加热头 4 部分组成，如图 8-41（a）所示。发热芯内装有热敏电阻，可检测出加热头的温度，通过可控硅控制，可将烙铁头的最高温度控制在 390℃左右，电烙铁的功率一般为 10～20 W。

图 8-41（b）～（e）为各种配套零件，图 8-41（b）是普通加热头，在一般维修中使用；图 8-41（c）是专用加热头，其规格有多种，分别用于拆卸 36 脚、48 脚、52 脚、64 脚等四列扁平封装（QFP）的集成电路，在使用时可将发热芯的前端插入加热头的固定孔中；图 8-41（d）是用于拆卸双列扁平封装集成电路、微型晶体管、二极管的专用加热头，其中头部较宽的 L 型加热片用于拆卸集成电路，头部较窄的 S 型加热片用于拆卸晶体管和二极管，在使用时将两片 L 型或 S 型加热片用螺丝固定在基座上，然后再插入发热芯的前端；图 8-41（e）是用于拆卸 Y 型引出脚的大规格混合集成电路的专用加热头。

（2）专用镊子

专用镊子有两种，如图 8-42 所示。图 8-42（a）为尖头型，用于夹取细小的东西。图 8-42（b）所示镊子尖端带一个斜面，用于夹取片状元器件。这两种镊子张力较小，容易夹持，在使用时应注意不要划伤元器件的表面。

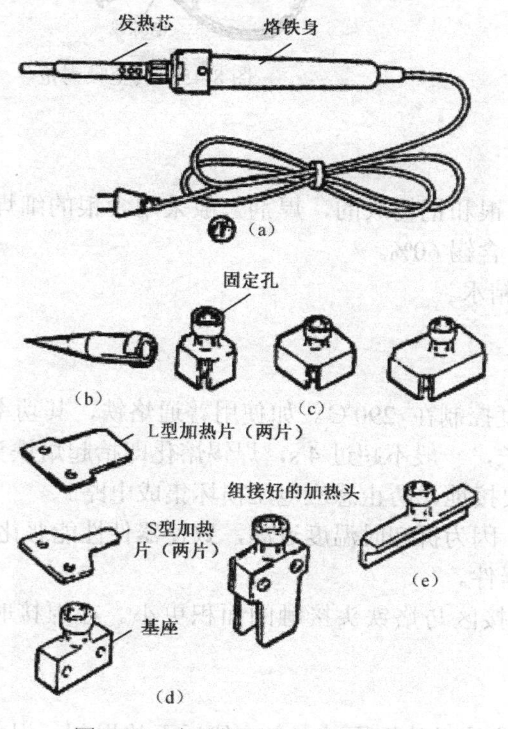

图 8-41　自动恒温电烙铁及加热头

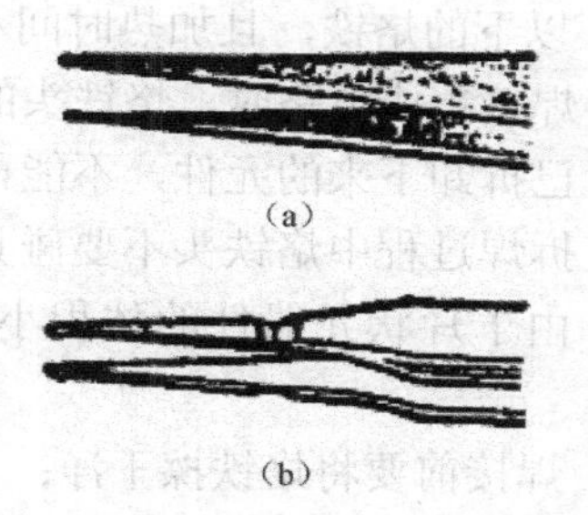

图 8-42　专用镊子

（3）检查棒

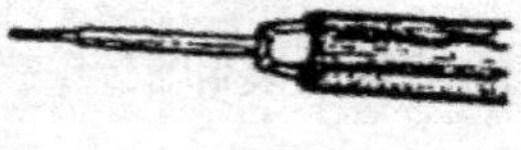

图 8-43　检查棒

在用万用表和示波器等仪器来检查电路时。为了防止短路，应将表笔和探头插在顶端很尖（像针尖一样）的检查棒内来测试。图 8-43 为检查棒外形。

（4）吸锡器件

拆卸集成电路，首先要将焊脚上的焊锡除去，比较有效的方法是采用吸锡器。常用的吸锡方法有以下两种。

① 吸锡铜网：这是一种用细铜丝纺织而成的扁平网状带子，如图 8-44 所示。这样的铜网用松香水浸泡后，极易吸锡，具体用法后面再介绍。

② 真空吸锡枪：这种吸锡枪是拆卸集成电路的最好工具，它主要由吸锡枪和真空泵两大部分构成，如图 8-45 所示。按动吸锡枪手柄上开关，真空泵就把溶化了的焊锡，通过烙铁头中间的空心吸到后面的玻璃储锡管中。拉动吸锡枪后面的拉杆，取下玻璃储锡管，即可清除锡末。

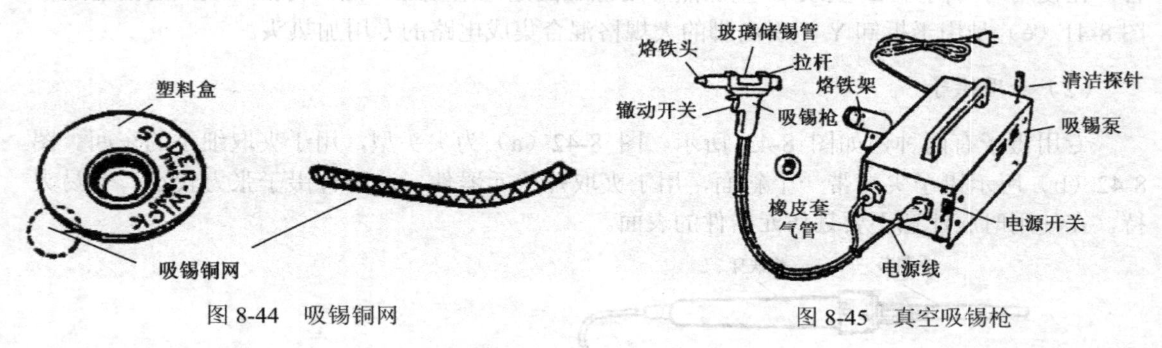

图 8-44　吸锡铜网　　图 8-45　真空吸锡枪

（5）焊剂与助焊剂

由于有的片状元器件的引出电极是由银和钯构成的，焊剂一般采用含银的细焊丝，其直径为 0.6 mm，含银 3.5%，含铅 36.5%，含锡 60%。

助焊剂：一般采用无腐蚀性的松香酒精水。

2．装卸中应注意的问题

① 最好使用自动恒温烙铁，最高温度控制在 290℃。如使用普通烙铁，其功率应选用在 20 W 以下的烙铁，且加热时间不能太长，一般不超过 4 s，焊锡熔化即抬起烙铁头。

② 焊接集成电路时，烙铁头的外壳要接地，防止感应电压损坏集成电路。

③ 已拆卸下来的元件，不能再使用，因为拆卸时温度过高，致使器件性能恶化。

④ 拆焊过程中烙铁头不要碰其他元器件。

⑤ 由于片状元器件的体积小，其焊接区与烙铁头接触的面积更小。在焊接时务必要注意：

- 焊接前要将烙铁擦干净；
- 在给被焊件镀锡时，先将烙铁尖头接触待镀锡处 1 s，然后再放焊剂，焊剂熔化后立即拿掉烙铁的焊剂。

- 也可用导电胶黏接，其方法简单，不用焊接，可避免元件受热。
- 焊接完毕后，要用 2～5 倍的带照明的放大镜，仔细检查焊点是否牢固和有无虚焊现象。

3. 常用片状元器件的更换方法

（1）双列扁平封装集成电路的更换

这种集成电路安装在电路上的状态如图 8-46 所示。

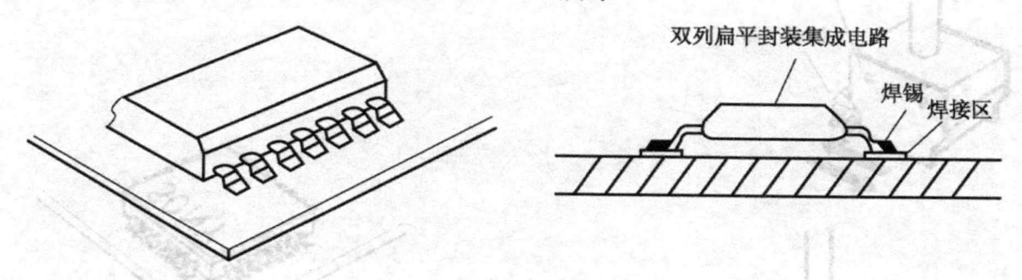

图 8-46　扁平封装集成电路的安装状态

拆卸方法：选用和集成电路一样宽的 L 型加热头，在加热头的两个内侧面和顶部加上焊锡。如图 8-47 所示，将加热头放在集成电路的两排引脚上，按图中所标箭头方向来回移动加热头，以便将整个集成电路引出脚上的焊锡都熔化。当所有引出脚上的焊锡都熔化时，再用镊子将集成电路轻轻夹起。

双列扁平封装集成电路的安装方法同 Y 型。

（2）四列扁平封装集成电路的拆换

四列扁平封装集成电路在电路板上的安装及拆卸方法，如图 8-48 所示。在拆卸时，要选用专用加热头，并在加热头的顶部加上焊锡，然后将加热头放在集成电路引脚上约 3 s 后轻轻转动集成电路，并用镊子配合，把集成块轻轻抬起。

在安装时，将集成电路块放在预定的位置上，如图 8-49 所示，用少量焊锡将 a、b、c 三个引脚先焊住，然后给其他引脚均匀涂上助焊剂。在逐个焊接时，如果引脚间发生焊锡粘连现象，可按图 8-50 所示方法消除所粘连的焊锡。

（3）片状二极管、三极管的拆换

片状二极管和三极管在电路板上安装的状态如图 8-51 所示。拆卸的方法有以下 2 种。

方法一：选用与晶体管一样宽的 S 型加热头，在加热头的顶部和两个内侧面加焊锡。将加热头放在晶体管的引脚上约 3 s 后，焊锡即可熔化，然后用镊子轻轻将晶体管夹起。如图 8-52（a）所示。

方法二：如图 8-52（b）所示。用两把电烙铁，先用一把电烙铁加热 a 脚，然后再用另一把烙铁在 b、d、c（或 b 、c）脚之间来回移动加热，直到焊锡熔化后，再用两把烙铁配合将元器件轻轻夹起。

焊接的方法是，一般在焊接点处先涂助焊剂，再用镊子将晶体管放在预定的位置上，先焊 a 脚，后焊其他引脚。

（4）片状电阻、电容、电感器在电路板上的安装状态

图 8-53 为片状电阻、电容、电感器在电路上的安装状态。在拆卸时可用两把电烙铁，如图 8-54 所示，其方法和拆卸晶体管相似。片状电阻、电容、电感器的安装方法和安装晶体管相似，但在安装钽电容器时，要先焊正极，后焊负极，以免产生应力。

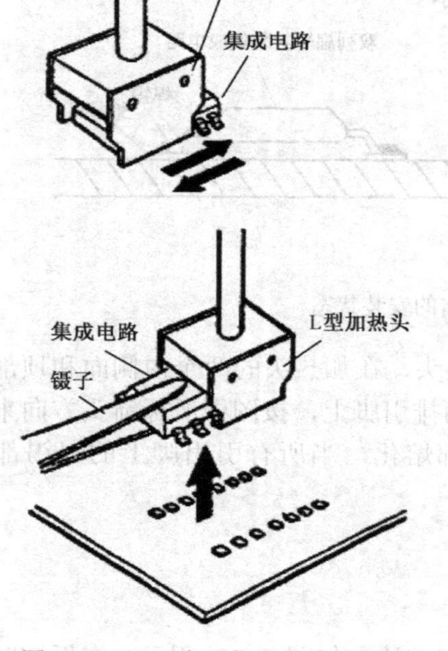

图 8-47　双列扁平集成电路拆卸法

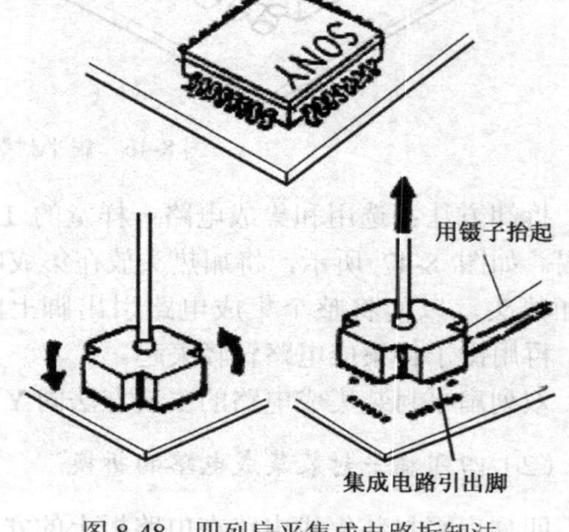

图 8-48　四列扁平集成电路拆卸法

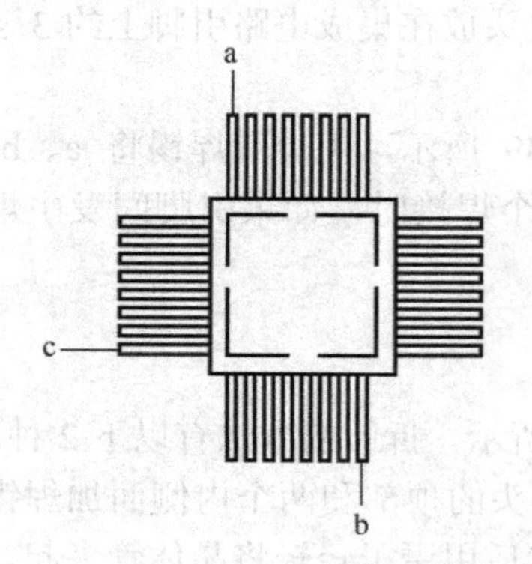

图 8-49　四列扁平集成电路的安装

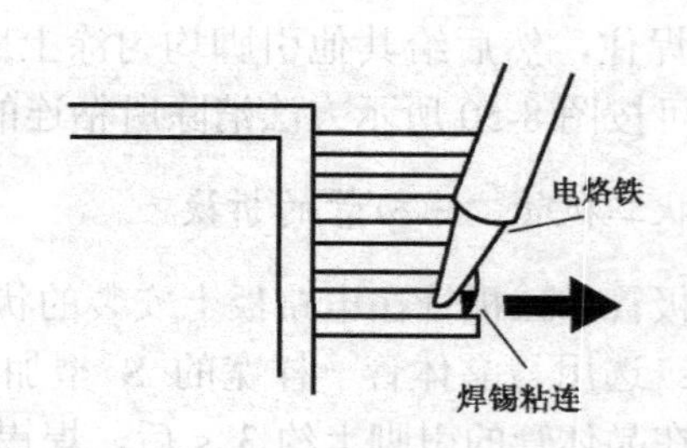

图 8-50　粘连清楚方法

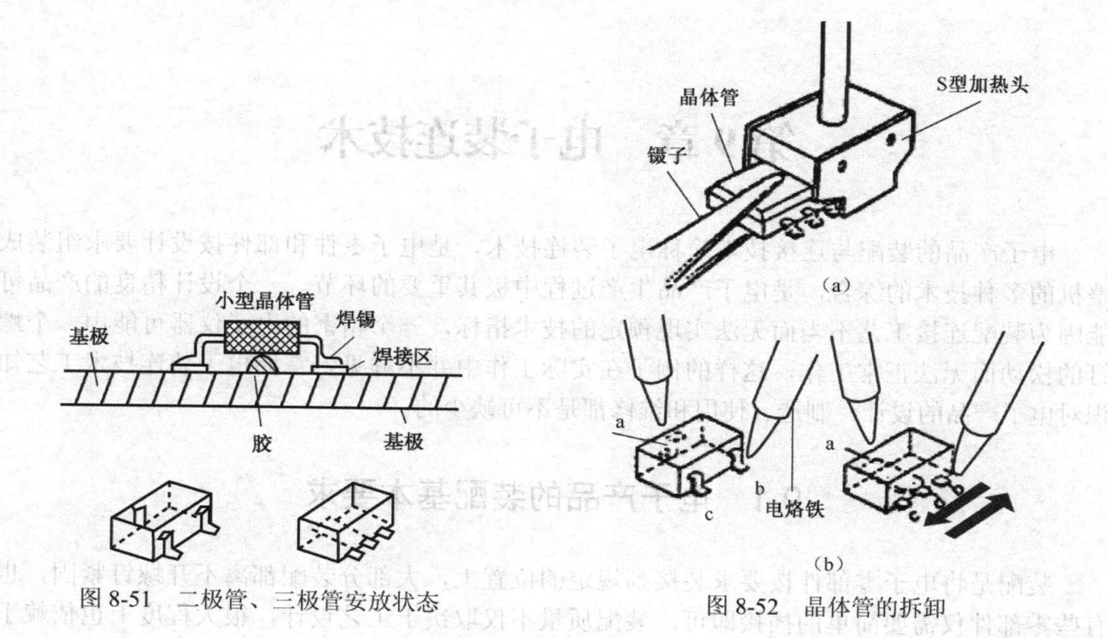

图 8-51　二极管、三极管安放状态　　图 8-52　晶体管的拆卸

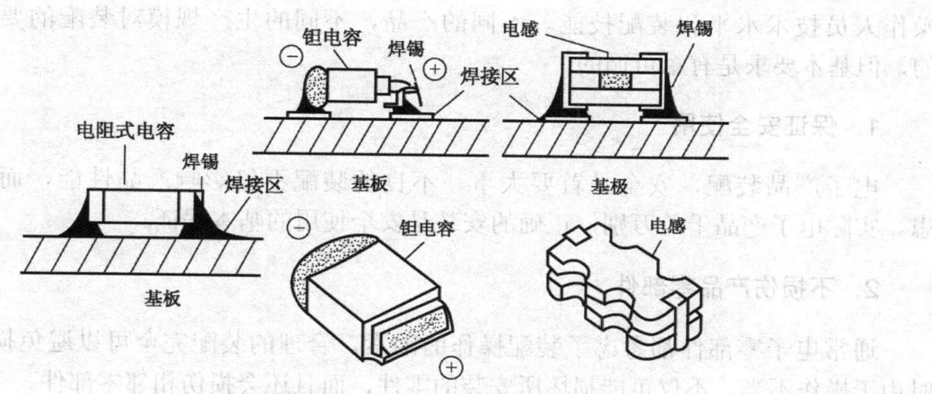

图 8-53　片状电阻、电容、电感器在电路板上的安装

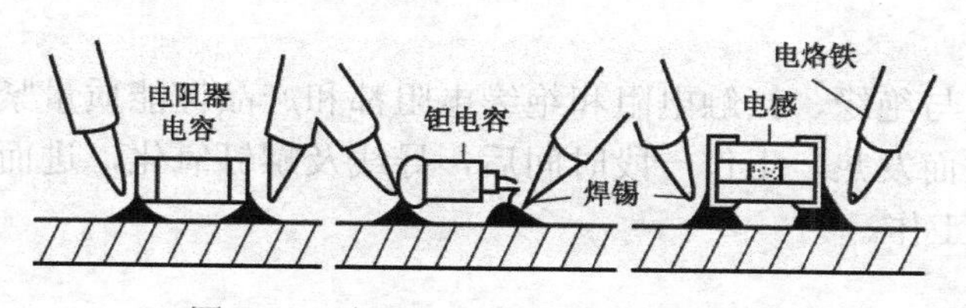

图 8-54　电阻、电容、电感器的拆卸

第 9 章　电子装连技术

电子产品的装配与连接技术简称电子装连技术，是电子零件和部件按设计要求组装成整机的多种技术的综合，是电子产品生产过程中极其重要的环节。一个设计精良的产品可能因为装配连接工艺不当而无法实现预定的技术指标，一个精密的电子仪器可能由一个螺钉的松动而无法正常工作，这样的例子在实际工作中并不鲜见。掌握电子装连技术工艺知识对电子产品的设计、制造、使用和维修都是不可缺少的。

9.1　电子产品的装配基本要求

装配是将电子零部件按要求装接到规定的位置上，大部分装配都离不开螺钉紧固，也有些零部件仅需要简单的插接即可。装配质量不仅取决于工艺设计，很大程度上也依赖于操作人员技术水平和装配技能。不同的产品，不同的生产规模对装配的要求是各不相同的，但基本要求是有章可循的。

1. 保证安全使用

电子产品装配，安全是首要大事。不良的装配不仅影响产品性能，而且造成安全隐患。实际电子产品千差万别，正确的安装是安全使用的基本保证。

2. 不损伤产品零部件

通常电子零部件都考虑了装配操作的因素，合理的装配完全可以避免损伤产品。装配时由于操作不当，不仅可能损坏所安装的零件，而且还会损伤相邻零部件。

3. 保证电性能

电器连接的导通与绝缘，接触电阻和绝缘电阻都和产品性能质量紧密相关。如导线处理不当，局部电阻大而发热，工作一段时间后，导线及螺钉氧化，进而接触电阻增大，结果造成产品不能正常工作。

4. 保证机械强度

电子产品在使用、运输和存放过程中，不可避免地会受到机械振动、冲击和其他形式的机械力作用，如果设计和装配不当就会导致产品损坏或无法工作。要考虑有些零部件在运输搬动中受机械振动作用而受损的情况。如在印制板上带散热片的有源器件、变压器的固定等问题，要保证机械强度。

5. 保证电磁兼容要求

电子产品中的数据处理和传输系统的自动化，要求各系统有良好的抗干扰能力。因此，某些零部件在装配时必须考虑电磁屏蔽与接地等电磁兼容问题，以提高产品对电磁环境的适应性。

6. 保证散热等要求

散热是保证电子产品能安全可靠工作的重要条件之一。电子产品在工作时，它的输出功率只占设备输入功率的一部分，其损失的功率一般都以热能的形式散发出去。尤其是一些功耗较大的元器件，如变压器、大功率晶体管、电力电子器件、大规模集成电路、功率损耗大的电阻等，实际上它们是一个热源，使产品的温度升高。另外，设备的温度与环境温度有关，环境温度高，电子产品的工作温度也高。

9.2 搭　　接

搭接是指在两金属表面间建立低阻抗的通路，是各种电气连接方法的总称。在电子产品安装中，提高连接的可靠性是降低整机失效率的主要措施。目前，导线的连接方法很多，主要介绍如下。

① 热焊方法：如铝焊、银钎焊、热熔焊。

② 化学方法：如导电胶、电化学连接。

③ 机械连接方法：如绕接、压接等连接。

热焊方法和化学方法对工作环境有污染，导线加热后芯线和塑料层变脆，在连接过程中，使用助焊剂等化合物不易清洗干净，残留下的多余物使导线产生腐蚀，对产品带来一系列不可靠的因素。机械连接方法不需要热能和化学能，对空气无污染，导线的性能没有变化。近年来，这种连接方法已经在电子、通信等领域，特别是在要求高可靠性的产品中得到广泛使用，成为电子装连的一种基本工艺。

1. 搭接的目的与分类

搭接的目的在于为电流的流动安排一个均匀的结构面，以避免在相互连接的两金属间形成电位差，因为这种电位差会产生电磁干扰。

从一个设备的机壳到另一个设备的机壳、从设备的机壳到地之间、信号回线和地回线之间、电源回线与地回线之间、导线屏蔽层与地回线之间、接地平面与连接大地的地网之间，以及静电屏蔽层与地之间等都可以进行搭接。

搭接可以提供对电冲击的保护，提供电源电路的电流回路与天线接地平面的连接，还可以减小设备之间的电位差。搭接对于控制装置表面流动的射频电流、提供故障电流回线以及为闪电放电提供捷径等方面都是很重要的。搭接使屏蔽、滤波等设计目标得以实现，它还能减小接地系统的电流回路。

两种基本的搭接方式是：① 直接搭接，即欲连接的两者之间金属与金属的接触。② 间接搭接，即利用搭接片使两者接触。

直接搭接必须靠裸金属或导电性很好的金属的连续接触来实现；而间接搭接则是靠一个中间导体实现的，用这个中间导体连接两个分离的部分。直接搭接的性能优于间接搭接，但是某些情况却要求使用间接搭接，例如，① 要求设备可以移动；② 要求设备能抗机械冲击。间接搭接经常使用硬平板、编织线或硬线。材料通常是铜或铝，平板可以用磷铜制作。硬平板的交流电阻比其他几种都小，编织线的优点是韧性好，而硬线的优点则是成本低。

2. 搭接的方法

有许多方法可以实现两金属间的永久性接合，例如，

① 熔接：即用加热和锻锤的方法来接合。

② 钎焊：用难熔化的合金来焊接。

③ 熔焊：用加热法将接触面金属熔化。

④ 低温焊接：用低温焊料来连接。

⑤ 冷锻：锻锤或敲击。近来流行绞接方法，这种方法在加工时终端接触面不需要加热，因而可避免由加热引起的绝缘性和固态元件性能的下降或损坏。

如果能够在搭接前预先对金属表面进行机械加工处理，清除接触面上各种非金属覆盖层，那么两金属间采用半永久性接合也可以得到令人满意的效果。但是要注意，压配连接或用自攻丝螺钉的连接，在高频时都不能提供良好的低阻抗连接。特别是当采用螺钉连接时，由于往配合件内旋进螺钉的过程包含了某种形式的机械运动，从而使得两部分之间的接触由面接触变成了线接触。更严重的是由于腐蚀和趋肤效应的综合效果，使射频电流沿着螺钉的螺旋线外沿流动，使这种连接路径呈现很大的电感。铆接是一种连接性能较好的方法，只要铆钉插入时铆孔是清洁的。

此外，无论直接搭接还是间接搭接，对其表面都应进行必要的处理，如清除氧化膜、做防腐保护导电层等。

3. 搭接的有效性

在直流情况下，我们只关心搭接的电阻。但是随着频率的增加，趋肤效应会使这一阻抗加大，而且搭接处还会出现由其结构决定的自感。此外，搭接表面之间的电容也会对整个搭接的有效性产生影响。

因此，搭接的有效度可以表示为有搭接线和没有搭接线时，设备的感应电压之差，它可以是负值。搭接线的谐振频率是搭接效果最差时的频率。

4. 良好搭接的一般原则

① 良好搭接的关键在于金属表面之间的紧密接触。被搭接表面的接触区应该光滑、清洁、没有非导电物质。紧固方法应保证有足够的压力将搭接处夹紧，以保证即使在扭曲、冲击和振动时表面仍然接触良好。

② 应采用同类金属搭接，当不同类金属搭接时，可在其间插入可换的垫片；搭接完成

后外面应加一层保护层。

③ 不要靠焊料增加机械强度。

④ 对搭接处应采取防潮和防其他腐蚀的保护措施。

⑤ 跨接片只是直接的代用方法，它应该尽量短以保证低电阻和低的 *L/C* 值。不要使跨接片在电化学序列中低于被搭接材料。应直接与结构物搭接，而不要通过邻近部件。不要使用自攻螺丝等。

⑥ 要保证搭接处或跨接片能够承受预料的电流等。

9.3 绕接技术

绕接是一种采用机械手段实现电路连接的方法。在电子、通信等领域，特别是要求高可靠性的产品中得到广泛使用，成为电子装配中的一种基本工艺。

9.3.1 绕接

绕接通常用于接线端子和导线的连接中。接线端子（或称接线柱、绕线杆）一般由铜或铜合金制成，截面一般为正方、矩形等带棱边的形状，如图 9-1 所示。导线一般采用单股铜导线。

绕接一般使用专用的绕接器，将导线按照规定的圈数密绕在接线柱上，靠导线与接线柱的棱角形成紧密连接的接点。这种连接属于压力连接，由于导线以一定的压力同接线柱棱边相互挤压，使表面氧化物压破，两种金属紧密接触从而达到电气连接的目的。绕接质量的好坏同绕接材料的接触压力紧密相关。

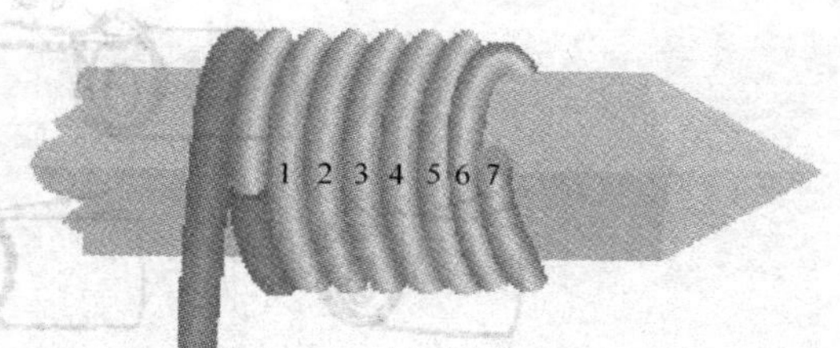

图 9-1　绕接

1. 绕接的优越性

绕接同锡焊相比具有以下优越性。

① 可靠性高：绕接点的可靠性是焊接的 10 倍，且不存在虚焊及焊剂腐蚀的问题。
② 工作寿命长：具有抗老化、抗振特性，工作寿命达 40 年之久。
③ 工艺性好：操作技术容易掌握，不存在烧坏元件、材料等问题。
④ 可以实现高密度装配，实现产品小型化。
⑤ 节约有色金属，降低生产成本。

2. 绕接的缺点

① 对接线柱有特殊要求，且走线方向受到限制。
② 多股线不能绕接，单股线又容易折断。
③ 效率较低。

具体到电子产品中使用何种连接方法，要根据产品的要求及工艺条件来确定。

9.3.2　绕接工具及使用方法

一般说来，绕接需要使用专用的绕接工具。在批量生产电子产品的条件下，通常使用电动绕接器；在制作单件产品或实验条件下，可以使用简单的手动工具——绕杆。

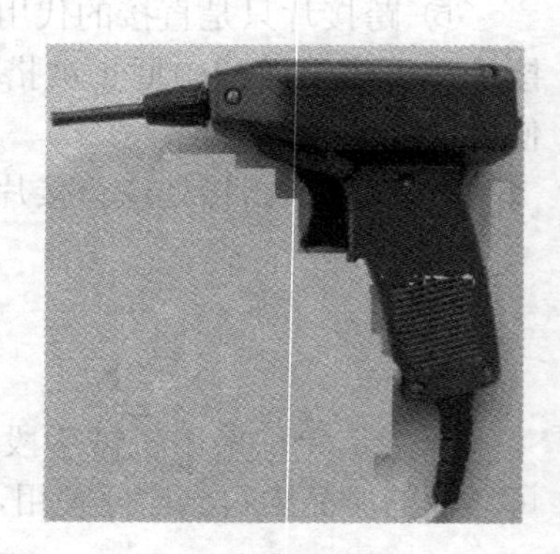

图 9-2　电动绕接器

1．电动绕接器的使用

电动绕接器也称绕枪，外形如图 9-2 所示，它由电动机驱动机构和绕线机构（绕头、绕套等）组成。绕头有大小不同的规格，要根据接线柱不同的尺寸和接线柱之间的距离选用适当规格的绕头。

绕接操作要求：先选择好适当的绕头及绕套，准备好导线并剥去一定长度的绝缘皮；将导线插入导线槽，并将导线弯曲嵌在绕线缺口后，即可将绕枪对准接线柱，开动绕线驱动机构（电动或手动），绕头即旋转，将导线紧密绕接在接线柱上。整个绕线过程（如图 9-3 所示）仅需 0.1～0.2 s。

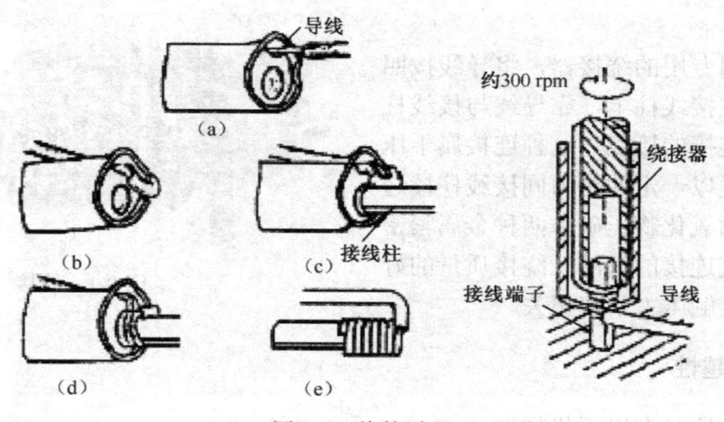

图 9-3　绕接过程

2．用手工绕杆进行绕接

手工绕杆的外形与结构如图 9-4（a）所示。整个绕杆可以分为三段，中段是六棱柱状的手握部分，上有一个镶着狭缝的小刀片，可以方便地用来剥去单股细导线的绝缘皮；另外两段分别在两端：绕线端的中心有小孔，可以在接线柱上旋转；绕线端的边沿还有一个卡线孔，在绕线时用来把导线的端头固定在接线柱上。绕杆的另一端是拆线端，只比绕线端少了卡线孔；把拆线端套在接线柱上反方向旋转，可以把绕好的线拆下来。

如图 9-4（b）所示，当使用手工绕杆绕线时，先用绕杆中间的剥线孔剥掉导线的绝缘皮约 2 cm，再把线端插入绕杆绕线端的卡线孔里，带着导线用绕线端的中心孔套住接线柱，左手拉紧导线，右手旋转绕杆约五六圈，就可以把导线绕接在接线柱上。

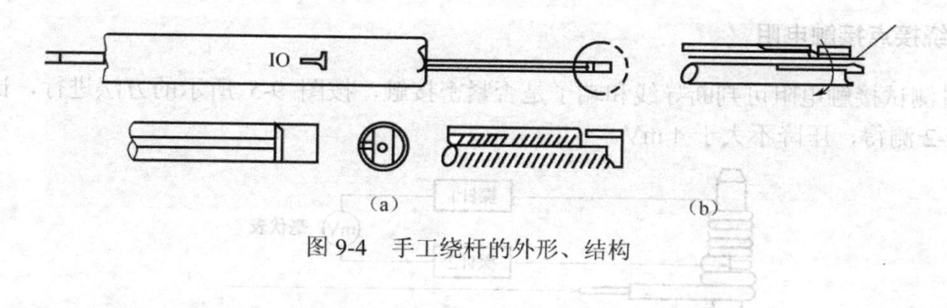

图 9-4　手工绕杆的外形、结构

9.3.3　绕接质量检查

决定绕接部分的质量关键是有足够的紧密区，接触电阻要能长期保证在 2 mΩ以下。为此，保持端子和线的紧密接触，保持有适度的机械强度，必须要进行以下几项检查。

1．绕接点的外观无缺陷检查

绕接点应无绕接重叠、绕接圈数不够、线圈分离、末圈松脱等现象。

2．拉脱力试验

主要检验绕接点的导线对端子的轴向抗拉强度。可选用 0～100 N 的拉力试验器，以每分钟 25～50 mm 的均匀速度拉，用表 9-1 中规定的最小拉脱力值来检查。

表 9-1　最小拉脱力值表

导线芯线直径 / mm	0.25	0.30	0.40	0.50	0.60	0.80	1.00
最大拉脱力 / N	13	17	22	28	35	45	53

3．退绕试验

退绕是检验绕接点是否因导线受伤或绕接时受张力过大而处于脆性断裂的临界状态。把退绕器孔套进端子，转动退绕器直到把所有的导线转移到退绕器上，检查退绕器上导线，不应断裂。

4．紧密性

绕接点在经受规定的腐蚀性气体的作用下，会使暴露区变色，此种变色使暴露区和气密区有明显的区别，经腐蚀性气体处理后，将导线退下，对导线和端子上的刻痕用 3~5 倍的放大镜进行目检，除第一圈和最后一圈之外，紧密区应占总刻痕数的 75%以上。试验方法如下所述。

① 把绕接点悬挂于盛有王水溶液（浓盐酸和浓硝酸 1∶1 配制）Φ16 mm×150 mm 的试管中，并用软木塞塞住试管口，在王水蒸气中暴露 10 min。

② 用同样的方法把王水腐蚀过的绕接点转放到硫化胺饱和溶液试管中，再蒸，直到变黑为止。

③ 取出绕接点晾干，用退绕器将导线仔细地迟绕下来，即能清楚看到紧密区的存在。

5. 绕接点接触电阻

通过测试接触电阻可判断导线和端子是否紧密接触，按图 9-5 所示的方法进行，试验电流按表 9-2 测得，压降不大于 4 mV。

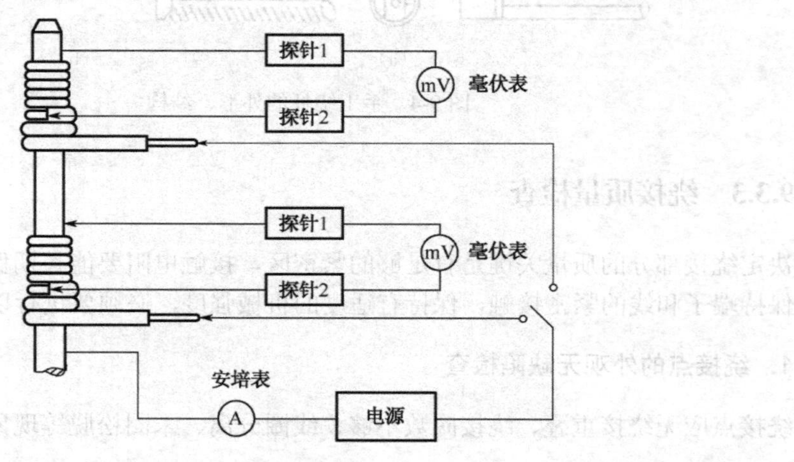

图 9-5　接触电阻测试

表 9-2　绕接电阻的测试

导线直径 / mm	0.25	0.30	0.40	0.50	0.60	0.80	1.00
试验电流 / A	1.0	2.0	2.4	2.4	2.4	7.5	7.5

9.4 压　　接

在导线的连接过程中，使用专门的工具，在常温下，把两个需连接的金属导体表面施加足够的压力，促使两个金属导体产生塑性变形，以达到高可靠连接，这种方法被称为压接。

压按具有接触面积大、耐环境性能强、工艺简单、质量稳定、适用于高密度装配等优点，目前已大量用于宇航工业、造船业、计算机设备、车辆及民用电气设备中。特别是在高空作业中及野外、井下和不允有火和热源的地方，采用压接其优越性更加明显。压接有用封口型筒状压接片（如图 9-6 所示）进行的连接的，也有用开口型压接片（如图 9-7 所示）进行连接的。开口型压接片便于制作成连锁型端子，可以卷在圆盘中，便于压接自动化（如图 9-8 所示），大大提高了压接的生产效率。

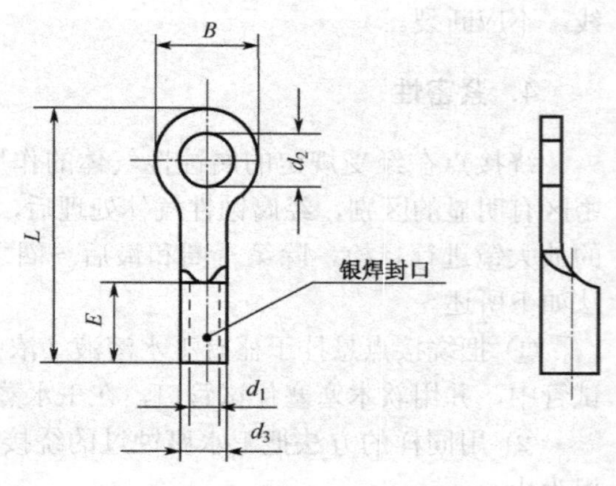

图 9-6　封口型筒状压接片

压接机具品种很多，有各种简单的手压

钳，也有可处理数千触点的高度自动化设备。

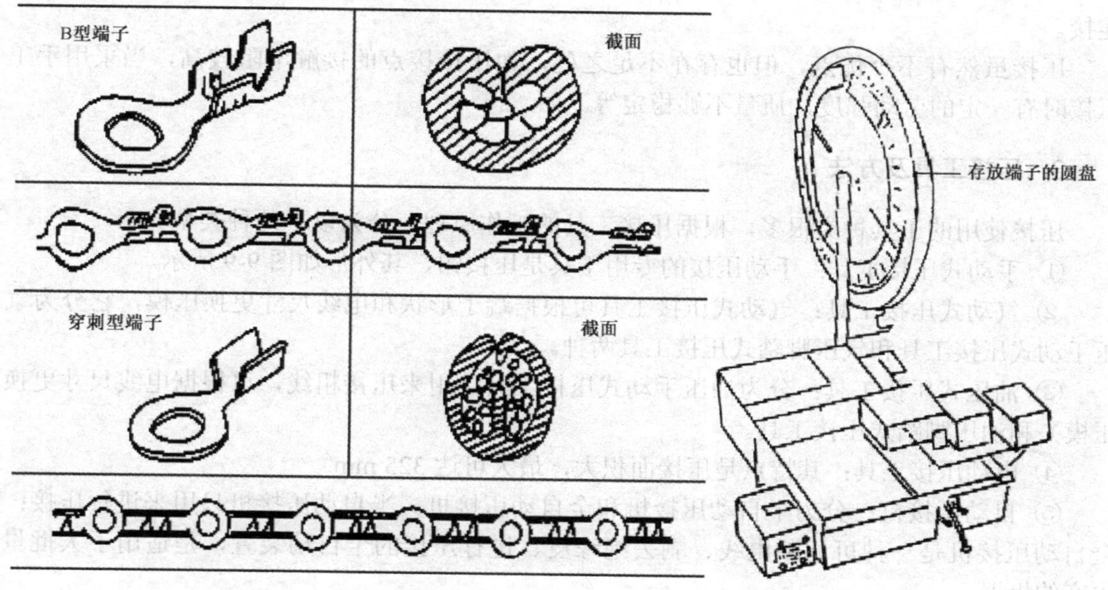

图 9-7　开口型压接片

图 9-8　自动压接机

1．压接机理

众所周知，两个导电金属表面的接触电阻大小和金属表面形状、材料的电阻系数、接触面积的硬度及垂直加在接触面的压力等因素有关，其基本关系式如下：

$$R_s=K\cdot\rho\cdot H^{1/2}/F^n$$

式中，R_s 为不考虑材料氧化膜时的接触电阻；K 为接触面材料系数，铜-铜接触为 0.08～0.14，铜-镀锡铜接触为 0.07～0.1，镀锡铜-镀锡铜接触为 0.07，铝-铜接触为 0.9，银-银接触为 0.06；ρ 为接触金属的电阻系数；H 为接触材料的硬度；F 为垂直加在接触面上的总压力；n 为接触表面形状系数，平面-平面接触，$n=1$，点-平面接触，$n=0.5$。

由公式可见，要减少两金属表面的接触电阻，必须采用硬度值较低，能塑性变形的金属并施加足够的压力。金属在一定的压力下，压接区域的温度显著升高，引起两个结合部分的金属塑性变形，从而挤去金属表面的氧化膜，产生了扩散面，致使接触电阻近似为零，这就是压接机理。

2．压接的特点

① 压接操作简便，不需要熟练的技术，任何人、在任何场合均可进行操作。

② 压接不需要焊料与焊剂，不仅节省焊接材料，而且接点清洁无污染，省去了焊接后的清洗工序，也不会产生有害气体，保证了操作者的身体健康。

③ 压接电气接触良好，耐高温和低温，接点机械强度高，一旦压接点损伤后维修也很方便，只需剪断导线，重新剥头再进行压接即可。

④ 应用范围广，除用于铜、黄铜外，还可用于镍、镍铬合金、铝等多种金属导体的连接。

压接虽然有不少优点，但也存在不足之处，如压接接点的接触电阻较高，当采用手工压接时有一定的劳动强度，质量不够稳定等。

3. 压接工具及方法

压接使用的工具种类很多，根据压接工具的工作原理，分为以下几种类型。

① 手动式压接工具：手动压接的专用工具是压接钳，其外形如图 9-9 所示。

② 气动式压接工具：气动式压接工具可根据端子形状和电线尺寸更换压模，它分为气压手动式压接工具和气压脚踏式压接工具两种。

③ 油压式压接工具：分为油压手动式压接工具（用来压接粗线，可根据电线尺寸更换压模）和油压脚踏式压接工具。

④ 电动压接工具：其特点是压接面积大，最大可达 325 mm^2。

⑤ 自动压接机：分为半自动压接机和全自动压接机。半自动压接机只用来进行压接；全自动压接机是一种可切断电线、剥去绝缘皮、进行压接的全自动装置，是适用于大批量生产的机器。

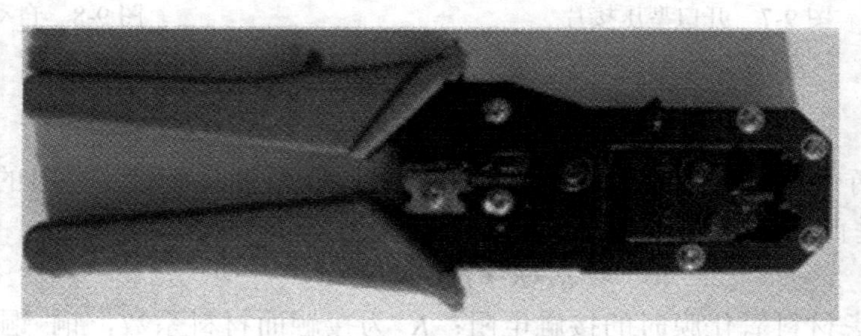

图 9-9　W 形三口腔手动压接钳

4. 压接质量检查

（1）压接质量的好坏可以根据外观的情况来判断

良好的压接外观如图 9-10 所示。压接不良的例子如表 9-3 和表 9-4 所示。

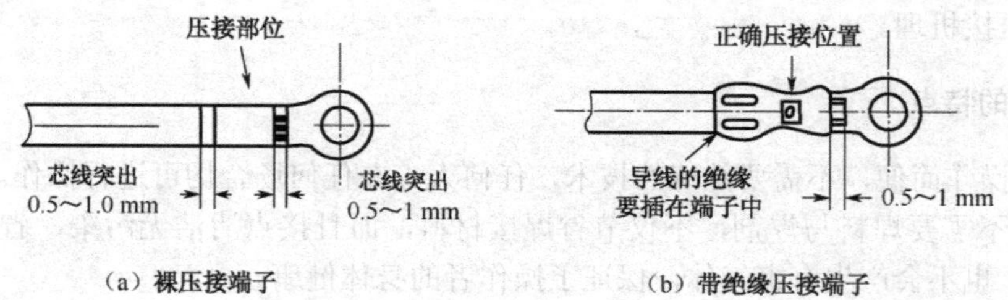

（a）裸压接端子　　（b）带绝缘压接端子

图 9-10　良好的压接外观

表 9-3　裸端子压接不良例子

编　号	压接不良例子	内　容	备　注
1		插入不足	芯线易拔出
2		突出过多	端子不合适，妨碍螺钉固定
3		端子尾露出过多	芯线太长
4		压接太靠前	端子插入位置不合适，线易拔出
5		压着端子根部	端子插入位置不合适，线易切断
6		压接位置太偏	影响强度
7		端子压反	影响强度
8		压着过多	压模选小了，芯线易切断
9		压着不足	压模选大了，芯线易拔出
10		导线和端子不配套	芯线容易拔出

表 9-4　带绝缘端子压接不良的例子

编　号	压接不良例子	内　容	备　注
1		芯线突出太长 标准 0.5～1.5 ㎜	妨碍螺钉固定，造成接触不良
2		芯线插入太短	芯线易拔出，端子太长
3		芯线外露太多	外绝缘层剥得太多，易断线
4		绝缘层进入端子	易增加接触电阻
5		压接位置靠后方	插入工具过头，接触不良
6		压接位置靠前	插入工具不足，芯线易拔出

续表

编　　号	压接不良例子	内　　容	备　　注
7		压接位置相反	端子插入工具不对
8		压接不足	压接工具太大或压接工具有摩擦
9		压接过多	压接工具太小，断线
10		端子太大	端子选择不当

（2）试验方法

一般对新试制的工具和端子必须按标准对压接后的端子进行外观、尺寸和镀覆检查，并在必要时进行盐雾、温升、抗振和耐热试验等。当带绝缘端子时要进行击穿、油浸、易燃等试验。对定型的端子及压接工具应进行下列检查。

① 抗拉强度试验：将被试端头固装于拉伸试验机上，然后再依拉伸方向，以 25 mm/min 速度沿拉伸方向运行。根据多次试验，端头的拉力值全部超过标准值，每次拉断应全部发生在导线上，而压接点安全无恙，如图 9-11 所示。

② 压接电阻实验：当导线通过试验电流后，用直流压降法，采用毫伏表，测算端头与导线接合部分的电阻和同长导线的电阻，求出两电阻的百分率，如图 9-12 所示。

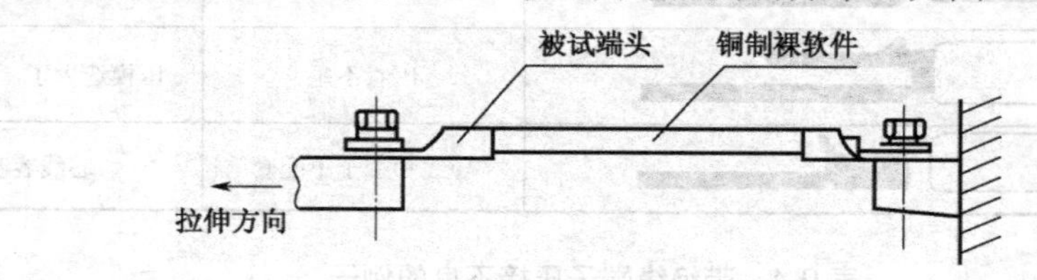

图 9-11　拉力试验时，端头的固定方式

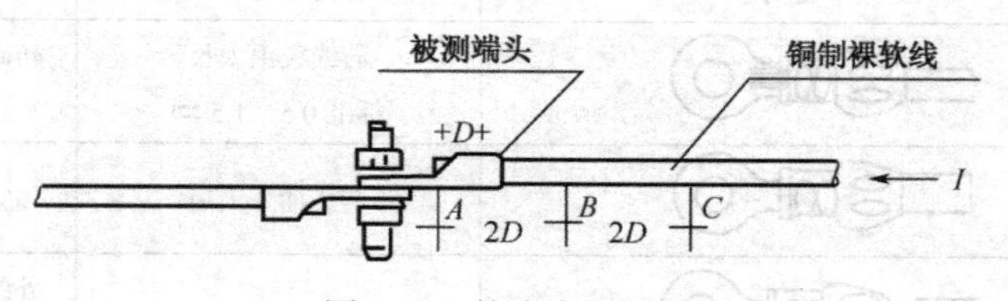

图 9-12　接合电阻测试

9.5　其他连接方式

在电子产品中，还有一些其他常用的连接方式。例如，黏接能够实现机械连接，铆接和螺钉连接既可实现机械连接，又可实现电气连接。

9.5.1　黏接

黏接也称胶接，它属于机械装配的一种方法，在电子工业中有广泛的用途。黏接是为了连接异型材料而经常使用的方法。例如，在对陶瓷、玻璃、塑料等材料的连接中，采用焊接、螺钉和铆接都不能实现。在一些承受机械力的地方（如 PCB 上质量较大器件的固定，如图 9-13 所示），黏接更有独到之处。在电子产品的研制、实验和维修中，也会常常用到。

黏接的三要素包括适宜的黏合剂、黏接表面的处理以及正确的固化方法。忽视了哪一点，都不能获得牢固的连接。

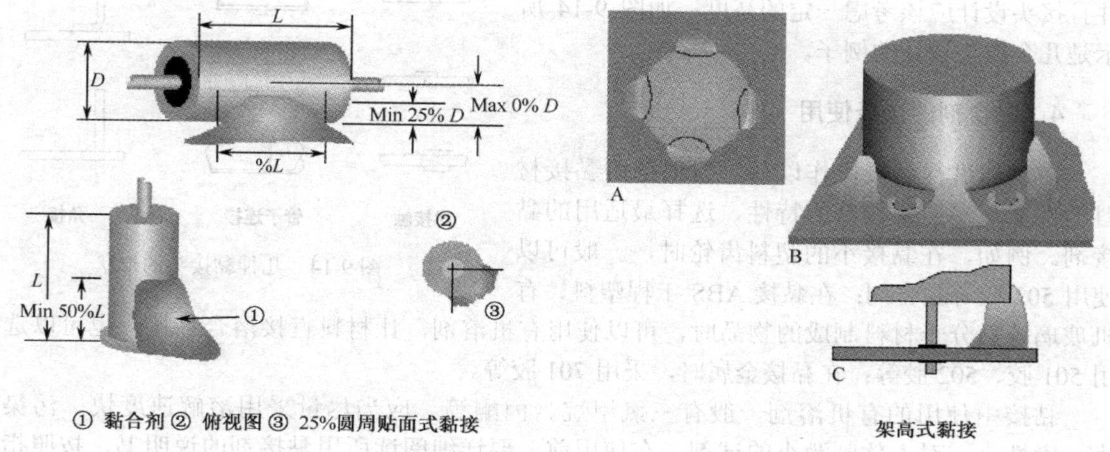

图 9-13　黏接

1．黏接机理

由于物体内存在分子、原子之间的作用力，所以当种类不同的两种材料紧密地靠在一起时，能够产生黏合（或称黏附）作用。这种黏合作用又可以分为本征黏合和机械黏合两种作用。本征黏合表现为黏合剂与被黏工件表面之间分子的吸引力；机械黏合则表现为黏合剂渗入被黏工件表面的孔隙内，黏合剂固化后被机械地镶嵌在孔隙中，从而实现被黏工件的连接。

也可以认为，机械黏合是扩大了黏合接触面的本征黏合作用，类似于锡焊中的浸润作用。为了实现黏合剂与工件表面的充分接触，要求黏合面必须清洁。因此，黏接的质量与黏合面的表面处理紧密相关。

2．黏合表面的处理

一般看来是很干净的黏合面，其表面不可避免地存在着杂质、氧化物、水分等污染物质。黏合前对表面的处理是获得牢固黏接的关键之一。任何高性能的黏合剂，只有在适当的表面上才能形成良好的黏接层。对黏合表面的处理有下列几种。

① 一般处理：对要求不高或比较干净的表面，用酒精、丙酮等溶剂把油污清洗掉，待清洗剂挥发以后即可进行黏接。

② 化学处理：有些金属在黏接以前应当进行酸洗。例如，铝合金必须进行氧化层处

理，使表面形成牢固的氧化层后，再施行黏接。

③ 机械处理：有时候为增大接头的接触面积，需要用机械方式形成粗糙的表面。

3. 黏合接头设计

虽然不少黏合剂都可以达到或超过黏接材料本身的强度，但接头毕竟是一个薄弱点。在采用黏合方式连接时，通常要对黏合接头进行设计，并且接头设计应该考虑一定的裕度。如图 9-14 所示是几个接头设计的例子。

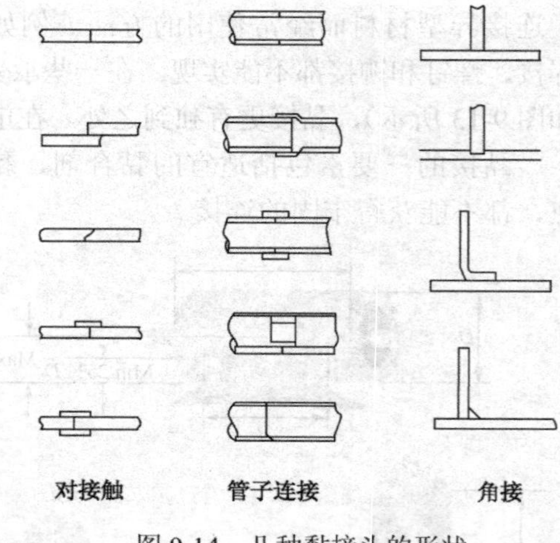

图 9-14　几种黏接头的形状

4. 黏合剂的选择使用

在具体进行黏接操作以前，要根据所黏接材料的性质，参照黏接剂的特性，选择最适用的黏接剂。例如，在黏接小的塑料齿轮时，一般可以使用 502 胶等黏合剂；在黏接 ABS 工程塑料、有机玻璃等高分子材料制成的物品时，可以使用有机溶剂，让材料直接溶合黏接，也可以选用 501 胶、502 胶等；在黏接金属时，采用 701 胶等。

黏接中使用的有机溶剂一般有三氯甲烷、丙酮等。应当尽量采用溶解速度快、污染小、毒性小、对人体刺激小的试剂。在使用前，要详细阅读所用黏接剂的说明书，按照指明的方式、方法去使用，才能保证黏接质量。

9.5.2　铆接

铆接作为一种灵活连接的方式，仍不失其实用价值。目前，有些零件及产品中仍然在使用铆接，常见的铆接结构如图 9-15 所示。

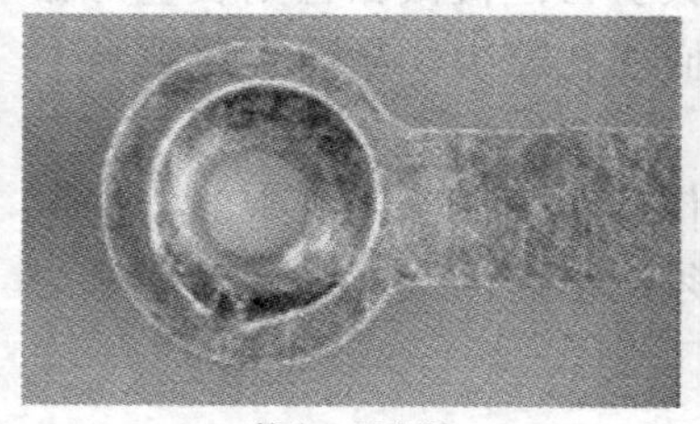
喇叭口形翻边

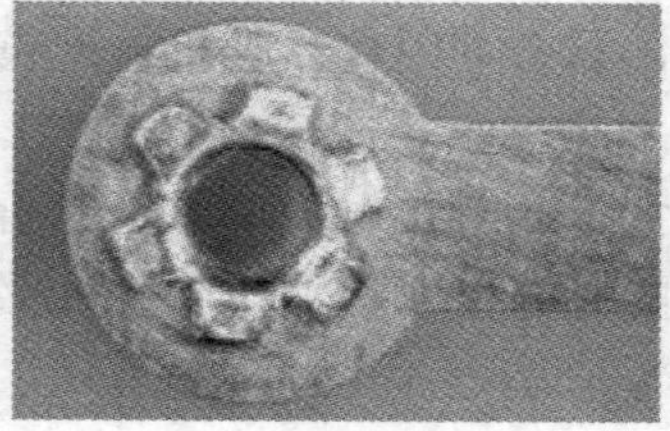
花瓣形翻边

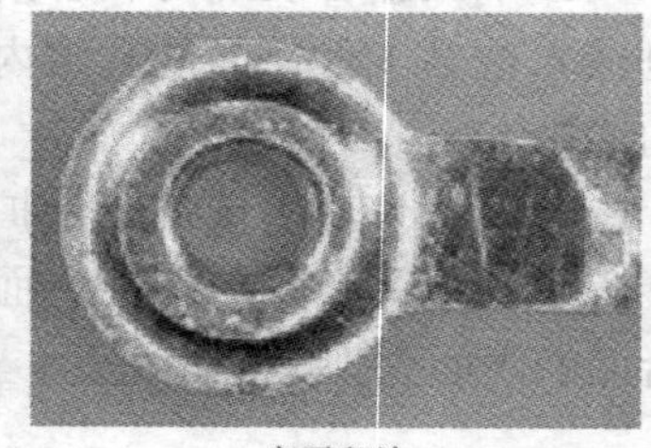
扁平翻边

图 9-15　常见铆接结构

1. 空心铆钉

在电子产品的装配中使用最多的电气连接铆钉是空心铆钉。空心铆钉一般由黄铜或紫铜制成，为增强导电性能及可焊性，有些空心铆钉的表面镀银。在实际选用时，要考虑接点电流、被铆接的板材厚度等因素。

2. 空心铆钉的铆接

采用空心铆钉进行铆接的要点是，在铆接材料上钻出大小合适的孔并使用合适的工具。选择铆钉外径及长度的原则是，① 铆钉外径 D≤焊片孔；② 铆钉长度 L≥焊片厚度（δ_1）+印制板厚度（δ_2）+0.8×铆钉外径 D。

例如，将孔径为 Φ3.2 mm 的焊片铆接在厚度为 2.5 mm 的印制电路上。因为铆钉孔一般等于或小于铆钉外径，所以此处选用 Φ3 mm×6 mm 的空心铆钉。用 ϕ3 钻头在印制板上打孔，打孔后用直径较大的钻头或小刀清除孔沿的飞边及毛刺，然后进行铆接。铆接方法及操作过程如图 9-16 所示。

图中所示的工具都很简单，能够自制。压紧冲可用铜或铁棒料在其中心打一个 Φ3.5 左右的孔（根据用铆钉的孔）。图 9-16（c）中涨孔扩边的工具可用样冲或棒料，甚至大一点的螺钉，在砂轮上磨出约 60° 夹角的光滑锥面即可。需要指出的是，图 9-16 中（b）、（c）、（d）几个步骤的操作都要用力适当，切忌乱敲猛击。图 9-16（e）是从轴向观察铆钉接点的好坏。

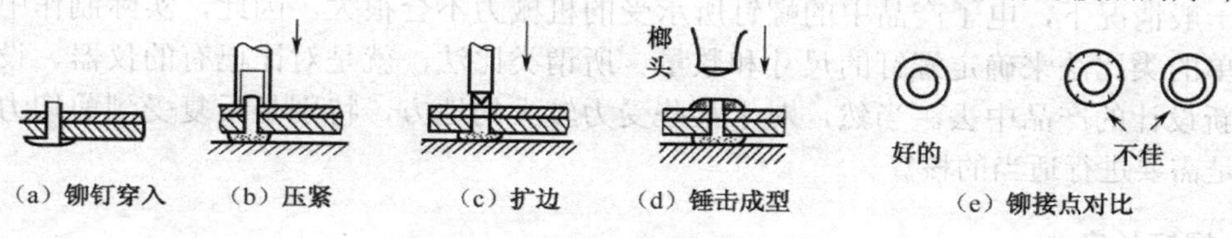

图 9-16 空心铆钉铆接示意图

9.5.3 螺纹连接

无论是制作样机还是设计整机，都免不了使用各种螺钉、螺母等连接件。有关这方面的详细资料可参见机械零件手册。这里仅就一般电子仪器设计制造中常用的螺纹连接进行介绍。

1. 螺钉的选用

螺钉类型的主要区别是螺钉头部的形状（如图 9-17 所示）和螺纹的种类。在大多数对连接表面没有特殊要求的情况下，都可以选用圆柱头或半圆头螺钉。其中，圆柱头螺钉特别是球面圆头螺钉，因为槽口较深，当改锥用力拧紧时一般不容易损坏槽口，因此比半圆头螺钉更适用于需要较大紧固力的部位或改锥不能垂直加压力的部位。

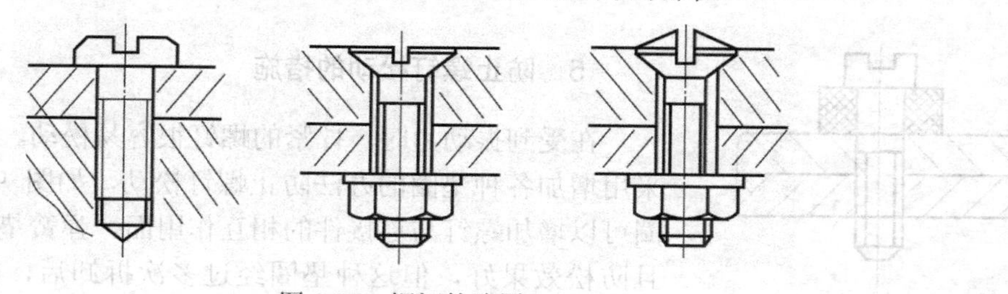

图 9-17 螺钉的选用

根据螺钉螺丝刀口的不同，螺钉又分为十字头螺钉和一字头螺钉。通常情况下，十字头螺钉的刀口相对不易损坏，所以使用较为广泛。

当需要连接面平整时，应该用沉头螺钉。当沉头孔合适时，可以使螺钉与平面保持同高并且使连接件准确定位。因为这种螺钉的槽口较浅，一般不能承受较大的紧固力。为解决这一问题，在某些时候可使用内六角螺钉，它具有同沉头螺钉一样的特性，且不易在拧紧过程中脱扣。在使用内六角螺钉紧固时，要使用专用的内六角扳手。

自攻螺钉一般用于薄铁板与薄铁板、薄铁板与塑料件、塑料件与塑料件之间的连接，它的特点是不需要预先攻制螺纹。显然，这种螺钉不能作为经常拆卸或承受较大扭力的连接。自攻螺钉适用于固定那些质量轻的部件，而像变压器、铁壳电容器等相对质量较大的零部件，绝不可以使用自攻螺钉固定。过去，塑料件与塑料件的连接常使用预埋螺母的工艺，近年来大都使用自攻螺钉替代。

2．螺钉的尺寸和数量

在一般情况下，电子产品中的螺钉所承受的机械力不会很大。因此，实际制作中可以采用简单的类比法来确定螺钉的尺寸和数量。所谓类比法，就是对比已有的仪器、设备，类推到新设计的产品中去。当然，对于某些受力较大的地方，特别是反复受到剪切力的部位，还是需要进行适当的核算。

3．螺钉长度

螺钉的长度要根据被连接零件的尺寸确定。在选用螺钉时，请参照相关的国家标准。

4．螺钉材料及选择

一般仪器中的连接螺钉都可以选用成本较低的镀锌钢制螺钉。面板上使用的螺钉，为增加美观并防止生锈，可使用镀亮铬、镀镍或表面发蓝的螺钉；紧定螺钉由于埋在元件内部，所以在选择时只需要考虑连接强度等技术要求即可。对于某些要求导电性能高的情况，例如，当作电气连接的接点时，可考虑选用黄铜螺钉、镀银螺钉等。由于这种螺钉的价格高且不易买到，因此要慎重选用。螺钉连接的导电性能见表9-5。

表9-5　黄铜导电螺钉的电流载荷能力

电流范围／A	<5	5～10	10～20	20～50	50～100	100～500
选用螺钉／M	3～4	4	5	6	8	10

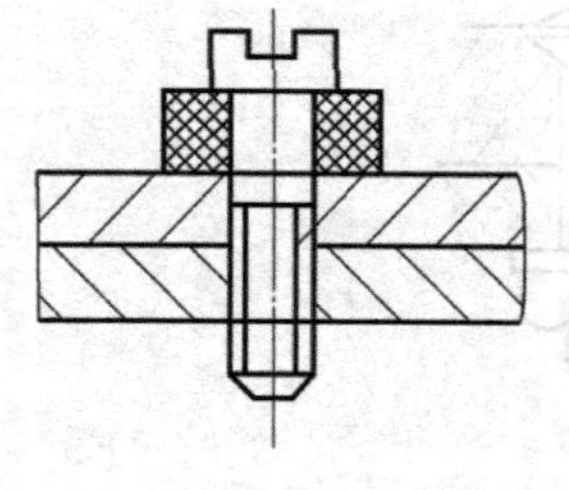

图9-18　垫圈防松动示意图

5．防止螺钉松动的措施

在受到振动力时，拧紧的螺钉很容易松动。电子仪器中一般采用增加各种垫圈的办法防止螺钉松动，如图9-18所示。平垫圈可以增加螺钉与连接件的相互作用面。弹簧垫圈使用最为普遍且防松效果好，但这种垫圈经过多次拆卸后，防松效果就会变差。因此，应该在结构调整完毕时的最后工序再紧固它。

波形垫圈的防松效果稍差，但所需要的拧紧力小且不会吃进金属表面，常用于螺纹尺寸较大且连接面不希望有伤痕的部位。

齿形垫圈也是一种所需压紧力较小的垫圈，但其齿能咬住连接件的表面，特别是用在涂漆表面上的防松垫，在电位器类的元件中使用较多。

止动垫圈的防振作用靠耳片固定六齿螺母，仅适用于靠近连接件的边缘但不需要拆卸的部位，一般不常使用。常见防止螺钉松动方法如图 9-19 所示。

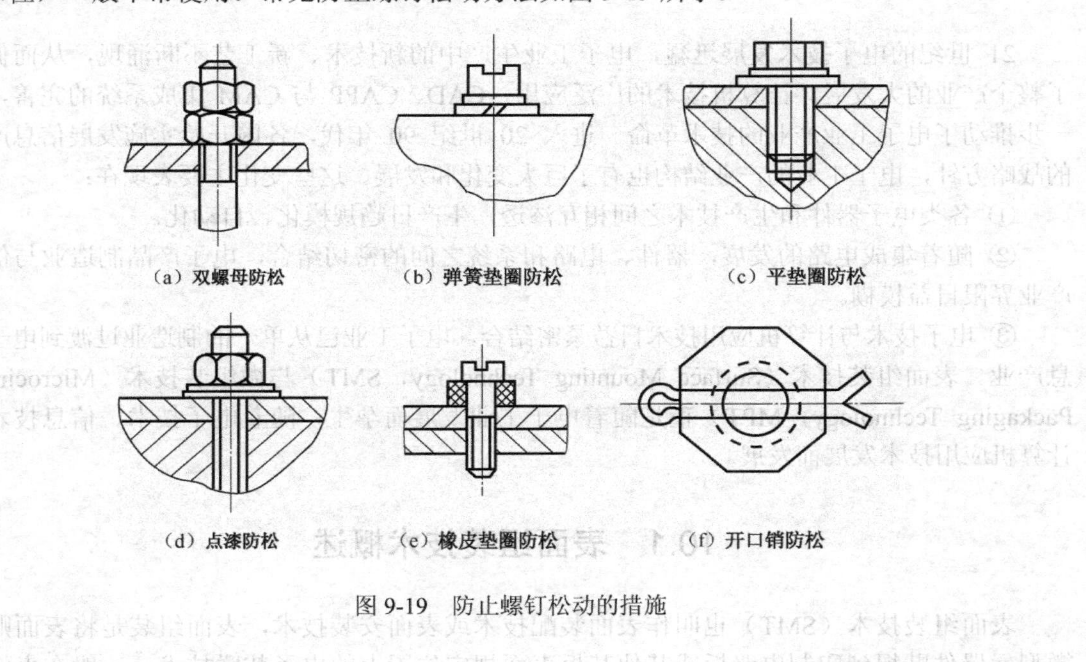

图 9-19　防止螺钉松动的措施

第10章　表面组装技术

21 世纪的电子技术发展迅猛，电子工业生产中的新技术、新工艺不断涌现，从而促进了整个产业的大发展。计算机技术的广泛应用，CAD、CAPP 与 CAM 集成系统的完善，进一步推动了电子工业产业的技术革命。进入 20 世纪 90 年代，各国开始实施发展信息产业的战略方针，电子工业的产业结构也有了巨大变化和发展。这些变化主要表现在：

① 各类电子器件和生产技术之间相互渗透，生产日趋规模化、自动化。

② 随着集成电路的发展，器件、电路和系统之间的密切结合，电子产品制造业与信息产业界限日益模糊。

③ 电子技术与计算机应用技术日益紧密结合，电子工业已从单一的制造业过渡到电子信息产业。表面组装技术（Surface Mounting Technology，SMT）与微组装技术（Microcircuit Packaging Technology，MPT）正是随着电子工业发展而孕生，随着电子技术、信息技术与计算机应用技术发展而发展。

10.1　表面组装技术概述

表面组装技术（SMT）也叫作表面装配技术或表面安装技术，表面组装是将表面贴装微型元器件贴焊到印制电路板或其他基板表面规定位置上的电子装联技术，一般在表面组装中无须对印制电路板钻插装焊孔。

表面组装技术是突破了传统的印制电路板（PCB）通孔插入式组装工艺发展起来的第四代电子装联技术，也是目前电子产品能有效地实现“轻、薄、短、小”和多功能、高可靠、优质、低成本的主要手段之一。

表面组装技术是从厚、薄膜混合电路演变发展起来的。美国是世界上表面组装元件（Surface Mount Component，SMC）和表面组装器件（Surface Mount Device，SMD）起源的国家，一直重视对此类电子产品的投资开发。在军事装备领域，表面组装技术发挥了高组装密度和高可靠性能方面的优势。

10.1.1　表面组装技术特点

表面组装技术（SMT）是新一代电子组装技术，被誉为电子组装技术的一次革命。表面组装技术是一门包括电子元器件、装配设备、焊接方法和装配辅助材料等内容的综合技术。表面组装技术与传统的通孔插入式组装技术（Through-hole Mounting Technology，TMT，THT）相比，其生产的产品具有体积小、质量轻、信号处理速度快、可靠性高、成本低等优点，它的出现动摇了传统通孔插入式组装技术的统治地位。当前，工业化国家在计算机、通信、军事、工业自动化、消费类电子等领域的新一代电子产品中，几乎都采用了SMT技术，表面组装技术已经成为电子工业的支柱技术。

表面组装技术与传统的通孔插装技术相比有以下特点。

1. 结构紧凑、组装密度高、体积小、质量轻

表面组装元器件（SMC/SMD）比传统通孔插装元件所占面积和质量都大为减少，而且在贴装时不受引线间距、通孔间距的限制，从而可大大提高电子产品的组装密度。如在采用双面贴装时，元器件组装密度可达到5～30个/cm^2，为插装元器件组装密度的5倍以上，从而使印制电路板面积节约60%以上，质量减轻90%以上。

2. 高频特性好

表面组装元器件（SMC/SMD）无引线或引线短，从而可大大降低引线间的寄生电容和寄生电感，减少了电磁干扰和射频干扰；电磁耦合通道的缩短，改善了高频性能。

3. 抗振动冲击性能好

表面组装元器件比传统插装元器件质量大为减少，因而在受到振动冲击时，元器件对印制电路板（PCB）上焊盘的动反力较插装元器件大为减少，而且焊盘焊接面积相对较大，故改善了抗振动和冲击性能。

4. 有利于提高可靠性

在表面组装元器件（SMC/SMD）比传统通孔插装元件质量大为减少的情况下，应力大大减小。焊点为面接触，焊点质量容易保证，且应力状态相对简单，多数焊点质量容易检查，减少了焊接点的不可靠因素。

5. 工序简单，焊接缺陷极少

由于表面组装技术的生产设备自动化程度较高，人为干预少，工艺相对较为简单，所以工序简单，焊接缺陷少，容易保证电子产品的质量。

6. 适合自动化生产，生产效率高、劳动强度低

由于表面组装设备（如焊膏印刷机、贴片机、回流焊机、自动光学检验设备等）自动化程度很高，工作稳定、可靠，生产效率很高。

表面组装生产线的生产效率体现在产能效率和控制效率方面，产能效率是表面组装生产线上各种设备的综合产能，较高的产能来自各种设备的合理配置。由于表面组装设备智能化程度较高，容易合理的协调和配置，因此，容易提高生产效率，降低劳动强度。

高效表面组装线体已从单路连线生产向双路连线生产发展，在减少占地面积的同时，也同样提高生产效率。

7. 降低生产成本

① 采用表面组装工艺的产品双面贴装，起到减少PCB层数的作用。

② 印制电路板使用面积减小，其面积为采用插装元器件技术面积的 1/10；若采用 CSP 安装，则其面积还可大幅度下降。

③ 印制电路板上钻孔数量减少，节约加工费用。

④ 元件不需要成形，工序简单。

⑤ 节省了厂房、人力、材料、设备的投资。

⑥ 频率特性好，减少了电路调试费用。

⑦ 片式元器件体积小、质量轻，减少了包装、运输和储存费用。

⑧ 目前，表面组装元器件（SMC/SMD）的价格已经与插装元器件相当，甚至还要便宜，所以一般电子产品采用表面组装技术后可降低生产成本 30%左右。

10.1.2　表面组装技术及其工艺流程

表面组装技术（SMT）是电子制造业中技术密集、知识密集的高新技术。表面组装技术作为新一代电子装联技术已经渗透到各个领域，表面组装技术发展迅速、应用广泛，在许多领域中已经或完全取代传统的电子装联技术，表面组装技术以自身的特点和优势，使电子装联技术产生了根本的、革命性的变革，在应用过程中，表面组装技术在不断地发展完善。

1. 表面组装技术

表面组装技术涉及元器件封装、电路基板技术、涂敷技术、自动控制技术、软钎焊技术、物理、化工、新型材料等多种专业和学科。表面组装技术内容丰富，跨学科，主要包含表面组装元器件（SMC/SMD）、表面组装电路板的设计（EAD 设计）、表面组装专用辅料（焊锡膏及贴片胶等）、表面组装设备、表面组装焊接技术（包括双波峰焊、再流焊、汽相焊、激光焊等）、表面组装测试技术、清洗技术、防静电技术，以及表面组装生产管理等多方面内容。

表面组装技术由元器件和电路板设计技术及组装设计和组装工艺技术组成，见表 10-1。

表 10-1　表面组装技术的组成

<table>
<tr><td rowspan="3">组装元器件</td><td>封装设计</td><td>结构尺寸，端子形式，耐焊性等</td></tr>
<tr><td>制造技术</td><td></td></tr>
<tr><td>包装</td><td>编带式，棒式、托盘式，散装等</td></tr>
<tr><td>电路基板技术</td><td colspan="2">单（多）层印制电路板，陶瓷基板、瓷釉金属基板</td></tr>
<tr><td>组装设计</td><td colspan="2">电设计，热设计，元器件布局和电路布线设计，焊盘图形设计</td></tr>
<tr><td rowspan="4">组装工艺技术</td><td colspan="2">组装方式和工艺流程</td></tr>
<tr><td colspan="2">组装材料</td></tr>
<tr><td colspan="2">组装技术</td></tr>
<tr><td colspan="2">组装设备</td></tr>
</table>

表面组装工艺主要由组装材料、组装技术、组装设备三部分组成，见表 10-2。

表10-2　表面组装工艺组成

<table>
<tr><td rowspan="2">组装材料</td><td>涂敷材料</td><td colspan="2">焊膏、焊料、贴装胶</td></tr>
<tr><td>工艺材料</td><td colspan="2">焊剂、清洗剂、热转换介质</td></tr>
<tr><td rowspan="11">组装技术</td><td>涂敷技术</td><td colspan="2">点涂、针转印、印制（丝网、模板）</td></tr>
<tr><td>贴装技术</td><td colspan="2">顺序式、在线式、同时式</td></tr>
<tr><td rowspan="6">焊接技术</td><td rowspan="3">波峰焊接</td><td>焊接方法——双波峰、喷射波峰</td></tr>
<tr><td>贴装胶涂敷——点涂，针转印</td></tr>
<tr><td>贴装胶固化——紫外、红外、电加热</td></tr>
<tr><td rowspan="3">再流焊接</td><td>焊接方法——焊膏法、预置焊料法</td></tr>
<tr><td>焊膏涂敷——点涂、印刷</td></tr>
<tr><td>加热方法——气相、红外、热风、激光等</td></tr>
<tr><td>清洗技术</td><td colspan="2">溶剂清洗、水清洗</td></tr>
<tr><td>检测技术</td><td colspan="2">非接触式检测、接触式检测</td></tr>
<tr><td>返修技术</td><td colspan="2">热空气对流、传导加热</td></tr>
<tr><td rowspan="6">组装设备</td><td>涂敷设备</td><td colspan="2">点涂器、针式转印机、印刷机</td></tr>
<tr><td>贴片机</td><td colspan="2">顺序式贴片机、同时式贴片机、在线式贴装系统</td></tr>
<tr><td>焊接设备</td><td colspan="2">双波峰焊机、喷射波峰焊机、各种再流焊接设备</td></tr>
<tr><td>清洗设备</td><td colspan="2">溶剂清洗剂、水清洗机</td></tr>
<tr><td>测试设备</td><td colspan="2">各种外观检查设备、在线测试仪、功能测试仪</td></tr>
<tr><td>返修设备</td><td colspan="2">热空气对流返修工具和设备、传导加热返修设备</td></tr>
</table>

这些内容可以归纳为以下三个方面。

① 设备：表面组装技术的硬件。

② 电子装联工艺：表面组装技术的软件。

③ 表面组装元器件（SMC/SMD）：既是表面组装技术的基础，又是表面组装技术发展的动力，它推动着表面组装技术专用设备和电子装联工艺不断更新和深化。

2. 表面组装工艺流程简介

（1）表面组装技术工艺分类

采用表面组装技术完成装联的印制板组装件叫作表面组装组件（Surface Mount Assembly，SMA）。一般将表面组装工艺分为6种组装方式，如表10-3所示。

SMT 工艺有两类最基本的工艺流程，一类是锡膏-再流焊工艺，另一类是贴片胶-波峰焊工艺。在实际生产中，应根据所用元器件和生产装备的类型以及产品的需求，选择单独进行或者重复、混合使用，以满足不同产品生产的需要。下面简单介绍基本的工艺流程。

表 10-3　组装工艺的六种组装方式

序号	组装方式		组件示意图	电路基板及特征	产品示例
1	表面组装	单面表面组装	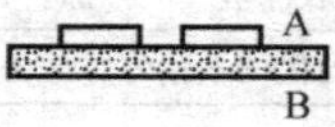	单面印制电路板	
				双面印制电路板	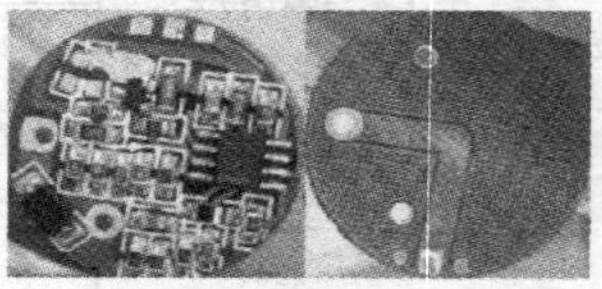
2		双面表面组装	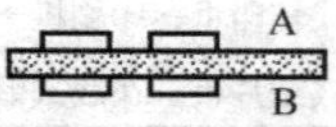	双面印制电路板或多层印制电路板	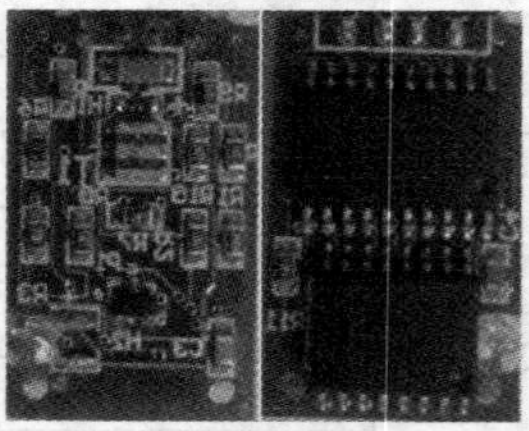
3	单面板混装	先贴后插单面焊接	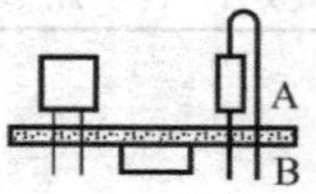	单面印制电路板，元器件在两面	
4	双面板混装	先贴后插双面焊接	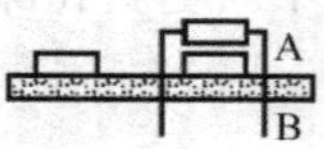	双面印制电路板，元器件在一面	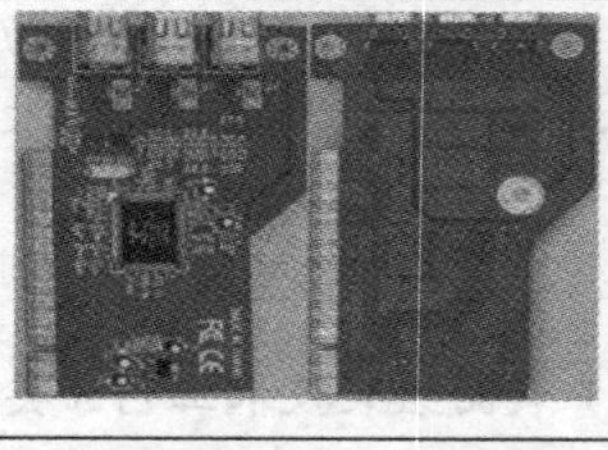
5	双面混装	先贴后插单面焊接	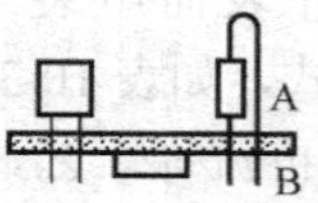	双面印制电路板或多层印制电路板	
6		先贴后插双面焊接	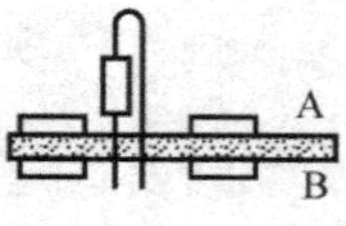		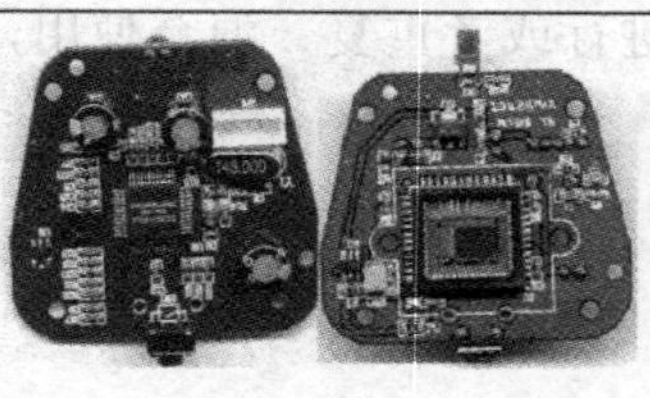

① 锡膏-再流焊工艺，如图 10-1 所示。该工艺流程的特点是简单、快捷，有利于产品体积的减小。

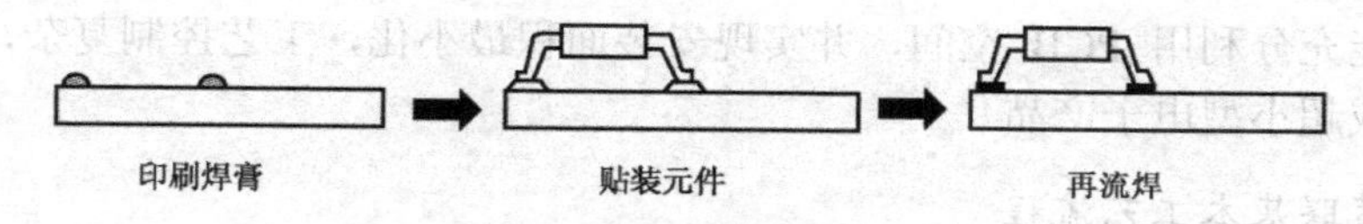

图 10-1 锡膏-再流焊工艺

② 贴片胶-波峰焊工艺，如图 10-2 所示。该工艺流程的特点是利用双面板空间，电子产品的体积可以进一步减小，且仍使用通孔元件，价格低廉。但设备要求增多，波峰焊过程中缺陷较多，难以实现高密度组装。

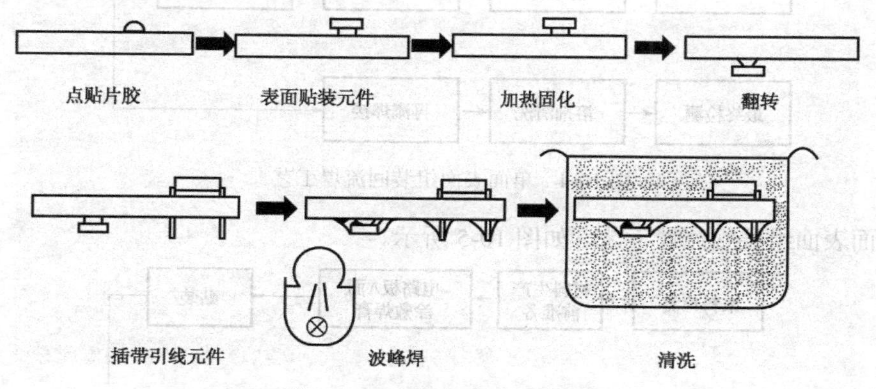

图 10-2 贴片胶-波峰焊工艺

③ 混合安装，如图 10-3 所示。若将上述两种工艺流程混合与重复则可以演变成多种工艺流程供电子产品组装之用，即为混合安装。该工艺流程特点是充分利用 PCB 双面空间，是实现安装面积最小化的方法之一，并仍保留通孔元件价廉的优点，多用于消费类电子产品的组装。

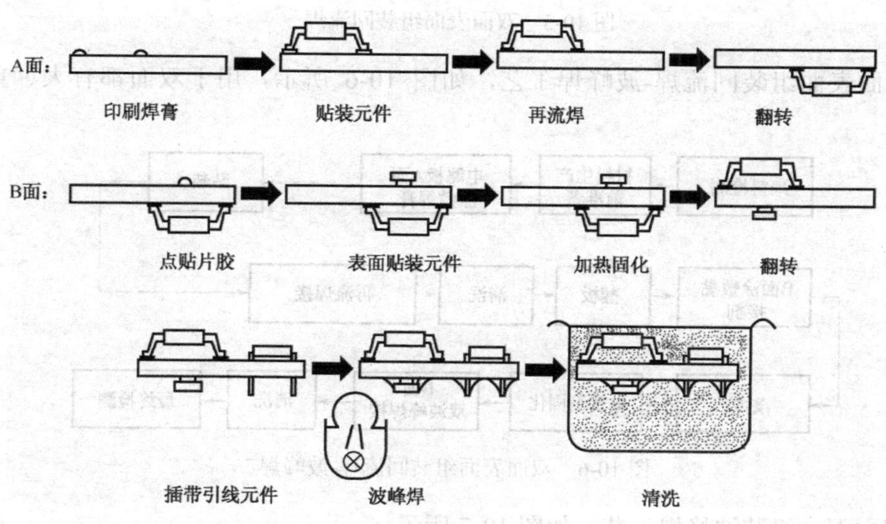

图 10-3 混合安装

④ 双面均采用锡膏-再流焊工艺。该工艺流程的特点是首先在元器件较小、IC 器件较少的一面采用锡膏-再流焊工艺，再在 IC 较多或有大、重器件一面用锡膏-再流焊工艺。双面再流焊工艺能充分利用 PCB 空间，并实现安装面积最小化，工艺控制复杂，要求严格，常用于密集型或超小型电子产品。

（2）电子装联基本工艺流程

以下是电子装联中常用的基本工艺流程图。

① 单面表面组装回流焊工艺，如图 10-4 所示。

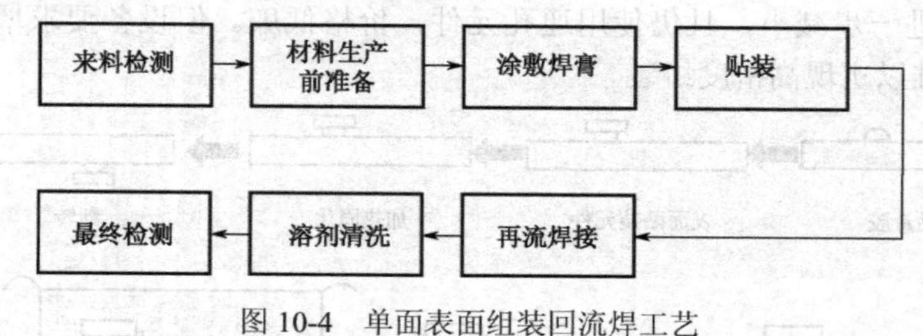

图 10-4　单面表面组装回流焊工艺

② 双面表面组装回流焊工艺，如图 10-5 所示。

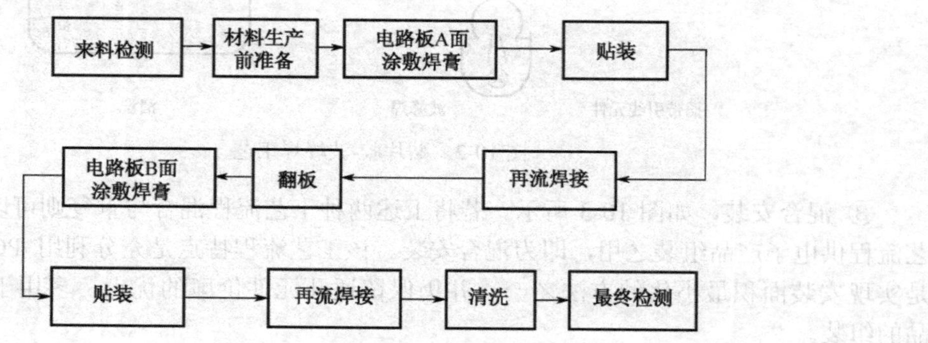

图 10-5　双面表面组装回流焊

③ 双面表面组装回流焊-波峰焊工艺，如图 10-6 所示，用于双面都有大、重器件的产品。

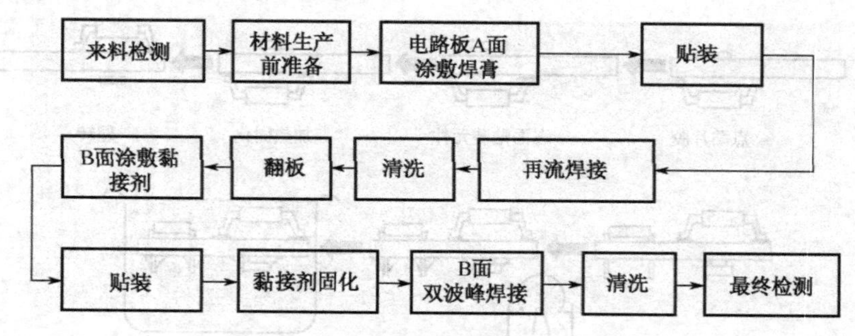

图 10-6　双面表面组装回流焊-波峰焊

④ 双面混合组装波峰焊工艺，如图 10-7 所示。

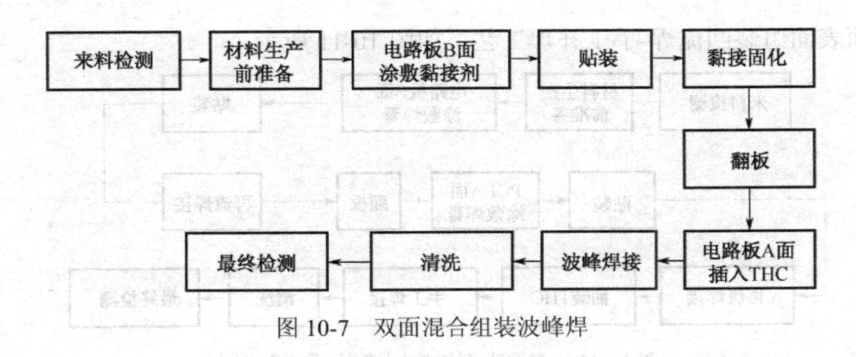

图 10-7 双面混合组装波峰焊

⑤ 单面混合组装回流焊-波峰焊工艺，如图 10-8 所示。

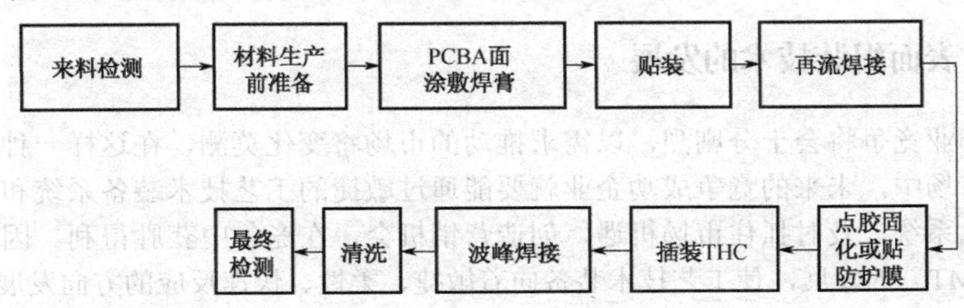

图 10-8 单面混合组装回流焊-波峰焊

⑥ 单面混合组装高温回流焊-低温波峰焊工艺，如图 10-9 所示。

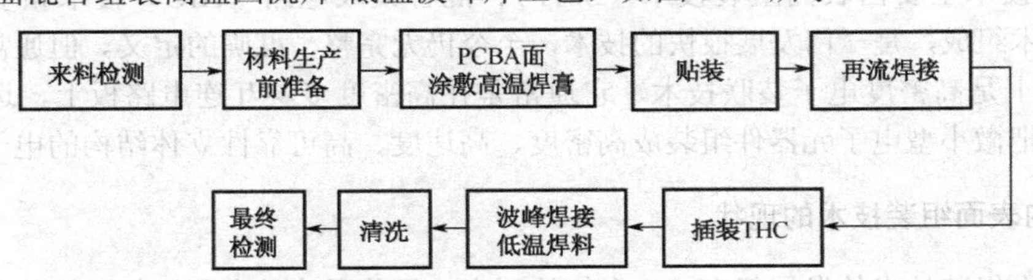

图 10-9 单面混合组装高温回流焊-低温波峰焊

⑦ 双面表面组装回流焊-波峰焊工艺，如图 10-10 所示。

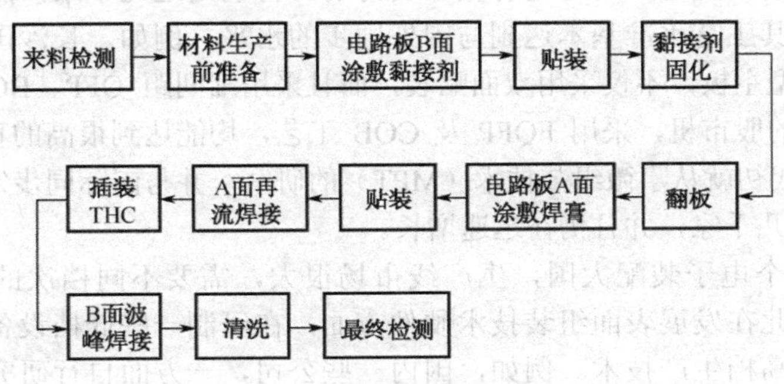

图 10-10 双面表面组装回流焊-波峰焊

⑧ 双面表面组装回流焊-手工补焊工艺，如图 10-11 所示。

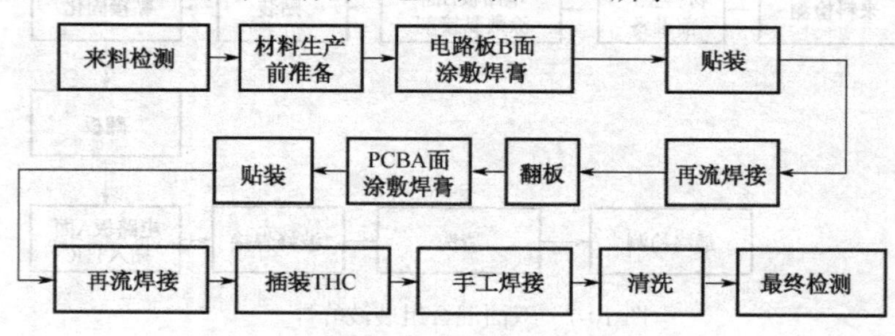

图 10-11 双面表面组装回流焊-手工补焊

10.1.3 表面组装技术的发展

未来的企业竞争将会十分剧烈，以需求推动的市场将变化莫测，在这样一种剧烈的、变化莫测的市场中，未来的竞争成功企业就要能通过敏捷的工艺技术装备系统和迅速准确的通信与信息系统，及时抓住市场机遇，创造营销机会，在竞争中获胜得利。因此，表面组装技术（SMT）的发展，使工艺技术装备向着敏捷、柔性、快速反应的方向发展。

表面组装技术（SMT）与微组装技术（MPT）正是随着电子工业发展而孕生，随着电子技术、信息技术与计算机应用技术的发展而发展。

微组装技术主要由表面组装技术（SMT）、混合集成电路（HIC）技术和多芯片模块（MCM）技术组成，是一门发展很快的技术，至今仍无完整、准确的定义。但通常认为微组装技术实质上是高密度电子装联技术，它通常是在高密度多层互连电路板上，运用连接和封装工艺，把微小型电子元器件组装成高密度、高速度、高可靠性立体结构的电子产品。

1. 国内表面组装技术的现状

我国表面组装技术的发展仅有 30 多年的历史，目前无论是表面组装元器件生产线，还是贴装生产线的关键设备几乎都是从国外引进的，而且这种状态还会延续下去。但在电子组装工艺技术方面的研究与应用还是有相当实力的，特别是近几年来，随着大型中外合资电子公司的增加，其工艺水准基本达到与国外同步的水平。例如，长沙国防科技大学用于银河计算机的超大型主板，不仅采用双面贴装，而且采用细间距 QFP、BGA 等新型元件；熊猫电子集团生产的股市机，采用 FQFP 及 COB 工艺，均能达到很高的直通率。有些研究所 20 世纪 90 年代初就从事微组装技术（MPT）的研究，并与国际同步发展。目前，国内 SMT 生产企业已达几千家，并且仍在迅速增长。

由于我国是一个电子装配大国，生产线市场很大，需要不同档次的贴片机、再流焊炉、印刷机等，因此在发展表面组装技术硬件方面，在研制一些低档设备的同时，采取中外合资的方法引进高档生产技术。例如，国内一些公司，一方面自行研究一些技术含量较低的辅助设备和表面组装配套生产线；另一方面与国外著名设备制造商合作，引进技术，生产档次较高的再流焊炉等，通过引进技术，合资生产，使 SMT 设备制造技术上了一个台阶。

在软件方面，我们更应加强表面组装技术基础工艺的研究。表面组装技术基础工艺的研究内容包括：

① PCB焊盘涂覆层的研究。

② 元件可焊性及储藏方法的研究。

③ 印刷用模板开口尺寸设计，特别是针对超小型元器件和CSP、裸芯片等的设计。

④ 免清洗焊接工艺的研究。

⑤ PCB清洗工艺的研究。

⑥ SMT工艺对PCB设计的要求。

⑦ 锡膏精密印刷工艺的研究（特别是适应高速印刷时）。

⑧ 超小型元器件再流焊是否需要加氮保护的研究。

⑨ 无铅工艺应用的研究。

⑩ 通孔元件再流焊工艺的研究。

⑪ 微焊接工艺的研究。

⑫ SMT大生产中防静电技术的研究。

当然还有其他方面的研究，实践表明，若能做好上述基础工艺的研究，将会使表面组装工艺水平上一个台阶。

近几年来，尽管元器件尺寸、引脚中心距变小，甚至出现CSP、裸芯片等，但表面组装工艺流程却没有变化，即仍然是印刷焊膏—贴放元件—再流焊接。因此我们更应该加强基础工艺研究，提高在大生产中的加工工艺水平，保证产品生产的稳定性和成品合格率的提高。当前，国外对无铅锡焊料的研究已成为热门话题，日本、欧洲均已开始使用无铅焊料，并已拟定禁用含铅焊料的时间表。

在发展元器件方面，我们不仅要做好电阻电容元件的生产，而且首先要发展IC器件，解决SOIC，PLCC，QFP和BGA等表面组装器件的供应问题。目前，这些表面组装器件大部分依赖进口，除开发共性的IC以外，还应开发专用的IC器件。表面组装器件是一个国家信息产业发展的标志，也是拥有自主知识产权的象征。若是用在军事领域，其意义更是不可言表。

2. 表面组装技术的发展

表面组装技术作为新一代电子装联技术已经渗透到各个领域，表面组装技术发展迅速、应用广泛，在许多领域中已经或完全取代传统的电子装联技术，表面组装技术以自身的特点和优势，使电子装联技术产生了根本的、革命性的变革。在应用过程中，表面组装技术在不断地发展完善。

（1）表面组装设备的发展

在表面组装技术领域中，表面组装设备的更新和发展代表着相关企业和工业发展的水平，面向新世纪的表面组装设备，将向着高效、柔性、智能、环保方向发展。

① 高效的表面组装设备。

贴片机的贴装速度与贴装精度和贴装功能一直以来是相对矛盾的，新型贴片机一直在向高速、高精度、多功能和智能化方向努力发展。由于表面安装元器件（SMC/D）的不断发展，其封装形式也在不断变化，新的封装不断出现，如 BGA、FC、CSP 等，对贴片机的性能要求越来越高。

高效的表面组装设备在向改变结构和提高性能的方向发展，其结构向双路送板模式和多工作头、多工作区域发展。为了提高生产效率，尽量减少生产占地面积，新型的表面组装设备正从传统的单路印制电路板（PCB）输送向双路 PCB 的输送结构发展，贴装工作头结构在向多头结构和多头联动方向发展。印刷机、贴片机、再流焊机等都有双路结构的设备，这将使生产效率有较大的提高。

一些公司的贴片机为了提高贴装速度采用了“飞行检测”技术，在贴片机工作时，贴片头吸片后，边运行边检测，以提高贴片机的贴装速度。通常的“飞行检测”多用于片式元件和小规模的集成电路，因而许多机器贴片式元件的速度较快，贴大型的集成电路就较慢。新型贴片机将视觉系统与贴片头配置在一起，提高了对较大集成电路的贴装速度。

② 柔性模块化的表面组装设备。

新型贴片机为了增强适应性和使用效率向柔性贴装系统和模块化结构发展，一些专业贴片机制造企业一改贴片机的传统概念，将贴片机分为控制主机和功能模块机，可以根据用户的不同需要，由控制主机和功能模块机柔性组合来满足用户的需要。模块机有不同的功能，针对不同元器件的贴装要求，可以按不同的精度和速度进行贴装，以达到较高的使用效率。当用户有新的要求时，可以根据需要增加新的功能模块机。

模块化的另一种发展是向功能模块组件方向发展，这种发展是将贴片机的主机制作成标准设备，装备有统一标准的机座平台和通用的用户接口，将点胶贴片的各种功能制作成功能模块组件，以实现用户需要的新的功能要求。这种设备适合多任务、多用户、投产周期短的加工企业。

③ 环保型的表面组装设备。

随着人们对环保要求的不断提高，一些环保型的 SMT 设备随之出现，如低噪声贴片机、无铅波峰焊机、无铅回流焊机、无公害清洗设备等。

（2）向绿色环保方向发展

从电子元器件的包装材料、贴片胶、焊锡膏、助焊剂等工艺材料，到生产线的生产过程，无不对环境存在着这样或那样的污染，表面组装生产线越多、规模越大，这种污染也就越严重。因此，未来表面组装生产线已向绿色生产线方向发展。绿色生产线的概念是指从表面组装生产的一开始就要考虑到环保的要求，分析表面组装每个生产环节中将会出现的污染源及污染程度，从而选择相应的表面组装设备和工艺材料，制定相应的工艺规范，营造相应的生产条件，以适实的、科学的、合理的管理方式维护管理生产线的生产，满足生产的需要和环保的要求。这就提示我们，表面组装生产不仅要考虑生产规模和生产能力，还要考虑表面组装生产对环境的影响，从表面组装建线设计、表面组装设备选型、工艺材料选择、环境与物流管理、工艺废料的处理及全线的工艺管理均需要考虑到环保的要求。在未来的世纪中，绿色生产线将是表面组装技术的发展方向，表面组装技术设计应提倡绿色设计。

（3）生产系统的发展

表面组装技术经历了从单台设备生产到多台设备连线生产的过程，目的是提高产品产量形成规模。高生产效率一直是人们追求的目标，表面组装生产线的生产效率体现在生产线的产能效率和控制效率上。

产能效率是生产线上各种设备的综合产能，较高的产能来自合理的配置，高效表面组装线体已从单路连线生产向双路连线生产发展，在减少占地面积的同时，提高生产效率。

控制效率包括转换和过程控制优化及管理优化，在这方面敏捷模式就是在计算数据网络的支持下，采用智能控制方式，优化设计参数、控制进程和贴装方式，能准确有效地转换模式和调换参数，实现无缺陷生产。

随着计算机信息技术和互联网信息技术的不断发展，生产线的产品数据管理和过程信息控制将逐渐完善，生产线上的生产数据和维护管理可以得到网络的支持，从而实现对用户需求的快速响应，新的表面组装技术将向信息集成、敏捷、柔性的生产环境发展。

（4）元器件及工艺材料的发展

① 元器件的发展。

表面组装封装元器件主要有表面组装元件（SMC）、表面组装器件（SMD）和表面组装电路板（SMB）。SMC 向微型化大容量发展，最新 SMC 元件的规格为 01005，在体积微型化的同时其容量向大的方向发展。SMD 向小体积、多引脚方向发展，SMD 经历了由大体积少引脚向大体积多引脚的发展。现在已经开始由大体积多引脚向小体积多引脚的发展。例如，BGA 向 CSP 的发展，倒装片（FC）应用将越来越多。随着电子装联技术向更高密度的发展，SMB 向着多层、高密度、高可靠性方向发展，许多 SMB 的层数已多达十几层以上，多层的柔性 SMB 也有较快的发展。

② 表面组装工艺材料的发展。

常用的表面组装工艺材料包括条形焊料、膏状焊料、助焊剂、稀释剂和清洗剂等。其助焊材料向免清洗方向发展，焊料则向无铅型、低铅、低温方向发展，总的方向是向环保型材料方向发展。

10.2　印刷技术及设备

随着表面贴装技术的快速发展，在其生产过程中，焊膏印刷对于整个生产过程的影响和作用越来越受重视。焊膏印刷是 SMT 生产过程中最关键的工序之一，印刷质量的好坏将直接影响 SMD 组装的质量和效率，据统计，60%～70%的焊接缺陷都是由不良的焊膏印刷造成的，因而要提高焊膏印刷质量，尽可能将印刷缺陷降低到最低。要实现高质量的重复印刷，焊膏的特性、网板的制作、印刷工艺参数的设置都十分关键。

10.2.1　焊膏印刷技术概述

随着元件封装的飞速发展，越来越多的 PBGA、CBGA、CCGA、QFN、0201、01005 阻容元件等得到广泛运用，表面贴装技术也随之快速发展，在其生产过程中，焊膏印刷对于整个生产过程的影响和作用越来越受到工程师们的重视。要获得好的焊接质量，首先需要重视的就是焊膏的印刷。生产中不但要掌握和运用焊膏印刷技术，并且要求能分析其中产生问题的原因，并将改进措施运用回生产实践中。

焊膏印刷技术是采用已经制好的模板（也称为网板、漏板等），用一定的方法使模板和印刷机直接接触，并使焊膏在模板上均匀滚动，由模板图形注入网孔。当模板离开印制板时，焊膏就以模板上的图形的形状从网孔脱落到印制板相应的焊盘图形上，从而完成了焊膏在印制板上的印刷，如图 10-12 所示。完成这个印刷过程而采用的设备就是焊膏印刷机。

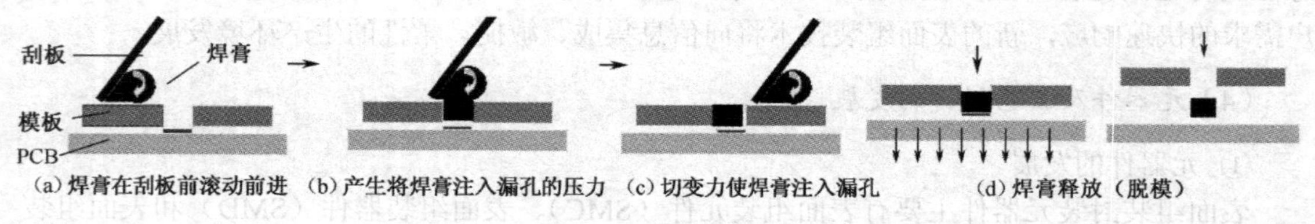

图 10-12　焊膏印刷

1. 焊膏印刷的工作原理

焊膏和贴片胶（以下称之为印刷材料）都是触变流体，具有黏性。当刮刀以一定速度和角度向前移动时，对焊膏或贴片胶产生一定的压力，推动印刷材料在刮板前滚动，产生将印刷材料注入网孔或漏孔所需的压力，印刷材料的黏性摩擦力使印刷材料在刮板与网板交接处产生切变力，切变力使印刷材料的黏性下降，有利于印刷材料顺利地注入网孔或漏孔。刮刀速度、刮刀压力、刮刀与网板的角度，以及印刷材料的黏度之间都存在一定的制约关系，因此，只有正确地控制这些参数才能保证印刷材料的印刷质量。

2. 印刷材料的性能

印刷材料的性能包括流体性能、印刷过程性能和工艺性能。

（1）印刷材料的流体性能

印刷材料的流体性能是指其本身的特性，主要有三个印刷材料的物性值代表指标：黏度、触变系数 / 触变比、颗粒直径。

① 黏度。

在 SMT 的工作流程中，因为从印刷（或点注）完锡膏并贴上元件，到送入回流焊加热制程中间有一个移动、放置或搬运 PCB 的过程，在这个过程中为了保证已印刷好（或点好）的焊膏不变形、已贴在 PCB 焊膏上的元件不移位，要求锡膏在 PCB 进入回流焊加热之前，应有良好的黏性并保持一定时间。

对于锡膏的黏性程度指标即黏度常用“Pa•S”为单位来表示。焊膏黏度的测定，一般都使用布氏黏度计。其中，200～600 Pa•S 的锡膏比较适合用于针式点注制式或自动化程度较高的生产工艺设备；对于手工或机械印刷，印刷工艺要求锡膏的黏度相对较高，所以用于此类印刷工艺的锡膏其黏度一般在 600～1 200 Pa•S。

高黏度的锡膏具有焊点成桩型效果好等特点，较适于细间距印刷；而低黏度的锡膏在印刷时具有较快下落、工具免洗刷、省时等特点。

锡膏黏度的另一特点是其黏度会随着对锡膏的搅拌而改变，在搅拌时，其黏度会有所降低；当停止搅拌略微静置后，其黏度会回复原状；这一点对于如何选择不同黏度的锡膏有着极为重要的作用。另外，锡膏的黏度和温度有很大的关系，在通常状况下，其黏度将随着温度的升高而逐渐降低。

② 触变系数。

作为运动流体来说，大致分为牛顿流体和非牛顿流体。牛顿流体，黏度只与温度有关，与切变速率无关；非牛顿流体，由于运动速度的变化其黏度也会变化，不用说也会受到温度的影响，如润滑脂、焊膏、贴片胶等。

焊膏是一种非牛顿流体，有触变性。其黏度随时间、温度、剪切强度等因素而发生变化。焊膏在低剪切率（慢或不流动）的环境下是黏稠的，随着流动性的增加和剪切率的增加，其黏度会逐渐变稀。同样，在固定的剪切率下，黏度也会随着时间的增加而下降。一旦剪切力停止，黏度就立即回升。理论上，最终返回初始的状态，恢复过程也许需要几小时。焊膏的这种特性在流变学中称为“触变性”。焊膏具有所谓的“触变性质”是指焊膏受到剪切时稠度变小，停止剪切时稠度又增加的性质。

焊膏是一种均质混合物，是由焊料合金粉、助焊剂和一些添加剂等混合而成的具有一定黏度和触变性的膏状体。

焊剂的主要成分有活化剂、触变剂、基材树脂和溶剂等。触变剂主要用来帮助合金粉悬浮、调节焊膏黏度及印刷性能，起到印刷中防止出现拖尾、黏接等现象，一般由溶剂、乳化石蜡等组成，作为增添剂或副溶剂，起着调解剂的作用。

触变系数表示触变性质大小。触变系数（触变比）是一个重要参数，触变系数（触变比）是按照 JS-Z3284 标准由 3 rpm 和 30 rpm 时的黏度比通过计算得来的。用触变系数（触变比）对于焊膏黏度的管理十分有利。

③ 颗粒直径。

这里的颗粒直径是指焊料粉末颗粒直径。焊膏焊料的颗粒形状、直径大小及其均匀性也影响其印刷性能。

国内焊锡膏生产厂商多用锡粉的颗粒度来对不同锡膏进行分类，而很多国外厂商多用目数（MESH）的概念来对不同锡膏进行分类。目数（MESH）的基本概念是指筛网每一平方英寸面积上的网孔数。锡膏目数指标越大，该锡膏中锡粉的颗粒直径就越小；而当目数越小时，就表示锡膏中锡粉的颗粒越大。

在选择锡膏时，应根据 PCB 上距离最小的焊点之间的间距来确定：如果间距较大时，可选择目数较小的锡膏，反之即当各焊点间的间距较小时，就应当选择目数较大的锡膏。一般焊料颗粒直径约为模板开口尺寸的 1/5，对细间距 0.5 mm 的焊盘来说，其模板开口尺寸为 0.25 mm，其焊料粒子的最大直径不超过 0.05 mm，否则印刷时易造成堵塞。通常细小颗粒的焊膏会有更好的焊膏印条清晰度，但却容易产生塌边，同时被氧化程度和机会也高。一般是以引脚间距作为其中一个重要选择因素，同时兼顾性能和价格。

（2）印刷过程性能

印刷过程性能是指其印刷过程中印刷材料与刮刀、模板和印刷机共同工作所表现出的特性，主要有充填性能、脱版性能、清洁性能。

① 充填性能。

充填性能是指印刷过程中焊膏往网板开口部的填入状况，是否能够干净、利索地完成，不存在焊膏填入量过多或过少的不良情况，实现稳定性地充填。否则易发生印刷渗溢或模糊现象。

② 脱版性能。

印刷后网板的脱版应该是很干净地脱离，从其完成的动作看，是焊膏在保持其原有的印刷形状下能"干净漂亮地"脱版。脱版性能怎样，大致上与印刷形状、复制率、印刷精度有直接的关系。如果脱版性能不好，脱版后焊膏的变形量很大，也是发生渗溢和印刷模糊的要因。

③ 清洁性能。

焊膏印刷中的清洁性能是保持完好印刷状态（连续性）的十分重要因素，清洁的目的并不是针对"模板一定要保持干净漂亮"，主要是为了维持良好的印刷状态。

焊膏主要由合金粉末与焊剂混合而成。在印刷工序中，焊膏中的焊剂还起到了重要的润滑剂作用。如果说印刷中模板过于清洁，就好比过度地去除了印刷时的润滑剂（焊剂），这种形态在充填或脱版时都会发生对开口部的"润滑不良"，使焊膏的复制率降低。因此这里的清洁性能分为两种，一种是吸引性——从模板开口将焊料吸出，如果这个吸引力很强，吸引时会将作为润滑剂的焊剂去除，一下子把焊料吸出去；另一种是反面擦拭性——将模板反面擦拭干净。

（3）工艺性能

SMT 大生产中，首先要求焊膏能顺利地、不停地通过焊膏模板或分配器转移到 PCB 上，如果焊膏的印刷性能不好，就会堵死模板上的孔眼，导致生产不能正常进行。其原因是焊膏中缺少一种助印剂或用量不足。合金粉末的形状差、粒径分布不符合要求也会引起印刷性能下降。

最简便的检验方法是，选用焊接中心距为 0.5 mm 或 0.63 mm 的 QFP 漏印模板，印刷 30～50 块 PCB，观察漏板上的孔眼是否被堵死，漏印模板的反面是否有多余的焊膏，并观察 PCB 上焊膏图形是否均匀一致，有无残缺现象，若无上述异常现象，一般认为焊膏印刷性是好的。

① 焊膏的黏结力。

焊膏应有一定的黏结力，以保证 SMD/SMC 放置焊膏上后的一段时间（8 h）内仍能保持足够的黏性。它可以保证器件焊接在需要的位置上，并在传输过程中不出现元器件的移动，同时保证焊膏对焊盘的黏附力大于其对模板开口侧壁的黏附力，使焊膏能很好地脱板。

② 焊膏的塌落度。

塌落度是描述焊膏印到 PCB 上并经一定高温后是否仍保持良好形状。外观上看到焊膏图形互连现象，则说明焊膏已出现塌落缺陷，这种现象往往会导致再流焊后出现桥连、飞珠等缺陷。

③ 焊球试验。

焊球试验可表明焊料粉末的氧化程度或焊膏是否浸入水汽。正常情况下，一定量焊膏在不润湿的基板上熔化后应形成一个大球体，且不夹带附加的小球或粉状物，若有小球或粉状物，则说明焊料粉末中含氧量高或受水汽浸入。

④ 焊膏可焊性（润湿性、扩展率）。

可焊性主要指焊膏对被焊件的润湿能力，它取决于焊剂的活性和焊料粒子的氧化程度。活性太高，则去氧化膜能力强，有利于焊接，但铺展面积过大，易出现桥接；活性太低，则去氧化膜能力弱，易产生焊料球。所以要根据具体情况选择适当活性的焊膏。

⑤ 焊膏的金属含量及其粒度和形状。

焊膏中金属的含量决定了焊接后焊料的厚度。随着金属所占百分含量的增加，印刷后的焊膏经过烘干，焊膏塌陷较小，焊料厚度也增加，有利于提高元件和基片之间的连接强度，也有利于提高焊点的抗疲劳强度。但对于加工细间距 QFP 产品的焊膏，应注意焊膏中金属含量的变化。生产中常出现这样的现象：在生产的初期，产品质量很好，但长时间印刷后，此时若不及时补加新焊膏，QFP 引脚常常会出现桥连现象。其原因是，印刷时间过久引起焊膏黏度增大，焊料粉的含量相对增高所致。

⑥ 触变性。

即在刮刀压力作用下，焊膏出现稀化现象，使其容易漏过模板，印刷完后，焊膏又恢复到原来的黏度而呈现良好的印刷分辨率，从而获得优异的焊接质量。

⑦ 焊剂酸值、卤化物、水溶物电导率、铜镜腐蚀性和绝缘电阻的测定。

有关焊膏中焊剂酸值、卤化物、水溶物电导率、铜镜腐蚀性和绝缘电阻测定的意义同液态助焊剂的有关测试目的完全相同，也是从不同角度、用不同方法来测试焊膏的腐蚀性，以确保所使用的焊膏不仅可焊性好，而且电气性能要达到质量要求。特别是为保护环境，大量采用免清洗焊膏，焊接后均不再清洗，因此更要求焊膏安全可靠。

3. 焊膏印刷工艺流程

印刷焊膏的工艺流程是：焊膏准备→安装并校准模板→调节参数→印刷焊膏→结束清洗模板，现按此流程分别介绍如下。

（1）焊膏准备

刚购进的焊膏应放入冰箱冷藏（5℃左右）。使用时，从冰箱中取出，待恢复到室温（约 4 h）后再打开盖，用焊膏搅均器搅匀焊膏，也可用不锈钢棒或塑料棒搅拌，使焊膏均匀，并按焊膏的外观判定要求来判别焊膏质量。应特别注意，焊膏的黏度、粒度是否符合当前产品的要求。

（2）安装并校正模板

通常半自动印刷机没有自动校准模板功能，一般在模板及PCB装夹后，在PCB上放置一块带框架的透明聚酯膜，然后将焊膏印刷在聚酯膜上，透过聚酯膜调节印刷机的 X，Y，Z，θ 四个参数，使聚酯膜上的焊膏图形与PCB焊盘图形相重叠，然后移开聚酯膜并实际印刷1～2次，一般都能对准模板位置，最后锁紧相关旋钮。当然，有条件者可通过CCD帮助对准。

（3）印刷焊膏

正式印刷焊膏时应注意下列事项。

- 焊膏的初次使用量不宜过多，一般按PCB尺寸来估计；
- 在使用过程中，应注意补充新焊膏，保持焊膏在印刷时能滚动前进；
- 注意印刷焊膏时的环境质量：无风，洁净，温度（23±3）℃，相对湿度＜70%。

（4）完工／清洗模板

完工后，模板上未使用完的焊膏不应再放回原容器中，需单独存放。用乙醇和擦洗纸及时将模板清洗干净，并可用压缩空气将模板窗口清洁干净。若窗口堵塞，千万勿用坚硬金属针划捅，以免破坏窗口形状，然后将干净的模板放在一个安全的地方。

10.2.2 焊膏印刷机系统组成

焊膏印刷机用来印刷焊膏或贴片胶，并将印刷材料正确地漏印到印制电路板相应的位置上。

用于印刷焊膏的印刷机品种繁多，若以自动化程度来分类，可以分为手工调节、半自动和全自动三类。半自动和全自动印刷机可以根据具体情况配置各种功能，以提高印刷精度。例如，视觉识别系统，干式、湿式和真空擦板功能、调整离板速度功能、工作台或刮刀45°角旋转功能（用于窄间距QFP器件），以及二维、三维焊膏测量系统等。

印制电路板（PCB）放进和取出的方式有以下两种。

① 将整个刮刀机构连同模板抬起，将印制电路板放进和取出。印制电路板定位精度取决于转动轴的精度。一般精度不太高，多见于手动印刷机与半自动印刷机。

② 刮刀机构与模板不动，印制电路板平进与平出，模板与印制电路板垂直分离，故定位精度高，多见于全自动印刷机。

手动印刷机的各种参数与动作均需人工调节与控制，通常仅用于小批量生产或难度不高的产品；半自动印刷除了印制电路板装夹过程是人工放置以外，其余动作机器可连续完成，但第一块PCB与模板的窗口位置是通过人工来对准的。通常，印制电路板是通过印刷机夹持基板工作台上的定位销来实现定位对准的，因此印制电路板上应设有高精度的工艺孔，以供装夹用。

通常全自动印刷机装有光学对准系统，通过对印制电路板和模板上对准标志（Mark）的识别，实现模板窗口与印制电路板焊盘的自动对准，印刷机重复精度达±0.01 mm，在配有PCB自动装载系统后，能实现全自动运行。但印刷机的多种工艺参数，如刮刀速度、刮刀压力、漏板与印制电路板之间的间隙仍需人工设定。

10.2.3 焊膏印刷模板

模板（Stencil），又称为漏板或网板，它用来定量分配焊膏，是焊膏印刷的关键工具之一。由于焊膏印刷来源于丝网印刷技术，因此早期的焊膏印刷多采用丝网印刷。但由于丝网制作的漏板，其窗口开口面积要被丝网本身占用一部分，即开口率达不到100%，不适合于焊膏印刷工艺，故很快被镂空的金属板所取代。此外，丝网漏板的使用寿命也远远不及金属模板，所以现在基本上已被淘汰。目前常用的金属模板如图10-13所示。

图10-13 模板的结构

1. 印刷模板类型

模板（Stencil）是表面组装工艺中重要部件之一，模板的主要功能是将准确数量的印刷材料转移到PCB光板上准确的位置。

（1）模板的结构

模板其外框是铸铝框架（或由铝方管焊接而成），中心是金属模板，框架与模板之间依靠丝网相连接，呈“刚-柔-刚”的结构。这种结构确保金属模板既平整又有弹性，使用时能紧贴PCB表面。铸铝框架上备有安装孔，供印刷机上装夹之用，通常钢板上的图形离钢板的外边约50 mm，以供印刷机刮刀头运行需要，丝网的宽度为30～40 mm，以保证钢板在使用中有一定的弹性。早期的模板也有采用直接将金属模板融合在框架上的，但由于使用过程中缺乏应有的弹性，现在已经少用。常用作模板的金属材料有锡磷青铜和不锈钢两种。前者价钱便宜，材料易得，特别是窗口壁光滑，便于漏印焊膏，但使用寿命不及后者；不锈钢制造的模板坚固耐用，寿命长，但窗口壁光滑性不够，不利于漏印焊膏，价格也较贵。目前这两类材料制造的漏板均有使用，但以不锈钢模板多见。

（2）金属模板的制造方法

① 化学腐蚀法。

化学腐蚀法制造金属模板是最早采用的方法，由于价廉，至今还普遍使用。其制作过程是，首先制作两张菲林膜，上面的图形应按一定比例缩小；然后在金属板上两面贴好感光膜；通过菲林膜对其正反曝光；再经过双向腐蚀，制得金属模板；最后将它胶合在网框上，经整理后就可以制得模板。制作过程中要注意两点，一是图形的二次设计；二是菲林膜正反对位的准确性。这道工序人为影响较大，经常会影响焊膏印刷精度。

化学腐蚀法由于存在侧腐蚀，故窗口壁粗糙度大，尤其对不锈钢材料效果较差，因此漏印效果也较差。

② 激光切割法。

采用激光切割制造模板是20世纪90年代出现的方法，它利用微机控制CO_2或YAG激光发生器，像光绘一样直接在金属模板上切割窗口。

这种方法具有精度高、窗口尺寸好、工序简单、周期短（约 1 小时 1 块）等优点。但当窗口尺寸密集时，有时会出现局部高温，熔融的金属会跳出小孔，影响钢板的粗糙度。尽管如此，它的优越性仍是有目共睹的，特别在图形精度高的场合是首选方法之一，是目前不锈钢模板的主要制造方法。

③ 电铸法。

随着细间距 QFP 的大量使用，对模板的质量要求也越来越高，无论是腐蚀法还是激光法制作的漏板，在印刷细间距器件图形时，均会出现不同程度的窗口堵塞，或者经常需要清洁模板底面，给生产带来不便，因此又出现了电铸法制造金属模板技术，其制造方法与其他方法不同，与蚀刻法相比，它是一个累加过程。具体做法是，在一块平整的基板上，通过感光的方法制得窗口图形的负像（模板窗口图形为硬化的聚合感光胶），然后将基板放入电解质溶液中，基板接电源负极，用镍作为阳极，经数小时后，镍在基板非焊盘区沉积，达到一定厚度后与基板剥离，形成模板。经整理，将其胶合到网框上。用电铸法制造的模板精度高，窗口内壁光滑，有利于焊膏在印刷时顺利通过。

但电铸法制造的模板价格昂贵，仅适合在细间距器件焊接产品中使用。目前，国外用电铸法制造的模板尺寸已达 400 mm×400 mm，孔壁粗糙度在 0.005 mm 以下。

10.2.4　影响焊膏印刷的主要工艺参数

印刷焊膏（或贴片胶）是表面组装生产中的最关键的工序，焊膏印刷主要工艺参数的合理调整成为保证印刷焊膏质量的关键。

影响印刷质量的主要工艺参数如下所述。

1．刮刀速度

刮刀速度和焊膏黏稠度有很大的关系，刮刀速度越慢，焊膏黏稠度越大；同样，刮刀速度越快，焊膏黏稠度越小。一般，刮刀速度选择在 12～40 mm/s。若速度太快，则会造成刮刀通过模板窗口的时间太短，导致锡膏不能充分渗入窗口。假设刮刀以 12 mm/s 的印刷速度通过 0.3 mm 的窗口，它通过窗口的时间其实只有 25 ms。因此，适当降低刮刀的速度，能够增加印刷至印制板的锡膏量。

2．刮刀压力

刮刀压力对印刷影响很大，压力太小，则 Z 方向的力也小，漏进窗口的锡膏量少，印制电路板上锡膏量不足；太大的压力则导致焊膏太薄。一般把刮刀压力设定在 20 kg/m。

理想的刮刀速度与压力应该正好把焊膏从钢板表面刮干净。刮刀速度与压力也存在一定的转换关系，即降低刮刀速度等于提高刮刀压力，提高了刮刀速度等于降低了刮刀压力。

3．刮刀宽度

如果刮刀相对于印制电路板过宽，那么就需要更大的压力、更多的锡膏参与工作，因而会造成焊膏浪费。一般刮刀的宽度为印制电路板长度（印刷方向）加上 50 mm 左右为最佳，并要保证刮刀头落在金属模板上。

4．印刷间隙

印刷间隙是钢板装夹后与印制电路板之间的距离，关系到印刷后印制电路板上的留存量，其距离增大，焊膏量增多，一般控制在 0～0.07 mm。

5．分离速度

焊膏印刷后，钢板离开印制电路板的瞬时速度即分离速度，分离速度是关系到印刷质量的参数，其调节能力也是体现印刷机质量好坏的参数，在精密印刷中尤其重要。早期印刷机是恒速分离的，先进的印刷机其钢板离开焊膏图形时有一个微小的停留过程，以保证获取最佳的印刷图形，如图 10-14 所示。

6．刮刀形状与制作材料

刮刀头的制作材料和形状一直是印刷焊膏中的热门话题。刮刀形状与制作材料有很多，如图 10-15 所示。从图中可以看出，刮刀按制作形状可分为菱形和拖尾巴两种；从制作材料上可分为聚胺酯和金属刮刀两类。

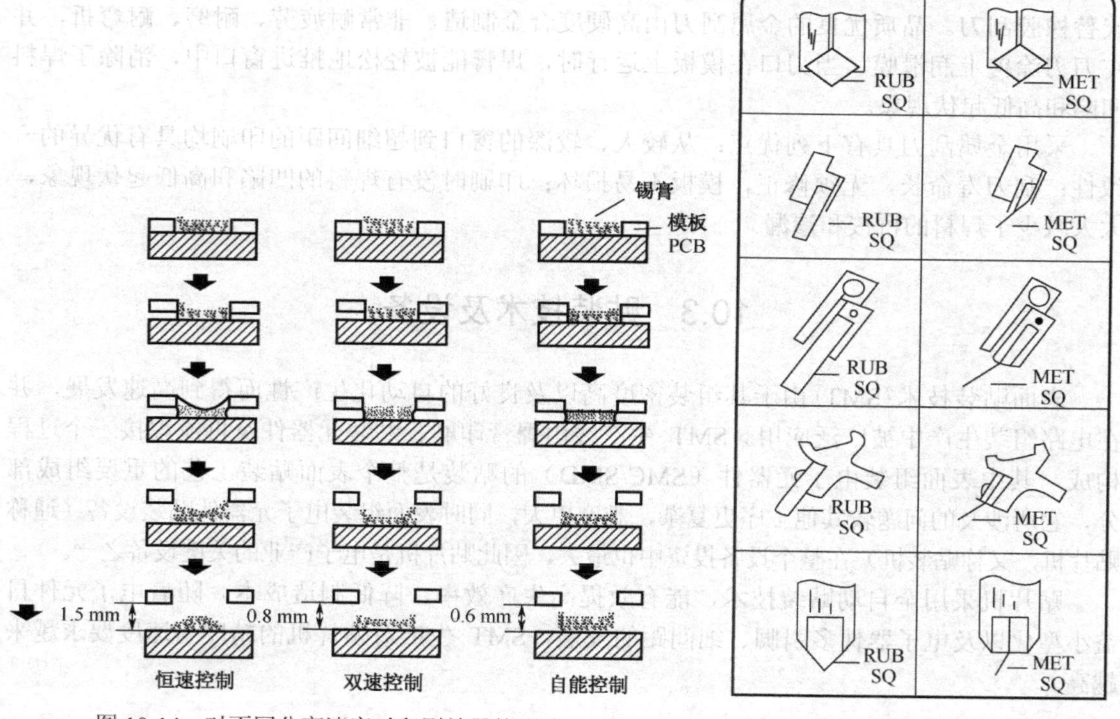

图 10-14 对不同分高速度对印刷效果的影响

图 10-15 各种不同形式的刮刀

（1）菱形刮刀

它由一块方形聚胺酯材料（10 mm×10 mm）及支架组成，方形聚胺酯夹在支架中间，前后成 45°。这类刮刀可双向刮印焊膏，在每个行程末端刮刀可跳过锡膏边缘，所以只需一把刮刀就可以完成双向刮印，典型设备有MPM公司生产的SP－200型印刷机。但是这种结构的焊膏量难控制，并易弄脏刮刀头。

此外，当采用菱形刮刀印刷时，应将PCB边缘垫平整，防止刮刀将模板边缘压坏。

（2）拖尾刮刀

这种类型的刮刀最为常用，它由矩形聚胺酯与固定支架组成，聚胺酯固定在支架上，每个行程方向各需一把刮刀，整个工作需要两把刮刀。刮刀由微型汽缸控制上下移动，这样不需要跳过焊膏就可以先后推动焊膏运行，因此刮刀接触焊膏部位相对较少。

当采用聚胺酯制作刮刀时，有不同硬度可供选择。丝网印刷模板一般选用的硬度为75邵氏（shore），金属模板应选用的硬度为85邵氏。

（3）金属刮刀

用聚胺酯制作的刮刀，当刮刀头压力太大或材料较软时，易嵌入金属模板的孔中（特别是大窗口孔），并将孔中的焊膏挤出，从而造成印刷图形凹陷，印刷效果不良。即使采用高硬度橡胶刮刀，虽可改善切割性，但填充锡膏的效果仍较差。为此人们采用将金属片嵌在橡胶刮刀的前沿，金属片在支架上凸出40 mm左右的刮刀，故又称为金属刮刀，并用来代替橡胶刮刀。品质优良的金属刮刀由高硬度合金制造，非常耐疲劳、耐磨、耐弯折，并在刀刃涂覆上润滑膜，当刃口在模板上运行时，焊膏能被轻松地推进窗口中，消除了焊料凹陷和高低起伏现象。

采用金属刮刀具有下列优点：从较大、较深的窗口到超细间距的印刷均具有优异的一致性；刮刀寿命长，无须修正，模板不易损坏；印刷时没有焊料的凹陷和高低起伏现象，大大减少了焊料的桥接和渗漏。

10.3　贴装技术及设备

表面贴装技术(SMT)由于其组装密度高以及良好的自动化生产性而得到高速发展，并在电路组装生产中被广泛应用。SMT生产线由焊膏印刷、贴装元器件及再流焊接三个过程构成，其中表面组装电子元器件（SMC/SMD）的贴装是整个表面贴装工艺的重要组成部分，它所涉及的问题较其他工序更复杂，难度更大，同时表面组装电子元器件贴装设备（通称贴片机，又称贴装机）在整个设备投资中也最大，因此贴片机是电子产业的关键设备之一。

贴片机采用全自动贴装技术，能有效提高生产效率，降低制造成本。随着电子元件日益小型化以及电子器件多引脚、细间距的发展，SMT生产对贴片机的精度与速度要求越来越高。

10.3.1　贴片机概述

目前，世界上生产贴片机的厂家有几十家，贴片机的品种达数百个之多，如日本的FUJI（富士）、PANASONIC（松下）、YAMAHA（雅马哈）、JUKI（日本重机）等，韩国的SAMSUNG（三星）、MIARE（未来），德国的SIEMENS（西门子）、AUTOTRONIK（新创能）、美国的UNIVERSAL（环球）、荷兰的ASSEMBLEON（安必昂）、瑞典的 MYDATA(迈德特)等。但无论是全自动高速贴片机还是多功能贴片机，无论是高速贴片机还是中低速贴片机，其总体结构均大同小异。

贴片机实际上是一种精密的工业机器人，是机-电-光以及计算机控制技术的综合体。它通过吸取—位移—定位—放置等功能，在不损伤元件和印制电路板的情况下，实现将SMC/SMD 元器件快速而准确地贴装到 PCB 所指定的焊盘位置上。

贴片机由机架、运动机构、测量系统、贴装头、元器件供料器、PCB 承载机构、器件对中检测装置、计算机控制系统等组成。贴装头的运动主要通过滚珠丝杆（或同步齿形带）运动机构来实现高速、高精度运动传递，其传动不仅有自身运动阻力小、结构紧凑的特点，而且较高的运动精度也给各元器件的贴装精度提供了保证。

贴片机在有精度要求的重要部件，如贴装主轴、吸嘴座、送料器上进行了基准标志（Mark）确认。机器视觉系统能自动求出这些 Mark 中心系统坐标，建立贴片机系统坐标系与 PCB、贴装元器件坐标系之间的转换关系，计算得出贴片机的运动精确坐标；贴装头根据设置好的贴装元器件的封装类型、元器件编号等参数到相应的位置抓取吸嘴，吸取元器件；光学对中系统依照视觉处理程序对吸取元器件进行检测、识别与对中；对中完成后贴装头将元器件贴装到 PCB 上预定的位置。这一系列元器件识别、对中、检测和贴装的动作都是工控机根据相应指令获取相关的数据后由指令控制系统自动完成的。贴片机的工作流程框图如图 10-16 所示。

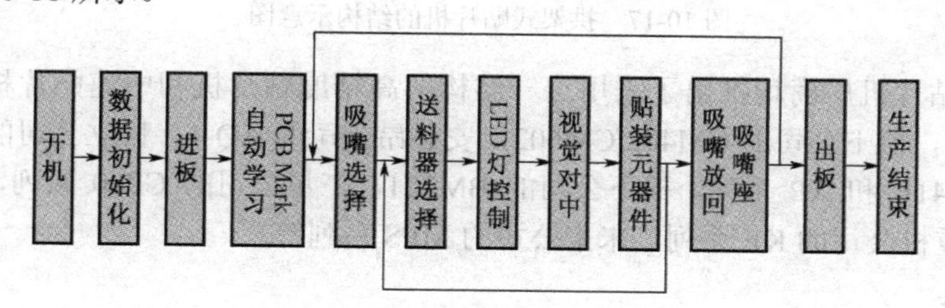

图 10-16　贴片机的工作流程图

1. 贴片机的分类

依据不同的分类标准，贴片机有不同的分类方法，常见有两种分类方法。

根据贴装元器件的不同以及贴装的通用程度不同，贴片机可分为专用型与泛用型两种。专用型贴片机有小型标准元件专用型贴片机与 IC 专用型贴片机，前者主要追求高速，后者主要追求高精密；泛用型贴片机既可贴装小型标准元件又可贴装 IC 器件，广泛应用于中等产量的连续生产贴装生产线。

按照贴装头系统与 PCB 运载系统以及送料系统的运动情况分类，贴片机大致可分为 4 种类型：拱架式、复合式、转塔式和大型平行系统。

（1）拱架式贴片机

拱架式贴片机的送料器和 PCB 固定不动的，它通过移动安装于 X-Y 运动框架中的贴装头（一般是装在 X 轴横梁上）完成吸取和贴装动作，如图 10-17 所示。此结构贴片机的贴装

精度取决于运动轴 X、Y 和 θ 的测量精度。

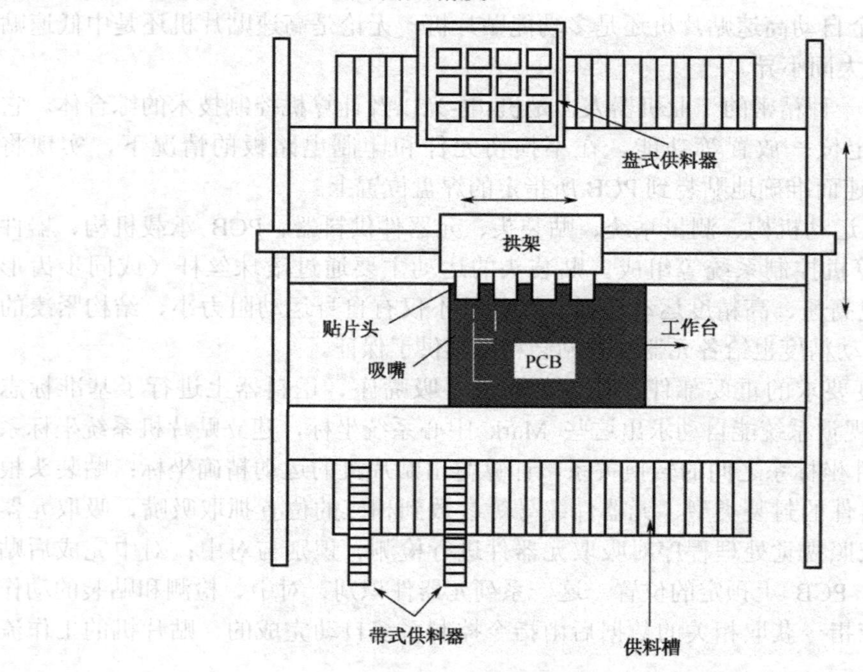

图 10-17　拱架式贴片机的结构示意图

绝大多数贴片机厂商均推出了采用这一结构的高精度贴片机和中速贴片机，例如，环球公司的 AC72，松下公司的 CM402/CM602，安必昂公司的 AQ-1，日立公司的 TIM-X，富士公司的 QP-341E 和 XP 系列，松下公司的 BM221，三星公司的 CP60 系列，雅马哈公司的 YV 系列，重机公司的 KE 系列，未来公司的 MPS 系列等。

（2）转塔式

转塔式贴片机也称为射片机，以高速为特征，它的基本工作原理是，搭载送料器的平台在贴片机左右方向不断移动，将装有待吸取元件的送料器移动到吸取位置。PCB 沿 X/Y 方向运行，使 PCB 精确地定位于规定的贴装位置，而贴片机核心的转塔在多点处携带着元件，在运动过程中实施视觉检测，并进行旋转校正。

转塔式机器由于拾取元件和贴装动作同时进行，使得贴装速度大幅度提高，其结构如图 10-18 所示。转塔式机器主要应用于生产大规模的计算机板卡、移动电话、家电等产品，这是因为在这些产品当中，电阻电容元件特别多，装配密度大，很适合采用这一机型进行生产。生产转塔式机器的厂商主要有松下、日立、富士等。

（3）复合式贴片机

复合式贴片机从拱架式贴片机发展而来，它集合了转塔式和拱架式贴片机的特点，在动臂上安装有转盘，如图 10-19 所示。从严格意义上来说，复合式贴片机仍属于动臂式结构。由于复合式贴片机可通过增加动臂数量来提高速度，具有较大灵活性，因此它的发展前景被看好。例如，环球公司推出的 GC120 贴片机就安装有 4 个“闪电头”，贴装速度高达 120 000 片/h。

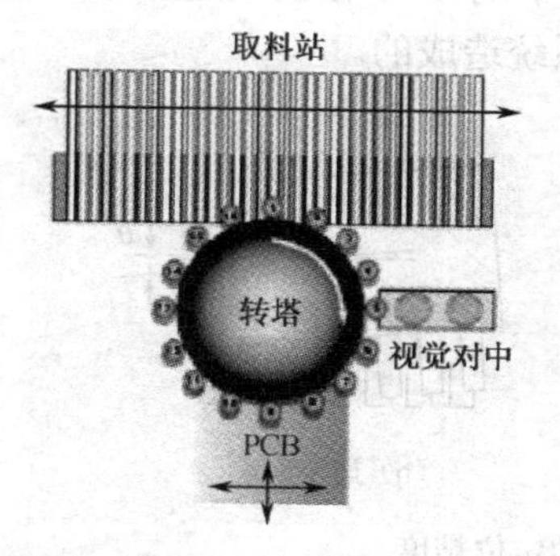

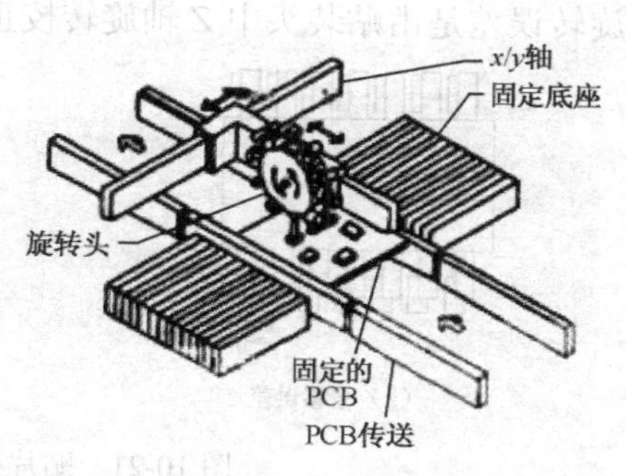

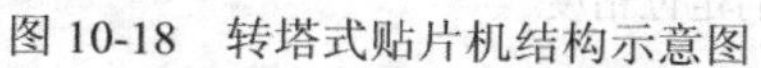
图 10-18 转塔式贴片机结构示意图

图 10-19 复合式贴片机的结构

（4）大型平行系统

大规模平行系统（又称模组机）使用一系列小的单独的贴装单元（也称为模组）。每个单元有自己的丝杆位置系统，安装有相机和贴装头。每个贴装头可配置有限的带式送料器，贴装 PCB 的一部分，PCB 以固定的间隔时间在机器内步步推进。单独的各个贴装单元运行速度较慢，可是，它们连续的或平行运行会有很高的产量。如飞利浦公司的 AX-5 机器可最多有 20 个贴装头，实现了 150 000 片/h 的贴装速度，但就每个贴装头而言，贴装速度在 7 500 片/h 左右。富士公司也推出了采用类似结构的 NXT 型超高速贴片机，如图 10-20 所示。通过搭载可更换贴装工作头，同一台机器既可以是高速机也可以是泛用机，几乎可以进行所有贴装元器件的贴装，从而使设备的初期投资及增加设备投资降低到最低程度。

图 10-20 采用模组结构的 NXT 贴片机

2. 贴片机的技术参数

精度、速度和适应性是衡量贴片机的 3 个重要技术参数。

（1）精度

贴装精度是贴片机的主要技术参数之一，贴装精度是指贴片机 *X*，*Y* 导轨运动的机械精度和 *Z* 轴旋转精度，常用数值法与置信度共同表示，它包含三个项目：定位精度、重复精度和分辨率。

① 定位精度。

定位精度是指元器件贴装后相对于印制电路板标准贴装位置的偏移量。定位精度由两种误差组成，即平移误差和旋转误差，如图 10-21 所示。平移误差是由 X-Y 定位系统的位移造成的，旋转误差是由贴装头中 Z 轴旋转校正系统造成的。

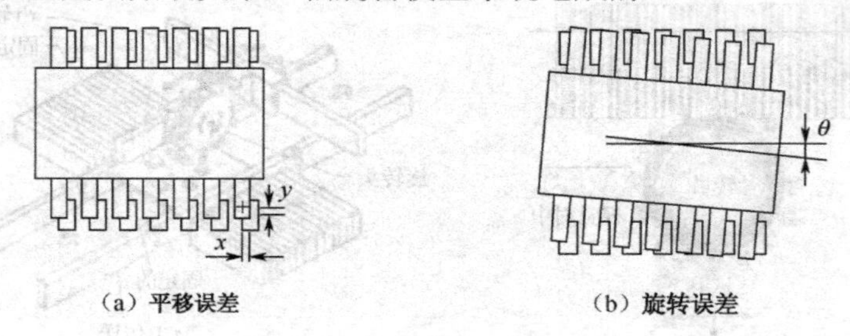

图 10-21　贴片机的定位精度

② 重复精度。

重复精度是指贴装头重复返回标定点的能力。贴片机每个运动系统的 X 导轨，Y 导轨和 θ 均有各自的重复精度，它们综合的结果体现了贴片机的贴装精度。

③ 分辨率。

分辨率是指贴片机运行时每个步进的最小增量，是衡量贴片机分辨空间连续点的能力。它取决于伺服电动机和轴驱动机构上的旋转或线性编码器的分辨率。在全面描述机器性能时很少使用分辨率，故它也不出现在贴片机的技术规格中，只有当比较贴片机性能时才采用分辨率这一性能指标。

上述三者之间的关系是互相关联的，通常分辨率是基础，采用高分辨率的手段决定了贴片机的定位精度，就好像钢皮尺、游标卡尺、千分尺各有不同的分辨率一样，其读数的准确度不一样。但有时定位精度好的机器，由于装配不当，调节不好，也会出现贴装后有规律地偏向一个方向，但它是有规律性的，此时重新调节机器，可将它校正过来。

（2）速度

贴片机的速度通常主要用以下几个指标来衡量。

① 贴装周期：指完成一个贴装过程所用的时间，它包括拾取元器件、元器件定位、检测、贴放和返回到拾取元器件的位置这一过程所用的时间。

② 贴装效率：指在 1 h 内完成的贴装周期。

③ 生产量：理论上每班的生产量可以根据贴装率来计算，但由于实际的生产量会受到许多因素的影响，与理论值有较大的差距，影响生产量的因素有生产时停机、更换供料器或重新调整电路板位置的时间等因素。

贴片机的速度常见有两种表示方法，① 标准阻容器件表示法：s/chip 或万片/小时；② IC 器件表示法：s/QFP。一般高速机为 0.2 s/Chip 元件以内，多功能机为 0.3～0.6 s/Chip 元件。

（3）适应性

适应性是贴片机适应不同贴装要求的能力，包括以下内容。

① 对中方式：有机械对中、激光对中、全视觉对中、激光 / 视觉混合对中。

② 能贴装的元器件种类：一般高速机只能贴装较小的元器件；多功能机可贴装最小 0.3 mm×0.3 mm 至最大 60 mm×60 mm 器件，还可以贴装连接器等异形元器件。

③ 供料器数量：是指贴片机料站位置的多少（以能容纳 8 mm 编带供料器的数量来衡量）。

④ 贴装面积：指贴装头的运动范围及可贴装的 PCB 尺寸，一般可贴装的电路板尺寸，最小为 30 mm×50 mm，最大应大于 350 mm×450 mm。

⑤ 贴片机的调整：当贴片机从组装一种类型的电路板转换到组装另一种类型的电路板时，需要进行贴片机的再编程、供料器的更换、电路板传送机构和定位工作台的调整，贴装头的调整和更换等工作。

10.3.2　贴片机系统组成

一般贴片机由贴装头、运动机构、测量系统、元器件供料器、PCB 传输机构、器件对中检测装置、计算机控制系统等组成。

1. 贴装头

贴装头是贴片机中最复杂而且很关键的部件，它相当于机械手，拾取元器件后在校正系统的控制下自动校正位置，并将元器件准确地贴放到指定的位置。贴装头有真空控制的贴装工具（通称为吸嘴），不同形状、不同大小的元器件要采用不同的吸嘴拾取，一般元器件采用真空吸嘴，异型元件采用机械爪结构拾取。

从某种意义上讲，贴装头的发展是贴片机进步的标志，贴装头已由早期的单头、机械对中发展到目前的多头、光学视觉对中，下列为贴装头的种类形式。

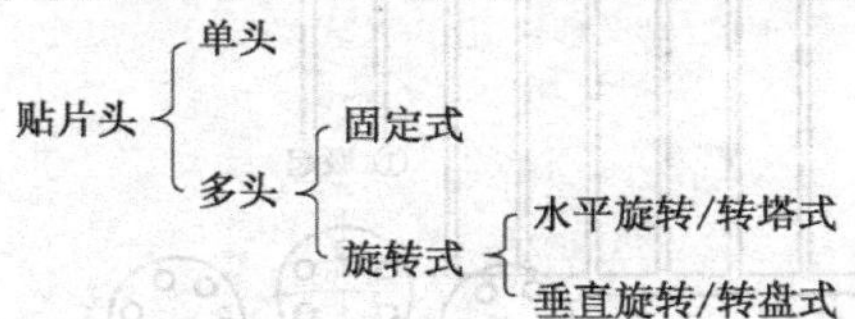

（1）固定式单头

早期的单头贴片机是由吸嘴、定位爪、定位台和 Z 轴、θ 角运动系统组成，并固定在 X、Y 传动机构上。当吸嘴吸取一个元件后，通过机械对中机构实现元件对中，并给供料器一个信号，使下一个元器件进入吸取位置。但这种方式贴装速度很慢，通常贴放一只片式元件需 1 s 左右。为了提高贴装速度，人们采取增加贴装头数量的方法，即采用多个贴装头来增加贴装速度。

（2）固定式多头

固定式多头（如图 10-22 所示）是通用型贴片机采用的结构，它是在原单头的基础上进行了改进，即由单头增加到了 3～8 个贴装头。它们仍然固定在 X，Y 轴上，但不再使用机械对中，而改为多种形式的光学对中。工作时分别吸取元器件，对中后再依次贴放到 PCB 指定位置上。目前这类机型的贴装速度已达 30 000 个 / h 的水准，而且这类机器的价格较低，并可组合联用。

（3）旋转式多头

高速贴片机多采用旋转式多头结构，目前这种方式的贴装速度已达到 45 000～5 0000

个 / h。每贴一个元件仅需 0.08 s 左右的时间。

旋转式多头又分为水平旋转式（转塔式）与垂直方向旋转式（转盘式），现分别介绍如下。

① 水平旋转（转塔式）。

转塔式贴片机中的转塔技术是日本三洋公司的专利，这类机器多见松下、三洋和富士制造的贴片机中，水平旋转式贴装头的外观如图 10-23 所示，贴片头的工作原理如图 10-24 所示。

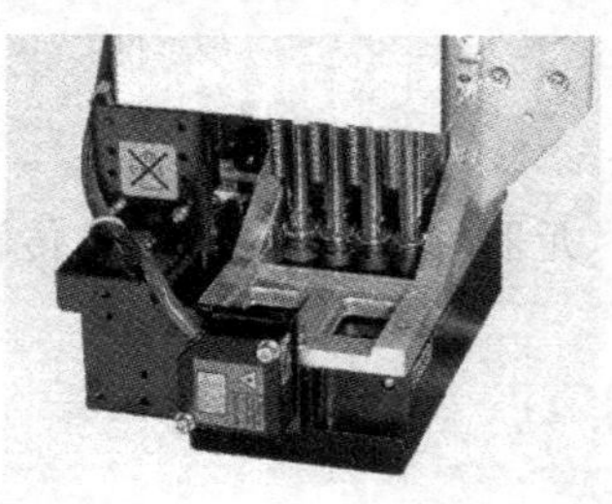

图 10-22　固定式多贴装头

图 10-23　水平旋转贴装头

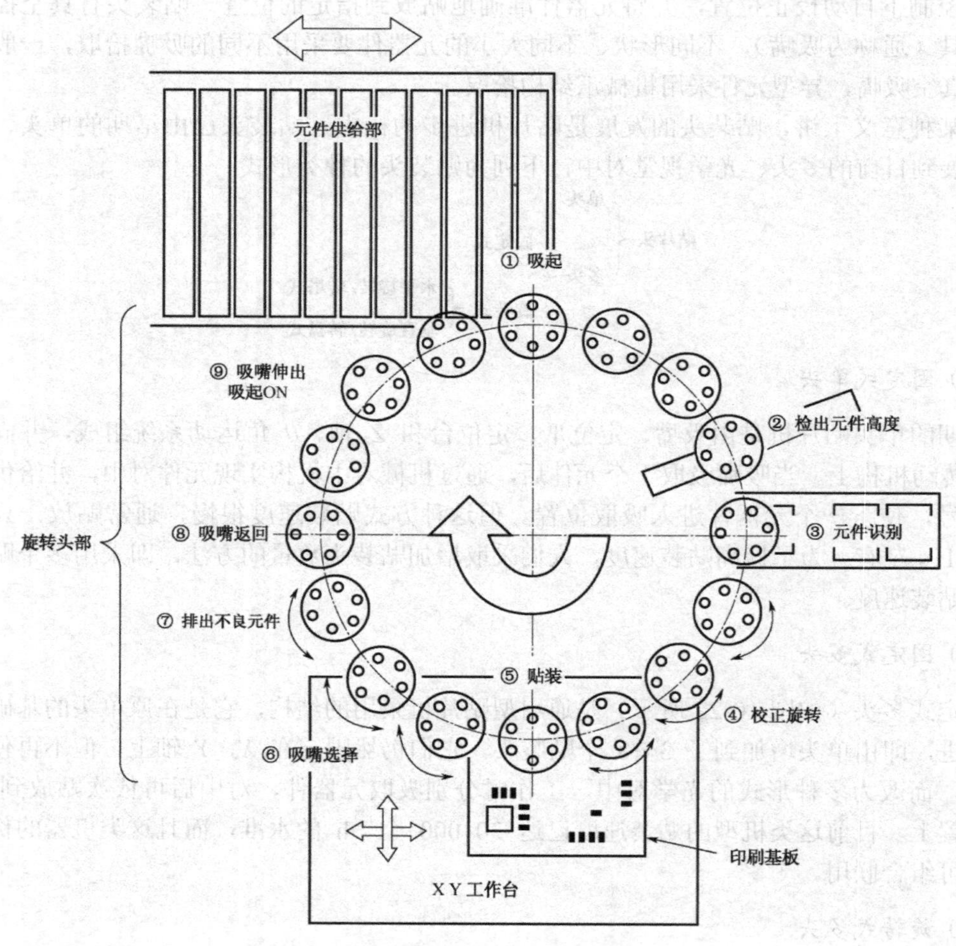

图 10-24　转塔式贴装头工作原理

这类贴片机中有 16 个贴装头，每个头上有 4～6 个吸嘴，因此可以吸放多种大小不同的元件。16 个贴装头固定安装在转塔上，只能做水平方向旋转，所以称之为水平旋转式或转塔式。旋转头各位置的功能做了明确分工。贴装头在 1 号位从送料器上吸起元器件，然后在运动过程中完成校正测试，直至 5 号位完成贴装工序。由于贴装头是固定旋转，不能移动，元件的供给只能靠送料器在水平方向的运动将所需的贴放元件送到指定的位置。贴放位置则由 PCB 工作台沿 X、Y 方向高速运动来实现。这类贴片机的高速度取决于旋转头的高速运行，在贴装头旋转的过程中，送料器以及 PCB 也在同步运行。

② 垂直旋转盘式贴装头。

这类贴装头多见于西门子贴片机，它的外观如图 10-25 所示。旋转头上安装有 12 个吸嘴，工作时每个吸嘴均吸取元件，并在 CCD 处（固定安装）调整 $\Delta\theta$，吸嘴中均安装有真空传感器和压力传感器。通常此类贴片机中安装两组或四组旋转头，其中一组头在贴装，而另一组则在吸取元件，然后交换功能，以达到高速贴装的目的。

（4）组合式贴装头

这类机器多见安必昂和富士制造的贴片机，如富士的 NXT，安必昂的 FCM 及 A 系列。

安必昂 AX-501 型贴片机，如图 10-26 所示，由 20 个独立贴装头组合而成，每个头上有 8 个吸嘴可以互相切换。20 个头可以同时贴放元件，每小时可以贴放 11 万个片式元件，但对于每个贴装头来说，每小时只贴 5 500 个片式元件，仅相当于一台中速机的水平，因此工作时贴装精度高、故障率小、噪声低。对一个需贴装的产品来说，只要将所要贴放的元件按照一定的程序分配到 20 个贴装头上，就能实现均衡组合，并可获得极高的速度。

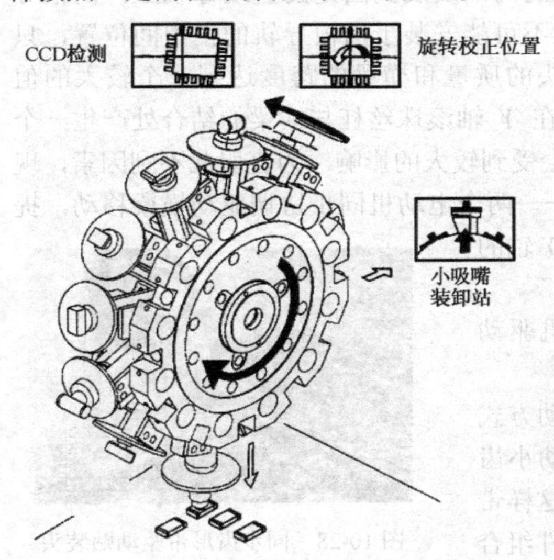

图 10-25　垂直旋转磁盘式贴装头

图 10-26　安必昂 AX-501 组合式贴装头型贴片机

2．贴片机传动系统

（1）贴片机 X-Y 运动机构

X-Y 运动机构的功能是驱动贴装头在 X 轴和 Y 轴两个方向做往复运动，使贴装头能够快速、准确、平稳地到达指定位置。

目前贴片机上的 X-Y 运动机构主要有两种构成方式，分别是由滚珠丝杠+直线导轨传动的伺服电动机驱动方式和同步齿形带+直线导轨传动的伺服电动机驱动方式。这两种驱动方式在结构上都是类似的，都需要直线导轨做导向，只是在传动方式上存在差异。

① 滚珠丝杠+直线导轨传动的伺服电动机驱动方式。

滚珠丝杠+直线导轨的结构如图 10-27 所示，贴片头固定在滚珠螺母基座和对应的直线导轨上方的基座上，电动机工作时，带动螺母沿 *X* 方向往复运动，由导向的直线导轨支承，保证运动方向平行，*X* 轴在平行滚珠丝杠-直线导轨上做 *Y* 方向移动，从而实现了贴片头在 *X-Y* 方向正交平行移动。

(a) 滚珠丝杠驱动贴装头

(b) *X-Y* 两个方向的丝杠

图 10-27　滚珠丝杠+直线导轨的结构

一个基本的贴片机 X-Y 运动机构是单驱动运动机构，单驱动运动机构在 *Y* 轴方向，由于要驱动一个有一定长度的横梁，必然要把横梁的两端安装到固定的直线导轨上，两根导轨之间有一定的跨度，而电动机及传动滚珠丝杠不可能安装于两根导轨的正中间位置，只能安装于靠近一侧导轨的内侧。这样，当贴装头的质量和横梁的跨度达到一个较大的值时，贴装头在远离电机一端的导轨近处的移动会在 *Y* 轴滚珠丝杠与横梁的结合处产生一个很难平衡的角摆力矩，*Y* 轴的加减速和定位性能会受到较大的影响。为克服此不利因素，现在很多贴片机在 *Y* 轴采用了双电动机驱动模式——两个电动机同步协调驱动横梁移动，提高了定位稳定性，减少了定位时间，从而提高了 *Y* 轴的速度和精度。

② 同步齿形带+直线导轨传动的伺服电动机驱动方式。

同步齿形带+直线导轨传动的伺服电动机驱动方式如图 10-28 所示。同步齿形带由传动电动机驱动小齿轮，使同步带在一定范围内进行直线往复运动。这样带动轴基座在直线导轨往复运动，两个方向传动部件组合在一起便组成 X、Y 传动系统。

图 10-28　同步齿形带驱动贴装头

由于同步齿形带载荷能力相对较小，仅适用于支持贴装头运动，典型产品是德国西门子贴片机和日本重机的贴片机，该系统运行噪声低，工作环境好。

（2）X/Y 位移检测装置

贴片机 X/Y 位移检测装置相当于人的眼睛，每分每秒将传动部件的位移量检测出来并反馈给控制系统。大量事实证明，设计完善的高精度贴片机的定位精度在很大程度上取决于检测装置。一般贴片机上使用的检测装置应该工作可靠、抗干扰性强、满足定位精度及贴装速度的要求，使用维护方便、适合贴片机的工作环境等。

测量贴装头 X-Y 平移运动的位置，由位移传感器采集到的 *X/Y* 轴向位置运动误差数据，输入传动伺服系统，经与程序设定数据比较，得到信号差值，由此调整驱动电动机进动量，消除差值。

贴片机上使用的位移传感器主要有旋转编码器、磁栅尺、光栅尺。旋转编码器、磁栅尺与光栅尺传动伺服系统的结构示意图如图 10-29 所示。

① 旋转编码器（编码盘）是一种通过直接编码将代表被测线性位移量的编码转换成便于应用的二进制表达方式的数字测量装置。编码器有接触式、电磁式及光电式等类型，其优点是结构简单、抗干扰性强，测量精度较高。

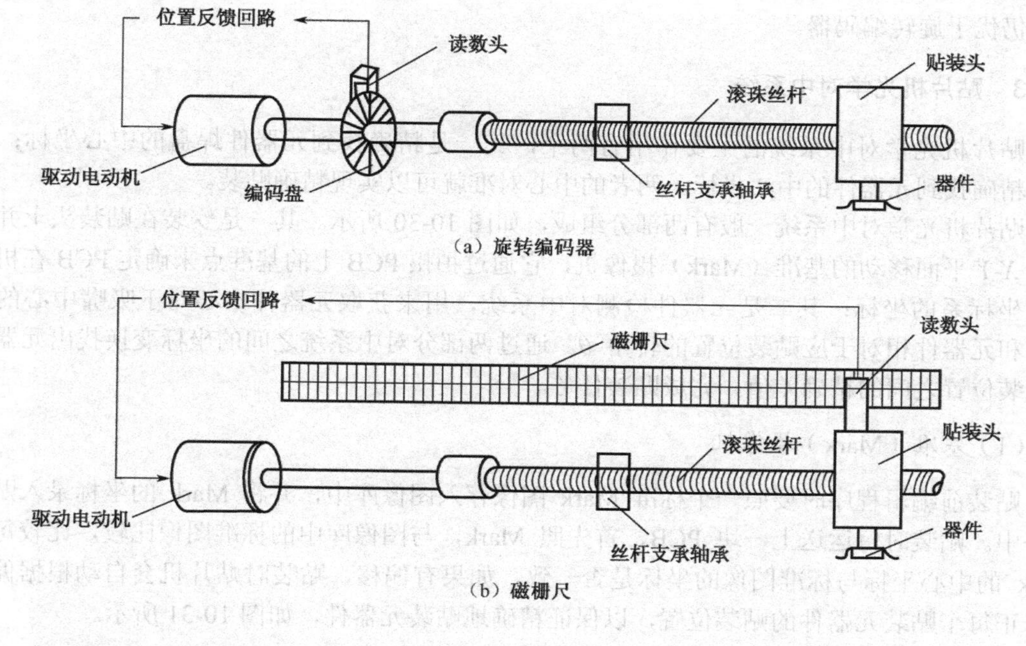

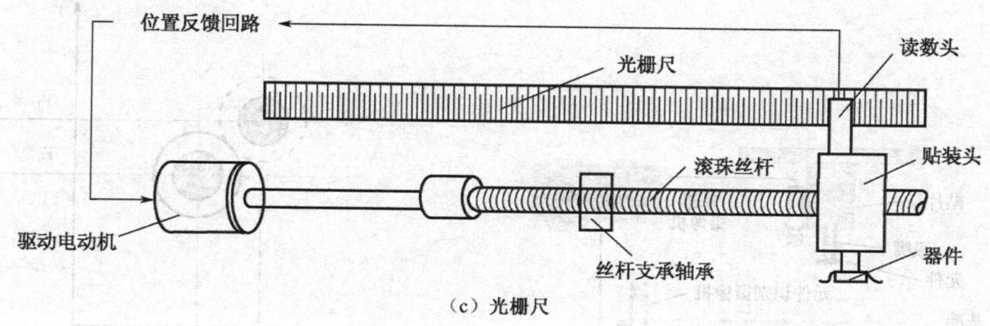

图 10-29 旋转编码器、磁栅尺与光栅尺传动伺服系统的结构示意图

② 磁栅尺是一种利用电磁特性和录磁原理对位移进行测量的装置，由磁性标尺、拾磁头及检测电路组成。磁栅标尺是在非导磁标尺基体上采用化学涂敷或电镀工艺沉积一层磁

性膜（10～20 μm），在磁性膜上录制代表长度具有一定波长的方波或正弦波的磁迹信号，拾磁头读取后转为电信号输入检测电路，实现位移的检测。磁栅尺的优点是复制简单、安装调整方便、稳定性高、量程范围大、测量精度为 1～5 μm/m。磁栅尺在多功能贴片机和精密型贴片机中得以应用。

③ 光栅尺是一种新型数字式位移测量装置。由光栅标尺、光栅读数头与检测电路组成。光栅标尺是在透明玻璃或金属镜面上真空沉积镀膜，光刻制作均匀密集条纹（100～300 条 / mm），条纹距离相等平行，光栅读数头由指示光栅、光源、透镜及光敏器件等组成，指示光栅刻有相同密度条纹。光栅尺根据物理学莫尔条纹形成原理进行位移测量，测量精度高达 0.1～1 μm。光栅尺在先进高精密度贴片机中得以应用。

上述三种测量方法只能对单轴向运动位置的偏差进行检测，而对由于导轨的变形、弯曲等因素造成的正交或旋转误差是无能为力的。即使如此，磁栅尺和光栅尺在测量精度等方面仍优于旋转编码器。

3. 贴片机光学对中系统

贴片机光学对中系统的主要作用有两个，其一是精确找到元器件焊盘的中心坐标；其二是精确找到元器件的中心坐标。两者的中心对准就可以实现精确贴装。

贴片机光学对中系统一般有两部分组成，如图 10-30 所示。其一是安装在贴装头上并随之沿 X-Y 平面移动的基准（Mark）摄像机，它通过拍摄 PCB 上的基准点来确定 PCB 在机器系统坐标系的坐标；其二是元器件检测对中系统，用来获取元器件中心对于吸嘴中心的偏差值和元器件相对于应贴装位置的转角 θ。通过两部分对中系统之间的坐标变换找出元器件与贴装位置之间的精确差值，完成贴装任务。

（1）基准（Mark）摄像机

贴装前编辑程序时要照一个标准 Mark 图像存入图像库中，并将 Mark 的坐标录入贴装程序中。贴装时每运送上一块 PCB，首先照 Mark，与图像库中的标准图像比较，比较每块 Mark 的中心坐标与标准图像的坐标是否一致，如果有偏移，贴装时贴片机会自动根据偏移量修正每个贴装元器件的贴装位置，以保证精确地贴装元器件，如图 10-31 所示。

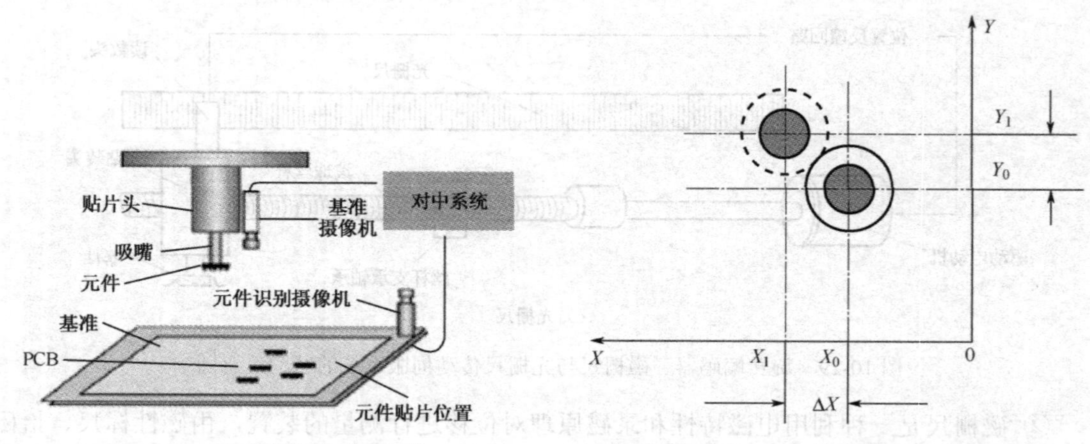

图 10-30　贴片机光学对中系统　　图 10-31　Mark 修正贴装坐标示意图

（2）元器件检测对中系统

元器件检测对中方式有机械对中、激光对中和视觉对中三种方式。

① 机械对中原理。

早期贴片机的元件对中是用机械方法来实现的（称为机械对中）。当贴装头吸取元件后，在主轴提升时，拨动4个爪把元件抓一下，使元件轻微地移动到主轴的中心上来，QFP器件则在专门的对中台进行对中。这种对中方法由于依靠机械动作，因此速度受到限制，同时元件也易受到损坏。目前，这种对中方式已不再使用，取而代之的是激光和视觉对中。

② 激光对中。

激光对中是靠光学投影对中，如图10-32所示。激光对中系统一般直接安装在贴装头上，在拾取元件移到指定贴装位置的过程中完成对元件的检测，这种技术又称为飞行对中技术，它可以大幅度提高贴装效率。该系统由2个模块组成，一个模块是由光源与镜头组成的光源模块，光源采用LED发光二极管与散射透镜，光源透镜组成光源模块。另一个模块为接收模块，采用Line CCD及一组光学镜头组成接收模块。此两个模块分别装在贴装头主轴的两边，与主轴及其他组件组成贴装头，贴片机有几个贴装头，就会有相应的几套系统。

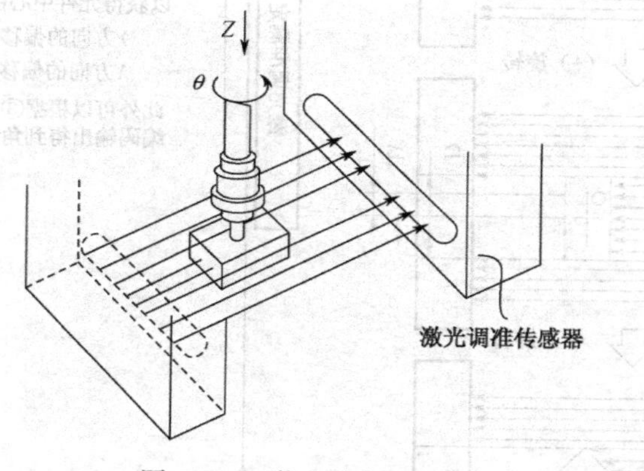

图10-32 激光对中示意图

贴装头用真空拾取元器件，然后把元器件移动到激光高度的位置，激光定心系统从一个侧面发射激光束，照射元器件，另一个侧面的接收装置接收元器件的投影，在元器件的旋转过程中，根据投影的形状变化来判断元器件的位置和角度。激光对中流程如图10-33所示。

③ 视觉对中。

视觉对中一般采用CCD技术，靠CCD摄像，图像比较对中。目前，在大部分贴片机中，CCD均固定安装在机器座上，通常摄像机安装在拾取位置（送料处）和安装位置（板上）之间。贴装头吸嘴吸取元件后先移至CCD上确认，以修正ΔX、ΔY和$\Delta\theta$，再将元器件贴放到指定位置，如图10-34所示。这种办法比较传统，目前先进的贴片机采用飞行对中技术，实现在QFP等器件吸起来后，在送至贴装位置之前，在运动中就将位置校正好，因此大大节约了器件的对中速度。

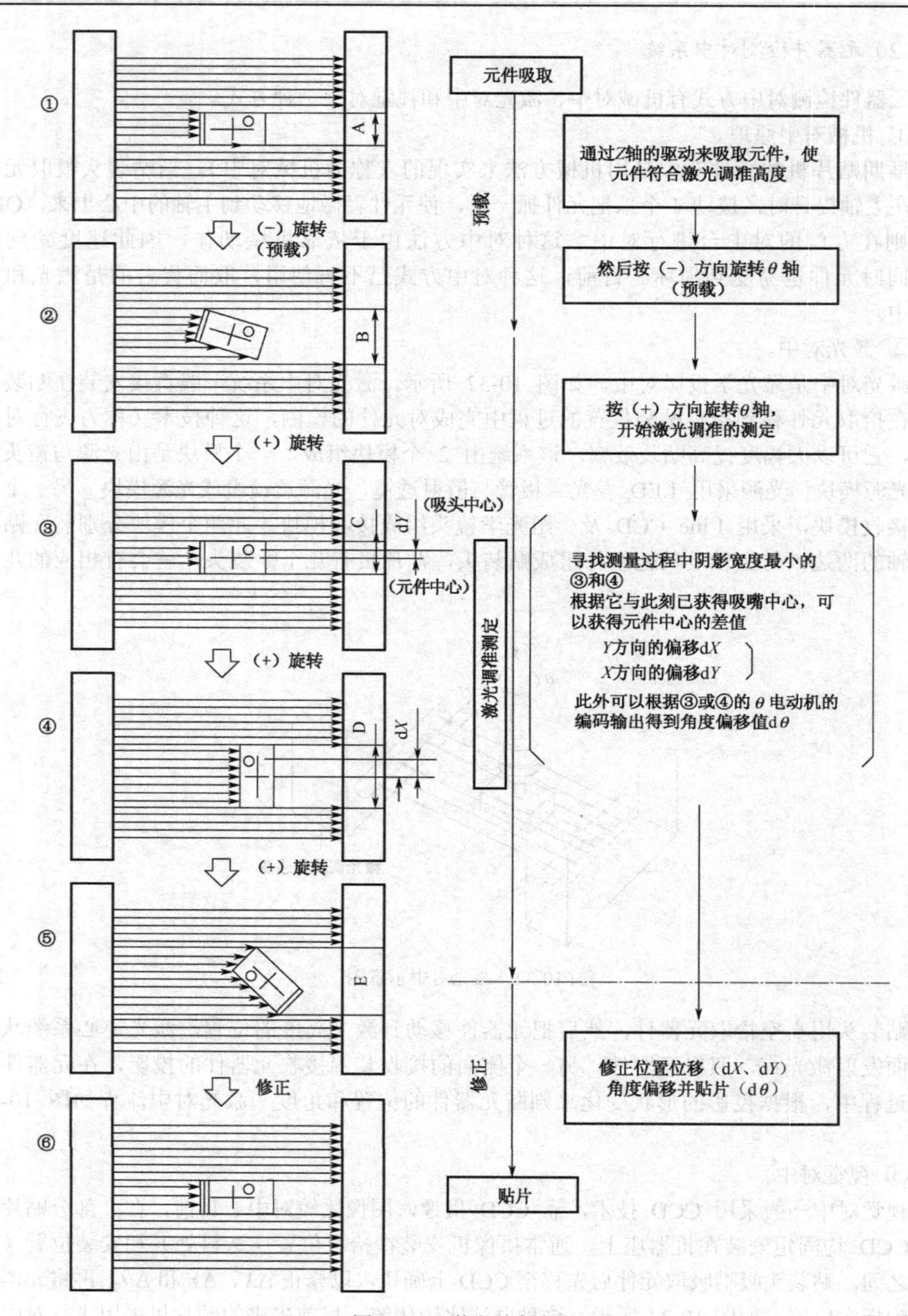

图 10-33　激光对中流程

4．供料器

供料器（Feeder）的作用是将片式元器件（SMC/SMD）按照一定规律和顺序提供给贴装头以便准确方便地拾取，它在贴片机中占有较多的数量和位置，它也是选择贴片机和安排贴装工艺的重要组成部分，随着贴装速度和精度要求的提高，近几年来，供料器的设计与安装，越来越受到人们的重视。根据 SMC/SMD 包装的不同，供料器通常有编带供料器、管式供料、托盘供料器和散装供料器等几种。

（1）编带供料器

对供给编带包装的元器件装置叫作编带供料器，其中纸编带包装与塑料编带包装的器件可用同一种通用编带供料器，黏结式塑料编带所使用的带状供料器的形式有所不同，目前黏结式塑料编带比较少用。由于编带包装适合于大多数表面组装元器件，一个编带能容纳大量的元器件，并对每个元器件提供单独的保护，所以编带供料器应用范围很广。通用编带供料器如图 10-35 所示。

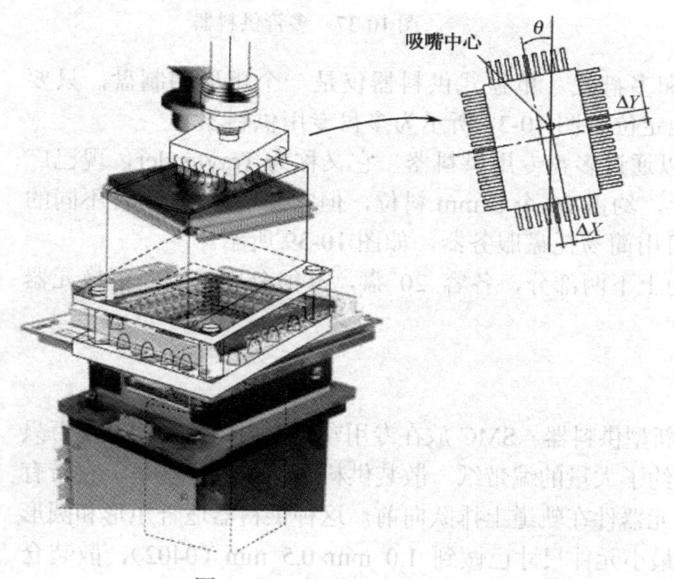

图 10-34 视觉对中示意图

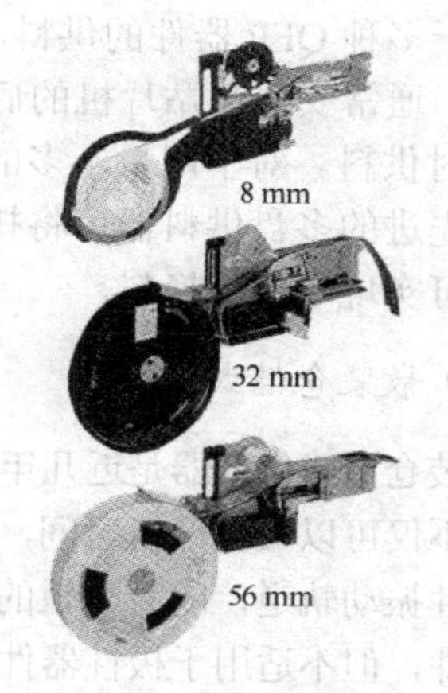

图 10-35 通用编带供料器

（2）管式供料器

对供给管式包装的元器件装置叫管式供料器，它的功能是把管子内的器件按顺序送到吸片位置供贴装头吸取。管状供料器的结构形式多种多样，常见的有机械式和电动式。早期仅安装一根管，现在则可以将相同的几个管叠加在一起，以减少换料的时间，也可以将几种不同的管式供料器并列在一道，实现同时供料，使用时只要调节料架振幅即可以方便地工作，管式供料器的外型如图 10-36 和图 10-37 所示。在调节振幅时要确保与所传递的元器件相匹配。如果振动不足，元器件不能及时移动到预定位置；如果振动过大，元器件可能冲出轨道。另外，振动应间歇进行，确保贴装头拾取元器件时停止振动。

（3）托盘供料器

托盘供料器又称为华夫盘供料器，主要用于 QFP 等大型集成电路元器件，通常这类器件引脚精细，极易碰伤，故采用上下托盘将器件的本体夹紧，并保证左右不能移动，便于运输和贴装。

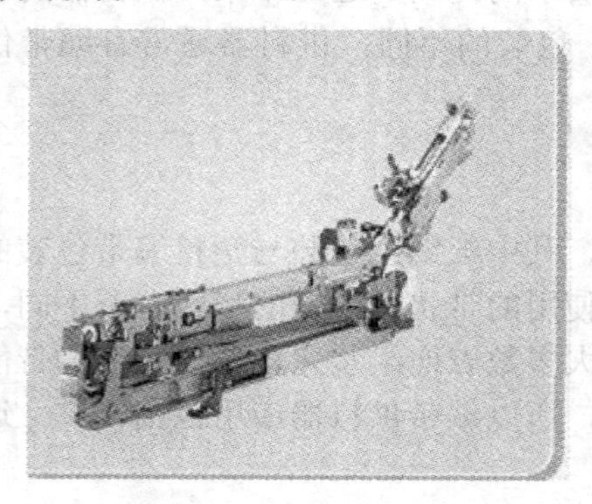

图 10-36　管式供料器

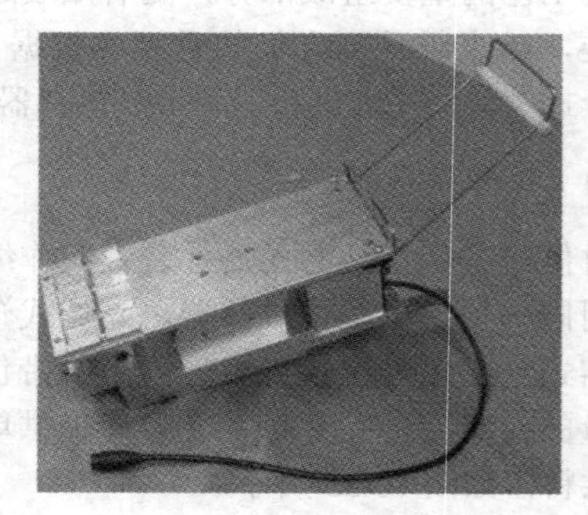

图 10-37　多管供料器

托盘供料器的结构形式有单盘式和多盘式。单盘式供料器仅是一个矩形钢制盘，只要把它放在料位上，用磁条就可以方便地定位。图 10-38 所示为多盘专用供料器。

对于多种 QFP 器件的供料，则可以通过多盘专用供料器，它又称为 Trayfeeder，现已广泛采用，通常安装在贴片机的后料位上，约占 20 个 8 mm 料位，但它却可以为 40 种不同的 QFP 同时供料。对于用量不多的器件可用简易托盘服务器，如图 10-39 所示。

较先进的多盘供料器可将托盘分为上下两部分，各容 20 盘，并能分别控制，更换元器件时，可实现不停机换料。

（4）散装仓储式供料器

散装仓储式供料器是近几年出现的新型供料器。SMC 放在专用塑料盒内，每盒装有 1 万只元件，不仅可以减少停机时间，而且节约了大量的编带纸。散装供料器的供料原理是，它带有一套线性振动轨道，随着导轨的振动，元器件在轨道上排队向前。这种供料器适合矩形和圆形片式元件，但不适用于极性器件。目前最小元件尺寸已做到 1.0 mm×0.5 mm（0402），散装仓储式供料器所占料位与 8 mm 带状包装供料器相同。

图 10-38　多盘专用供料器

图 10-39　简易托盘服务器

目前已开发出带双仓、双道轨的散装仓储式供料器，即一只供料器相当于两只供料器的功能，这意味着在不增加空间的情况下，装料能力提高了一倍。

（5）供料器的安装系统

由于 SMT 组装的产品越来越复杂，每种电子产品需贴装的元件也越来越多，因此要求贴片机能装载更多的供料器，通常以能装载 8 mm 送料器的数量作为贴片机供料器的装载数。大部分贴片机是将供料器直接安装在机架上，为了能提高贴装能力，减少换料时间，特别是产品更新时往往需要重新组织供料器，大型高速的贴片机采取双组合送料架，真正做到不停机换料，最多可放置 120×2 个供料器。

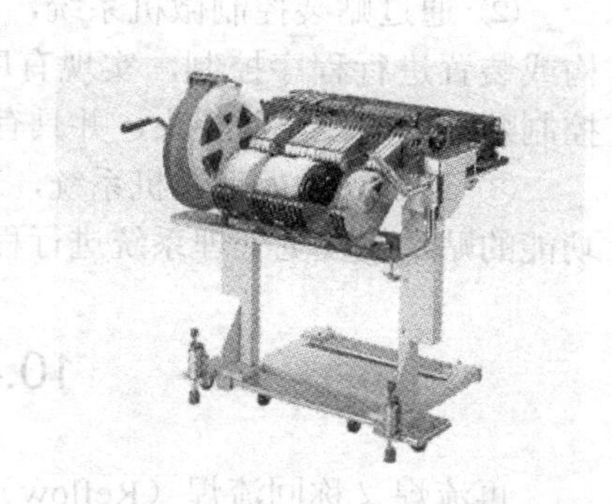

图 10-40　推车一体式料架

在一些中速贴片机中，则采取推车一体式料架，如图 10-40 所示。换料时可以方便地将整个供料器与主机脱离，实现供料器整体更换，大大缩短装卸料架的时间。

5．贴片机控制系统

典型的高精度视觉贴片机计算机控制系统的组成原理如图 10-41 所示，它采用二级计算机控制系统，主要由贴片机主控计算机、视觉处理微机系统和贴装控制微机系统组成。这种贴片机主要功能如下所述。

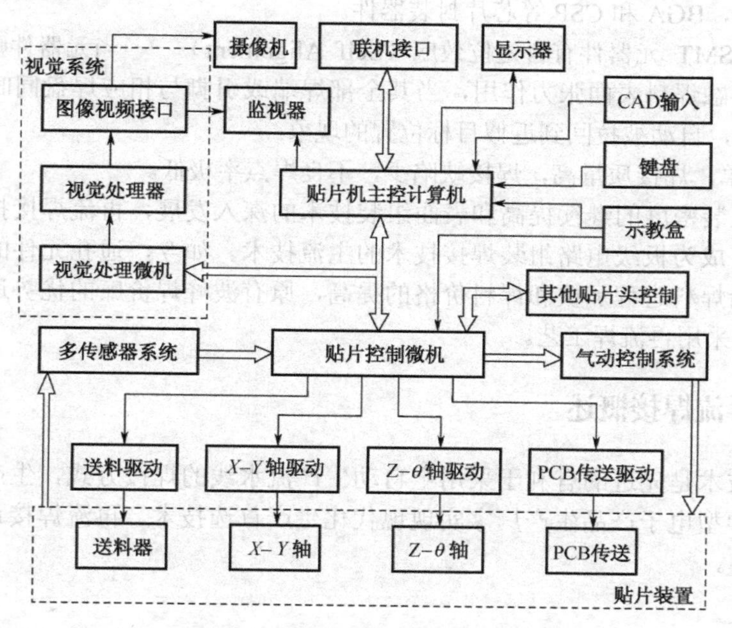

图 10-41　高精度视觉贴片机的计算机控制系统

① 通过贴片机主控计算机，实现与上位机和外界的通信连接和人机交互，储存和运行系统控制软件和自动编程软件接收上位机下传程序或进行控制程序编制，对视觉处理微机

系统和贴装控制微机系统进行控制，实现对贴片机整个系统的控制指挥。主控计算机操作系统采用 DOS 或 Windows，真正实现在线人机窗口操作，功能强大，并具有联机编程或脱机编程、示教编程，以及在线自诊断贴片机出问题的准确位置和远程通信等功能。

② 通过贴装控制微机系统，接收贴片机主控计算机发送的指令，对贴片机各个驱动机构或装置进行程序控制，实现有序贴装操作并将运行结果上传。贴装控制微机系统可同时控制贴片机的多个贴装头，并具有示教编程功能。

③ 通过视觉处理微机系统，对具有 PCB 对中定位、SMC/SMD 位置校正与质量检测等功能的贴片机视觉处理系统进行程序控制。

10.4　再流焊技术及设备

再流焊又称回流焊（Reflow），它是通过重新熔化预先放置的焊料而形成焊点，在焊接过程中不再添加任何额外焊料的一种焊接方法。早期预置的是片状和圈状焊料，随着片式元器件的出现，膏状焊料应运而生，并取代了其他形式的焊料，再流焊技术成为表面组装技术的主流工艺。

再流焊与传统的波峰焊相比，具有下列优点。

① 焊膏能定量分配，精度高，且使用量相对比较少。

② 焊料受热次数少、不易混入杂质，能正确地保证焊料的组分。

③ 元器件受到的热冲击小，适用于焊接各种高精度、高要求的元器件，如 0303 电阻电容，以及 QFP，BGA 和 CSP 等芯片封装器件。

④ 对很多 SMT 元器件有自定位效应（Self Alignment）——当元器件贴放位置有一定偏离时，由于熔融焊料表面张力作用，当其全部焊端或引脚与相应焊盘同时被润湿时，在表面张力作用下，自动被拉回到近似目标位置的现象。

⑤ 工艺简单，焊接质量高，焊接缺陷少，不良焊点率极低。

随着表面组装密度的继续提高和表面组装技术的深入发展，再流焊接技术有可能取代波峰焊接技术，成为板级电路组装焊接技术的主流技术。如今，通孔元件的再流焊工艺已成熟，使用无铅焊料进程加快和焊料价格的提高，原有波峰焊价廉的优势逐渐丧失，将使更多的电子产品采用再流焊工艺。

10.4.1　再流焊接概述

再流焊接技术是先进的有利于采用全自动生产流水线的焊接方式，生产潜力大，质量可靠，是大、中型电子产品生产厂家实现现代化生产首选技术。再流焊接设备是再流焊接技术的关键设备。

1. 概述

再流焊炉按照加热方法不同通常分为热风再流焊炉、红外再流焊炉、气相再流焊炉和激光再流焊炉四大类。目前最流行的是全热风再流焊炉。

再流焊加热区域分为两大类：① 对 PCB 整体加热；② 对 PCB 局部加热。

按对 PCB 整体加热方式分，再流焊可分为气相再流焊、热板再流焊、红外再流焊、红外加热风再流焊和全热风再流焊等。

按对 PCB 局部加热方式分，再流焊可分为激光再流焊、聚焦红外再流焊、光束再流焊、热气流再流焊等。

目前，比较流行和实用的大多是远红外再流焊、红外加热风再流焊和全热风再流焊。尤其是全热风强制对流的再流焊技术及设备已不断改进与完善，拥有其他方式所不具备的特点，从而成为 SMT 焊接的主流设备。为适用无铅环保工艺，再流焊炉又制成能充氮保护气与快速冷却的高性能焊接设备。

2．再流焊机结构及系统组成

再流焊机的结构主体是一个热源受控的隧道式炉膛，沿传送系统的运动方向，设有若干独立控温的温区，通常设定为不同的温度，全热风对流再流焊炉一般采用上、下两层的双加热装置。

典型的全热风再流炉结构如图 10-42 所示。通常它由几个温区组成，各温区配置了热风加热器。前几个温区的加热起保温作用，主要是为了使表面组装组件（SMA）加热更均匀，以保证 SMA 在充分良好的状态下进入焊接温区。

全热风再流焊炉的外部结构如图 10-43 所示。

再流焊机主要由加热系统、热风对流系统、传动系统、顶盖升起系统、冷却系统、氮气装备、助焊剂回收系统、抽风系统、控制系统等几大部分组成。

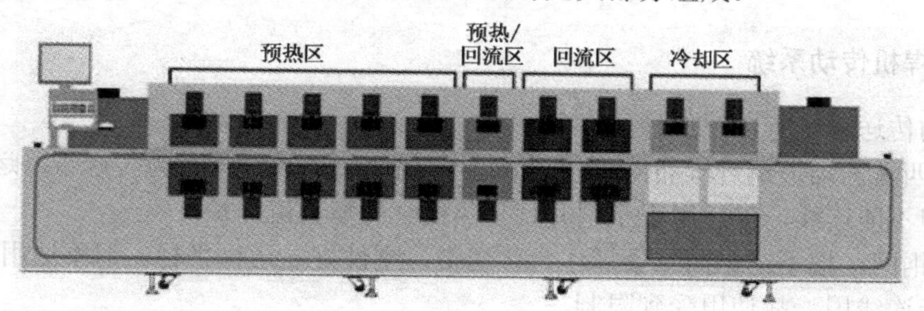

图 10-42　全热风再流炉结构

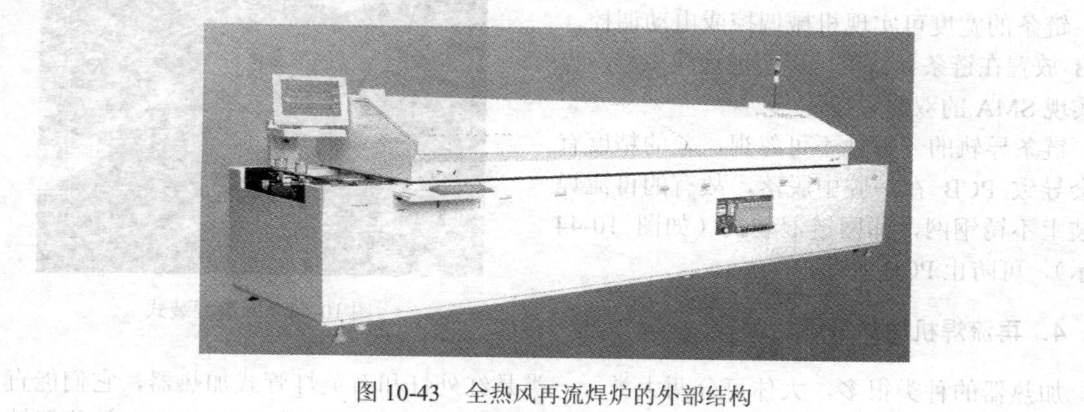

图 10-43　全热风再流焊炉的外部结构

① 加热系统：提供稳定、可控的温度场。

② 热风对流系统：用切向风扇等装置提供稳定的流场。

③ 传送系统：平稳传送 PCB 通过再流焊机炉腔。

④ 控制系统：实现加热系统、热风对流系统、传动系统、顶盖升起系统、冷却系统、氮气装备、助焊剂回收系统、抽风系统等的电气控制和操作控制。

⑤ 冷却系统：在加热区后部，对完成加热的 PCB 进行快速冷却。

⑥ 氮气装备：PCB 在预热区、焊接区及冷却区进行全制程氮气保护，可杜绝焊点及铜箔在高温下氧化，增强熔化钎料的润湿能力，提高焊点质量。

氮气通过一个电磁阀分给几个流量计，由流量计把氮气分配给各区。氮气通过风机吹到炉膛，保证氮气的流动均匀性。

在再流焊过程中使用惰性气体保护已有较久历史了，并已得到较大范围的应用，一般都选择氮气保护。

⑦ 助焊剂回收系统：助焊剂回收系统中设有蒸发器。冷水机把水冷却后经过蒸发器，炉膛内的助焊剂气体通过上层风机抽出，通过蒸发器冷却后形成液体流到回收罐中。高效的助焊剂收集效果，可确保炉膛内及外部环境不受助焊剂污染。

⑧ 抽风系统：强制抽风，保证助焊剂排放良好。

⑨ 顶盖升起系统：进行上炉体开启或关闭的动作。拨动上炉体升降开关，由电动机带动升降杆完成。动作同时，蜂鸣器鸣叫提醒人注意，当碰到上、下限位开关时，开启或关闭动作停止。

3. 再流焊机传动系统

再流炉的传送系统有以下 3 种。

① 耐热四氟乙烯玻璃纤维布：以 0.2 mm 厚的四氟乙烯纤维布为传送带，运行平稳，导热性好，但不能连线，仅适用于小型并且是热板红外型再流焊炉。

② 不锈钢网：把不锈钢网张紧后作为传送带，刚性好，运行平稳，但不适用双面 PCB 焊接，也不能连线用，故使用受到限制。

③ 链条导轨：这是目前普遍采用的方法，链条的宽度可实现机械调控或电动调控，PCB 放置在链条导轨上，可实现连线生产，也能实现 SMA 的双面焊接。

链条导轨的一致性不可忽视，差的精度有时会导致 PCB 在炉腔中脱落，故有的再流焊又装上不锈钢网，即网链混装式（如图 10-44 所示），可防止 PCB 脱落。

图 10-44　网链混装式

4. 再流焊机加热系统

加热器的种类很多，大体可分两大类：一类是红外灯和石英灯管式加热器，它们能直接辐射热量，又称为一次辐射体；另一类是陶瓷板、铝板和不锈钢板式加热器，加热器铸造在板内，热能首先通过传导转移到板面上来。

管式加热器具有工作温度高、辐射波长短、热响应快的优点，但因加热时有红外光产生，故对焊接不同颜色的元器件有不同的反射效果，同时也不利于与强制热风配套。

板式加热器热响应慢，效率稍低，但由于热惯量大，通过穿孔有利于热风加热，对被焊元件中的颜色敏感性小，阴影效应较小。此外结构上整体性强，利于装卸和维修，在与热电偶配套方面也比前者有明显的优越性。因此，在目前的再流焊炉中，加热器几乎全是铝板或不锈钢加热器。

5. 热风对流系统

目前，在热风式再流炉的结构中，其热风的产生常以下列两种形式实现。

（1）由轴向风扇产生

这是早期的产生热风的一种方式，其结构特征是各个温区的加热板开有一定数量的孔，风扇装在加热板的上方，风扇转动形成的风通过加热板上的孔吹到炉腔内，如图 10-45 所示。

这种热风的确起到混合炉腔内温度的功效，有助于温度的均匀化。但进一步研究表明：轴向风扇形成的风源会形成不同的气流速度，且在不同的加热区中风压有所不同，并在整个生产区产生一个薄的层流，热风的层流运动会造成各个温区的温度分界不清，形成不必要的混合，还会造成元件位移，如图 10-46 所示。此外，电动机装在机器最热的部位，长久使用也容易损坏。

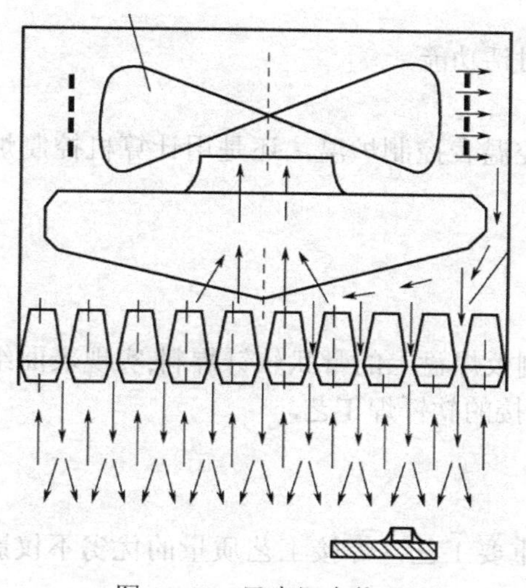

图 10-45 风扇混合热风

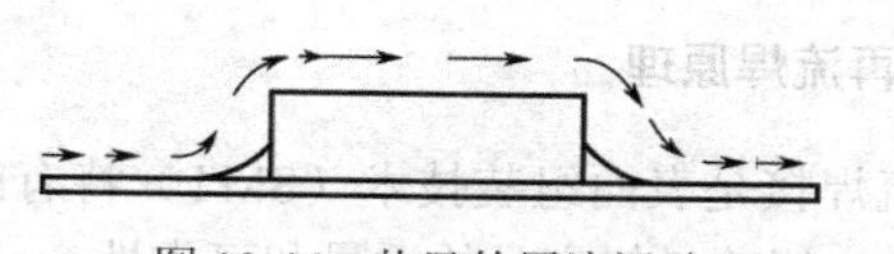

图 10-46 热风的层流运动

（2）由切向风扇产生

切向风扇安装在加热器的外侧，工作时，由切向风扇产生板面涡流，此时热风的吹入和返回在同一个温区，因此前后温区的温度不会出现混合情况，在传送方向上没有层流，仅在加热板上产生涡流，故每个温区的温度可以精确控制，如图 10-47 所示。

（a）切向风扇

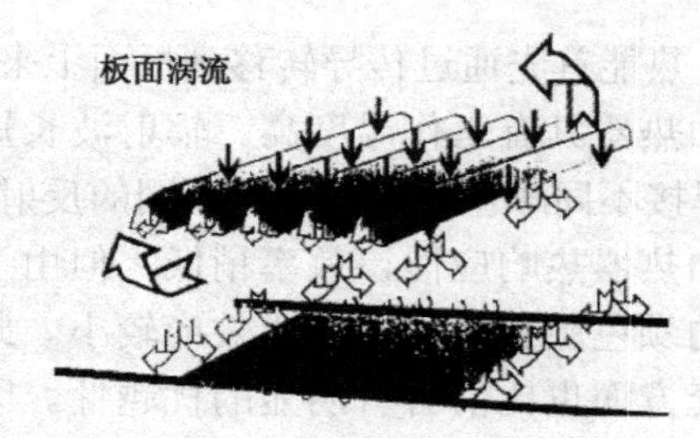

（b）热风流动示意图

图 10-47　切向风扇及热风流动

6. 控制系统

控制系统是再流焊设备的中枢，其选用件的质量、操作方式和操作的灵活性，以及所具有的功能都直接影响到设备的使用。早期的再流焊设备主要以仪表控制方式为主，随着计算机应用的普及发展，先进的再流焊设备已全部采用计算机或 PLC 控制方式，利用计算机丰富的软硬件资源，极大地丰富和完善了再流焊设备的功能，有效保证了生产管理质量的提高。控制系统的主要功能如下所述。

① 完成对所有可控温区的温度控制。
② 完成传送部分的速度检测与控制，实现无级调速。
③ 实现 PCB 在线温度测试。
④ 可实时置入和修改设定参数。
⑤ 可实时修改 PID 参数等内部控制参数。
⑥ 显示设备的工作状态，具有方便的人机对话功能。
⑦ 具有自诊断系统和声光报警系统。

带有炉温测试功能的温控系统，不管是用控温表控制炉温，还是用计算机控制炉温，均应做到高精度控温。

10.4.2　再流焊工艺

再流焊工艺是通过重新熔化预先分配到印制板焊盘上的膏状软钎焊料,实现表面组装元器件焊端或引脚与印制板焊盘之间机械与电气连接的软钎焊工艺。

1. 再流焊原理

再流焊接是表面组装技术（SMT）特有的重要工艺，焊接工艺质量的优劣不仅影响正常生产，也影响最终产品的质量和可靠性。

在再流焊工艺中，焊料是预先分配到印制电路板焊盘上的，每个焊点的焊料成分与焊料量是固定的，因此再流焊质量与工艺的关系极大。特别是印刷焊膏和再流焊工序，严格控制这些关键工序就能避免或减少焊接缺陷的产生。

再流焊工艺与波峰焊工艺两者之间最大的差异是：波峰焊工艺通过贴片胶黏结贴装元器件或印制电路板的插装孔事先将插装元器件固定在印制电路板的相应位置上，焊接时不会产生位置移动。而采用再流焊工艺焊接时的情况就大不相同了，元器件贴装后只是被焊膏临时固定在印制电路板的相应位置上，当焊膏达到熔融温度时，焊料还要“再流动”一次，元器件的位置受熔融焊料表面张力的作用而发生位置移动。

如果焊盘设计正确（焊盘位置尺寸对称，焊盘间距恰当），元器件端头与印制电路板焊盘的可焊性良好，当元器件的全部焊端或引脚与相应焊盘同时被熔融焊料润湿时，就会产生自定位或称为自校正效应（Self-alignment）。当元器件贴放位置有少量偏离时，在表面张力的作用下，能自动被拉回到目标位置。但是如果 PCB 焊盘设计不正确，或元器件端头与印制电路板焊盘的可焊性不好，或焊膏本身质量不好，或工艺参数设置不恰当，即使贴装位置十分准确，在进行再流焊时由于表面张力不平衡，焊接后也会出现元件位置偏移、吊桥、桥接、润湿不良等焊接缺陷。这就是 SMT 再流焊工艺最大的特性。

由于再流焊工艺的“再流动”及“自定位效应”的特点，使再流焊工艺对贴装精度要求比较宽松，比较容易实现高度自动化与高速度。同时也正因为“再流动”及“自定位效应”的特点，再流焊工艺对焊盘设计、元器件标准化、元器件端头与印制电路板质量、焊料质量，以及工艺参数的设置有更严格的要求。

另外，自定位效应对于两个端头的片式电阻电容等元件以及 BGA、CSP 等的作用比较大，在进行再流焊时能够纠正少量的贴装偏移。但是，自定位效应对于 SOP、SOJ、QFP、PLCC 等器件的作用比较小，贴装偏移是不能通过再流焊纠正的。因此，对于高密度、窄间距的 SMD 器件，需要高精度的印刷和贴装设备。

2．再流焊过程

再流焊（Reflow Soldering）是通过重新熔化预先分配到印制电路板焊盘上的膏状软钎焊料，实现表面组装元器件焊端或引脚与印制电路板焊盘之间机械、电气连接的软钎焊。再流焊过程一般需经过预热、保温干燥、再流焊接、冷却四个阶段。当 PCB 进入预热升温区（干燥区）时，焊膏中的溶剂和气体被蒸发掉；同时，焊膏中的助焊剂润湿焊盘、元器件端头和引脚；焊膏软化、塌落、覆盖了焊盘；将焊盘、元器件引脚与氧气隔离。当 PCB 进入保温干燥区时，PCB 和元器件得到充分的预热，以防 PCB 突然进入焊接高温区而损坏 PCB 和元器件。当 PCB 进入焊接区时，温度迅速上升使焊膏达到熔化状态，液态焊锡对 PCB 的焊盘、元器件端头和引脚润湿、扩散、漫流或回流混合形成焊锡接点。随后，PCB 进入冷却区，使焊点凝固，完成再流焊。

3．再流焊温度曲线

温度曲线是指 SMA 通过回流炉时，SMA 上某一点的温度随时间变化的曲线；其本质是 SMA 在某一位置的热容状态。温度曲线提供了一种直观的方法来分析某个元件在整个再流焊过程中的温度变化情况。这对于获得最佳的可焊性，避免由于超温而对元件造成损坏，保证焊接质量都非常重要。

（1）温度曲线分析

理想的温度曲线由 4 个部分组成——前面 3 个区加热和最后 1 个区冷却。一个典型的温度曲线如图 10-48 所示，其包含回流持续时间、锡膏活性温度、合金熔点和所希望的回流最高温度等。再流焊炉的温区越多，越能使实际温度曲线的轮廓达到理想的温度曲线。大多数锡膏都能用有4个基本温区的温度曲线完成再流焊工艺过程。

在焊接时，通过合理设置各温区的温度，使PCB在顺序通过炉内各温区时，PCB上各点的温度随时间按特定的曲线规律变化。

当PCB通过回流炉时，表面组装器件上某一点的温度随时间变化的曲线，称为实际温度曲线。一条实际的再流焊温度曲线提供了直观的再流焊接工艺分析方法，使我们方便分析某个元件在整个再流焊过程中的温度变化情况。

曲线中的预热、保温干燥、回流、冷却几个区域，每一部分由一个或几个温区组成。一般回流炉温区越多，曲线越容易调整和控制。

控制与调整再流焊接设备内焊接对象在加热过程中的时间-温度参数关系，即回流温度曲线，是决定再流焊效果与质量的关键。当我们在生产产品时，首先要进行温度曲线测试，一般温度曲线要求是由焊膏厂商提供的。鉴于电路板尺寸、厚度，元器件品种、大小、数量等诸多因素的影响，要获得理想的曲线并不容易，有时需要反复调整设备各温区的温度、传输速度等参数，经多次测试，才能达到要求。

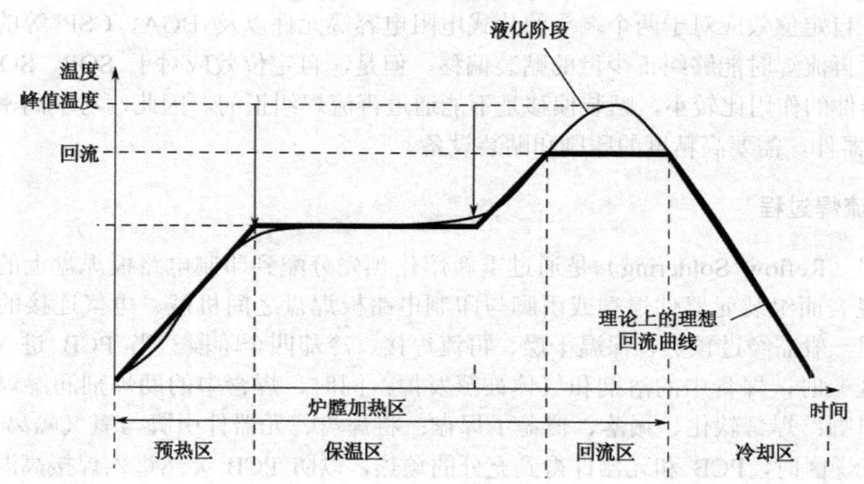

图10-48 理想的温度曲线

调试再流焊的温度曲线，主要调整的是温度、速度参数。在再流焊的温度变化过程中，预热、保温、回流、冷却4个阶段其温度要求及停留时间各不相同，简要介绍如下。

① 预热阶段。

该区域的目的是把室温的SMA尽快加热，以达到特定温度，但升温速率要控制在适当范围以内，如果过快，会产生热冲击，电路板和元件都可能受损；过慢，则溶剂挥发不充分，影响焊接质量。由于加热速度较快，在温区的后段SMA内的温差较大。为防止热冲击对元件的损伤，一般规定最大温升速率小于4℃/s。然而，通常上升速率设定为1～3℃/s。

② 保温阶段。

保温阶段是指温度从120～150℃升至焊膏熔点的区域。保温段的主要目的是使SMA内各元件的温度趋于稳定，尽量减少温差。在这个区域里给予足够时间使较大元件的温度赶上较小元件，并保证焊膏中助焊剂得到充分挥发。到保温段结束，焊盘、焊料及元件引脚上的氧化物被除去，整个电路板的温度达到平衡。应注意的是，SMA 上所有元件在这一段结束时应具有相同的温度，否则进入到回流段将会因为各部分温度不均产生各种不良焊接现象。

③ 再流焊阶段。

在这一区域里加热器的温度设置得最高，使组件的温度快速上升至峰值温度。回流曲线的峰值温度通常是由焊锡的熔点温度、组装基板和元件的耐热温度决定的。在再流阶段其焊接峰值温度视所用焊膏的不同而不同，一般推荐为焊膏的溶点温度加 20～40℃。对于熔点为 183℃的 63Sn/37Pb 焊膏和熔点为 179℃的 Sn62/Pb36/Ag2 焊膏，峰值温度一般为 210～230℃（典型的峰值温度范围是有铅焊 205～230℃、无铅焊 240～280℃）。峰值温度过低就易产生冷接点及润湿不够；过高则环氧树脂基板和塑胶部分出现焦化和脱层现象，再者超额的共界金属化合物将形成，并导致脆的焊接点（焊接强度影响）。

再流时间不要过长，以防对 SMA 造成不良影响。同时，由于共界金属化合物形成率、焊锡内盐基金属的分解率等因素，其产生及滤出不仅与温度成正比，且与超过焊锡溶点温度以上的时间成正比，为减少共界金属化合物的产生及滤出，超过熔点温度以上的时间必须减少，一般设定为 45～90 s，此时间限制需要使用一个快速温升率，从熔点温度快速上升到峰值温度，同时考虑元件承受热应力因素，上升率须介于 2.5～3.5℃/s，且最大改变率不可超过 4℃/s。

④ 冷却阶段。

高于焊锡熔点温度以上的慢冷却率将导致过量共界金属化合物产生，以及在焊接点处易产生大的晶粒结构，使焊接点强度变低，此现象一般出现在熔点温度和低于熔点温度一点的温度范围内。快速冷却将导致元件和基板间太高的温度梯度，产生热膨胀不匹配，导致焊接点与焊盘分裂及基板变形。一般情况下，可容许的最大冷却率是由元件对热冲击的容忍度决定的。综合以上因素，冷却区降温速率一般在 4℃/s 左右，冷却至 75℃即可。

（2）温度曲线测试

温度曲线的测试是通过温度记录测试仪器完成的，测试仪一般由多个热电偶与记录仪组成，几个热电偶分别固定在大小器件、BGA 芯片下部、电路板边缘等位置，与记录仪连接，一起随电路板进入炉膛，记录时间-温度参数。在炉子的出口取出后，把参数送入计算机，用专用软件描绘曲线并进行分析。

在测量时，微型热电偶探头可用焊料、胶黏剂、高温胶带固定在测试点上。热电偶附着的位置也要选择，通常最好是将热电偶尖附着在 PCB 焊盘和相应的元件引脚或金属端之间（如图 10-49 所示）。打开测温仪上的开关，测温仪随同被测印制板一起进入炉腔，自动按内编时间程序进行采样记录。测试记录完毕，将测试仪与计算机连接，由相关应用软件进行处理得到相应的温度曲线。

在使用温度曲线测试仪时，应注意以下几点：

① 在测定时，必须使用已完全装配过的板。首先对印制板元器件进行热特性分析，由于印制板受热性能不同，元器件体积大小及材料差异等原因，各点实际受热升温不相同，找出最热点、最冷

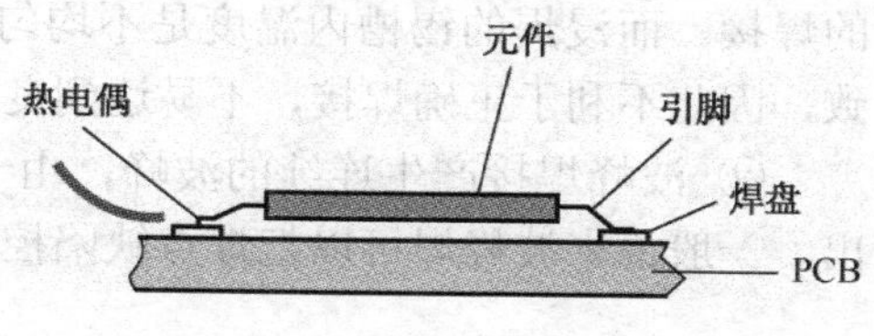

图 10-49 温度曲线测试

点，分别设置热电偶便可测量出最高温度与最低温度。

② 尽可能多设置热电偶测试点，以求全面反映印制板各部分真实受热状态。例如，印制板中心与边缘受热程度不一样，大体积元件与小型元件热容量不同，以及热敏感元件，都必须设置测试点。

③ 热电偶探头外形微小，必须用指定高温焊料或胶黏剂固定在测试位置，否则会因受热松动，偏离预定测试点，引起测试误差。

10.5 波峰焊技术及设备

波峰焊接（波峰焊）主要是用于传统的通孔插装印制电路板的焊接以及表面组装与通孔插装元器件的混装工艺。

波峰焊接技术适用于品种基本固定、产量较大、质量要求较高的产品，在大、中型工厂中尤为适用。特别是在家电生产中，更能得到充分利用，效果十分明显。

波峰焊机工作流程如图 10-50 所示。

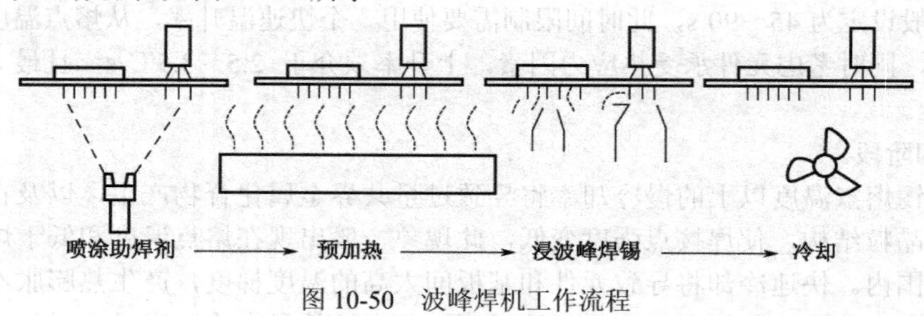

图 10-50 波峰焊机工作流程

1. 波峰焊接比手工焊接效率高，质量可靠

它不仅能获得高产量，质量稳定可靠，一致性好，还能减少劳动强度，改善工作条件，减少环境污染。波峰焊接不像手工焊接要受人的因素影响。例如，手工焊接的工人技术熟练程度不一样，不同的人焊接情况就不一样；就是同一个人在一天工作时间之内，焊接情况也会不一样。另外，人的责任心和情绪的高低，也都直接影响到焊接质量。而波峰焊接由机器直接操作，只要工艺控制正确，设备的各参数调整合适，焊接质量就有可靠的保证。

2. 波峰焊接比浸焊（静面）容易获得稳定而可靠的焊接质量

波峰焊接得到稳定可靠质量的主要原因有：

① 波峰喷嘴上的温度基本上是恒定的，所以印制板上的温度就比较均匀，有利于良好的焊接。而浸焊的锡槽内温度是不均匀的（一般底层温度低于表面），很难做到各点温度一致，因此不利于正确焊接，不易达到良好的焊接质量。

② 波峰焊接产生连续的波峰，由于与空气的接触少，表面氧化问题就不像浸焊那样突出。一般说来波峰焊可以把焊点缺陷控制在 0.25%～0.5%。

10.5.1 波峰焊机

波峰焊是将熔融的液态焊料，借助于泵的作用，在焊料槽液面形成特定形状的焊料波，插装了元器件的 PCB 置于传送链上，经某一特定的角度以及一定的浸入深度穿过焊料波峰而实现焊点焊接的过程，如图 10-51 所示。

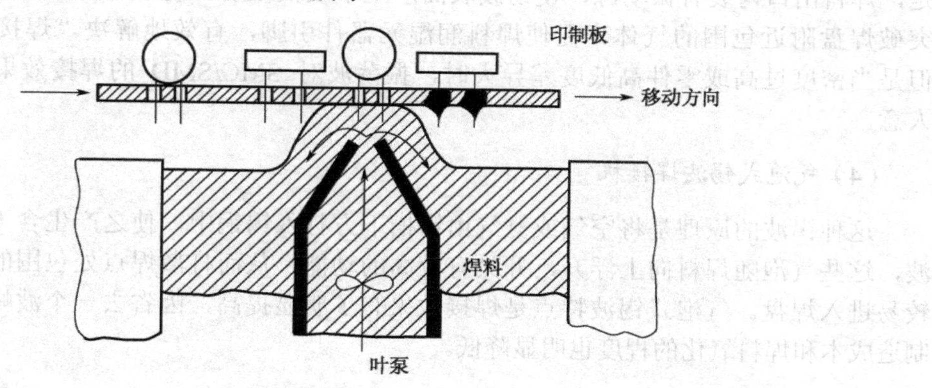

图 10-51 波峰焊焊接的过程

波峰焊也称为群焊或流动焊接。最早起源于 20 世纪 50 年代英国 Fry'sMetal 公司。由于波峰焊技术能大幅度提高生产效率，节约大批人力和焊料，焊点质量和可靠性明显地提高，故一直受到人们的广泛重视。波峰焊技术是 20 世纪电子产品装联工艺技术中最成熟、影响最广、效率最明显的一项成果，至 20 世纪 80 年代仍是装联工艺的主流。尽管近 30 年来出现了锡膏-再流焊工艺，并在不断扩展其应用范围，但在今后的一段时期内，SMT 的混装工艺中仍缺不了波峰焊接技术。

波峰焊接（波峰焊）过去主要用于传统通孔插装印制电路板电装工艺，现在多用于表面组装与通孔插装元器件的混装工艺。适用于波峰焊工艺的表面组装元器件尺寸较大的有矩形片式和圆柱形元件、SOT 以及较小的 SOP 等器件。

1. 波峰焊机类型及焊接系统结构

为了解决片式元器件波峰焊接中的缺陷，国内外波峰焊接厂家对传统的单波峰焊机进行了大量的改进，目前比较常见的焊接机如下所述。

（1）λ 波焊接机

λ 波由一个平坦的主峰区和一个弯曲的副峰区组成，主峰面较宽。其特点是，SMA 与波峰接触时间较长，因此焊料的擦洗作用最佳。由于喷嘴前安置有挡板控制波峰形状，从而就控制了波峰的速度特性，这样在喷嘴前面形成了较大的相对速度为零的区域，在其相对速度为零的那点进行焊接，有助于减少焊点拉尖和桥接现象。

（2）T 型波焊接机

T 型波是将入波主峰缩短、副峰引伸而成。其特点是把波峰变得很宽。当印制板通过 T 型波峰时，焊料润湿印制板的焊接区，形成焊点，由于波峰很宽，焊接时间得到保证，焊料表面张力有充分时间把多余焊料完全拖回波峰，从而减少了桥接现象。

（3）振荡波（Ω波）焊接机

振荡波又称“Ω波”（如图 10-52 所示），也是由 λ 波演变而来的。这种波产生的原理是，焊料出口内装有振动源，使锡波表面产生小波幅振动。利用它的振荡增加焊接功能，突破焊盘附近包围的气体，促使焊料润湿元器件引脚，有效地解决“焊接死区”问题。但是当密度过高或零件高低度差异大时，振荡波对 SMC/SMD 的焊接效果有时还不尽如人意。

（4）气泡式锡波焊接机

这种锡波的原理是将空气或氮气由锡槽下方打入锡锅中，使之产生含无数小气泡的锡波，这些气泡随焊料向上浮升，并具有较高的动能，从而打散焊点处包围的气体，使焊料较易进入焊盘。气泡式锡波特点是焊接效果有了明显提高，因省去一个波峰系统，设备的制造成本和焊料氧化的程度也明显降低。

（5）双波峰焊接机

增加一个湍流波，即由单波峰改为双波峰（如图 10-53 所示）。湍流波又称为脉冲波，其作用是使焊料在“垂直”方向上冲击片式元器件的焊盘，故能有效地克服“焊接死区”现象，再加上平波的整理作用，更使焊接效果得到了有力的保证。

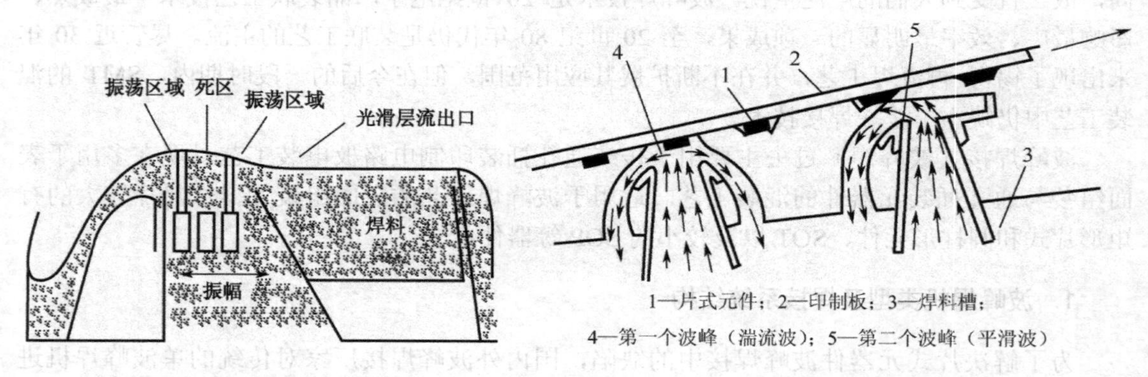

图 10-52　“Ω”波峰焊接系统　　　　图 10-53　双波峰焊接

湍流波的形式有以下两类。

① 窄幅湍流波：它由钛合金构成窄幅开口，开口方向垂直于 PCB 焊接面，并构成一个独立的系统，以保证产生足够的焊料冲击力并发挥调节功能。由于是全开口，不易出现堵塞现象，故能适应 SMD 焊接的需要。

② 穿孔摆动式湍流波：为了进一步增加湍流波的性能，将产生湍流的窄幅开口改为中空钛合金的腔体，并在腔体上方钻数排大小相同的小孔，金属管可以来回摆动，这样可大大增强液态焊料的湍流程度和对被焊 PCB 的冲击。

穿孔摆动式湍流波的制造成本较高，效果比前者更好。此外，也有将金属腔体固定的，目的是降低制造成本，但效果相对摆动式要差一些。

（6）喷射式波峰焊接机

喷射式波峰焊接机是 20 世纪 80 年代在西欧流行的波峰焊机，它的波型既不是双波峰也不是湍流波峰，而是一种高速单向流动的焊料波（如图 10-54 所示）。由于流速快，故称为喷射式空心波。它的另一个特点是焊料始终被防氧化油覆盖，高温油还配有过滤循环系统和加热功能，既可保持焊料与空气的隔离，又可清除掉少量的氧化物，故具有优良的焊接效果和节约焊料的特点。

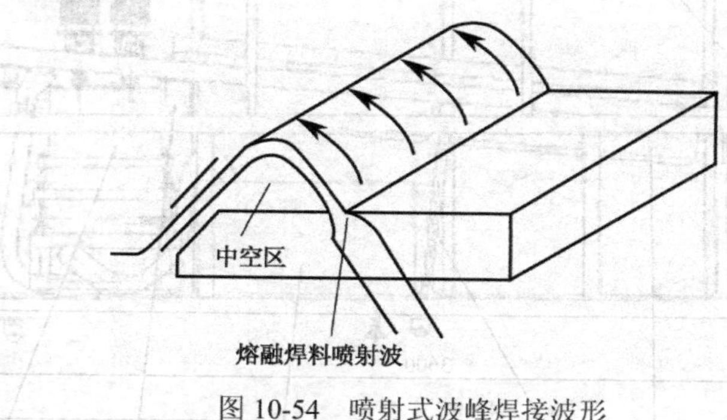

图 10-54　喷射式波峰焊接波形

（7）充氮气的波峰焊机

氮气保护焊接越来越受到人们的重视，尽管花费多了一点，但焊接质量明显提高，因为氮气环境可以提高焊料的润湿力，特别是可以减少波峰焊机波峰处的焊料氧化。充氮气的波峰焊机通常为隧道式结构，便于密封，可减低氮气的消耗量。

（8）计算机辅助波峰焊机（CAW）

随着计算机的普及，采用计算机有效地控制波峰焊机的许多参数已成为可能，如焊剂的密度、助焊剂的泡沫密度、传送带速、预热温度、焊料高度、焊料温度和波峰高度等，将来还会结合 PCB 面的条行码，自行调用相关参数。

（9）电磁泵波峰焊接机

以机械泵为动力的波峰焊接机虽然历史悠久，技术成熟，但高温焊料在高速搅拌下非常易氧化，且结构复杂、维修困难、耗能多。20 世纪 70 年代中期，瑞士 KIRSTN 公司首先推出了传导式电磁泵波峰焊接机，其原理是，由磁铁产生一个强大的磁场，变压器产生通向焊料的电流，加热棒使焊料熔化，在磁场的作用，带电的金属焊料产生强大的动力而形成焊料波。电磁泵波峰焊机焊料槽的容量较普通的焊料槽小，耗电量也较少，氧化也非常少，由于没有搅拌器的搅动，故焊料的氧化程度明显降低。

2．波峰焊机结构及系统组成

波峰焊机主要由助焊剂供给系统、预热系统、波峰焊接系统、传送系统和控制系统等几部分组成。

我们以国内劲拓公司生产的 WS-350PC-B 双波峰焊机为例，说明它的主要结构和作用。WS-350PC-B 双波峰焊机的基本结构和工作区示意图如图 10-55 和图 10-56 所示。

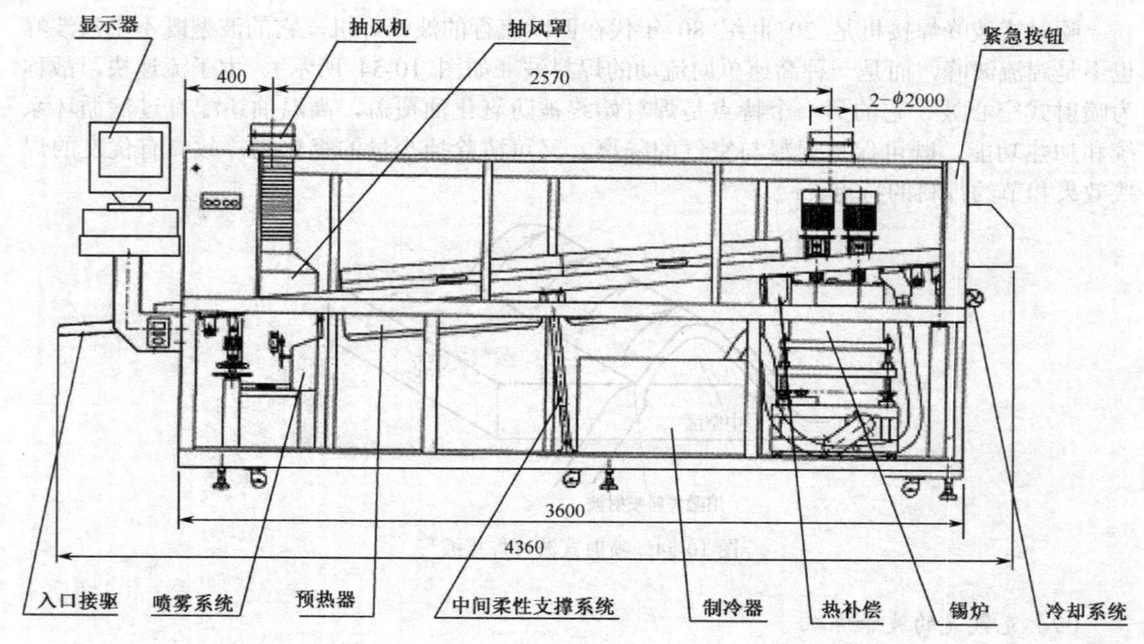

图 10-55　波峰焊机的基本结构

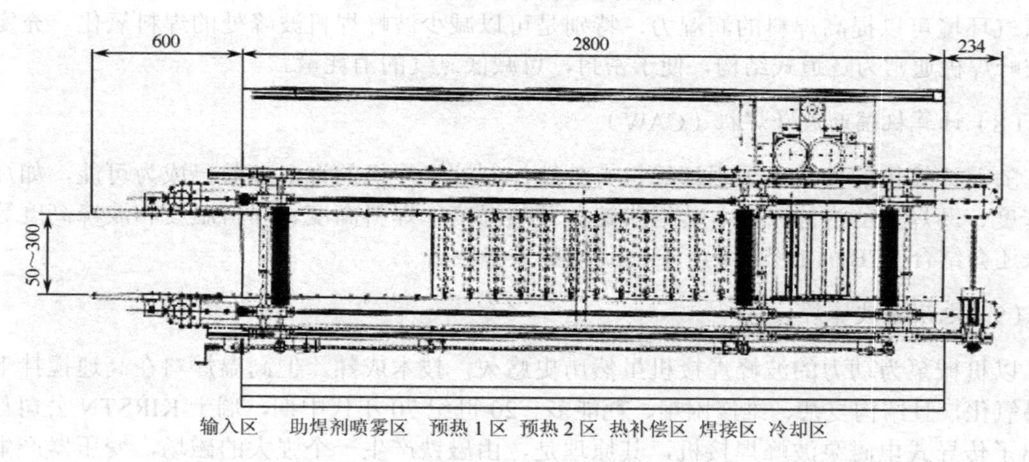

图 10-56　波峰焊机的工作区示意图

3．助焊剂供给系统

助焊剂系统是保证焊接质量的第一个环节，其主要作用是均匀地涂覆助焊剂，除去 PCB 及元器件焊接表面的氧化层，防止焊接过程中再氧化。助焊剂的涂覆一定要均匀，尽量不产生堆积，否则将导致焊接短路或开路。在生产中，通常焊剂的密度为 0.8～0.85 g/cm^3，当固含量为 1.5%～10%时，焊剂能够方便均匀地涂布到 PCB 上。根据使用的焊剂类型，焊接需要的固态焊剂量为 0.5～3 g/cm^2，这相当于湿焊剂层的厚度为 3～20 μm。

助焊剂的供给方式有喷雾式、喷流式和发泡式，如图 10-57 所示。

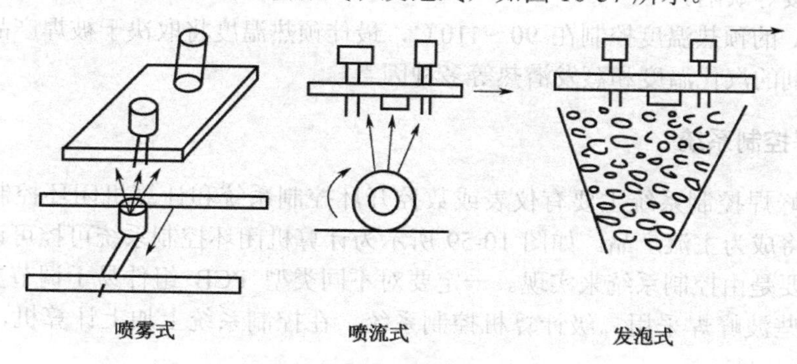

图 10-57 助焊剂系统供给方式

4．波峰焊机传输系统

传输系统中放 PCB 的机构种类一般可分为框架式和手指式两类，如图 10-58 所示。框架式适用于多品种、中 / 小批量生产；固定式的框架可将 PCB 转动 45°，可用于焊接 QFP 等，而手指式则适合于少品种、大批量生产。

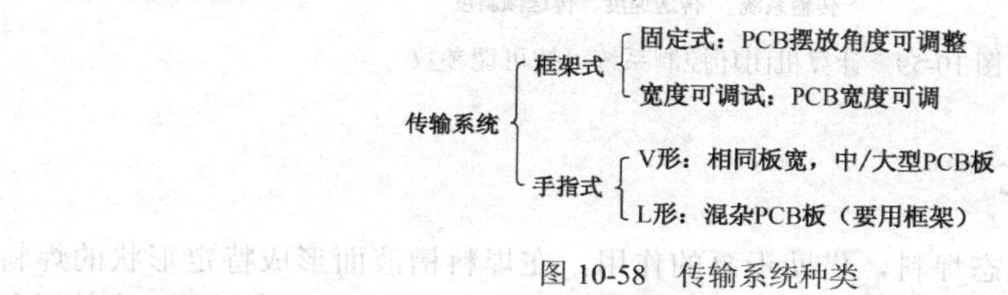

图 10-58 传输系统种类

在传输系统工作时，传输系统带动框架或 PCB 以 5°～9°的倾角通过波峰。焊接角度一定要可调，以适合不同类型的 PCB，一般最佳角度为 7°左右。数控波峰焊机由一个传感器识别 PCB 或框架送料。焊接工艺程序的依据是 PCB 运送速度、长度、器件管脚的间距等。

5．波峰焊机加热系统

预热对于表面组装组件的焊接是非常重要的焊接工序。预热的目的是蒸发助焊剂中大部分溶剂，增加助焊剂的黏度（黏度太低，会使助焊剂过早流失，使表面浸润变差），加速助焊剂的化学反应，提高可清除氧化的能力，同时提高电子组件的温度，以防止突然进入焊接区时受到热冲击。

在波峰焊过程中，SMA 涂布焊剂后应立即预热烘干，焊剂的预热使焊剂中的大部分溶剂及 PCB 制造过程中夹带的水汽挥发，如果溶剂依靠焊料槽的温度进行挥发，则会因在挥发时吸收热量，造成波峰液面焊料冷却而影响焊接质量，甚至会出现冷焊等缺陷。预热温度控制得好，可防止虚焊、拉尖和桥接，减小焊料波峰对基板的热冲击，有效地解决焊接过程中 PCB 翘曲分层和变形问题。当然预热也应适当，使 SMA 上的焊剂保持适合的黏度即可，如果焊剂的黏度太低，焊剂过早地从 SMA 焊接面上排出，会使焊盘润湿性变差，严重时会出现桥接等缺陷。

通常 SMA 的预热温度控制在 90～110℃，最佳预热温度将取决于被焊产品的设计、比热、焊剂中溶剂的汽化温度和蒸发潜热等多种因素。

6．波峰焊控制系统

目前，波峰焊控制系统主要有仪表或数控开环控制系统和计算机闭环控制系统两种，闭环控制系统将成为主流产品。如图 10-59 所示为计算机闭环控制系统可控可调参数。波峰焊机的功能主要是由控制系统来实现。一定要对不同类型 PCB 组件易于调节参数，有广泛的适应性。有些波峰焊采用二级计算机控制系统，在控制系统上加上计算机，用于编程和人机对话等。

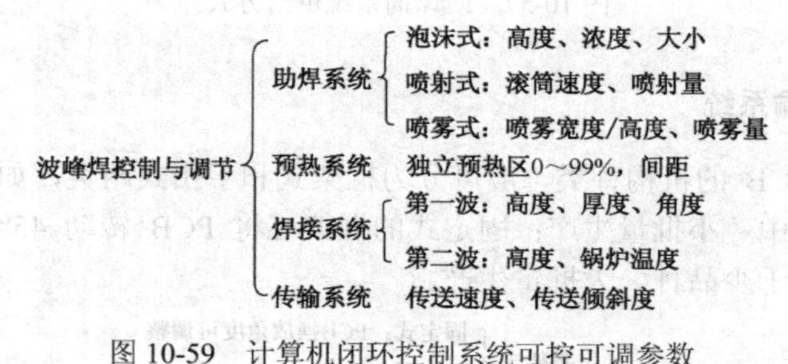

图 10-59　计算机闭环控制系统可控可调参数

10.5.2　波峰焊工艺

波峰焊是将熔融的液态焊料，借助于泵的作用，在焊料槽液面形成特定形状的焊料波，将插装或贴装固化了元器件的 PCB 置于传送链上，以某一特定的角度以及一定的浸入深度穿过焊料波峰而实现焊点焊接的过程。波峰焊主要用于混装工艺。

1．波峰焊原理

用于表面贴装元器件的波峰焊设备类型很多，下面我们以双波峰机为例来说明波峰焊接原理。

如图 10-60 所示，当完成点（或印刷）胶、贴装、胶固化、插装通孔元器件等工序后，印制电路板从波峰焊机的入口端随传送带向前运行，当通过助焊剂发泡槽（或喷雾装置）时，使印制电路板的下表面、所有的元器件端头和引脚表面均匀地涂敷一层薄薄的助焊剂；随传送带运行印制电路板进入预热区（预热温度为 90～130℃），使助焊剂中的溶剂被挥发掉，这样可以减少焊接时产生的气体；助焊剂中松香和活性剂开始分解和活性化，可以去除印制电路板焊盘、元器件端头和引脚表面的氧化膜以及其他污染物，同时起到保护金属表面防止发生再氧化的作用；印制电路板和元器件充分预热，避免焊接时急剧升温产生热应力损坏印制电路板和元器件。

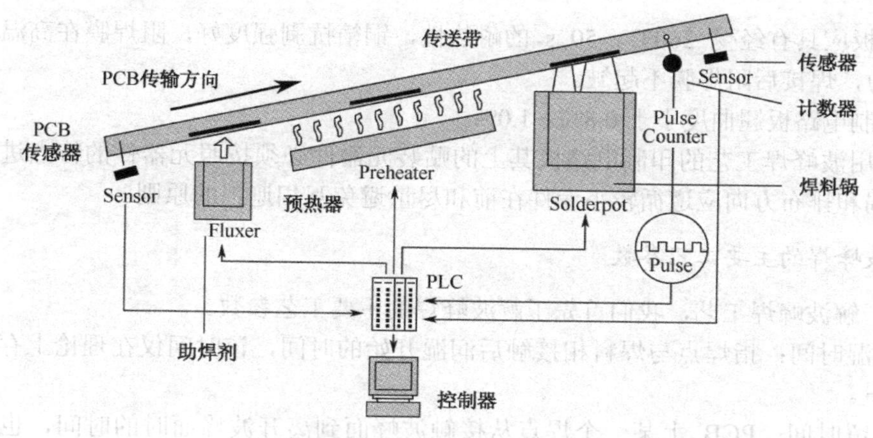

图 10-60 波峰焊接原理示意图

印制电路板继续向前运行，印制电路板的底面首先通过第一个熔融的焊料波，第一个焊料波是乱波（紊流波或振动波），焊料打到印制电路板的底面所有的焊盘、元器件焊端和引脚上，熔融的焊料在经过助焊剂净化的金属表面上浸润和扩散。湍流波峰，流速快，对SMT 元器件有较高的垂直压力，使焊锡对尺寸小、贴装密度高的焊点有较好的渗透性，克服了元器件的复杂形状及"阴影"效应带来的不良影响；同时，湍流波向上的喷射力可以使焊剂气体顺利排出，大大减少了漏焊、焊缝不充实等缺陷。

然后印制电路板的底面通过第二个熔融的焊料波。第二个焊料波是平滑波，焊锡流动速度慢，出口处的流速几乎为零，所以它能有效去除端子上的过量焊锡，使所有的焊接面润湿良好，并能对第一波峰所造成的拉尖和桥接进行充分的修正，如图 10-61 所示。当印制电路板继续向前运行离开第二个焊料波后，自然降温冷却形成焊点，即完成焊接。

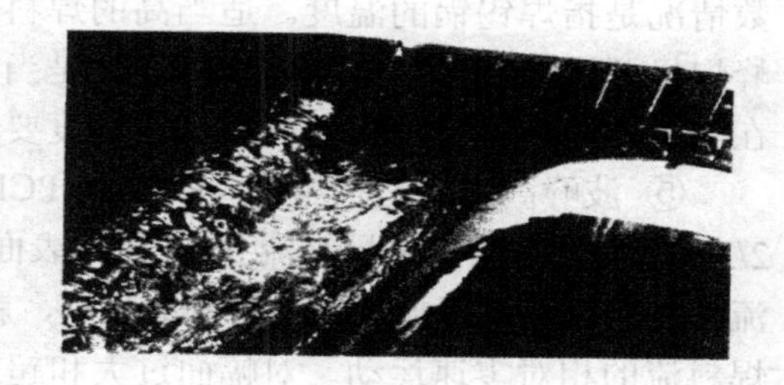

图 10-61 焊料波

2. 波峰焊工艺过程

贴片胶-波峰焊的工艺过程是，涂布贴片胶→贴片→固化→插装 THT 器件→波峰焊→清洗。

贴片胶的涂布是指将贴片胶从储存容器中（管式包装、胶槽）均匀地分配到 PCB 指定位置上。常见的方法有针式转移、丝网／模板印刷和注射法。

（1）元器件和印制电路板的基本要求

波峰焊工艺对元器件和印制电路板的基本要求如下所述。

① 应选择三层端头结构的表面贴装元器件，元器件体和焊端能经受两次以上 260℃波峰焊的温度冲击，焊接后元器件体不损坏或变形，片式元件端头无脱帽现象。

② 如采用短插一次焊工艺，焊接面元件引脚露出印制电路板表面 0.8～3 mm。

③ 基板应具有经受 260℃、50 s 的耐热性，铜箔抗剥强度好，阻焊膜在高温下仍有足够的黏附力，焊接后阻焊膜不起皱。

④ 印制电路板翘曲度小于 0.8%～1.0%。

⑤ 采用波峰焊工艺的印制电路板其上的贴装元器件必须按照元器件的特点进行设计，元器件布局和排布方向应遵循较小元件在前和尽量避免互相遮挡的原则。

（2）波峰焊的主要工艺参数

为了了解波峰焊工艺，我们首先了解波峰焊的主要工艺参数。

① 润湿时间：指焊点与焊料相接触后润湿开始的时间，该时间仅在理论上存在，实际上无法计量。

② 停留时间：PCB 上某一个焊点从接触波峰面到离开波峰面时的时间，也称为焊接时间。

停留 / 焊接时间的计算方式是：停留 / 焊接时间=波峰宽 / 速度

通常接触时间不能太短，否则焊盘将达不到必要的润湿温度，一般焊接时间控制在 2～3 s。

③ 预热温度：指 PCB 与波峰面接触前所达到的温度，PCB 焊接面的温度应根据焊接的产品来确定。

④ 焊接温度：是非常重要的焊接参数，通常高于焊料熔点（183℃）50～60℃，大多数情况是指焊锡锅的温度。适当高的焊料温度可保证焊料有较好的流动性，焊接温度在波峰焊机开通时应定期定时检查，尤其是当焊接缺陷增多时，更应该首先检查锡锅的温度。在实际运行时，所焊接的 PCB 焊点温度要低于锡锅温度，这是因为 PCB 吸热的结果。

⑤ 波峰高度：是指波峰焊接中的 PCB 吃锡深度，其数值通常控制在 PCB 厚的 1/2～2/3，过深会导致熔融焊料流到 PCB 的表面，出现桥连。此外，PCB 浸入焊料面越深，其挡流作用越明显，再加上元件引脚的作用，就会扰乱焊料的流动速度分布，不能保证 PCB 与焊料流的相对零速运动。对幅面过大和超重的 PCB，通常用增加挡锡条或在波峰机的锡锅上架设钢丝的办法来解决。

⑥ 传送倾角：波峰机在安装时除了使机器水平外，还应调节传送装置的倾角，高档波峰机通常倾斜角控制在 3º～7º。通过调节倾斜角，可以调控 PCB 与波峰面的焊接时间。适当的倾角有利于焊料液与 PCB 更快地剥离，使之返回锡锅中。

⑦ 热风刀：是 20 世纪 90 年代出现的新技术。所谓热风刀是 SMA 刚离开焊接波峰后，在 SMA 的下方放置一个窄长的带开口的腔体，窄长的开口处能吹出 500～525℃的高压气流，犹如刀状，故被称为热风刀。热风刀的高温高压气流吹向 SMA，尚处于熔融状态的焊点，在热风作用下，可以吹掉多余的焊锡，也可以填补金属化孔内焊锡的不足，对有桥接的焊点可以立即得到修复，同时由于可使焊点的熔化时间得以延长，故原来那些带有气孔的焊点也能得到修复，因此热风刀可以使焊接缺陷大大降低。热风刀已在 SMA 焊接中广泛使用。

热风刀的温度和压力应根据 SMA 上的元器件密度、元器件类型及板上的方向而设定。

⑧ 焊料纯度的影响：在波峰焊接过程中，焊料中的杂质主要是来源于 PCB 上焊盘中的铜浸析，过量的铜会导致焊接缺陷增多，如拉尖、桥连和虚焊。因此，铜是焊料锅中必须

即时清除的主要杂质。

引起 Sn/Pb 焊料杂质含量高的另一个原因是过高的锡锅温度，高温下焊料的氧化相当迅速，特别是转动轴附近的氧化更明显，锡锅表面每时每刻都会有一层氧化层，往往会造成细小的氧化层进入锡料之中，对焊接质量带来影响。减小焊料氧化物的生成一直是提高波峰焊质量的一项重要内容，早期采取加入抗氧化油的办法，虽然取得明显效果，但又带来抗氧化油本对 PCB 的污染。因此新型波峰焊机采用氮气保护的办法，使氮气充满锡锅上方的空间，达到防焊料氧化的效果，以提高焊接质量。

⑨ 助焊剂性能：由于助焊剂品种多，性能差别大，以及密度的要求和焊后 SMA 清洗的问题，加之 SMA 的出气孔相对较少，因此通常选用固含量低的品种。至于是否用免清洗的助焊剂，不仅需要考虑产品的要求，还应该考虑元器件可焊性的实际情况，通常免清洗助焊剂助焊性能较低，对于可焊性相对差的 PCB、元器件将易产生虚焊等缺陷。

（3）工艺参数的调整

波峰焊的工艺参数很难具体规定，它受许多复杂因素影响，不仅取决于机器型号，也取决于被焊产品的设计。

1）焊剂涂覆量

要求在印制板底面有一层薄薄的焊剂，要均匀，不能太厚，对于免清洗工艺特别要注意不能过量。焊剂涂覆量要根据波峰焊机的焊剂涂覆系统，以及采用的焊剂类型进行设置。焊剂涂覆方法主要有涂刷与发泡和定量喷射两种方式。

当采用涂刷与发泡方式时，必须控制焊剂的比重。焊剂的比重一般控制在 0.82～0.84（液态松香焊剂原液的比重）。在焊接过程中随着时间的延长，焊剂中的溶剂会逐渐挥发，使焊剂的比重增大；其黏度随之增大，流动性也随之变差，影响焊剂润湿金属表面，妨碍熔融的焊料在金属表面上的润湿，引起焊接缺陷。因此，当采用传统涂刷与发泡方式时应定时测量焊剂的比重，如发现比重增大，应及时用稀释剂调整到正常范围内；但是，稀释剂不能加入过多，比重偏低会使焊剂的作用下降，对焊接质量也会造成不良影响。另外，还要注意不断补充焊剂槽中的焊剂量，不能低于最低极限。

当采用定量喷射方式时，焊剂是密闭在容器内的，不会挥发，不会吸收空气中水分，不会被污染，因此焊剂成分能保持不变。关键要求喷头能够控制喷雾量，应经常清理喷头，喷射孔不能堵塞。

2）预热温度和时间

预热的作用如下所述。

① 将焊剂中的溶剂挥发掉，这样可以减少焊接时产生气体。

② 焊剂中松香和活性剂开始分解和活化，可以去除印制板焊盘、元器件端头和引脚表面的氧化膜及其他污染物，同时起到防止金属表面在高温下发生再氧化的作用。

③ 使印制板和元器件充分预热，避免焊接时急剧升温产生热应力损坏印制板和元器件。

印制板预热温度和时间要根据印制板的大小、厚度、元器件的大小和多少，以及贴装元器件的多少来确定。预热温度在 90～130℃（PCB 表面温度），多层板及有较多贴装元器件预热时温度取上限。预热时间由传送带速度来控制。如预热温度偏低或和预热时间过短，焊剂中的溶剂挥发不充分，焊接时产生的气体会引起气孔、锡珠等焊接缺陷；如预热温度偏高或预热时间过长，焊剂被提前分解，使焊剂失去活性，同样会引起毛刺、桥接等焊接缺陷。因此，要恰当控制预热温度和时间，最佳的预热温度是在波峰焊前涂覆在 PCB 底面的焊剂带有黏性。

3）焊接温度和时间

焊接过程是焊接金属表面、熔融焊料和空气等之间相互作用的复杂过程，必须控制好焊接温度和时间。如焊接温度偏低，液体焊料的黏度大，不能很好地在金属表面润湿和扩散，容易产生拉尖、桥连、焊点表面粗糙等缺陷。如焊接温度过高，容易损坏元器件，还会由于焊剂被炭化失去活性，焊点氧化速度加快，出现焊点发乌、焊点不饱满等问题。

波峰温度一般为 240±5ºC（必须测量实际波峰温度）。由于热量是温度和时间的函数，在一定温度下焊点和元件受热的热量随时间的增加而增加。波峰焊的焊接时间通过调整传送带的速度来控制，传送带的速度要根据不同型号波峰焊机的长度、预热温度、焊接温度等因素统筹考虑进行调整。以每个焊点接触波峰的时间来表示焊接时间，一般焊接时间为 3～5 s。

4）印制板爬坡角度和波峰高度

印制板爬坡角度为 3º～7º，是通过调整波峰焊机传输装置的倾斜角度来实现的。适当的爬坡角度有利于排除残留在焊点和元件周围由焊剂产生的气体，当 THC 与 SMD 混装时，由于通孔比较少，应适当加大印制板爬坡角度。通过调节倾斜角度还可以调整 PCB 与波峰的接触时间。倾斜角度越大，每个焊点接触波峰的时间越短，焊接时间就短；倾斜角度越小，每个焊点接触波峰的时间越长，焊接时间就长。适当加大印制板爬坡角度还有利于焊点与焊料波的剥离。当焊点离开波峰时，如果焊点与焊料波的剥离速度太慢，容易造成桥接。适当的波峰高度使焊料波对焊点压力增加，有利于焊料润湿金属表面、流入小孔，波峰高度一般控制在印制板厚度的 2/3 处。

工艺参数的综合调整对提高波峰焊质量是非常重要的。焊接温度和时间是形成良好焊点的首要条件。焊接温度和时间与预热温度、焊料波的温度、倾斜角度、传输速度都有关系。

在保证焊接质量的前提下，通过合理、综合调整各工艺参数，可以达到提高质量和产量的目的。

3. 波峰焊温度曲线

温度曲线（如图 10-62 所示）是指 SMA 在通过回流炉时，SMA 上某一点的温度随时间变化的曲线，其本质是 SMA 在某一位置的热容状态。波峰焊温度曲线提供了一种直观的方法来分析某个元件在整个波峰焊过程中的温度变化情况。这对于获得最佳的可焊性，避免由于超温而对元件造成损坏，保证焊接质量都非常重要。

波峰焊工艺曲线描述的是时间与温度关系，而反映的是波峰焊运行过程中被焊产品的状态。常见的波峰焊机有如下几种工作状态。

① 装载：将所焊接的 PCB 置于机器中（老式波峰机中需配置框架式夹具）。

② 焊剂涂覆：在 PCB 上喷涂助焊剂。

③ 预热：预热 PCB、元器件焊点，活化助焊剂。

④ 焊接：完成实际的焊接操作。

⑤ 热风刀：去除桥连，减轻组件的热应力。

⑥ 冷却：冷却产品，减轻热滞留带来的损坏。

⑦ 卸载：取出焊好的电子组件板。

在波峰焊的温度变化过程中，预热、预热温度补偿、波峰焊接、冷却等几个阶段，其温度要求及停留时间各不相同，现简要介绍如下。

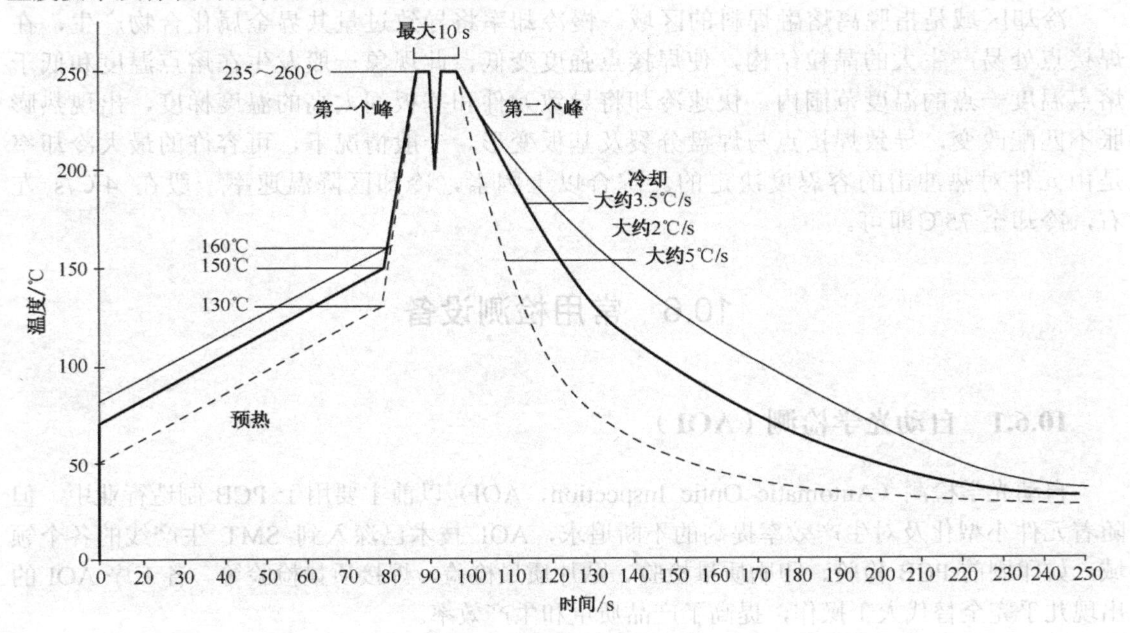

图10-62　波峰焊温度曲线

（1）预热

该区域的目的是把室温的 PCB 尽快加热。但升温速率要控制在适当范围以内，如果过快，会产生热冲击，电路板和元件都可能受损，过慢，则助焊剂挥发不充分，影响焊接质量。预热阶段 SMA 内各元件的温度应趋于稳定，尽量减少温差。在这个区域里给予足够的时间使较大元件的温度赶上较小元件，并保证助焊剂得到充分挥发。到预热阶段结束时，焊盘及元件引脚上的氧化物被除去，整个电路板的温度达到平衡。

预热时间长有利于 PCB 面温度均匀。通常，大型波峰焊机预热时间较长，有利于焊接，同时产量也高：小型机预热时间较短，难保证 PCB 面温度的均匀性。

（2）预热温度补偿

预热温度补偿区域是指预热阶段温度升至波峰焊接前的区域。大型波峰焊机有此工作阶段。应注意的是 SMA 上所有元件在这一段结束时应尽可能的具有相同温度，否则进入到波峰段将会因为各部分温度不均产生各种不良焊接现象。

（3）波峰焊接

焊接过程是指进入熔融焊料的阶段，是焊接金属表面、熔融焊料和空气等之间相互作用的复杂过程，必须控制好焊接温度和时间。波峰温度一般为240±5ºC；焊接时间为3～5 s。由于热量是温度和时间的函数，在一定温度下焊点和元件受热的热量随时间的增加而增加。波峰焊的焊接时间可通过调整传送带的速度来控制调整。

（4）*冷却*

冷却区域是指脱离熔融焊料的区域。慢冷却率将导致过量共界金属化合物产生，在焊接点处易产生大的晶粒结构，使焊接点强度变低，此现象一般发生在熔点温度和低于熔点温度一点的温度范围内。快速冷却将导致元件和基板间太高的温度梯度，出现热膨胀不匹配改变，导致焊接点与焊盘分裂及基板变形。一般情况下，可容许的最大冷却率是由元件对热冲击的容忍度决定的。综合以上因素，冷却区降温速率一般在 4℃/s 左右，冷却至 75℃即可。

10.6　常用检测设备

10.6.1　自动光学检测（AOI）

自动光学检测（Automatic Optic Inspection，AOI）以前主要用于 PCB 制造行业中。但随着元件小型化及对生产效率提高的不断追求，AOI 技术已深入到 SMT 生产线的各个领域，如印刷前 PCB 检验、印刷质量检验、贴片质量检验、焊接质量检验等。各工序 AOI 的出现几乎完全替代人工操作，提高了产品质量和生产效率。

自动光学检测（AOI）是近 20 年才兴起的一种新型测试技术，但发展较为迅速，目前很多厂家都推出了 AOI 设备，如图 10-63 所示。当自动检测时，机器通过摄像头自动扫描 SMA，采集图像，检查的焊点与数据库中的合格参数进行比较，经过图像处理，检查出 SMA 上缺陷，并通过显示器或自动标志把缺陷显示标示出来，供维修人员处理。

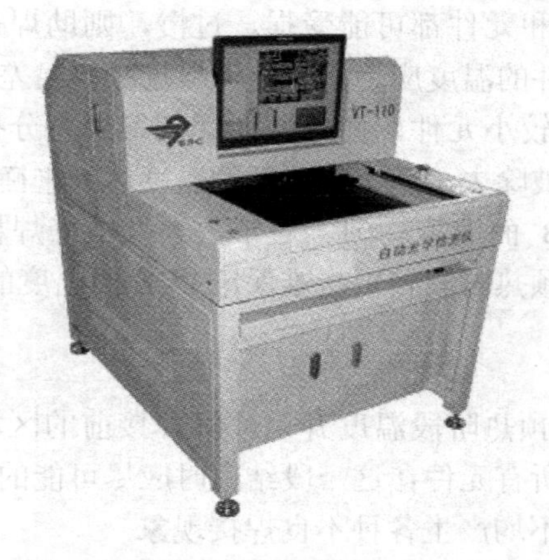

图 10-63　自动光学检测（AOI）设备

自动光学检测（AOI）设备的结构由 CCD 摄像及图像处理系统、精密运动系统、控制系统和系统软件 4 大部分构成。

10.6.2　X射线检测仪

随着新型器件封装的快速发展，电子器件趋向体积小、质量轻、引线间距小，同时高密度贴装电路板、密集端脚布线均使得焊接缺陷增加，越来越多的不可见焊点缺陷使检测更具挑战性，常规显示放大目测检验已不能满足需求。这对表面组装技术（SMT）及检测提出了更高的要求。而X射线焊点无损检测技术则可以满足需求，它与计算机图像处理技术相结合，对SMT上的焊点、PCB内层和器件内部连线进行高分辨率的检测。典型的X射线检测仪如图10-64所示。

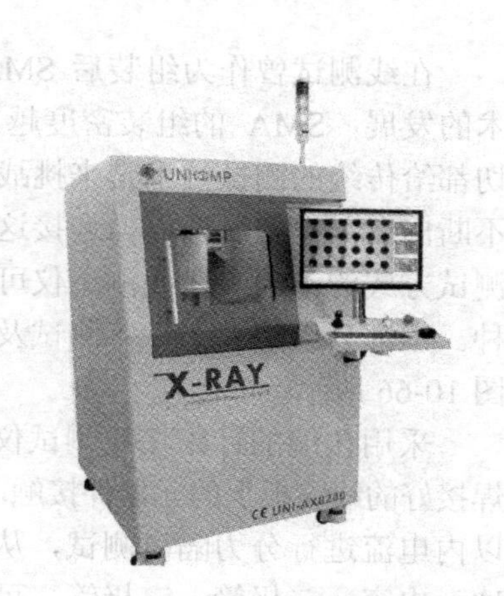

图10-64　X射线检测仪

X射线检测对没有检测点的BGA封装尤其重要，其焊锡球内的空腔以及漏掉焊锡球或焊锡球错位，只能通过X射线检测（Automatic X-ray Inspection，AXI）系统检测出来。

整个检测仪由光机系统、软件系统、控制系统3个单元组成，如图10-65所示。光机系统由X射线管、图像增强器、X射线CCD成像器、移动平台等组成，主要完成图像采集、载物台三维空间移动等功能；软件系统是整个检测仪的神经中枢，实现图像分析、操作控制等功能；控制单元则是整个检测仪的执行者，它根据计算机指令来完成载物台的移动控制、X射线的强度控制，以及控制面板信息采集等功能。

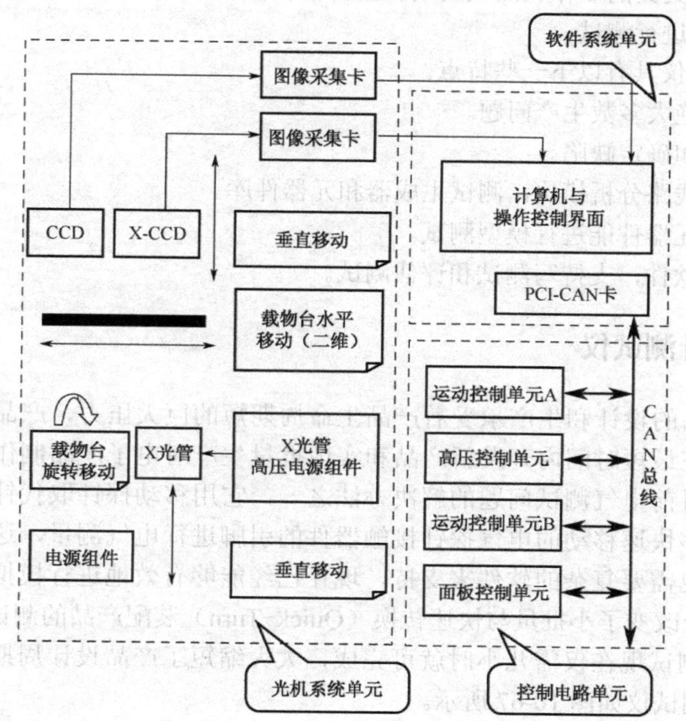

图10-65　整个检测仪组成

10.6.3 针床测试仪

在线测试曾作为组装后 SMA 测试的主导技术而占据市场绝对优势，但随着电子组装技术的发展，SMA 的组装密度越来越高，测试点间距越来越小，测试点数量越来越多，这一切都给传统的测试技术带来挑战，加之各种新型测试技术的不断出现，设备制造商为迎接这一挑战做了许多努力。根据测试方式的不同，在线测试仪可分为针床测试和飞针测试两种。本部分介绍介绍针床测试及设备。典型的针床测试仪如图 10-66 所示。

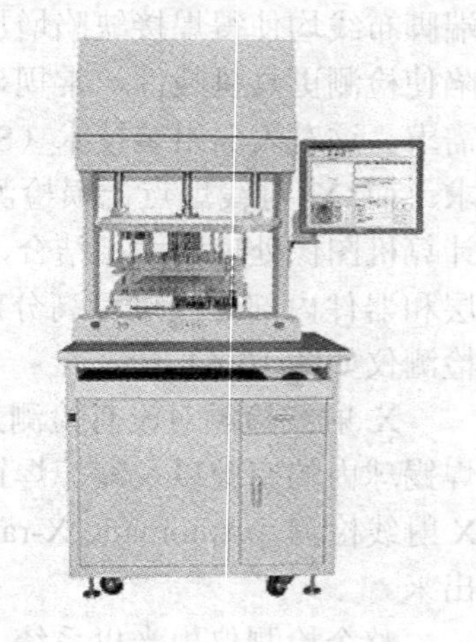

图 10-66 针床测试仪

采用传统的针床在线测试仪测量时使用专门的针床与已焊接好的线路板上的元器件接触，并用数百毫伏电压和 10 mA 以内电流进行分力隔离测试，从而精确地测出所装电阻、电感、电容、二极管、三极管、可控硅、场效应管、集成块等通用和特殊元器件的漏装、错装、参数值偏差、焊点连焊、线路板开短路等故障，并将故障是哪个元件或开短路位于哪个点准确告诉用户，针床在线测试仪的优点是测试速度快，适合于单一品种民用型家电线路板极大规模生产的测试，而且主机价格较便宜。但是随着线路板组装密度的提高，特别是细间距 SMT 组装以及新产品开发生产周期越来越短，线路板品种越来越多，针床在线测试仪存在一些难以克服的问题，如测试用针床夹具的制作、测试周期长，价格贵；对于一些高密度 SMT 线路板，由于测试精度问题无法进行测试。

针床在线测试仪具有以下一些特点。

① 能检测出绝大多数生产问题。

② 即时判断和确定缺陷。

③ 包含一个线路分析模块，测试生成器和元器件库。

④ 对不同的元器件能进行模型测试。

⑤ 提供系统软件，支持写测试和评估测试。

10.6.4 飞针测试仪

现今电子产品的设计和生产承受着产品生命周期短的巨大压力，产品更新的时间周期越来越短，因此在最短时间内开发新产品和实现批量生产对电子产品制作是至关重要的。飞针测试技术是目前电气测试问题的解决办法之一，它用移动探针取代针床，使用多个由电动机驱动，能够快速移动的电气探针接触器件的引脚进行电气测量，这种仪器最初是为裸板而设计的，也需要复杂的软件来支持，现在已经能够有效地进行模拟在线测试，飞针测试仪的出现已经改变了小批量与快速转换（Quick-Turn）装配产品的测试方法。以前需要几周时间完成的测试现在仅需几小时就可完成，大大缩短了产品设计周期和投入市场的时间。典型的飞针测试仪如图 10-67 所示。

飞针测试仪的基本结构及特点介绍如下。

根据飞针测试时固定 PCB 的方式，飞针测试机的结构可分为竖立式和水平式。一般来说，飞针测试仪装有 4～8 台由电动机通过皮带传动来带动测试探针，探针的移动包括 X、Y、Z 三个方向。在测试前，测试工程师需把设计工程师的 CAD 数据（如 PCB 文件），转换成可使用的测试数据文件，这些文件包含了需要测试的每个焊点的坐标（X，Y）及焊点在 PCB 中的网络值。

图 10-67　飞针测试仪

飞针测试仪是对传统针床在线测试仪的一种改进，它用探针来代替针床，在 x-y 机构上装有可分别高速移动的 4 个头共 8 根测试探针，最小测试间隙为 0.2 mm。工作时在测单元（Unit Under Test，UUT）通过皮带或者其他 UUT 传送系统输送到测试机内，然后固定，测试仪的探针接触测试焊盘和通路孔，从而可测试在测单元（UUT）的单个元件，测试探针通过多路传输系统连接到驱动器（信号发生器、电源供应等）和传感器（数字万用表、频率计数器等）来测试 UUT 上的元件。当一个元件正在测试时，UUT 上的其他元件通过探针器在电气上屏蔽以防止读数干扰。

飞针测试仪可以检查短路、开路和元件值。在飞针测试中也使用了一台相机来帮助查找丢失元件。用相机来检查方向明确的元件形状，如极性电容。随着探针定位精度和可重复性达到 5～15 μm，飞针测试仪可精确地探测 UUT。飞针测试解决了在 SMA 装配中见到的大量现有问题——可能长达到 4～6 周期的测试开发周期；较高的夹具开发成本，不能经济地测试小批量生产；不能快速地测试原型样机装配。

飞针测试仪的编程比传统的针床在线测试系统更容易、更快捷。由于具有编程容易、能够在数小时内测试原型样机装配，以及测试低产量的产品而没有典型的夹具开发费用优点，飞针测试可解决生产环境中的许多问题，但是还不是所有的生产测试问题。飞针测试也有其缺点，因为测试探针与通路孔和测试焊盘上的焊锡发生物理接触，可能会在焊锡上留下小凹坑。而对于某些 OEM 客户来说，这些小凹坑可能被认为是外观缺陷，拒绝接受。有时在没有测试焊盘的地方探针会接触到元件引脚，所以可能会错过松脱或焊接不良的元件引脚。

飞针测试时间过长是另一个不足。传统的针床测试探针数目有 500～3 000 支，针床与 SMA 一次接触即可完成在线测试的全部要求，测试时间只要几十秒。而飞针探针只有 4 支，针床一次接触所完成的测试，飞针需要许多次运动才能完成，时间显然要长的多，另外，针床测试仪可使用顶面夹具同时测试双面 SMA 的顶面与底面元件，而飞针测试仪要求操作员测试完一面，然后翻转再测试另一面，由此看出，飞针测试并不能很好适应大批量生产的要求。

尽管有上述这些缺点，飞针测试仪仍不失为一个有价值的工具，其优点如下所述。

① 较短的测试开发周期，系统接收到 CAD 文件后几小时内就可以开始生产，因此，原型电路板在装配后数小时即可测试，而不像针床测试，高成本的夹具与测试开发工作可能将生产周期延误几天甚至几个月。

② 较低的测试成本，不需要制作专门的测试夹具。

③ 由于设定、编程和测试简单、快速，实际上，一般技术装配人员就可以进行操作测试。

④ 较高的测试精度，飞针在线测试的定位精度（10 μm）和重复性（±10 μm）以及尺寸极小的触点和间距，使测试系统可探测到针床夹具无法达到的 SMA 节点。

应该看到，相对针床来说，飞针是一种技术革新，还在不断发展中，随着无线通信和无线网络的发展，越来越多的 SMA 将增加无线接入能力，目前的针床测试仪只适用低频频段，在射频（RF）频段的探针将变成小天线，产生大量的寄生干扰，影响测试结果的可靠性，针床在线测试仪只能检测 RF 电路在低频下的特性，RF 电路的其他测试由后续的功能测试仪去执行，这样必然降低 SMA 的缺陷覆盖率。飞针在线测试仪的探针数很少，较容易采取减少 RF 干扰的措施，实现 SMA 的低频和 RF 的在线测试，提高覆盖率。

飞针在线测试仪与针床在线测试具有互补能力，因而，有些 SMA 在线测试供应商考虑合并飞针和针床技术，在同一台在线测试仪内融合飞针和针床结构，优势互补，达到高速测试，编程容易，降低成本的目的。

飞针测试系统仍然在发展之中，目前还不能替代针床在线测试仪，但是飞针在线测试仪的性能已达到 SMA 批量生产的要求，例如，自动送料，增加 SMA 底部的固定探针数目，缩短编程时间等。飞针在线测试仪正得到 EMS 企业的重视，既用于电子产品的开发阶段，也用于多品种、中小批量 SMA 的在线测试。

10.6.5 SMT 炉温测试仪

SMT 炉温测试仪是检测 SMT（表面贴装）行业炉温曲线的精密仪器。SMT 炉温测试仪可以和需要经过再流焊炉和波峰焊接炉的产品一起进入炉内，记录整个经过炉子各区的温度情况以及产品实际的受热情况。SMT 炉温测试仪一般需要放在有隔热作用的盒子或袋子里面，这样就可以在多种高温的工业炉内进行温度的测量。SMT 炉温测试仪与红外温测温仪比，具有准确性好，可以和过再流焊炉或波峰焊接炉的产品一起运动，测量出产品各局部位实际受热的温度，同时在测量完后将记录的温度通过专业的分析软件分析出所需要的数据等特点，所以也有“温度记录仪”之称。

在 SMT 行业中，再流焊炉和波峰焊炉用的炉温测试仪为 6 通道、8 通道、9 通道、12 通道等测量记录温度的测量点。采样周期最快为 0.01 s，最慢 0.6 s 或 0.8 s。一般再流焊记录测试用 0.65 s、波峰焊记录测试用 0.05 s 的采样间隔来记录。

典型的炉温测试仪结构如图 10-68 所示。炉温测试仪可自动完成热电偶位置设置，实现温度曲线评定自动化，自动可视化操作说明；当仪器过热或电池电量过低时会自动给出指示，停止温度曲线测试；自动检索能保证温度曲线数据的完整性，制作过程稳定性，且可自动确认。

图 10-68 炉温测试仪

10.7　SMT辅助设备

在SMT生产中，除了正常生产过程需要的焊膏印刷机、贴片机、回流焊机、波峰焊机等设备以外，还需要相应的生产辅助设备，如返修工作系统、静电防护及测量设备、清洗设备、点胶机等，以保障生产顺利进行。

10.7.1　返修工作系统

在生产中，特别是在新产品开发中，经常会遇见印刷电路板焊接后，QFP、SOP、BGA等器件出现移位、桥接和虚焊等各种缺陷，需要对此类器件进行维修。返修工作系统（返修工作站）正是维修和试生产的辅助设备。返修工作系统利用热风对芯片管脚焊锡熔化，拆装或焊接QFP，SOP、BGA等大型器件。其优点是受热均匀，不会损伤印刷电路板和芯片，适合多层电路板的快速返工而不变形等。现将有关返修工作系统（返修工作站）介绍如下。

1. 返修工作系统的基本结构

常见的返修工作系统的基本结构（如图10-69所示）由以下几部分组成。

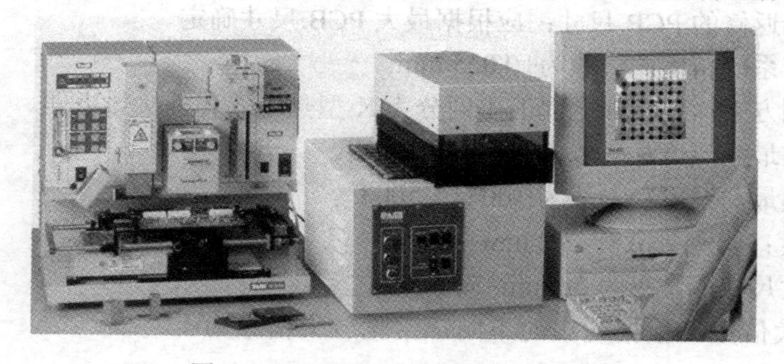

图10-69　返修工作系统的基本结构

① 返修工作台：用于夹紧要返修的印刷电路板，调整工作台的X、Y旋钮，可以使器件底部图像与印刷电路板焊盘图像完全重合。

② 光学系统：包括高倍摄像头或显微镜、监视器及光学对中系统（用于BGA、QFP及CSP等器件对中），如果没有光学对位系统，将难以完成贴装工序。

③ 加热系统：即对顶、底部元件及电路板局部加热，加热温度曲线可根据需要自行设定，通过编程来实现，目前加热系统多采用热风加热，也有局部采用红外加热的。但无论采用哪种加热方法都要确保加工的质量，不会因为返修而降低产品的质量。

④ 热风控制系统：可以控制加热时的热风流量。

⑤ 真空系统：通过内置或外置式真空泵提供气源，拆装QFP，SOP、BGA等器件。

⑥ 计算机控制与显示系统：控制光学系统、加热系统、热风控制系统、操作系统等，并与其他应用软件连接。

2. 返修系统的原理

普通热风 SMD 返修系统的原理是：采用非常细的热气流聚集到表面组装器件（SMD）的引脚和焊盘上，使焊膏或焊点融化，以完成焊接或拆卸功能。在拆卸时使用一个装有弹簧和橡皮吸嘴的真空机械装置，当全部焊点熔化时将 SMD 器件轻轻吸起来。热风返修系统的热气流是通过可更换的各种不同规格尺寸热风喷嘴来实现的。由于热气流是从加热头四周出来的，因此不会损坏表面组装器件以及基板或周围的元器件，可以比较容易地拆卸或焊接表面组装器件。

不同类型返修系统的差异主要表现加热源不同或热气流方式不同。有的喷嘴使热风在 SMD 器件的四周和底部流动，有一些喷嘴只将热风喷在 SMD 的上方。从保护器件的角度考虑，应选择气流在 SMD 器件的四周和底部流动比较好。为防止印刷电路板翘曲，还应选择具有对印刷电路板底部进行预热功能的返修系统。由于 BGA/CSP 等器件的焊点在器件底部，是看不见的，因此重新焊接 BGA/CSP 等器件时要求返修系统配有分光视觉系统（或称为底部反射光学系统），以保证贴装 BGA/CSP 等器件时的精确对中。这类返修系统有美国 OK 公司的 BGA3000 系列、瑞士 ZEVAC 公司的 DRS22 系列等。一般 BGA/CSP 焊接和解焊设备都需要带有分光视觉系统的返修工作系统。

3. 返修工作系统的主要技术指标

① 可焊接和返修的 PCB 尺寸：应根据最大 PCB 尺寸确定。

② 光学调节系统精度：一般为±0.025 mm。

③ 温度控制方式：根据热电偶的不同分为 K 型热电偶和外接热电偶。

④ 底部预热最高温度：一般为 100℃～300℃。

⑤ 喷嘴加热最高温度：一般为 100℃～500℃。

⑥ PCB 厚度：常见为 0.8～3.2 mm。

⑦ 芯片最大尺寸：常见为 50 mm×50 mm。

⑧ 图像放大倍数：根据镜头的不同，常见放大倍数为 10～50 倍。

10.7.2　全自动点胶机

全自动点胶机（如图 10-70 所示）装置适用于支持高科技产业的自动化生产线所需要的点胶需求。毫无疑问，点胶精度来自高速性、稳定性、操作性及耐久性的高度统一。

完整的自动点胶机系统应由点胶智能机械系统、编程器、点胶控制系统等组成。

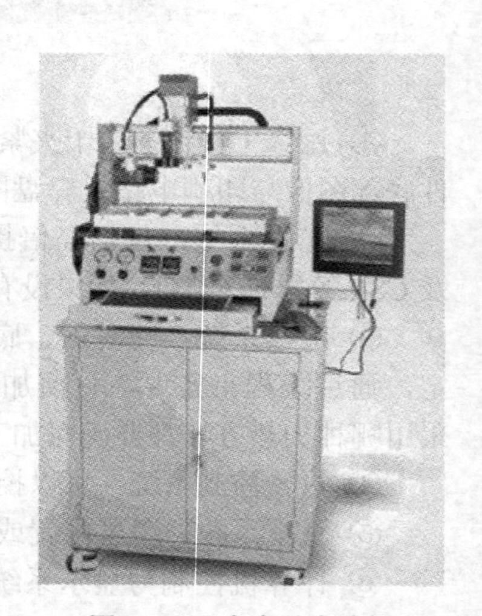

图 10-70　全自动点胶机

（1）点胶控制系统

定量式点胶系统主要包括高压空气源、主高压空气管路、副高压空气管路、胶枪和定时控制器。主高压空气管路中依次设有调压阀、压力计和三通阀，且其一端与高压空气源连接，另一端与软管连接。与高压空气源连接的副高压空气管路中依次设有调气阀和分歧管，并与大气连通，从而使得分歧管内的压力呈负压。另外，活塞式胶枪借助气压的推动和定时控制器的精确控制，使得黏胶从针头中挤出；同时负压对黏胶产生回吸作用，使得胶枪不会有残滴现象。

（2）点胶智能机械系统

机械系统就是一个三自由度的传动机构平台。胶头可以通过机械移动定位到空间的任意一个（X，Y，Z）坐标。智能运动控制卡实际上相当于一个智能的微型计算机，它发脉冲给电动机的驱动器，使电动机带动机械运动。它可以控制机械走出各种各样的轨迹，灵活地控制运动速度、加速度，进行高精度的定位。为了适应工业点胶设备快速向自动化方向的发展，人们在多年运动控制系统研究成果的基础上，全新推出面向企业应用的工业点胶机器人产品。根据实际生产需要，在满足运动性能指标的前提下，对产品结构进行了优化设计，适应在点胶过程中灵活快速的要求，提高了产品的可靠性，有效降低了产品成本。

（3）点胶控制软件及编程器

胶头的运动的轨迹、运动速度、加速度，高精度定位及胶枪的胶量控制等是由点胶控制软件协调点胶智能机械系统和点胶控制系统通过编程器输入相应的参数实现的。

目前，有很多点胶机的专业设备一般都是直角三坐标机械手配点胶控制器，有些带检测功能或配有影像系统。

根据机械手精度高低不同，可以选择伺服电动机加丝杠控制或步进电动机加同步带控制。电动机控制器控制三轴实现直线、圆弧等点胶路径，根据路径位置控制点胶控制器出胶或者断胶。

10.7.3 超声清洗设备

超声清洗技术的机理研究及设备开发、超声清洗工艺研究及应用在我国已有近 50 年的历史，几乎与国外同步。20 世纪 80 年代后，特别是 90 年代开始随着国民经济的飞速发展以及科技的不断进步，尤其是先进制造技术的需求，超声清洗技术的研究与超声清洗设备的研制得到了迅速发展。

超声波清洗与各种化学、物理、电化清洗方法比较，具有以下独特的优点：

- 能快速、彻底清除工件表面上的各种污垢；
- 能清洗带有空腔、沟槽等形状复杂的精密零件；
- 对工件表面无损，可采用各种清洗剂；
- 在室温或适当加温（60℃左右）即可进行清洗；
- 整机一体化结构便于移动；
- 节省溶剂、清洁纸、能源、工作场地和人工等。

1. 超声清洗技术

超声清洗是属于物理力清洗，其本身为绿色清洗，若在清洗液中添加适宜的清洗剂则属组合清洗，更具明显的清洗效果。超声清洗是目前功率超声中应用最为广泛的一种，超声清洗与现代科技发展及先进制造工艺密切相关。超声清洗在各种化学、物理以及机械清洗中是较为有效的一种方法，它被广泛应用于机械、光学、电子、轻工、纺织、化工、航空航天、船舶、原子能以及医疗医药等工业部门。

超声波清洗是利用超声波在液体中的空化作用、加速度作用及直进流作用对液体和污物直接、间接的作用，使污物层被分散、乳化、剥离，从而达到清洗目的。在目前所用的超声波清洗机中，空化作用和直进流作用应用得更多。

（1）空化作用

空化作用就是超声波以每秒 2 万次以上的压缩力和减压力交互性的高频变换方式向液体进行透射。当减压力作用时，液体中产生真空核群泡现象，当压缩力作用时，真空核群泡受压力压碎时产生强大的冲击力，由此剥离被清洗物表面的污垢，从而达到精密洗净的目的。在超声波清洗过程中，肉眼能看见的泡并不是真空核群泡，而是空气气泡，它对空化作用产生抑制作用，会降低清洗效率。只有液体中的空气气泡被完全脱走，空化作用的真空核群泡才能达到最佳效果。

（2）直进流作用

超声波在液体中沿声的传播方向产生流动的现象称为直进流。通过此直进流使被清洗物表面的微油污垢被搅拌，污垢表面的清洗液也产生对流，溶解污物的溶解液与新液混合，使溶解速度加快，对污物的搬运起着很大的作用。

（3）加速度作用

液体粒子在超声波推动下产生加速度，对于频率较高的超声波清洗机，空化作用就很不显著了，这时的清洗主要靠超声作用下的液体粒子加速度撞击，对污物进行超精密清洗。

超声波清洗与其他清洗相比具有洗净率高、残留物少、清洗时间短、清洗效果好，凡是能被液体浸到的被清洗件，超声对它都有清洗作用，不受清洗件表面形状限止，例如，深孔、狭缝、凹槽都能得到清洗。由于超声波发生器采用 D 类工作放大，换能器的电声效率高，因此超声清洗高效节能，是一种真正高速、高质量、易实现自动化的清洗技术。若清洗剂采用非 ODS 清洗剂则具有绿色环保清洗作用。超声清洗对玻璃、金属等反射强的物体其清洗效果好，但不适宜纺织品、多孔泡沫塑料、橡胶制品等声吸收强的材料。

2．超声波清洗设备的主要参数

超声波清洗设备一般由超声波发生器和超声波换能器组成，超声波换能器是由压电陶瓷材料制造的夹芯式换能器，压电陶瓷材料在交变电场的作用下会产生机械振动。

超声波清洗设备的工作原理是超声波发生器所发出的高频振荡信号，通过换能器转换成高频机械振荡而传播到介质——清洗液中，超声波在清洗液中疏密相间地向外辐射，使液体流动而产生数以万计的微小气泡，这些气泡在超声波纵向传播的负压区形成、生长，而在正压区迅速闭合，在这种被称之为“空化”效应的过程中，气泡闭合可能生成超过

1 000 以上个气压的瞬间高压，连续不断产生的高压就像一连串小“爆炸”不断地冲击物件表面，使物件表面及缝隙中的污垢迅速剥落，从而达到物件全面洁净的清洗效果。

超声波清洗设备及超声波发生器的主要参数如下所述。

（1）超声波频率

超声波发生器频率一般大于或等于 20 kHz ，可以分为低频、中频、高频 3 段：超声波频率越低，在液体中产生的空化越容易，产生的力度越大，作用也越强，适用于工件（粗、脏）初洗；频率高则超声波方向性强，适用于精细的物件清洗。

（2）功率密度

功率密度=发射功率（W）/发射面积（cm^2），通常大于或等于 0.3 W/cm^2。超声波的功率密度越高，空化效果越强，速度越快，清洗效果越好。但对于精密的、表面光洁度甚高的物件，采用长时间的高功率密度清洗会对物件表面产生“空化”腐蚀。

（3）清洗温度

一般来说，超声波在 30～40℃时的空化效果最好。清洗剂则温度越高，作用越显著。通常在实际应用超声波时，采用 50～70℃的工作温度。

10.7.4 静电防护及测量设备

随着科技进步，超大规模集成电路和微波器件大量生产、广泛应用，集成度迅速提高，器件尺寸变小，芯片内部的氧化膜变薄，使得器件承受静电放电的能力下降。摩擦起电、人体静电已成为电子工业中两大危害。在电子产品的生产中，从元器件的预处理、贴装、焊接、清洗、测试直到包装，都有可能发生因静电放电造成对器件的损害，因此静电防护显得越来越重要。

1. 静电及其危害

防静电是知道什么地方可能会产生静电荷，知道什么地方已经存在着静电荷，应如何迅速而可靠地消除它。

（1）静电产生

除了摩擦会产生静电外，接触、高速运动、温度、压电和电解也会产生静电。

① 接触摩擦起电。

除了不同物质之间的接触摩擦会产生静电外，在相同物质之间也会发生，例如，把两块密切接触的塑料分开能产生高达 10 kV 以上的静电；在干燥的环境中，当人快速从桌面上拿起一本书时，书的表面也会产生静电。几乎常见的非金属和金属之间的接触、分离均产生静电，这也是最常见的产生静电的原因之一。其静电能量除了取决于物质本身外，还与材料表面的清洁程度、环境条件、接触压力、光洁程度、表面大小和摩擦分离速度等有关。

② 剥离起电。

当相互密切结合的物体剥离时，会引起电荷的分离，出现分离物体双方带电的现象，称为剥离起电。剥离起电根据不同的接触面积，接触面积的附着力和剥离速度而产生不同的静电量。

③ 断裂带电。

材料因机械破裂使带电粒子分开，断裂两半后的材料各带有等量的异性电荷。

④ 高速运动中的物作。

物体高速运动，其物体表面会因与空气的摩擦而带电。最典型的案例是高速贴片机贴片过程中因元器件的快速运动而产生静电，其静电电压约为 600 V，特别是贴片机的工作环境通常湿度相对较低，因运动而产生静电，对于 CMOS 器件来说，有时是一个不小的威胁，特别是在人们还没有认真重视它的时候。与运动有关的例子还有，在清洗过程中，非极性的溶剂在高压喷淋时也会产生静电。

此外，温度、压电效应以及电解均会发生不同程度的静电现象。

(2) 静电放电对电子工业的危害

电子工业中，摩擦起电和人体带电常有发生，电子产品在生产、包装、运输及装联成整机的加工、调试和检测过程中，难免受到外界或自身的接触摩擦而形成很高的表面电位，如果操作者不采取静电防护措施，人体静电电位可高达 1.5～3 kV。因此无论是摩擦起电或是人体静电均会对静电敏感的电子器件造成损坏。根据静电力学和放电效应，静电损坏大体上分为两类，这就是由静电引起的对浮尘埃的吸附及由静电放电引起的敏感元器件被击穿。

① 静电吸附。

在半导体和半导体器件制造过程中，广泛采用高分子材料等，由于它们的高绝缘性，易积聚很高的静电，并易吸附空气中的带电微粒，导致半导体介面被击穿，失效。为了防止危害，半导体和半导体器件的制造，必须在洁净室内进行，同时洁净室的墙壁、天花板、地板和操作人员以及一切工具、器具均应采取防静电措施。

② 静电击穿和软击穿。

随着科学技术的进步，特别是金属氧化物半导体（MOS）器件的出现，超大规模集成电路集成度高，输入阻抗高，这类器件受静电的损害越来越明显。静电放电对静电敏感器件损害的主要表现有两种，一是硬击穿，造成整个器件的失效和损坏；二是软击穿，造成器件的局部损伤，降低了器件的技术性能，由此留下不易被人们发现的隐患，以致设备不能正常工作。软击穿带来的危害有时比硬击穿更危险，软击穿的初期往往只是性能稍有下降，产品在使用过程中，随着时间的推移，软击穿发展为元器件的永久性失效，导致设备受损。静电导致器件失效的机理大致有两个原因：因静电电压而造成的损害，主要有介质击穿，表面击穿和电弧放电；因静电功率而造成的损害，主要有热二次击穿、体积击穿和金属喷镀熔融。

在生产中，人们常把对静电反应敏感的电子器件称为静电敏感器件（SSD），这类电子器件主要是指超大规模集成电路，特别是金属氧化膜半导体（MOS）器件。

(3) 电子产品生产环境中的静电源

1）人体静电

人是电子装联工作中的主体，但人体又是静电载体。在绝缘地面和穿绝缘鞋的条件下，人体的活动，人与衣服、鞋、袜等其他物体之间的摩擦、接触和分离，又使人体成为最主要的静电源之一。人体静电是导致元器件击穿损坏、软击穿和对敏感电子设备运行产生干扰的主要原因。人体因活动而产生的静电电压为0.5～2 kV。

2）其他静电源

在电子产品装联过程中，很多操作活动都可以产生静电。

① 工作服：当操作人员穿的化纤或棉制工作服与工作台面、工作椅等摩擦时，可在服装表面产生6 000 V以上的静电电压，并使人身带电。当人体与放置在台面的敏感元器件接触时可导致放电，很容易造成器件的损坏。

② 工作鞋：一般工作鞋（橡胶或塑料鞋底）的绝缘电阻高达10 MΩ以上，当与地面摩擦时产生静电，并使人体带电。

③ 树脂、浸漆、塑料封装表面：电子工业许多元器件需要用高绝缘树脂、漆和塑料封装，这些器件放入包装后，因在运输过程中发生摩擦，在其表面能产生超过几百伏的静电电压，造成某些器件芯片击穿。

④ 各种包装和容器：用PP（聚丙烯）、PE（聚乙烯）、PS（聚苯乙烯）、PVR（聚氨脂）、PVC、ABS和聚脂树脂等高分子材料制作的包装、元件盒和周转箱都可因摩擦、冲击产生1～3.5 kV静电电压，对敏感器件放电。

⑤ 普通工作台面：工作台表面受到摩擦产生静电，可对放置在上面的敏感器件放电。

⑥ 绝缘地面：混凝土、打蜡抛光地板、橡胶板等都可因摩擦产生静电。另外，以上地面的绝缘电阻高，操作者人体上的静电荷难以在短时间内泄漏。

⑦ 烘箱：烘箱内热空气循环流动与箱体摩擦产生大量静电荷，可使敏感器件（或装有敏感器件的部件）在高温处理中受到损害。

⑧ 空气压缩机：利用空气压缩机的喷雾、防霉、清洗、油漆和喷砂等设备都可因空气激烈流动或介质与喷嘴摩擦产生大量静电荷。带电介质接触敏感器件时可造成器件损坏。

⑨ 电子生产设备：电烙铁、波峰焊机及其他装配、调试和检测设备内的高压变压器、交直流电路都可在设备上感应出静电。如果设备静电泄漏措施不好，可使敏感器件在操作过程中失效。

不难看出，人体的活动以及各种物体之间的摩擦是电子装配行业中产生静电的主要根源，它无处不在，并随时随地给电子产品带来危害。

2. 静电防护

在现代化电子工业生产中，一般来说不产生静电是不可能的，但产生静电并非危害所在，真正的危险在于静电积聚以及由此而产生的静电放电。因此，对静电积聚的控制和防止静电放电尤为重要。

（1）静电防护原理

在电子产品生产过程中，对SSD进行静电防护的基本思路有两个：一是对可能产生静电的地方要防止静电的积聚，即采取一定的措施，减少高压静电放电带来的危害，使之边产生边泄放，以消除静电的积聚，并控制在一个安全范围之内；二是对已存在的静电积聚采取措施迅速消散掉，即时泄放。

因此，电子产品生产中静电防护的核心是静电消除。当然这里所说的消除并非指一点不存在，而是说要控制在最小程度之内。

（2）静电防护方法

1）静电防护中所使用的材料

在静电防护中，原则上不使用金属导体，因导体漏放电流大，会造成器件损坏，而是采用在橡胶中混入导电碳黑，作为常用的静电防护材料。

2）泄漏与接地面

对可能产生或已经产生静电的部位，应提供通道使静电即时泄放，即通常所说的接地。通常在防静电工程中，均独立建立地线工程。

3）导体带静电的消除方法

导体上的静电可以用接地的方法，使其泄漏到大地。

4）非导体带静电的消除方法

对于绝缘体上的静电，由于电荷不能在绝缘体上流动，故不能用接地的方法排除其静电荷，只能用下列方法来控制。

① 使用离子风机：离子风机可以产生正、负离子，中和静电源的静电。用于那些无法通过接地来泄放静电的场所，如空间和贴片机头附近，通常有良好的防静电效果，如图 10-71 所示。

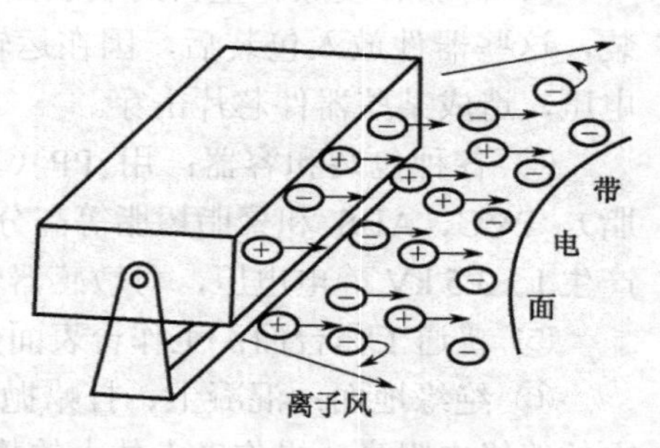

图 10-71　离子风机

② 使用静电消除剂：静电消除剂是各种表面活性剂，通过洗擦的方法，可以去掉一些物体表面的静电，如仪表表面。采用静电消除剂的水溶液擦洗，能快速地消除仪表表面的静电。

③ 控制环境湿度：湿度的增加可以使非导体材料的表面电导率增加，使物体不易积聚静电。在有静电危险的场所，在工艺条件许可的情况下，可以安装增湿机来调节环境的湿度。如在北方的工厂，由于环境湿度低容易产生静电，采用增湿的方法可以降低静电产生的可能，这种方法效果明显而且价格低廉。

④ 采用静电屏蔽：静电屏蔽是针对易散发静电的设备、部件和仪器而采取的屏蔽措施。通过屏蔽罩和屏蔽笼，将静电源与外界隔离，并将屏蔽罩有效地接地。

5）工艺控制法

为了在生产过程中尽量少产生静电，应从工艺流程、材料选用、设备安装和操作管理等方面采取措施，控制静电的产生和积聚。当然，具体操作应有针对性。

在上述的各项措施中，工艺控制法是积极的措施，其他措施有时应综合考虑，以便达到有效防静电的目的。

（3）常用静电防护器材

电子产品生产过程使用的防静电器材可归纳为人体静电防护系统、防静电地面、防静电操作系统和特殊用品。

1）人体静电防护系统

人体静电防护系统，包括防静电的腕带、工作服、鞋袜、帽和手套等，这种整体的防护系统兼具静电泄漏与屏蔽功能，所有的防静电用品，通常应在专业工厂或商店购买。

2）防静电地面

防静电地面是为了有效地将人体静电通过地面尽快地泄放于大地，同时也能泄放设备、工装上的静电，以及移动操作和不宜使用腕带时的人体静电。

常用于防静电地的材料有下列几种。

① 防静电橡胶地面：它具有施工简单、抗静电性能优良的特点，但易磨损。

② PVC防静电塑料地板：防静电效果好，持久，强度高，使用广泛。

③ 防静电地毯：防静电效果好，使用方便，但成本高。

④ 防静电活动地板：防静电效果好、美观，成本极高。

⑤ 防静电用水磨石地面：防静电性能稳定，寿命长，成本低，适用于新厂房。

有关防静电地面材料及其铺设方法与验收标准，参见“电子产品制造防静电系统测试方法”中的相关要求。

3）防静电操作系统

防静电操作系统是指各工序经常会与元器件、组件成品发生接触、分离或摩擦作用的工作台面、生产线体、工具、包装袋、储运车以及清洗液等。由于构成上述操作系统所用的材料均由高绝缘的橡胶、塑料、织物和木材制作，极易在生产过程中产生静电，因此都应进行防静电处理，即操作系统应具备防静电功能。

防静电操作系统包括：

① 防静电台垫——操作台面均设有防静电台垫，并与地相接。

② 防静电包装——防静电周转箱和周转盒，应用防静电材料制作。一切包装SMA或器件的塑料袋均应为防静电袋，将SMA放入或拿出袋中时，人手应戴防静电手套。

③ 防静电物流车——用于运送器件、组件的专用物流车，应具备防静电功能，特别是橡胶轮，应用防静电橡胶轮。

④ 防静电工具——防静电工具，特别是电烙铁、吸锡枪等应具有防静电功能，通常电铬铁应低电压操作（24 V/36 V），熔铁头应良好接地。

总之，一切与SMA、器件相接触的物体，包括高速运动的空间，都应有防静电措施。特别是在高速贴片过程中，器件的高速运行会导致静电的升高，对静电敏感器件会产生影响。防静电的操作系统应符合“电子产品制造防静电系统测试方法”。

10.8　微组装技术

微组装技术（Mcroelectronics Packaging Technology，MPT，又作MAT）被称为第五代组装技术，它是基于微电子学、集成电路技术、计算机辅助设计与工艺系统发展起来的当代最先进组装技术。微组装技术（MPT）实质上是高密度立体组装技术，是在高密度多层互连电路板上，用焊接和封装工艺把微型元器件（主要是高集成度电路）组装起来，形成高密度、高速度和高可靠性立体结构的微电子产品（组件，部件，子系统或系统）的综合性技术。

20 世纪 70 年代以来，集成电路进入高速发展时代，大规模（LSI）、甚大规模（VLSI）、超大规模（ULSI）集成电路的不断发展，一片 IC 取代几十片、几百片乃至上千片中小规模 IC 已不鲜见。芯片所占的面积很小，而外封装则受引线间距的限制，难以进一步缩小。以当代成熟的 QFP 封装的引线间距 0.3 mm 而言，其封装效率也只能达到 8%（封装效率为芯片面积与封装面积之比）。由于功能增强，IC 的对外 I/O 引线还在增加，就单片 IC 芯片而言，若引线间距不变，I/O 引线增加 1 倍，封装面积将增加 4 倍，如果试图进一步减小引线间距，不仅技术难度极大，而且可靠性将降低。因此，进一步缩小体积的努力就放在芯片的组装上。芯片组装，即通常所说的裸芯片组装。将若干裸芯片组装到多层高性能基片上形成电路功能块乃至一件电子产品，这就是微组装技术。

10.8.1　微组装技术的基本内容

微组装技术已不是通常安装的概念，用普通安装方法是无法实施微组装的。它是以现代多种高新技术为基础的精细组装技术，主要有以下基本内容。

1. 设计技术

微组装设计主要以微电子学及集成电路技术为依托，运用计算机辅助系统进行系统总体设计、多层基板设计、电路结构与散热设计，以及电性能模拟等。

2. 高密度多层基板制造技术

高密度多层基板有很多类型，从塑料、陶瓷到硅片，厚膜及薄膜多层基板，混合多层及单层多次布线基板等，涉及陶瓷成型、电子浆料、印刷、烧结、真空镀膜、化学镀膜、光刻等多种相关技术。

3. 芯片贴装及焊接技术

除表面贴装所用组装、焊接技术外，还要用到丝焊、倒装焊、激光焊等特种连接技术。

4. 可靠性技术

主要包括在线测试、电性能分析、检测方法等技术以及失效分析。

微组装技术是一种综合性的电装技术。多层布线电路板和载体器件是微组装技术的两大支柱，其核心包括 SMT 和片式元器件。因此，SMT 的发展与应用促进了 MPT 的发展。

MPT 中使用的片式元器件是载体器件。这种器件的设计和制造都要求很高的技术。载体器件是把有关器件（主要是大规模、甚大规模集成电路芯片）先装在具有特殊引出结构的载体上，制成合格的微电子组件。载体引出的基本要求是所有引出端的焊接面必须在同一个平面上，并且焊接组装条件都相同。

根据载体的材料和结构，载体器件有以下几种适用于 MPT：塑料有引线芯片器件（PLCC）、塑料方形扁平方形平封装器件（PQFP）、陶瓷无引线芯片器件（LCCC）、载带自动焊器件（TAB）、网阵式插脚器件（PGA）。

10.8.2 微组装技术

当前微组装技术主要由以下三个层次的技术。

（1）多芯片组件（MCM）

多芯片组件是由厚膜混合集成电路发展起来的一种组装技术，可以简单理解为集成电路的集成（二次集成），其主要特征是：

① 所用IC为大规模（LSI）和甚大规模（VLSI）。

② IC占基板面积＞20%。

③ 基板层数＞4。

④ 组件引线I/O线数＞100。

所用基板依产品的可靠性要求有以下3种类型：

① PCB，低成本，低密度。

② 陶瓷烧结板，应用厚膜工艺，较高密度，高成本。

③ 半导体片，以硅片为基板，应用半导体工艺和薄膜工艺，高密度。

由于MCM技术难度大，投资高，成品率低，因而造价高，目前限于要求高可靠性的领域。

（2）硅片和混合片组装

为进一步增大安装密度而采用硅片作为安装基板，将芯片组装到硅片上而形成电子组件。

① 硅片（WSI）：硅片按IC工艺制成互连功能的基片，将多片IC芯片安装到基片上形成新组件。

② 混合片（HWSI）：在硅片上沉淀有机或无机薄膜，将多层互连，多片IC裸片组装在一起。这种技术难度大，成品率低。

（3）三维组装（3D）

三维组装是将IC、MCM、WSI进行三维叠装，进一步缩短引线，增加密度。

1. 板载芯片技术

板载芯片技术（Chip-on-Board，COB）是芯片组装的一门技术，是将芯片直接粘贴在印制电路板（PCB）上用引线键合，达到芯片与PCB的电气联结，然后用黑胶包封，如图10-72所示。

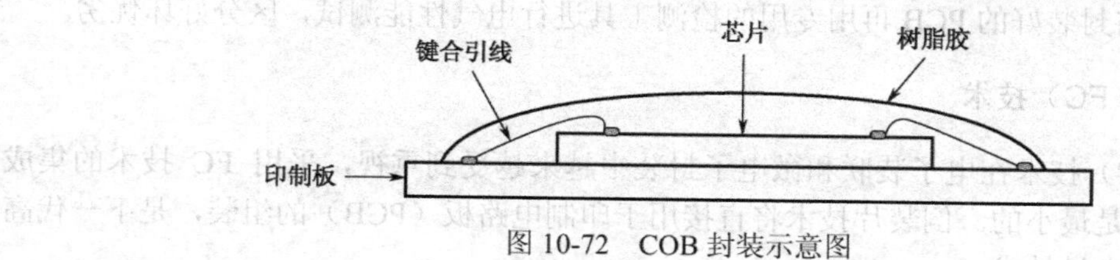

图10-72 COB封装示意图

（1）板载芯片技术概述

COB也叫IC软封装技术，裸芯片封装或绑定（Bonding），各公司的叫法可能不一样，但意思都是一样的。芯片粘贴（Die Bond）也称为芯片粘接或固晶。引线键合（Wire Bond，WB）也称为引线互连绑定、绑线或打线。

板载芯片技术（COB）主要焊接方式有：

① 热压焊。

利用加热和加压力使金属丝与焊区压焊在一起，其原理是通过加热和加压力，使焊区（如铝）发生塑性形变的同时破坏压焊界面上的氧化层，从而使原子间产生吸引力达到键合的目的。此外，当两金属界面不平整加热加压时可使上下的金属相互镶嵌。此技术一般用于玻璃板上芯片（Chip on Glass，COG）。

② 超声焊。

超声焊是利用超声波发生器产生的能量，通过换能器在超高频的磁场感应下，迅速伸缩而产生弹性振动，使劈刀相应振动，同时在劈刀上施加一定的压力，于是劈刀在这两种力的共同作用下，带动铝丝在被焊区的金属化层如（铝膜）表面迅速摩擦，使铝丝和铝膜表面产生塑性变形，这种形变也破坏了铝层界面的氧化层，使两个纯净的金属表面紧密接触达到原子间的结合从而实现焊接。主要焊接材料为铝线，焊头一般为楔形。

③ 金丝焊。

球焊在引线键合中是最具代表性的焊接技术，因为现在的半导体封装二极管、三极管和 CMOS 封装都采用金线球焊，而且它操作方便、灵活、焊点牢固（直径为 25 μm 的金丝的焊接强度一般为 0.07～0.09 N / 点），无方向性焊接，速度可高达 15 点 / s 以上。金丝球焊也叫热压焊或热压超声焊，主要键合材料为金线，焊头为球形，故称球焊。

（2）COB 制作工艺流程

① 粘芯片：用点胶机在 PCB 的 IC 位置上涂适量的红胶（或黑胶），再用防静电设备（真空吸笔或镊子）将 IC 裸片正确放在红胶或黑胶上。

② 烘干：将粘好的裸片放入热循环烘箱中烘干，也可以自然固化（时间较长）。

③ 引线键合（绑定、打线）：采用铝丝焊线机将晶片与 PCB 上对应的焊盘进行铝丝桥接，即 COB 的内引线焊接。

④ 前测：使用专用检测工具（按不同用途的 COB 有不同的设备，简单的就是高精密度稳压电源）检测 COB 板，将不合格的板子重新返修。

⑤ 点胶：采用点胶机用黑胶根据客户要求进行外观封装。

⑥ 固化：将封好胶的 PCB 放入热循环烘箱中，根据要求可设定不同的烘干时间。

⑦ 后测：将封装好的 PCB 再用专用的检测工具进行电气性能测试，区分好坏优劣。

2. 倒装片（FC）技术

倒装片（FC）技术在电子装联和微电子封装中越来越受到重视，采用 FC 技术的集成电路（IC）封装是最小的。倒装片技术将直接用于印制电路板（PCB）的组装，是下一代高密度电子组装的主导技术。

（1）倒装芯片（FC）技术

在微电子封装中，芯片（Chip）是安装在基板上的，安装在基板上的芯片通过与基板的连接，从基板上引出引脚。芯片与基板上的连接与芯片的放置方向有关，芯片放置有向上向下之分，连接方式有线焊方式和倒装方式。目前绝大多数的封装采用芯片在基板上向上或向下安装并通过线焊（WB）的方式连接，常见的连接方式还有可控塌陷芯片连接法（C4 法）、各向异性导电胶（膜）法（ACP 和 ACF）、钉头凸点法（SBB）和机械接触互连法，如图 10-73 所示。

一个球栅阵列（BGA）封装结构，芯片以向上的方式安装在基板上，通过线焊方式与基板连接，基板采用其下面的球栅阵列作为引出电极。当芯片在基板向下安装时，芯片与基板上的连接通过倒装方式实现，这种技术就是倒装芯片技术，即 FC 技术。

在芯片级封装（CSP）结构中，芯片以向下的方式安装在基板上，通过倒装芯片方式与基板连接，基板通过其下面的球栅阵列作为引出电极。芯片以线焊方式安装是一种传统的方式，目前绝大多数的 IC 封装均采用这种方式。芯片向下的 FC 方式现在越来越受重视，不但在各种 CSP 和部分 BGA 中使用，而且将直接用于印制电路板上的组装。

众所周知，常规芯片封装流程中包含粘片、引线键合两个关键工序，而 FC 则合二为一，它直接通过芯片上呈阵列排布的凸点来实现芯片与封装衬底（或电路板）的互连。由于芯片是倒扣在封装衬底上，与常规封装芯片放置方向相反，故称 Flip-Chip。

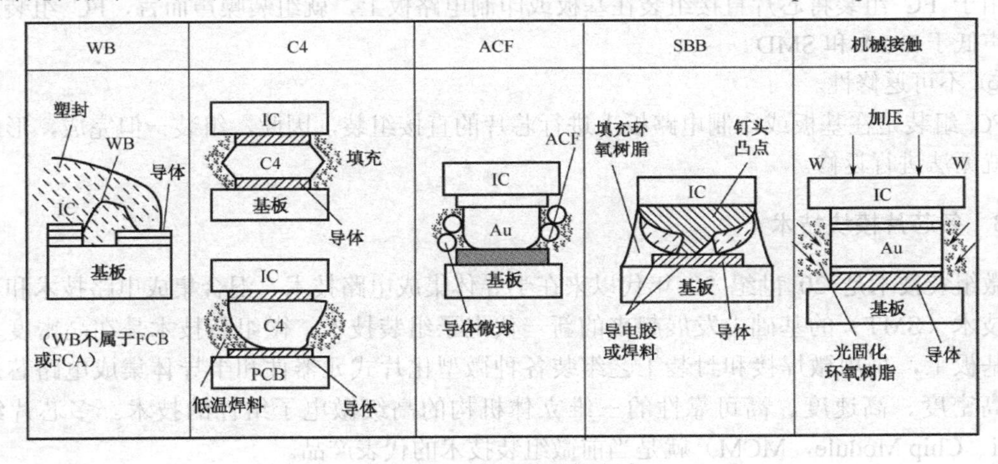

图 10-73　常见的连接方式

与常规的引线键合相比，FC 由于采用了凸点结构（如图 10-74 所示），互连长度更短，互连线电阻、电感值更小，封装的电性能明显改善。此外，芯片中产生的热量还可通过焊料凸点直接传输至封装衬底，加上芯片衬底加装散热器的散热方式，芯片散热将更有效（如图 10-75 所示）。

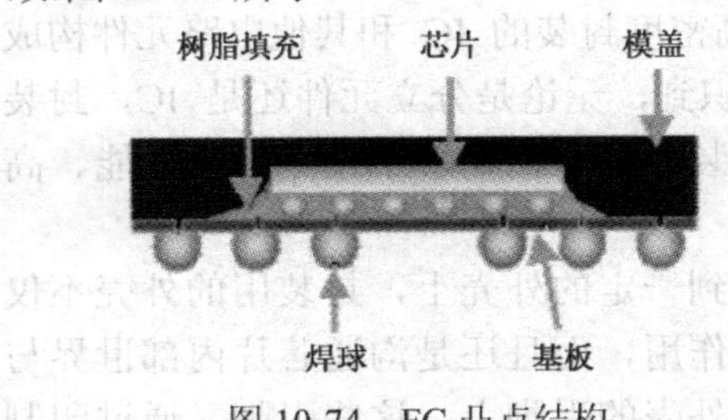

图 10-74　FC 凸点结构

图 10-75　芯片衬底加装散热器结构

（2）FC 的特点

① 最小的体积。

采用 FC 技术可以有效地减少线焊工艺所占的空间，使得组装的体积最小。在微电子封装中，表面贴装器件（SMD）的体积比双列直插封装（DIP）小，芯片级封装（CSP）的体积就更小，FC 技术直接进行芯片的组装，体积可谓最小。

② 最低的高度。

FC 组装将芯片用再流或热压方式直接组装在基板或印制电路板上，因此，它的组装高度是所有电子装联中最低的。方型扁平封装（QFP）的高度不低于 3.10 mm，BGA 的高度不高于 2.336 mm，CSP 的高度只有 1.40 mm，FC 组装高度比 CSP 还低。

③ 更高的组装密度

FC 技术用于芯片封装可增大集成度，减小体积，而 FC 技术用于 PCB 组装则可提高 PCB 的组装密度。FC 技术可以将芯片组装在 PCB 的两个面上，这样将提高 PCB 的组装密度。

④ 更低的组装噪声

由于 FC 组装将芯片直接组装在基板或印制电路板上，就组装噪声而言，FC 组装产生的噪声低于 BGA 和 SMD。

⑤ 不可返修性。

FC 组装是在基板或印制电路板上进行芯片的直接组装，因此，组装一但完成，形成连接后就无法进行返修。

3. 多芯片模块技术

微组装技术是 20 世纪 90 年代以来在半导体集成电路技术、混合集成电路技术和表面组装技术（SMT）的基础上发展起来的新一代电子组装技术。微组装技术是在高密度多层互连基板上，采用微焊接和封装工艺组装各种微型化片式元器件和半导体集成电路芯片，形成高密度、高速度、高可靠性的三维立体机构的高级微电子组件的技术。多芯片组件（Muni　Chip Module，MCM）就是当前微组装技术的代表产品。

（1）微电子封装技术的发展历史

在某种意义上，电子学近 20 年的历史可以看作逐渐小型化的历史，推动电子产品朝小型化过渡的主要动力是元器件和集成电路 IC 的微型化。随着微电子技术的发展，器件的速度和延迟时间等性能对器件之间的互连提出了更高的要求，由于互连信号延迟、串扰噪声、电感电容耦合以及电磁辐射等影响越来越大，由高密度封装的 IC 和其他电路元件构成的功能电路已不能满足高性能的要求。人们已深刻认识到，无论是分立元件还是 IC，封装已成为限制其性能提高的主要因素之一，目前电子封装的趋势正朝着小尺寸、高性能、高可靠性和低成本方面发展。

所谓封装是指将半导体集成电路芯片可靠地安装到一定的外壳上，封装用的外壳不仅起着安放、固定、密封、保护芯片和增强电热性能的作用，而且还是沟通芯片内部世界与外部电路的桥梁，即芯片上的接点用导线连接到封装外壳的引脚上，这些引脚又通过印制板上的导线与其他器件建立连接。

20 世纪 80 年代被誉为电子组装技术革命的表面组装技术（SMT）改变了电子产品的组装方式。SMT 已经成为一种日益流行的印制电路板元件贴装技术，其具有接触面积大、组装密度高、体积小、质量轻、可靠性高等优点，既吸收了混合 IC 的先进微组装工艺，又以价格便宜的 PCB 代替了常规混合 IC 的多层陶瓷基板，许多混合 IC 市场已被 SMT 占领。随着 IC 的飞速发展，I/O 数急剧增加，要求封装的引脚数相应增多，出现了高密度封装。90 年代，在高密度、单芯片封装的基础上，将高集成度、高性能、高可靠性的通用集成电路芯片和专用集成电路芯片（ASIC）在高密度多层互连基板上用表面安装技术组装成多种多样的电子组件、子系统或系统，由此而产生了多芯片组件（MCM）。在通常的芯片 PCB 和 SMT 中，芯片工艺要求过高，影响其成品率和成本；印制电路板尺寸偏大，不符合当今功能强、尺寸小的要求，并且其互连和封装的效应明显，影响了系统的特性；多芯片组件将多块未封装的裸芯片通过多层介质、高密度布线进行互连和封装，尺寸远比印制电路板紧凑，工艺难度也比芯片小，成本适中。因此，MCM 是现今较有发展前途的系统实现方式，是微电子学领域的一项重大变革技术，对现代化的计算机、自动化、通信业等领域将产生重大影响。

（2）多芯片组件技术的基本特点

多芯片组件是在高密度多层互连基板上，采用微焊接、封装工艺将构成电子电路的各种微型元器件（IC 裸芯片及片式元器件）组装起来，形成高密度、高性能、高可靠性的微电子产品（包括组件、部件、子系统、系统）。它是为适应现代电子系统短、小、轻、薄和高速、高性能、高可靠、低成本的发展方向而在 PCB 和 SMT 的基础上发展起来的新一代微电子封装与组装技术，是实现系统集成的有力手段。

多芯片组件已有十几年的历史，MCM 组装的是超大规模集成电路和专用集成电路的裸片，而不是中小规模的集成电路，技术上 MCM 追求高速度、高性能、高可靠和多功能，而不像一般混合 IC 技术以缩小体积质量为主。

典型的 MCM 应至少具有以下特点。

① MCM 是将多块未封装的 IC 芯片高密度安装在同一基板上构成的部件，省去了 IC 的封装材料和工艺，节约了原材料，减少了制造工艺，缩小了整机、组件封装尺寸和质量。

② MCM 是高密度组装产品，芯片面积占基板面积至少 20%以上，互连线长度极大缩短，封装延迟时间缩小，易于实现组件高速化。

③ MCM 的多层布线基板导体层数应不少于 4 层，能把模拟电路、数字电路、功率器件、光电器件、微波器件及各类片式化元器件合理而有效地组装在封装体内，形成单一半导体集成电路不可能完成的多功能部件、子系统或系统，使线路之间的串扰噪声减少，阻抗易控，电路性能提高。

④ MCM 避免了单块 IC 封装的热阻、引线及焊接等一系列问题，使产品的可靠性获得极大提高。

⑤ MCM 集中了先进半导体 IC 的微细加工技术，厚、薄膜混合集成材料与工艺技术，厚膜、陶瓷与 PCB 多层基板技术以及 MCM 电路的模拟、仿真、优化设计、散热和可靠性设计，芯片的高密度互连与封装等一系列新技术，因此，有人称其为混合形式的全片规模

集成（WSI）技术。

4. 三维立体封装（3D）技术

目前，半导体 IC 封装的主要发展趋势为多引脚、窄间距、小型、薄型、高性能、多功能、高可靠性和低成本，因而对系统集成的要求也越来越迫切。借助过由二维多芯片组件到三维多芯片组件（3D-MCM 或 MCM-V）技术，实现 WSI 的功能是实现系统集成技术的主要途径之一。三维封装技术是现代微组装技术发展的重要方向，是微电子技术领域跨世纪的一项关键技术。

三维立体（3D）封装是近几年来正在发展着的电子封装技术。各类 SMD 的日益微小型化、引线的细线和窄间距化，实质上是为实现 X、Y 平面（2D）上微电子组装的高密度化；而 3D 则是在 2D 的基础上，进一步向 Z 方向发展的微电子组装高密度化。实现 3D，不但使电子产品的组装密度更高，也使其功能更多，传输速度更高、功耗更低、性能更好，并且有利于降低噪声，改善电子系统的性能，从而使可靠性更高等。

三维立体（3D）封装主要有三种类型：埋置型三维立体（3D）（如图 10-76 所示）、有源基板型三维立体（3D）（如图 10-77 所示）和叠层型三维立体（3D）（如图 10-78 所示）。

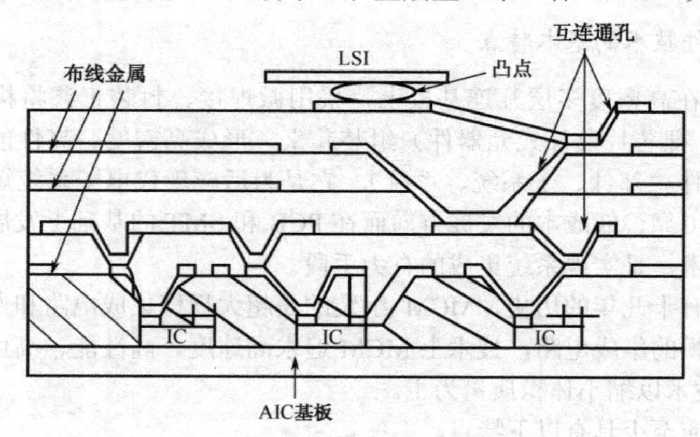

图 10-76　埋置型三维立体（3D）

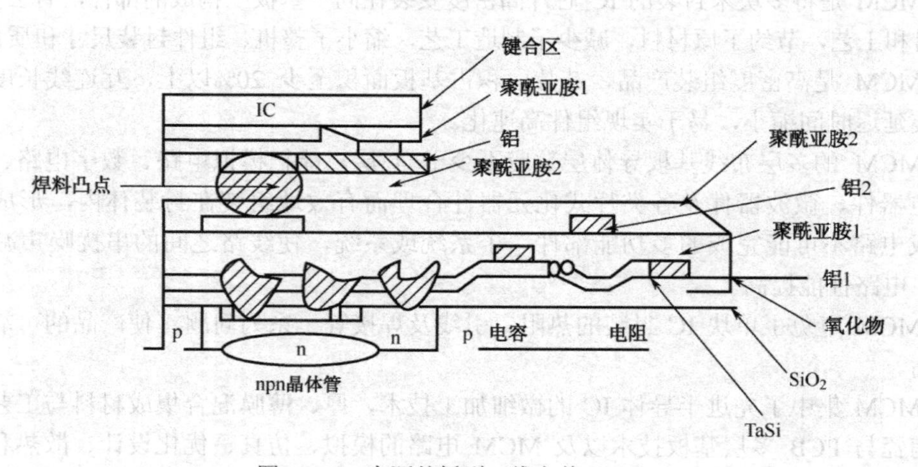

图 10-77　有源基板型三维立体（3D）

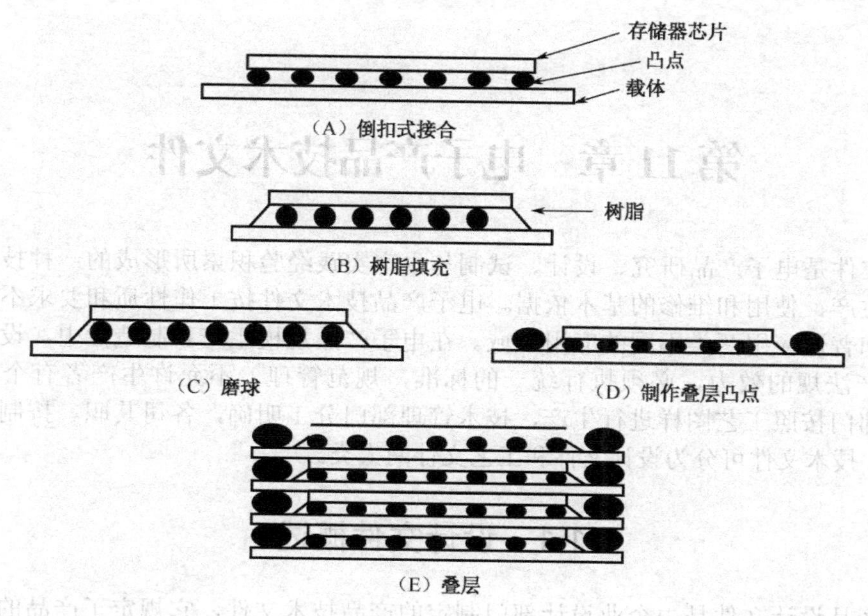

图 10-78　叠层型三维立体（3D）

埋置型三维立体封装出现于 20 世纪 80 年代，它不但能灵活方便地制作成埋置型（3D），而且还可以作为 IC 芯片后布线互连技术，使埋置 IC 的压焊点与多层布线互连起来，可以大大减少焊接点，从而提高电子部件封装的可靠性。

有源基板型 3D 就是把具有大量有源器件的硅作为基板，在上面再多层布线，顶层再贴装 SMC/SMD 或贴装多个 LSI，形成有源基板型立体 3D-MCM，从而达到 WSI 所能实现的功能。

叠层型三维立体封装是将 LSI、VLSI、2D-MCM，甚至 WSI 或者已封装的器件，无间隙地层层叠装互连而成。这类叠层型 3D 是应用最为广泛的一种，其工艺技术不但应用了许多成熟的组装互连技术，还发展了垂直互连技术，使叠层型 3D 封装的结构呈现出五彩缤纷的局面。

三维立体封装（3D），是在垂直于芯片表面的方向上堆叠，互连两片以上裸片的封装。其空间占用小，电性能稳定，是一种高级的系统级封装（System-In-Package，SiP）技术。三维立体封装可以采用混合互连技术，以适应不同器件间的互连，如裸片与裸片、裸片与微基板、裸片与无源元件间可根据需要采用倒装、引线键合等互连技术。在传统的芯片封装中，每个裸片都需要与之相应的高密度基板互连，基板成本占整个封装器件产品制造成本的比例很高。如 BGA 占 40%～50%。而倒装片用基板更高，达 70%～80%。三维立体封装内的多个裸片仅需要一个基板，同时由于裸片间大量的互连是在封装内实现的，互连线的长度大大减小，提高了器件的电性能。三维立体（3D）封装还可以通过共用 I/O 端口来减小封装的引脚数。概括地说，三维立体封装 3D 的主要优点是体积小、质量轻、信号传输延迟时间减小、低噪声、低功耗，极大地提高了组装效率和互连效率，增大了信号带宽，加快了信号传输速度，具有多功能性、高可靠性和低成本特性。例如，Amkor 公司采用裸片叠层的 3D 封装，比采用单芯片封装节约 30%的成本。

第 11 章　电子产品技术文件

技术文件是电子产品研究、设计、试制与生产实践经验积累所形成的一种技术资料，也是产品生产、使用和维修的基本依据。电子产品技术文件按工作性质和要求不同，形成专业制造和普通应用两类不同的应用领域。在电子产品规模生产和制造业中，设备技术文件具有生产法规的效力，必须执行统一的标准，规范管理，不允许生产者有个人的随意性。生产部门按照工艺图样进行生产，技术管理部门分工明确，各司其职。按制造业中的技术来分，技术文件可分为设计文件和工艺文件两大类。

11.1　设计文件概述

电子产品设计文件是由企业设计部门制定的产品技术文件，它规定了产品的组成、结构、原理以及产品制造、调试、验收、储运等全过程所需的技术资料，也包括设备使用和维修资料。

设计文件按所表达内容可分为图样（以投影关系绘制的图）、简图（以图形符号为主）、文字表格；按使用特征可分为草图、原图、底图，而底图又可分为基本底图、副底图、复制底图。

1. 框图

框图是一种使用非常广泛的说明性图形，它用简单的“方框”代表一组元器件、一个部件或一个功能块。用它们之间的连线表达信号通过电路的途径或电路的动作顺序。框图具有简单明确、一目了然的特点。如图 11-1 所示是串联型稳压电源的框图，它能让人们一眼就看出电路的全貌、主要组成部分及各级电路的功能。

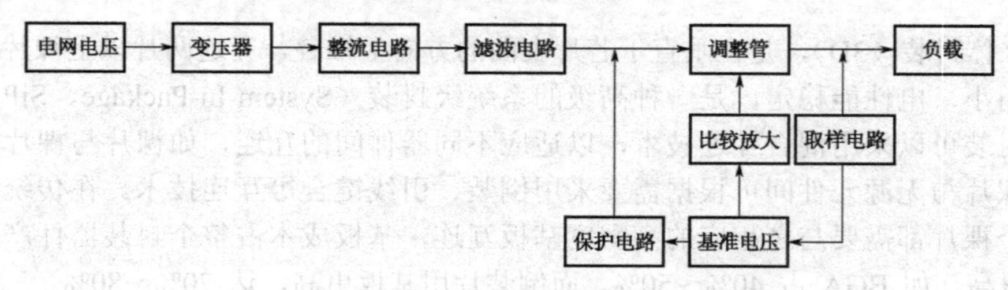

图 11-1　串联型稳压电源的框图

框图对于了解电路的工作原理非常有用。一般比较复杂的电路原理图都附有框图作为说明。在绘制框图时，要在框内使用文字或图形注明该框所代表电路的内容或功能，框之间一般用带有箭头的连线表示信号的流向。框图往往也和其他图组合起来，表达一些特定的内容。

2. 电原理图

电原理图（如图 11-2 所示）是详细说明产品元器件或单元间电气工作原理及其相互间

连接关系的略图，是设计、编制接线图和研究产品性能的原始资料。在装接、检查、试验、调整和使用产品时，电原理图与接线图一起使用。

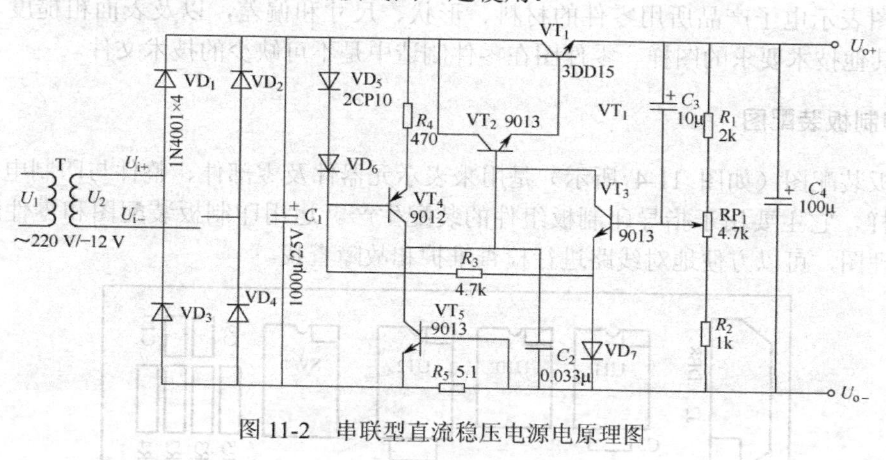

图 11-2　串联型直流稳压电源电原理图

3．接线图

接线图是以电原理图为依据编制的。为了清晰地表示各个连接点的相对位置或提供必要的位置信息以便于布线或布缆，接线图可近似地按照项目所在的实际位置无须按比例布局进行绘制。如图 11-3 所示是一个控制装置接线图。

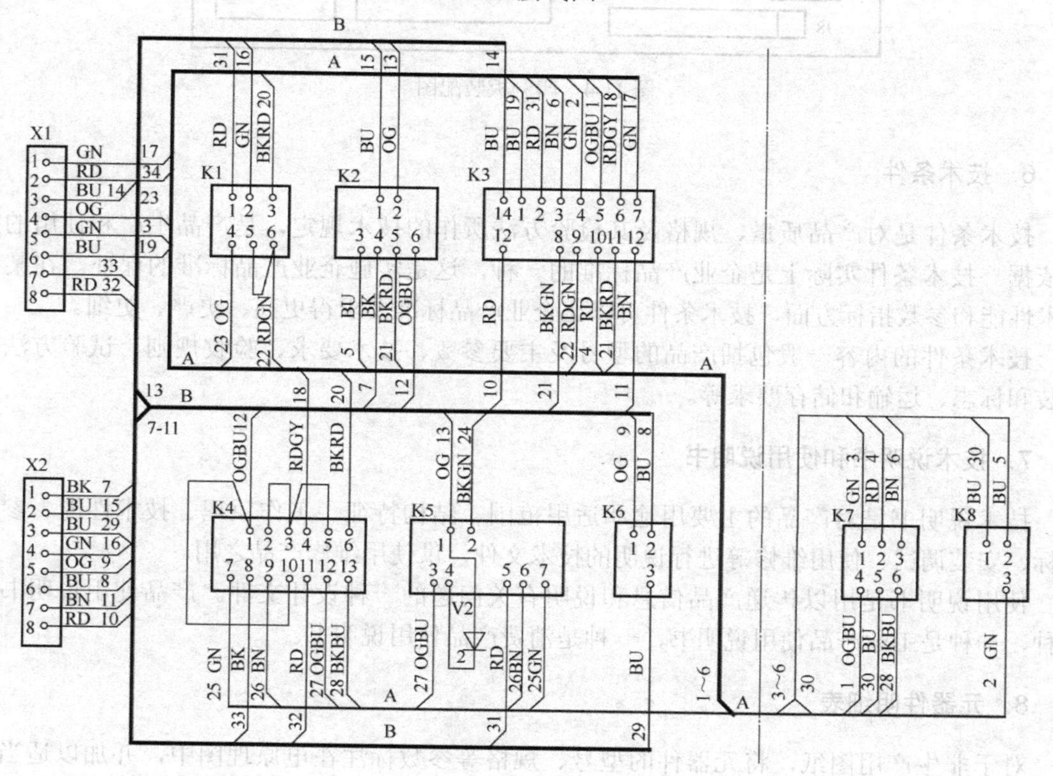

图 11-3　控制装置接线图

4．零件图

零件图表示电子产品所用零件的材料、形状、尺寸和偏差，以及表面粗糙度、涂履、热处理及其他技术要求的图样。零件图在零件制造中是不可缺少的技术文件。

5．印制板装配图

印制板装配图（如图 11-4 所示）是用来表示元器件及零部件、整件与印制电路板连接关系的图样，它主要用于指导印制板组件的装配生产。运用印制板装配图和零件图，再结合电路原理图，可以方便地对线路进行检查维护和故障查找。

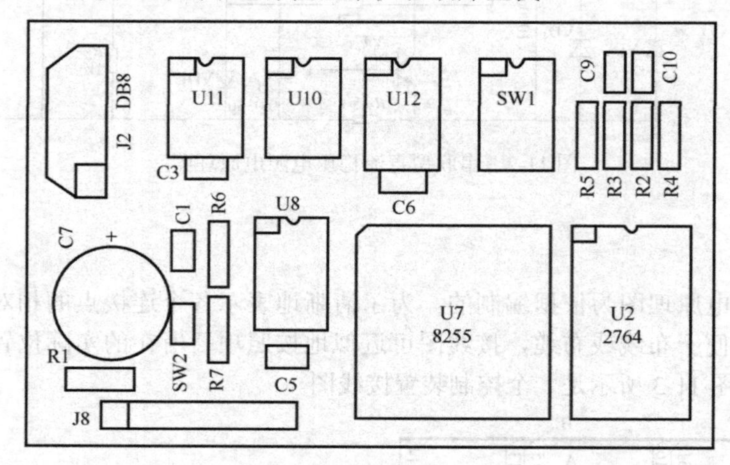

图 11-4　印制板装配图

6．技术条件

技术条件是对产品质量、规格及其检验方法所作的技术规定，是产品生产和使用的技术依据。技术条件实际上是企业产品标准的一种，这是实施企业产品标准的保证。在某些技术性能和参数指标方面，技术条件可以比企业产品标准要求得更高、更严、更细。

技术条件的内容一般包括产品的型号及主要参数、技术要求、验收规则、试验方法、包装和标志、运输和储存要求等。

7．技术说明书和使用说明书

技术说明书是对产品的主要用途和适用范围、结构特征、工作原理、技术性能、参数指标、安装调试、使用维修等进行说明的技术文件，供使用维修产品之用。

使用说明书是用以传递产品信息和说明有关问题的一种设计文件。产品使用说明书有两种，一种是工业产品使用说明书，一种是消费产品使用说明书。

8．元器件明细表

对于非生产用图纸，将元器件的型号、规格等参数标注在电原理图中，并加以适当说明即可。而对于生产工程图纸来说，就需要另外附加供采购及计划人员使用的元器件明细表。必须注意的是，因为使用这些表的人并不明确设计者的思路，他们只是照单采购，所以明细表应当尽量详细。明细表应该包括以下内容。

① 元器件的名称及型号。

② 元器件的规格和档次。

③ 使用数量。

④ 有无代用型号及规格。

⑤ 备注：例如，是否指定生产厂家，是否有样品等。

表 11-1 是一个明细表的实例。

表 11-1　元器件明细表

序号	名称	型号规格	位号	数量	备注
1	电阻	RJ1-0.25-5k6±5%	R1,R5,R9	3	
2	电容	CL21-160V-47n	C5,C6	2	
3	三极管	3DG12B	V3,V4,V5	3	可用 9013 代替
4	集成电路	MAX4012	A1	1	MAXIM 公司

11.2　生产工艺文件

11.2.1　工艺文件概述

工艺文件是具体指导和规定生产过程的技术文件，它是企业实施产品生产、产品经济核算、质量控制和生产者加工产品的技术依据。

1．工艺文件

通常，工艺是将原材料或半成品加工成产品的过程和方法，是人类在实践中积累的经验总结。将这些经验总结以图形设计表述出来用于指导实践，就形成工艺文件。也就是说，工艺文件是将设计文件转化为能指导生产的相关文件图表，是联系设计与生产的关键桥梁。

2．工艺文件分类

工艺文件分为工艺管理文件和工艺规程两大类。工艺管理文件包括工艺路线表、材料消耗工艺定额表、专用及标准工艺装备表、配套明细表等。工艺规程按使用性质又分为专用工艺、通用工艺、标准工艺等；按专业技术可分为机械加工工艺卡、电器装配工艺卡、扎线接线工艺卡、绕线工艺卡等。

3．工艺文件的作用

① 为生产准备提供必要的资料。如为原材料、外购件提供供应计划，为生产准备必要的资料，以及为工装、设备的配备等提供第一手资料。

② 为生产部门提供工艺方法和流程，确保经济、高效地生产出合格产品。

③ 为质量控制部门提供保证产品质量的检测方法和计量检测仪器及设备。

④ 为企业操作人员的培训提供依据，以满足生产的需要。

⑤ 是建立和调整生产环境，保证安全生产的指导文件。

⑥ 是企业进行成本核算的重要材料。

⑦ 是加强定额管理，对企业职工进行考核的重要依据。

11.2.2　工艺文件的编制原则、方法和要求

1. 工艺文件的编制原则

工艺文件的编制原则以优质、低耗、高产为宗旨，结合企业的实际情况。编制工艺文件应注意以下几点。

① 根据产品的批量、性能指标和复杂程度编制相应的工艺文件。对于简单产品可编写某些关键工序的工艺文件；对于一次性生产的产品，可视具体情况编写临时工艺文件或参照同类产品的工艺文件。

② 根据车间的组织形式、工艺装备和工人的技能水平等情况编制工艺文件，确保工艺文件的可操作性。

③ 对未定型的产品，可编写临时工艺文件或编写部分必要的工艺文件。

④ 工艺文件应以图为主，力求做到通俗易读、便于操作，必要时可加注简要说明。

⑤ 凡属装调人员应知应会的基本工艺规程内容，可不再编入工艺文件。

2. 工艺文件的编制方法

① 仔细分析设计文件的技术条件、技术说明、原理图、装配图、接线图、线扎图及有关零部件图，参照样机，将这些图中的焊接要求与装配关系逐一分析清楚。

② 根据实际情况，确定生产方案，明确工艺流程和工艺路线。

③ 编制准备工序的工艺文件。凡不适合在流水线上安装的元器件、零部件，都应安排到准备工序完成。

④ 编制总装流水线工序的工艺文件。先根据日产量确定每道工序的工时，然后由产品的复杂程度确定所需的工序数。在编制流水线工艺文件时，应充分考虑各工序的均衡性、操作的顺序性，最好按局部分片的方法分工，避免上下翻动机器、前后焊装等不良操作，并将安装与焊接工序尽量分开，以简化工人的操作。

3. 工艺文件的编制要求

① 工艺文件要有统一的格式、统一的幅面，图幅大小应符合有关规定，并装订成册，配齐成套。

② 工艺文件的字体要规范，书写应清楚，图形要正确。

③ 工艺文件中使用的名称、编号、图号、符号、材料和元器件代号等应与设计文件保持一致。

④ 工艺附图应按比例准确绘制。

⑤ 编制工艺文件时应尽量采用部颁通用技术条件、工艺细则或企业标准工艺规程，并有效地使用工装或专用工具、测试仪器和仪表。

⑥ 工艺文件中应列出工序所需的仪器、设备和辅助材料等。对于调试检验工序，应标出技术指标、功能要求、测试方法及仪器的量程等。

⑦ 装配图中的装接部位要清楚，接点应明确。内部结构可采用假想移出展开的方法。

⑧ 工艺文件应执行审核、批准等手续。

11.2.3　工艺文件的格式及填写方法

工艺文件格式是按照工艺技术和管理要求规定的工艺文件栏目的形式编排的。为保证产品生产的顺利进行，应该保证工艺文件的成套性。现将常用的工艺文件的格式及填写方法简介如下。

1. 工艺文件封面

工艺文件封面供工艺文件装订成册用，其格式如表 11-2 所示。简单产品的工艺文件可按整机装订成册，复杂产品可按分机单元装订成若干册。各栏目的填写方法如下所述。

- “共 *X* 册”：填写工艺文件的总册数；
- “第 *X* 册”、“共 *X* 页”：填写该册在全套工艺文件中的序号和该册的总页数；
- “型号”、“名称”、“图号”：分别填写产品型号、名称、图号；
- 最后要填写批准日期，执行批准手续等。

2. 工艺文件目录

工艺文件目录供工艺文件装订成册用，是文件配齐成套归档的依据，其格式如表 11-3 所示。填写时，“产品名称或型号”、“产品图号”应与封面的内容保持一致；“更改”栏填写更改事项；“文件代号”填写文件的简号；“拟制”、“审核”栏由有关职能人员签署；其余栏目按有关标题、内容填写。

3. 配套明细表

配套明细表供有关部门在配套及领、发料时使用，它反映部件、整件装配时所需用的各种材料及其数量，如表 11-4 所示。在填写时，“图号”、“名称”、“数量”栏填写相应设计文件明细表的内容或外购件的标准号、名称和数量；“来自何处”栏填写材料的来源处；辅助材料填写在顺序的末尾。

4. 工艺路线表

工艺路线表用于产品生产的安排和调度，反映产品由来料准备到成品包装的整个工艺过程，如表 11-5 所示。在填写时，“装入关系”栏用方向指示线显示产品零、部、整件的装配关系；“部件用量”、“整件用量”栏填写与产品明细表相对应的数量；“工艺路线表内容”栏填写零件、部件、整件加工过程中各部门（车间）及其工序的名称和代号。

表 11-2 工艺文件封面

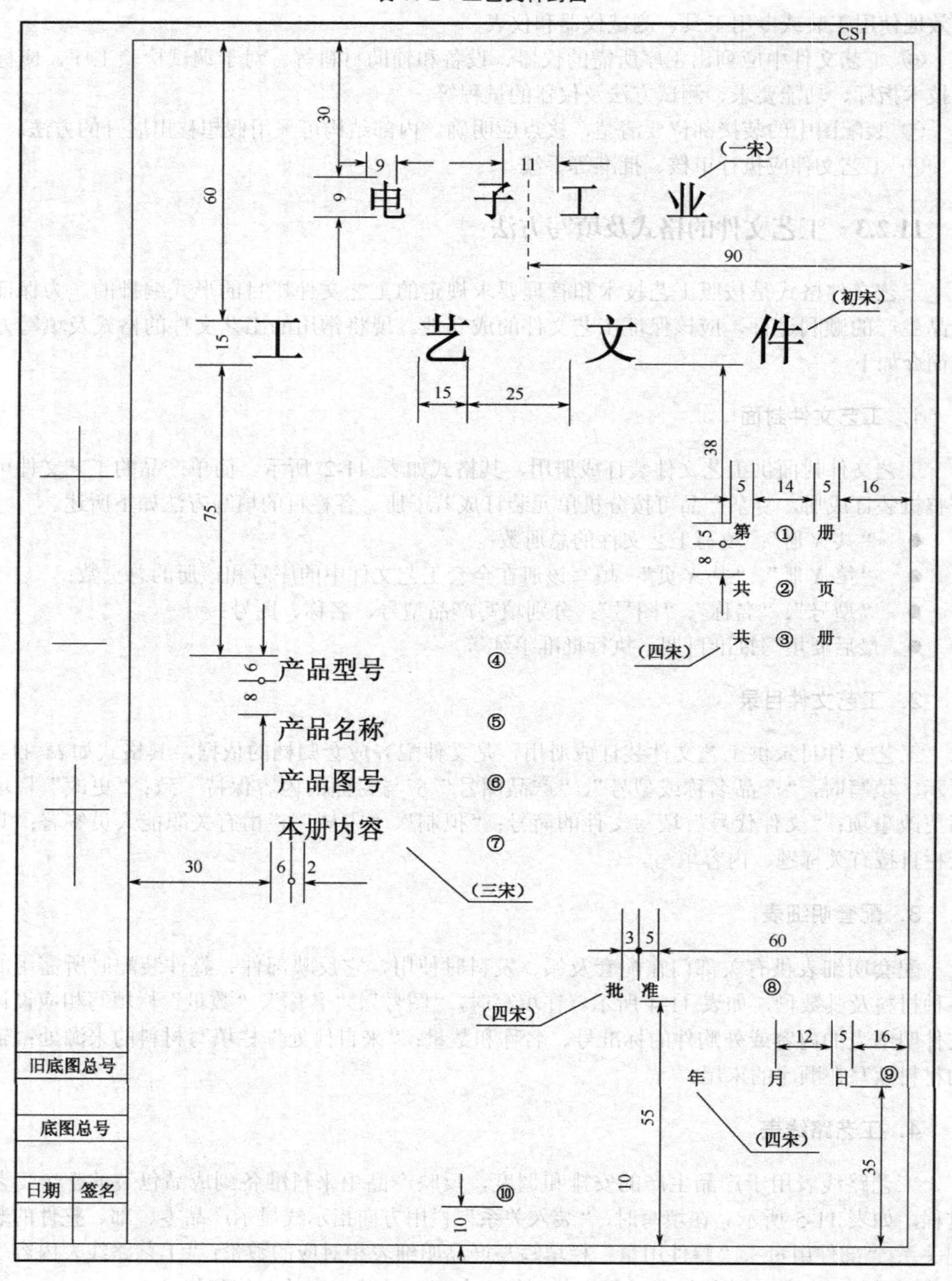
CS1
(一宋)
电 子 工 业
(初宋)
工 艺 文 件
第 ① 册
共 ② 页
共 ③ 册
(四宋)
产品型号 ④
产品名称 ⑤
产品图号 ⑥
本册内容 ⑦
(三宋)
批 准 ⑧
(四宋)
年 月 日 ⑨
(四宋)
⑩
旧底图总号
底图总号
日期
签名
30
60
9
9
11
90
15
15
25
75
38
5
14
5
16
5
8
6
8
30
6
2
3
5
60
12
5
16
55
35
10
10

表 11-3　工艺文件目录

	工艺文件目录			产品名称或型号		产品图号
	序号	文件代号	零、部、整件图号	零、部、整件名称	页数	备注
	1	2	3	4	5	6
		⋮			⋮	
使用性						
旧底图总号						
底图总号	更改标记	数量	文件号	签名	日期	签名	日期	第　页
						拟制		
						审核		共　页
日期	签名							第 册　第 页

表 11-4　配套明细表

	工艺文件目录			产品名称或型号		产品图号
	序号	文件代号	零、部、整件图号	零、部、整件名称	页数	备注
	1	2	3	4	5	6
		⋮			⋮	
使用性						
旧底图总号						
底图总号	更改标记	数量	文件号	签名	日期	签名	日期	第　页
						拟制		
						审核		共　页
日期	签名							第 册　第 页

表 11-5　工艺路线表

		工艺路线			产品名称或型号		产品图图号
	序号	图号	名称	装入关系	部件用量	整件用量	工艺路线及内容
	1	2	3	4	5	6	7
			⋮			⋮	
使用性							
旧底图总号							

底图总号		更改标记	数量	文件号	签名	日期	签名		日期	第　页	
							拟制				
							审核			共　页	
日期	签名										
										第　册	第　页

5. 导线及线扎加工表

导线及线扎加工表用于导线和线扎的加工准备及排线等，格式如表 11-6 所示。在填写时，“线号”栏填写导线的编号或线扎图中导线的编号；“材料”栏填写导线所用材料的名称、规格、颜色；“L 全长”、“A 剥头”、“B 剥头”填写导线的开线尺寸、导线端头的修剥长度；其他栏目也应按要求正确填写。

表 11-6　导线及线扎加工表

		导线及扎线加工表								产品名称或型号		产品图图号		
	编号	名称规格	颜色	数量	长度/mm					去向、焊接处		设备	工时定额	备注
					L全长	A端	B端	A剥头	B剥头	A端	B端			
		⋮								⋮				
	简图													

续表

旧底图总号										
底图总号		更改标记	数量	更改单号	签名	日期	签名	日期	第 页	
							拟制			
							审核			
日期	签名								共 页	
							批准		第 册	第 页

6．装配工艺过程卡

装配工艺过程卡（又称工艺作业指导卡）用于整机装配的准备、装联、调试、检验、包装入库等装配全过程，一般直接用在流水线上，以指导工人操作。其格式如表 11-7 所示。在填写时，“装入件及辅助材料”栏填写本工序所使用的图号名称和数量；“工序内容及要求”栏填写本工序加工的内容和要求；辅助材料填在各道工序之后；空白栏供绘制加工装配工序图用。

表 11-7 装配工艺过程卡

		装配工艺过程卡						装配件名称		装配件图号	
	序号	装入件及辅助材料		车间	序号	工种	工序（工步）内容及要求	设备及工装		工时定额	
		图号、名称	数量								
	1	2	3	4	5	6	7	8		9	
使用性											
旧底图总号											
底图总号		更改标记	数量	文件号	签名	日期	签名	日期	第 页		
							拟制				
							审核				
日期	签名								共 页		
									第 册	第 页	

7. 工艺说明及简图卡

工艺说明及简图卡用于编制重要、复杂的或在其他格式上难以表述清楚的工艺，格式如 11-8 所示。它用简图、流程图、表格及文字形式进行说明，可用来编写调试说明、检验要求和各种典型工艺文件等。

表 11-8　工艺说明及简图卡

<table>
<tr><td colspan="2" rowspan="4"></td><td rowspan="4"></td><td colspan="5" rowspan="4">工艺说明及简图</td><td colspan="2">名　称</td><td colspan="2">编号或图号</td></tr>
<tr><td colspan="2"></td><td colspan="2"></td></tr>
<tr><td colspan="2">工序名称</td><td colspan="2">工序编号</td></tr>
<tr><td colspan="2"></td><td colspan="2"></td></tr>
<tr><td colspan="2">使用性</td><td colspan="10" rowspan="4"></td></tr>
<tr><td colspan="2"></td></tr>
<tr><td colspan="2">旧底图总号</td></tr>
<tr><td colspan="2"></td></tr>
<tr><td colspan="2">底图总号</td><td>更改标记</td><td>数量</td><td>文件号</td><td>签名</td><td>日期</td><td colspan="2">签名</td><td>日期</td><td colspan="2" rowspan="2">第　页</td></tr>
<tr><td colspan="2"></td><td></td><td></td><td></td><td></td><td></td><td colspan="2">拟制</td><td></td></tr>
<tr><td>日期</td><td>签名</td><td></td><td></td><td></td><td></td><td></td><td colspan="2">审核</td><td></td><td colspan="2">共　页</td></tr>
<tr><td rowspan="2"></td><td rowspan="2"></td><td></td><td></td><td></td><td></td><td></td><td></td><td></td><td></td><td rowspan="2">第　册</td><td rowspan="2">第　页</td></tr>
<tr><td></td><td></td><td></td><td></td><td></td><td></td><td></td><td></td></tr>
</table>

除上述工艺文件表格外，还有“工艺文件更改通知单”、“元器件明细表”、“检验卡”等工艺文件，可根据企业实际情况制定填写，在此不再详述。

第12章　电子产品的组装与调试工艺

随着电子产品大规模生产的需要，组装生产线的设计、工艺水平将直接影响到产品质量及企业的经济效益。高水平的组装生产线为企业参与市场竞争奠定了坚实的基础，成为各大企业集团争相投资的对象。提高电子产品组装生产线的设计水平和工艺水平已经成为电子产品大规模生产的关键环节。针对不同电子产品的特点，利用先进的生产线组织生产更是从事电子工艺方面的技术人员的基本能力。

12.1　电子产品生产工艺流程

电子产品的生产线一般可由 PCB 的接插线、PCB 的表面组装线、调试线、整机组装线等若干条功能各异、相对独立的生产线以及器件整形设备、焊接设备、提升机、传送设备、包装机等自动化专用设备组成，每条生产线又由机械系统、电控系统、气动系统、工装夹具、仪器仪表等分系统组成。每个分系统又可分为若干个子系统，如机械系统由线体单元、动力装置、传输装置、张紧装置等。电控系统由动力供电、控制电路、计算机控制等硬件及相应的软件所组成。因此，电子产品的生产线的设计是一项系统工程。

1. 电子整机产品生产过程

一台电子整机产品由繁多的电子元器件、零部件、导线以及机箱连接装配而成。从零部件经加工组装成合格的整机，中间要经过若干加工处理工序，根据不同的产品，每道加工处理工序有着不同的加工工艺条件和工艺要求。尽管电子产品千种万类、千变万化，但构成产品的生产过程总离不开如下几个阶段。

① 准备阶段的工作有元器件准备、导线准备、线扎准备、组合单元件准备、电缆及接插件准备等。这些准备工作均是整机组装生产线必不可少的工作。

② 安装阶段主要有元器件的装配焊接、组合件连装、紧固件安装、连接线焊接、黏装及其他安装工作。这是电子产品组装的主要任务。

③ 调试阶段的主要工作有单元组合件调试和整机调试。调试的方法有分调、粗调、细调和统调等。

④ 检验工作贯穿在整机生产的全过程，有元器件、材料、零部件等入库前检验，上生产线前各单元组合件及自制件检验，生产过程中各工序安装单元的检验，整机检验和出厂检验等。

2. 电子产品组装工艺流程

电子整机产品从设计、原材料购入，到组装和检验是一个很复杂的系统工程，中间某一环节失调，就会影响整个产品的正常生产。产品的组装也一样，它是整个系统工程中一个子系统，这个子系统又由若干要素组成，而且这些要素是相互联系、相互制约和相互促进的。因此，电子产品的组装过程是整个系统工程中非常重要的子系统。为确保这个子系统顺利进行，首先必须设计出这个子系统的工艺流程，即工艺流程图。用来表明电子产品组装全过程的工艺图称为组装工艺流程图。

（1）编制组装工艺流程图的依据

① 原始资料：主要包括产品设计文件中的技术条件、技术说明；产品的电原理图；产品的接线图、装配图；产品的零部件图、组合件图；必要的样品、样机、实物等。

② 客观条件：主要包括生产车间与场地；组装加工与调试的设备、仪器、工具；工人的数量与技术素质；年产量和班产量、流水线生产能力；组织管理及后勤保障系统等。

（2）组装工艺流程设计的原则

① 按组装工艺流程生产出来的产品是合理、经济的。

② 在按组装工艺流程组织生产时各工位相互不受影响，即前道工序（工位）不影响后道工序（工位），使整个生产有条不紊地进行。

③ 按工艺流程生产能确保产品的高质量和低消耗。

④ 能确保车间安全文明生产。

（3）组装工艺流程的设计

组装工艺流程应能直观、明了地反映出产品组装的顺序，并能清楚地看出各工序间的先后关系，便于搞好组装的组织管理工作。所以编制组装工艺流程是一项复杂而又细致的工作。组装工艺流程的设计一般按如下步骤进行。

① 仔细分析设计文件的技术条件、技术说明、原理图、装配图及有关零部件图，深入研究各零部件、组合件的结构、工作条件和检验技术条件。

② 对样机进行分析、解剖。批量生产的电子整机产品设计完成后，一般先制作安装一台（或数台）样机，这种样机是不规范、不标准的，如要将样机转化为正式产品，必须对样机进行分析和解剖。把样机解剖为若干个单元组合件，然后再将它们的安装要领、连接关系分析清楚，编制出单元装配子流程图和必要的注解说明。

③ 编制单元组合件的调试、检验工艺。

④ 编制各单元组合件之间的相互关系和各个零部件、元器件及整个产品的组装顺序。

⑤ 规定整个组装过程进行的方法，形成整个产品组装工艺流程图。

（4）电子产品生产工艺流程的工位

每一个工人所完成的作业内容称为工位。电子产品在编制好工艺流程系统图之后，就要着手确定生产工艺流程的工序、工位和生产节拍。

电子产品组装工序、工位的安排必须遵循如下原则：先准备后上线、先轻后重、先铆后装、先里后外、先平后高，上道工序不影响下道工序等。

首先考虑准备工序，如外购件、自制件质量的检验，各种导线、接插件的加工处理，线束扎制，器件成形、浸锡，各种组合件的装焊等，编制好准备工序的工艺文件。凡不适合直接在流水线上组装的元器件可安排在准备工序完成。有些复杂的电子产品和产品准备工作量要大些，准备工序的工作必须充分，这样才能使流水线顺利进行。

接下来考虑整机组装的流水线工序、工位及每个工位的生产节拍。组装流水线的任务是把一台整机装联调试工作划分成若干简单操作，每一个装配工人完成指定的简单作业。

在流水线上每个工位装配（操作）所用的时间应该相等，这个时间称为流水节拍。在确定流水线工位时，首先要根据产品产量纲领、产品的复杂程度、日产量或班产量，把工位生产节拍求出来。生产节拍有“自由节拍”和“强制节拍”两种形式。

生产工序和生产节拍确定之后，就可选定生产流水形式和设定流水线上的工位。

12.2　电子产品的调试技术

电子产品的装配是将电子元器件，按照特定的规则（如电路原理、电器连接图等）连接起来，使电路具有预期的功能而实现基础产品（如原材料、元器件、外协半成品和部件等）升值。把电子元器件按特定规则实现电气连接后还要调试。几乎所有电子产品都需要调试。

12.2.1　概述

调试包括测试和调整两部分。

测试主要是对电路的各项技术指标和功能进行测量和试验，并同设计性能指标进行比较，以确定电路是否合格。调整主要是对电路参数的调整。一般是对电路中可调元器件，例如，电位器、电容器、电感等以及有关机械部分进行调整，使电路达到预定的功能和性能要求。测试和调整是相互依赖、相互补充的，通常统称为调试。因为在实际工作中，二者是一项工作的两个方面，测试、调整；再测试、再调整；直到实现电路设计指标。

调试是对装配技术的总检查，装配质量越高，调试的直通率越高，各种装配缺陷和错误都会在调试中暴露。调试又是对设计工作的检验，凡是设计工作中考虑不周或存在工艺缺陷的地方都可以通过调试发现，并提供改进和完善产品依据。

产品从装配开始直到合格品入库要经过若干个调试阶段。产品调试是装配工作中的工序，是按照生产工艺过程进行的。在调试工序检测出的不合格品将被淘汰，由其他工序处理。

样机泛指各种电子产品、实验电路、电子工装以及科研开发设计的各种电子线路。在样机调试过程中故障检测占了很大比例，而且调试和检测工作都是由技术人员完成的。样机调试不是一个工序，而是产品的设计过程之一，是产品定型和完善的必由之路。

与装配工作相比，调试工作对操作者技术等级和综合素质要求较高，特别是样机调试是技术含量很高的工作，需要扎实的技术基础和一定的实践经验。

12.2.2　调试与检测仪器

调试与检测仪器是指通用的电子仪器，通用仪器可检测多种产品的电参数。

通用仪器按显示特性可分为以下三类。

1. 数字式

数字式是将被测试的连续变化模拟量通过一定变换转换成数字量，通过数显装置显示。数显具有读数方便，分辨率强，精确度高等特点，已成为现代测试仪器的主流。

2. 模拟式

模拟式是将被测试的电参数转换为机械位移，通过指针和标尺刻度指示出测量数值。理论上，模拟式检测仪器指示的是连续量，但由于标尺刻度有限，实际分辨率不高。

3. 屏幕显示

通过示波管、显示器等将信号波形或电参数的变化直观地显示出来，如各种示波器、图示仪、扫频仪等。

通用仪器按功能可细分为以下几类。

① 电压表和万用表：用于测量电压及派生量，如模拟电压表、数字电压表、各种万用表、毫伏表等。

② 信号发生器：用于产生各种测试信号，如音频、高频、脉冲、函数、扫频等信号。

③ 信号分析仪器：用于观测、分析、记录各种信号，如示波器、波形分析仪、逻辑分析仪等。

④ 电路特性测试仪：如扫频仪、阻抗测量仪、网络分析仪、失真度测试仪等。

⑤ 元器件测试仪：如 RLC 测试仪、晶体管图示仪、集成电路测试仪等。

⑥ 频率时间相位测量仪器：如频率计、相位计等。

⑦ 其他仪器：用于和上述仪器配合使用的辅助仪器，如放大器、衰减器、滤波器等。

此外虚拟仪器作为调试与检测仪器也正在被广泛应用。所谓虚拟仪器实际上是将计算机技术应用于电子测试领域，利用计算机的对数据存储和快速处理能力，可以实现普通仪器难以达到的功能。虚拟仪器是通过计算机显示器及键盘、鼠标实现面板操作及显示功能的，对被测信号的输入采集及转换功能由专门的数据采集转换卡实现，其核心部分是专用软件。传统仪器与虚拟仪器比较如表 12-1 所示。

表 12-1　传统仪器与虚拟仪器比较

虚拟仪器	传统仪器
用户可在一定范围内定义	功能由制造厂定义
图形界面友好，计算机读数分析处理	图形界面小，人工读数，信息量少
数据可编辑、存储、打印	数据处理能力有限
计算机技术开放功能模块可扩展功能	扩展功能差
技术更新快（周期1～2 年）	技术更新慢（周期 5～10 年）
基于软件体系，节省开发维护费用	开发维护费用高
同档次仪器比传统仪器价格低数倍	价格高
主要用于波形产生、频率测量、波形测量、记录等	品种繁多，功能齐全

目前，常用的虚拟仪器有数字示波器、任意波形发生器、频率计数器、逻辑分析仪等。

虚拟仪器的特点：计算机总线与仪器总线的应用，允许各模块之间高速通信；种类齐全，且没有仪器和数据采集的界限；标准化、小型化、低功耗、高可靠性的系列模块可按工作需要任意组合扩充，实现最优化组合；先进的计算机软／硬件技术、网络技术和通信技术使虚拟仪器具有良好的开发环境和开放式结构；当组成测试系统时，虚拟仪器具有较高的性能价格比，随着应用普及和技术发展，价格将继续降低。

12.2.3　仪器选择与配置

1．选择原则

① 仪器的测量范围和灵敏度应覆盖被测量的数值范围。

② 测量仪器的工作误差应远小于被测参数的误差。

③ 仪器输出功率应大于被测电路的最大功率，一般应大一倍以上。

④ 仪器输入输出阻抗要符合被测电路的要求。

以上几条基本原则，在实际使用时可根据现有资源和产品要求灵活应用。

2．配置方案

调试与检测仪器的配置要根据工作性质和产品要求确定，具体有以下几种选配方法。

（1）一般从事电子技术工作的最低配置

① 万用表：最好模拟表和数字表各一块，因为数字表有时出现故障不易觉察，比较而言，指针表可信度较高。三位半数字表即可满足大多数应用，位数越多精度和分辨率越高，但价格高。指针表应选直流电压档阻抗 10 kΩ/V，且具有晶体管测试功能。

② 信号发生器：根据工作性质选频率及档次，普通 1 Hz～1 MHz 低频函数信号发生器可满足一般测试需要。

③ 示波器：示波器价格较高且属耐用测试仪器，普通 20～40 MHz 的双踪示波器可完成一般测试工作。

④ 可调稳压电源：至少双路 0～24 V 或 0～32 V 可调，电流为 1～3 A，稳压稳流可自动转换。

（2）标准配置

除上述四种基本仪器外，再加上频率计数器和晶体管特性图示仪，即可以完成大部分电子测试工作。如果再有一两台针对具体工作领域的仪器，例如，从事音频设备研制工作可配置失真度仪和扫频仪等，即可完成主要调试检测工作。

（3）产品项目调试检测仪器

对于特定的产品，又可分为下列两种情况。

① 小批量多品种：一般以通用或专用仪器组合，再加上少量自制接口和辅助电路构

成。这种组合适用广，但效率不高。

② 大批量生产：应以专用和自制设备为主，强调高效和操作简单。

12.2.4　产品调试

产品调试是电子产品生产过程中一个工序，调试的质量直接影响产品的性能指标。在规模化生产中，每一个工序都有相应的工艺文件。编制先进、合理的调试工艺文件是调试质量的保证。

1. 调试工艺的基本要求

（1）技术要求

保证实现产品设计的技术要求是调试工艺文件的首要任务。将系统或整机技术指标分解落实到每一个部件或单元的调试技术指标中，这些被分解的技术指标要能保证在系统或整机调试中达到设计技术指标。

在确定部件调试指标时，为了留有余地，往往要比整机调试指标高，而整机调试指标又比设计指标高。从技术要求角度讲，部件要求越高，整机指标越容易达到。

（2）生产效率要求

提高生产效率具体到调试工序中，就要求该工序尽可能省时省工。提高生产效率的关键有以下几方面：

① 对规模生产而言，每个工序尽量简化操作，尽可能选专用设备及自制工装设备，并有一定冗余。

② 调试步骤及方法尽量简单明了，仪表指示及监测点数不宜过多。

③ 尽量采用先进的智能化设备和方法，降低对调试人员技术水平的要求。

（3）经济性

经济性要求调试成本最低。总体上说，经济性同技术要求、效率要求是一致的。但在具体工作中往往又是矛盾的，需要统筹兼顾，寻找最佳组合。例如，技术要求高，保证质量和产品信誉，经济效益必然高；但如果调试技术指标定得过高，将使调试难度增加，成品率降低，就会引起经济效益下降。效率要求高，调试工时少，经济效益必然提高；但如果强调效率而大量研制专用设备或采用高价智能调试设备而使设备费用增加过多，也会影响经济效益。

2. 调试工艺文件内容

无论是整机调试还是部件调试，在具体生产线上都是由若干工作岗位完成的。因此调试工艺文件应包括以下内容。

① 调试工位顺序及岗位数。

② 每个调试工位工作内容即为工位制定的工艺卡。工艺卡包括工位需要人数及技术等

级、工时定额；需要的调试设备、工装及工具、材料；调试线路图包括接线和具体要求；调试所需资料及要求记录的数据、表格；调试技术要求及具体方法、步骤等。

③ 调试工作的其他说明，如调试责任者的签署及交接手续等。

3. 调试工艺文件的制定

调试工艺文件是产品调试的唯一依据和质量保证。制定合理的调试工艺文件对技术人员的技术和工艺水平要求较高，而制定工艺文件一般经过如下步骤。

（1）了解产品要求和设计过程

在大中型企业中，设计和工艺是两个技术部，因此负责工艺技术的人员应参加产品设计方案及试制定型的过程，全面了解产品背景和市场要求、工作原理、各项性能指标及结构特点等，为制定合理的工艺奠定技术基础。对于中、小规模生产，往往从产品设计到具体制造工艺过程都由同一技术部门完成，则不存在这个问题。

（2）调试样机

样机的调试过程也就是调试工艺的制定和完善过程。技术人员在参与样机装配、调试过程中，抓住影响整机性能指标的关键部分进行深入细致的调查和研究，在一定范围内变动调试条件和参数，寻求最佳调试指标、步骤和方法，初步制定调试工艺。

（3）小批量试生产调试

一般情况下，一个产品投入大批生产前需进行小批量试生产，以便检验生产工艺和暴露矛盾。在这个过程中必须随时关注和修订调试工艺中的问题，并努力寻求效率、指标和经济性的最佳配合。由此制定的调试工艺对生产线而言是不能随意改变的。

（4）生产过程中必要的调整和完善

在实际生产过程中，有些问题往往是始料不及的。因此即使成熟的工艺也要在实际中不断调整、完善，但这种调整完善必须由负责该项工作的技术人员签字生效才能实行。

4. 产品调试特点

进入批量生产的产品，一般都经过了原理设计、电路试验、样机制作和调试、小批量试生产等阶段，有些较复杂产品还经过原理性样机和工艺性样机等多次试验，调整和完善后才能投入批量生产。因此，产品的调试与样机调试有很大的不同。

产品调试有以下特点：正常情况下没有原理性错误，工艺性欠缺一般也不会造成调试障碍；由于批量生产采用流水作业，因此如果出现装配性故障往往都有一定规律；电子元器件和零部件按正常生产程序都经过检验和测试，一般情况下，调试仅解决元器件特性参数的微小差别，在考机后及调试之前不用考虑它们失效或参数失配问题；产品调试是装配车间的一个工序，调试要求和操作步骤完全按调试工艺卡进行，因此产品调试的关键是制定合理的工艺文件。另外，调试的质量还同生产管理和质量管理水平有直接关系。

12.2.5　故障检测方法

查找、判断和确定故障位置及其原因是故障检测的关键，也是一项困难的工作。要求技术人员具有一定的理论基础，同时更要具有丰富的实践经验。下面介绍的几种故障检测方法是从长期实践中总结归纳出来的方法，在具体应用中要针对具体检测对象，灵活运用，并不断总结适合自己工作领域的经验方法，才能达到快速、准确、有效排除故障的目的。

1. 观察法

观察法是通过人体的感官，发现电子线路故障的方法。这是一种简单、安全的方法，也是各种仪器设备通用的检测过程的第一步。观察法又可分为静态观察法和动态观察法。

（1）静态观察法

静态观察法又称不通电观察法，在线路通电前通过目视检查某些故障。实践证明，占线路故障相当比例的焊点失效、导线接头断开、接插件松脱、连接点生锈等故障，可通过观察发现，没有必要对整个电路大动干戈，导致故障升级。静态观察要先外后内，循序渐进。打开机箱前先检查电器外表有无碰伤，按键、插头座、电线电缆有无损坏，保险是否烧断等。打开机箱后，先看机内各种装置和元器件有无相碰、断线、烧坏等现象，然后轻轻拨动一些元器件、导线等进行进一步检查。对于试验电路或样机，要对照原理图检查接线和元器件是否符合设计要求，IC管脚有无插错方向或折弯，有无漏焊、桥接等故障。

（2）动态观察法

动态观察法又称通电观察法，即给线路通电后，运用人体器官检查线路故障。一般情况下还应使用仪表，如电流表、电压表等监视电路的状态。通电后，眼要看电路内有无打火、冒烟等现象；耳要听电路内有无异常声音；鼻要闻电器内有无烧焦、烧糊的异味；手要触摸一些管子、集成电路等是否发烫，发现异常立即断电。动态观察配合其他检测方法，易分析判断，找出故障所在。

2. 测量法

测量法是故障检测中使用最广泛、最有效的方法。根据检测的电参数特性又可分为电阻法、电压法、电流法、逻辑状态法和波形法。

（1）电阻法

电阻是各种电子元器件和电路的基本特征，利用万用表测量电子元器件或电路各点之间电阻值来判断故障的方法称为电阻法。测量电阻值，有“在线”和“离线”两种方式。“在线”测量需要考虑被测元器件受其他串并联电路的影响，测量结果应对照原理图进行分析判断。“离线”测量需要将被测元器件或电路从整个印制电路板上脱焊下来，操作较麻烦，但结果准确可靠。

（2）电压法

当电子线路正常工作时，线路各点都有一个确定的工作电压，通过测量电压来判断故障的方法称为电压法。电压法是通电检测手段中最基本、最常用的方法。根据电源性质又可分为交流和直流两种电压测量方法。交流电压测量较为简单，对 50 Hz 市电升压或降压后的电压只须使用普通万用表。直流电压测量一般分为以下 3 步。

① 测量稳压电路输出端是否正常。

② 测量各单元电路及电路的关键“点”，例放大电路输出点和外接部件电源端等处电压是否正常。

③ 测量电路主要元器件，如晶体管、集成电路各管脚电压是否正常，对这些元器件首先要测电源是否已经加上。

根据产品中理论上给出的电路各点正常工作电压或集成电路各引脚的工作电压（手册中可以查到），测得电路各点电压，对比正常工作的电路，偏离正常电压较多的部位或元器件，往往就是故障所在部位。

（3）电流法

电子线路在正常工作时，各部分工作电流是稳定的，偏离正常值较大的部位往往是故障所在，这就是用电流法检测线路故障的原理。电流法有直接测量和间接测量两种方法。直接测量就是将电流表直接串接在欲检测的回路测得电流值的方法。这种方法直观、准确，但往往需要断开导线，脱焊元器件引脚等才能进行测量，因而不大方便。间接测量法实际上是用测电压的方法换算成电流值。这种方法快捷方便，但如果所选测量点的元器件有故障则不容易准确判断。

（4）波形法

对交变信号产生和处理电路来说，采用示波器观察各点的波形是最直观、最有效的故障检测方法，该方法就是波形法。波形法主要应用于以下 3 种情况：

① 根据测量电路相关的点波形有无或形状相差较大来判断故障。

② 若电路参数不匹配、元器件选择不当或损坏都会引起波形失真，通过观测波形失真并分析电路可以找出故障原因。

③ 利用示波器测量波形的各种参数，如幅值、周期、前后沿、相位等，与正常工作时的波形参数对照，找出故障原因。

（5）逻辑状态法

逻辑状态法是用于数字电路的一种检测方法。对数字电路而言，只须判断电路各部位的逻辑状态即可确定电路工作是否正常。数字逻辑状态主要有高低两种电平状态，另外还有脉冲串及高阻状态，因而可以使用逻辑笔进行电路检测。逻辑笔具有体积小，使用方便的优点。

3．比较法

有时用多种检测手段及试验方法都不能判定故障所在，并不复杂的比较法却能得到较好结果。常用的比较法有整机比较、调整比较、旁路比较及排除比较4种方法。

（1）整机比较法

整机比较法是将故障机与同一类型正常工作的机器进行比较，查找故障的方法。这种方法对缺乏资料而本身较复杂的设备尤为适用。整机比较法以检测法为基础，对可能存在故障的电路部分进行工作点测定和波形观察，或者信号监测，通过比较好坏设备的差别发现问题。当然由于每台设备不可能完全一致，检测结果还要分析判断，这需要基本理论指导和相关技术人员日常工作的积累。

（2）调整比较法

调整比较法是通过整机设备可调元件或改变某些现状，比较调整前后电路的变化来确定故障的一种检测方法。这种方法特别适用于放置时间较长，或经过搬运、跌落等外部条件变化引起故障的设备。在运用调整比较法时最忌讳乱调乱动而又不作标记。调整和改变现状应一步一步改变，随时比较变化前后的状态，发现调整无效或向坏的方向变化应及时恢复。

（3）旁路比较法

旁路比较法是用适当容量和耐压的电容对被检测设备电路的某些部位进行旁路的比较检查方法，适用于电源干扰、寄生振荡等故障。因为旁路比较实际上是一种交流短路试验，所以一般情况下先选用一种容量较小的电容，临时跨接在有疑问的电路部位和“地”之间，观察比较故障现象的变化。如果电路向好的方向变化，可适当加大电容容量再试，直到消除故障，根据旁路的部位可以判定故障的部位。

（4）排除比较法

排除比较法是逐一插入组件，同时监视整机或系统。如果系统正常工作，就可排除该组件的嫌疑，再插入另一块组件，直到找出故障。有些组合整机或组合系统中往往有若干相同功能和结构的组件，在调试中当发现系统功能不正常时，不能确定引起故障的组件，这时采用排除比较法容易确认故障所在。注意：排除比较法采用递加排除，也可采用递减排除。多单元系统故障有时不是一个单元组件引起的，应多次比较才可排除。在采用排除比较法时，每次插入或拔出单元组件都要关断电源，防止带电插拔造成系统损坏。

4．替换法

替换法是用规格性能相同的正常元器件、电路或部件替换电路中被怀疑的相应部分，从而判断故障所在的一种检测方法，也是电路调试、检修中最常用的方法之一。在实际应用中，按替换的对象不同，可有元器件替换、单元电路替换、部件替换3种方法。

（1）元器件替换法

除某些电路结构较为方便外（例如，带可插拔的集成电路、开关、继电器等），元器件替换一般都需拆焊操作，比较麻烦且容易损坏周边电路或印制板，因此元器件替换一般只作为其他检测方法均难判别时才采用的方法，并且尽量避免对电路板做“大手术”。

（2）单元电路替换法

当怀疑某一单元电路有故障时，用一台同型号或同类型的正常电路替换待查机器的相应单元电路，判定此单元电路是否正常。当电子产品采用单元电路作为多板结构时，替换试验是较方便的，因此对现场维修要求较高的设备，尽可能采用可替换的结构，使设备具有维修性。

（3）部件替换法

随着集成电路和安装技术的发展，电子产品向集成度更高、功能更多、体积更小的方向发展，不仅元器件级的替换试验困难，单元电路替换也越来越不方便，过去十几块甚至几十块电路的功能，现在用一块集成电路即可完成，在单位面积的印制板上可以容纳更多的电路单元。电路的检测、维修逐渐向板卡级甚至整体方向发展，特别是较为复杂的由若干独立功能件组成的系统，在检测时主要采用的是部件替换方法。

部件替换试验要遵循以下3点：

① 用于替换的部件与原部件必须型号、规格一致，或者是主要性能、功能兼容，并且能正常工作。

② 要替换的部件接口工作正常，至少电源及输入、输出口正常，不会使替换部件损坏，这一点要求在替换前分析故障现象，并对接口电源作必要检测。

③ 替换要单独试验，不要一次换多个部件。

5．跟踪法

信号传输电路包括信号获取（信号产生）和信号处理（信号放大、转换、滤波、隔离等），在现代电子电路中占有很大比例。跟踪法检测的关键是跟踪信号的传输环节，在具体应用中根据电路的种类可有信号寻迹法和信号注入法2种。

（1）信号寻迹法

信号寻迹法是针对信号产生和处理电路的信号流向寻找信号踪迹的检测方法，具体检测时又可分为正向寻迹（由输入到输出顺序查找）、反向寻迹（由输出到输入顺序查找）和等分寻迹3种。

① 正向寻迹是常用的检测方法，可以借助测试仪器（示波器、频率计、万用表等）逐级定性、定量检测信号，从而确定故障部位。

② 与正向寻迹相比，反向寻迹检测仅仅是检测的顺序不同。

③ 等分寻迹法是将电路分为两部分，先判定故障在哪一部分，然后将有故障的部分再分为两部分检测。等分寻迹对于单元较多的电路是一种高效的方法。

（2）信号注入法

对于本身不带信号产生电路或信号产生电路有故障的信号处理电路，采用信号注入法是有效的检测方法。所谓信号注入就是在信号处理电路的各级输入端输入已知的外加测试信号，通过终端指示器（例如，指示仪表、扬声器、显示器等）或检测仪器来判断电路工作状态，从而找出电路故障。

12.3　电子产品的检验

电子产品的检验是一项重要工作，它贯穿于电子产品生产的全过程。在现代企业中检验工作执行的是自检、互检和专职检验相结合的三级检验体制。本节所介绍的电子产品检验主要是指专职检验，即由企业质量部门的专职人员根据相应的技术文件，对电子产品所需的一切原材料、元器件、零部件、整机等进行观察、测量、比较和判断的工作。

12.3.1　全部检验和抽查检验

产品的检验可分为全部检验和抽查检验两种。确定产品的检验方法应该根据产品的特点、要求及生产阶段等情况决定，既要能保证产品质量，又要做到经济合理。

1．全部检验

全部检验即对产品进行百分之百的检验。经过全部检验的产品可靠性很高，但要支付大量的人力物力，造成生产成本的增加。因此，一般只对可靠性要求特别高的产品、试制产品及在生产条件和生产工艺改变后生产的部分产品进行全部检验。

2．抽查检验

在电子产品的批量生产过程中，不可能也没有必要对生产出的零部件、半成品、成品都采用全部检验方法，而一般是从待检验产品中按一定比例抽取进行检验，即抽查检验。抽查检验是目前生产中广泛应用的一种检验方法。

抽查检验应在产品设计成熟、工艺规范、设备工作稳定、工装可靠的前提下进行。抽取样品的数量应根据 GB2828－1987 抽样标准和待检验产品的基数确定。在抽取样品时，不应从连续生产的产品中抽取，而是应从该批产品中任意抽取。抽检的结果要做好记录，对抽检产品中的故障，应对照有关产品故障判断标准进行故障判定。电子产品故障一般分为致命缺陷（指安全性缺陷）、重缺陷和轻缺陷。致命缺陷为否决性故障，即样品中只要出现致命缺陷，抽查检验批次的产品就被判为不合格。在无致命缺陷的情况下，应根据抽检样品中出现的重缺陷、轻缺陷故障数和 GB2828－1987 抽样标准来判断抽查检验产品合格与否。电子产品质量常用产品合格水平（AQL）来判定。不同质量要求的产品，其质量指标也不同，在检验时要根据被检产品在规定 AQL 值下所允许的重缺陷、轻缺陷故障数来确定。

12.3.2　检验验收

检验验收是对所有的产品，包括元器件、原材料、半成品、成品进行的一种检验工作。它借助于某些手段测定出产品质量特性，与国家标准、部级标准、企业标准或双方制定的技术协议等公认的质量标准进行比较，然后做出产品合格与否的判定。检验验收的内容一般包括入库前的检验、生产过程中的检验和整机检验。

1. 入库前的检验

入库前的检验是保证产品质量可靠性的重要前提。产品生产所需的原材料、元器件、外协半成品和部件等，在包装、存放、运输过程中可能会出现变质和损坏等，或者有的原材料、元器件、外协半成品和部件等本身就不合格。因此，这些原材料、元器件、外协半成品和部件等在入库前应按产品技术条件、技术协议进行外观检验和有关性能指标的测试，检验合格后方可入库。对判定为不合格的则不能使用，并进行严格隔离，以免混料。有些元器件在组装前还需要进行老化筛选，如集成电路、部分分立元件和部件等。老化筛选应在进厂检验合格的元器件中进行。老化筛选内容一般包括温度老化实验、功率老化实验、气候实验及一些特殊实验。

2. 生产过程中的检验

检验合格的原材料、元器件、外协半成品等在部件组装和整机装配过程中，可能受操作人员的技能水平、质量意识及装配工艺、设备和工装等因素的影响，使组装后的部件、整机有时不能完全符合质量要求。因此对生产过程中的各道工序都应进行检验，并采用操作人员自检、生产班组操作人员的互检和专职人员检验相结合的方式。

自检就是操作人员根据本工序工艺卡要求，对自己所装配的元器件、零部件的组装质量进行检查，对不合格的部件应及时调整或更换，避免其流入下道工序。互检就是后道工序对前道工序的检验，操作人员在进行本工序操作前，应检查前道工序的加工和装配质量是否符合要求，对有质量问题的部件应及时反馈给前道工序，不在不合格部件上进行加工和装配。专职检验一般为部件、整机或重要工位的加工和装配的后道工序。检验时应根据检验标准，对部件、整机或重要工位生产过程中各加工和装配工序的质量进行综合检查，检验标准一般以文字、图纸形式表达，对一些不便用文字、图纸表达的缺陷，应使用实物建立标准样品作为检验依据。

3. 整机检验

整机检验是检查产品经过总装、调试之后是否达到预定功能要求和技术指标的过程。整机检验主要包括直观检验、功能检验和主要性能指标测试等内容。

（1）直观检验

直观检验的项目有：产品是否整洁；面板、机壳表面的涂敷层及装饰件、标志、铭牌等是否齐全，有无损伤；产品的各种连接装置是否完好；各金属件有无锈斑；结构件有无变形、断裂；表面丝印字迹是否完整清晰；量程覆盖是否符合要求；转动机构是否灵活，控制开关是否到位等。

（2）功能检验

功能检验就是对产品设计所要求的各项功能进行检查。不同的电子产品有不同的检验内容和要求。

（3）主要性能指标的测试

产品性能指标的测试是整机检验的主要内容之一。通过性能检验查看产品是否达到了国家或企业的技术标准，现行国家标准规定了各种电子产品的基本参数及测量方法。

12.3.3 整机的老化试验和环境试验

为保证电子整机产品的生产质量，通常在装配、调试、检验完成之后，还要进行整机的通电老化。同时，为了认证产品的设计质量、材料质量和生产过程质量，需要定期对产品进行环境试验。虽然这两者都属于质量试验的范畴，但它们有如下几点区别。

① 老化是企业的常规工序，而环境试验一般要委托具有权威性的质量认证部门、使用专门的设备才能进行，需要对试验结果出具证明文件。

② 通常各类电子产品在出厂以前都要经过老化，而环境试验只对少量产品进行试验。例如，军品和特殊用途电子产品需要进行环境试验；当生产过程（工艺、设备、材料、条件）发生较大改变、需要对生产技术和管理制度进行检查评判、同类产品进行质量评比时，要对随机抽样的产品进行环境试验；当新产品通过设计鉴定或生产鉴定时，要对样机进行环境试验。

③ 老化通常在一般使用条件下进行，而环境试验要在模拟环境极限条件下进行。因此，老化属于非破坏性试验，而环境试验可能使试验产品受到损伤。

1. 整机老化

将整机在生产过程中进行老化，其目的是通过老化发现产品在加工和装配过程中存在的潜在缺陷，把可能的故障消灭在出厂之前。

（1）老化方法

电子产品的整机老化在接通电源的情况下进行。根据不同情况，通常可以在室温下选择 8 h、12 h、24 h、48 h、72 h 或 168 h 的连续老化时间；有时采取提高老化室内温度，甚至把产品放入恒温试验箱的办法，以缩短老化时间。在老化时，应该密切注意产品的工作状态，如果发现个别产品出现异常情况，要立即停止老化。

（2）静态老化和动态老化

在对电子产品进行整机老化时，如果只接通电源，没有给产品注入信号，这种状态叫作静态老化；如果同时还向产品输入工作信号，就叫作动态老化。如计算机在静态老化时只接通电源，不运行程序；而在动态老化时要持续运行测试程序。显而易见，动态老化比静态老化更为有效。

2. 电子产品的整机环境试验

电子产品的环境适应性是研究可靠性的主要内容之一，是对产品的环境条件、环境影响和环境工程方面的探索和试验。电子产品的整机环境试验已经发展成为一门新兴的技术学科——环境科学。环境科学研究所涉及的范围非常广泛，其主要研究电子产品可能遇到的各种外界因素、影响规律，以及从产品的设计、制造和使用等各个环节，改进和提高产品的环境适应能力，并且研究相应的试验技术、试验设备、测量方法和测量仪表。对于从事电子产品电路设计、结构设计及制造工艺的技术人员来说，必须对与环境条件有关的技术规范有全面的了解，以便采取相应的措施来提高产品的质量水平。

电子产品的整机环境试验主要有使电子产品适应在不同的温度、湿度、振动、冲击及其他环境条件下的试验。产品的环境适应能力是通过环境试验得到评价和认证的。

电子产品的应用领域十分广泛，储存、运输、工作过程中所处的环境条件是复杂而多变的，除了自然环境以外，影响产品的因素还包括气候条件、机械振动、辐射、生物和人员条件等。制订产品的环境要求，必须以它实际可能遇到的各种环境及工作条件作为依据。例如，温度、湿度的要求根据产品使用地区的气候、季节情况决定；振动、冲击等方面的要求与产品可能承受的机械强度及运输条件有关；此外还要考虑有无化学气体、盐雾、灰尘等特殊要求。以电子测量仪器为例，国家标准把气候条件分为以下3组。

- 第1组：在良好环境中使用仪器，只允许受到轻微振动；
- 第2组：在一般的环境中使用的仪器，允许受到一般的振动和冲击；
- 第3组：在恶劣的环境中使用仪器，允许在频繁搬动和运输中受到较大的振动和冲击。

电子设备的种类繁多，不可能对每种产品分别提出具体的环境要求。在设计制造时，可以参照仪器的分组原则确定环境要求。显然，对于一般电子产品的整机，降低环境要求将使它难以适应更多的用户和环境的变化；过高地提出环境要求必将使产品的制造成本大大增加。一般民用电子产品通常可以参照第2组电子测量仪器规定的环境要求。

国家标准中规定了对电子测量仪器的环境试验的内容和方法，其主要内容如下所述。

① 绝缘电阻和耐压的测试：根据产品的技术条件，一般在仪器有绝缘要求的外部端口（电源插头或接线柱）和机壳之间、机壳绝缘的内部电路和机壳之间、内部互相绝缘的电路之间进行绝缘电阻和耐压测试。在测试绝缘电阻时，同时对被测部位施加一定的测试电压达1 min以上；在进行耐压试验时，试验电压要在5～10 s内逐渐增加到规定值，保持1 min，表面无飞弧、电晕和击穿现象。

② 对供电电源适应能力的试验：一般要求输入交流电压在220 V±10%和频率在50 Hz ±4 Hz之内，仪器仍能正常工作。

③ 温度试验：把仪器放入温度试验箱，进行额定使用范围上限温度试验、额定使用范围下限温度试验、储存运输条件上限温度试验和储存运输条件下限温度试验。

④ 湿热试验：把仪器放入湿度试验箱，在规定的温度下通入水汽，进行额定使用范围湿热试验和储存运输条件湿热试验。

⑤ 振动和冲击试验：把仪器紧固在专门的振动试验台和冲击试验台上进行单一频率振动试验、可变频率振动试验和冲击试验。试验有振幅、频率和时间三个参数。

⑥ 运输试验：把仪器捆在载重汽车的拖车上进行试验，也可以在运输试验台上进行模拟试验。

此外，还有其他相关试验及试验条件，可参照《电工电子产品环境试验》国家标准。

第13章　产品质量和可靠性

随着社会的发展，人民生活水平的不断提高，市场竞争日益激烈。社会对电子产品的质量和可靠性要求越来越高，为适应形势的发展，必须加强对这方面知识的了解，对电子产品设计和生产过程进行有效管理和监控，力求生产优质高可靠性的电子产品。

13.1　质　量

根据 ISO8402－1994，质量被定义为“反映实体（Entity）满足明确或隐含需要的能力的特性总和。”从这个定义中可以看出，质量就其本质来说是一种客观实物具有某种能力的属性。电子产品的质量，主要可以分为功能、可靠性和有效度三个方面。

1. 电子产品的功能

这里所说的功能，是指产品的技术指标，它包括以下 5 个方面的内容。

① 性能指标：电子产品实际能够完成的物理性能或化学性能，以及相应的电气参数。

② 操作功能：产品在操作时是否方便，使用是否安全。

③ 结构功能：产品的整体结构是否轻巧，维修、互换是否方便。

④ 外观：外观是指整机的造型、色泽和包装。

⑤ 经济性：产品的工作效率、制作成本、使用费用、原料消耗等。

2. 电子产品的可靠性

电子产品的可靠性是与时间有关的技术指标，它是对电子系统、整机和元器件长期可靠而有效工作能力总的认识。可靠性又可以分为固有可靠性、使用可靠性和环境适应性三方面内容。

① 固有可靠性：产品在使用之前，由确定设计方案、选择元器件及材料、制作工艺过程所决定的可靠性因素，是“先天”决定的。

② 使用可靠性：产品在使用中会逐渐老化，寿命会逐渐变短。使用可靠性是指操作、使用、维护、保养等因素对其寿命的影响。

③ 环境适应性：电于产品的使用环境与其在制造时的生产环境有很大差别，环境适应性是指产品对各种温度、湿度、振动、灰尘、酸碱等环境因素的适应能力。

3. 有效度

电子产品的有效度表示产品能够工作的时间与其寿命（产品能够工作和不能工作的时间之和）的比值。它反映了产品能够有效地工作的效率。

用一个最通俗的例子来说，“三天打鱼，两天补网”，这张渔网的有效度就是 60%。假如某种电子产品的有效度只能达到这样的水平，它肯定是不受欢迎的。

13.2　可　靠　性

通俗地说，电子产品的可靠性是指它的有效工作寿命。不能完成产品设计功能的产品，就谈不上质量；同样，可靠性差、经常损坏的产品，也是不受欢迎的。

1. 寿命

电子产品的寿命是指它能够完成某一特定功能的时间，是有一定规律的。在日常生活中，电子产品的寿命可以从 3 个角度来认识。

① 产品的期望寿命：与产品的设计和生产过程有关。原理方案的选择、材料的利用、加工的工艺水平，决定了产品在出厂时可能达到的期望寿命。例如，电路保护系统的设计、品质优良的元器件、严谨的生产加工和缜密的工艺管理都能使产品的期望寿命延长；反之，会缩短它的期望寿命。

② 产品的使用寿命：与产品的使用条件、用户的使用习惯和是否规范操作有关。使用寿命的长短，往往与某些意外情况是否发生有关。例如，产品在使用时，供电系统出现意外情况，产品受到不能承受的震动和冲击；用户的错误操作都可能突然损坏产品，使其使用寿命结束。这些意外情况的发生是不可预知的，也是产品在设计阶段不予考虑的因素。

③ 产品的技术寿命：IT 行业是技术更新换代是最快的行业，新技术的出现使老产品被淘汰，即使老产品在物理上没有损坏、电气性能上没有任何毛病，也失去了存在的意义和使用的价值。例如，十几年前生产的计算机，也许没有损坏，但其系统结构和配置已经不能运行今天的软件。IT 行业公认的摩尔（Gordon Moore）定律是成立的，它决定了产品的技术寿命。

2. 失效率

对于电子元器件来说，把寿命结束称为失效。电子元器件在任一时刻具有正常功能的概率用可靠度函数 $R(t)$ 来描述。

$$R(t)=e^{-\int\lambda(t)\mathrm{d}t}$$

式中，$\lambda(t)$ 是电子元器件的失效率函数。

假设电子整机产品在生产以前，已经对所有元器件进行了使用筛选，元器件的失效率是一个小常数 λ，则它的可靠度为

$$R(t)=e^{-\lambda t}$$

其预期的寿命计算公式为

$$F(t)=\int R(t)\mathrm{d}t=\int e^{-\lambda t}\mathrm{d}t=1/\lambda$$

电子元器件的失效一般还可以分成两类，一类是元器件的电气参数消失，如二极管被击穿短路，电阻因超载而烧毁等，这种失效引起的整机故障一般叫作“硬故障”；另一类是随着时间的推移或工作环境的变化，元器件的规格参数发生改变，如电阻器的阻值发生变

化，电容器的容量减小等，这类失效引起的整机故障一般称为“软故障”。软故障是比较难以排除的整机故障。

3. 电子整机的可靠性结构

电子整机产品是由许多元器件按照一定的电路结构组成的。同样，整机的可靠性取决于元器件的寿命及其可靠性结构。

最常见的可靠性结构有串联结构和并联结构。

串联结构：系统由 n 个元器件所组成，任一个元件的失效都会引起整个系统的失效，这样的结构叫作串联结构。如图 13-1（a）所示。

并联结构：系统由 n 个元器件组成，当 n 个元件全部失效后，整个系统才失效，这样的结构叫作并联结构，如图 13-1（b）所示。

需要注意的是，可靠性结构的串、并联与电路中的串、并联不同。以 LC 并联谐振回路为例（见图 13-2），它的可靠性结构应该是一个串联结构，只要 LC 之中任一个元器件失效，电路就会停止工作。电子元器件的特点是，并联会使参数发生改变，其中任一个元器件失效，电路的外部特性都会发生变化。所以，电子产品的可靠性并联结构一般是指整机的并联，多用于军事系统或有很高可靠性要求的系统中。

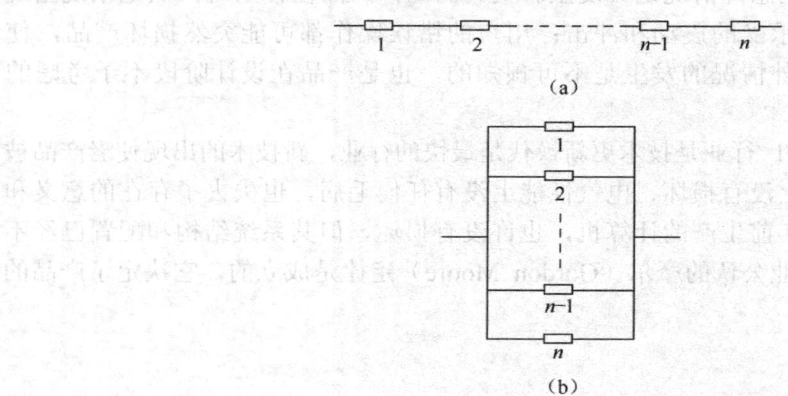

图 13-1 可靠性结构

对于一般民用电子产品，它的可靠性结构是一个全部元器件的串联系统。

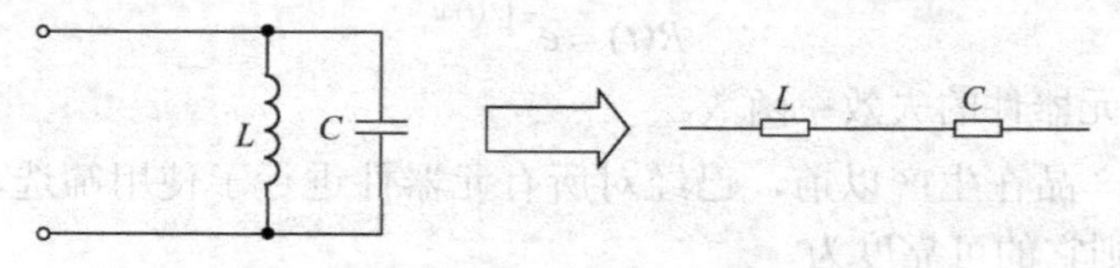

图 13-2 电路的并联与可靠性的串联

4. 平均无故障工作时间（MTBF）

对于电子整机产品的可靠性，用平均无故障工作时间（Mean Time of Between Failures, MTBF）来定量评价。民用消费类电子产品的 MTBF 一般表示从产品出厂到第一次发生故障的平均工作时间；工业电子产品的 MTBF 一般表示在两次故障之间的平均工作时间。对于电子元器件来说，发生故障（失效）就意味着它的寿命结束。所以，电子元器件的 MTBF 就是它的寿命周期。现在，国内外电子行业都已经把 MTBF 作为定量评价产品质量的主要标准之一。

电子产品的可靠性可以在设计初期就提出来作为设计指标，并根据这个指标来选定电路方案、元器件及工艺条件。对于可靠性结构是串联系统的电子整机，其 MTBF 与元器件的失效率之间有如下关系：

$$\because R(t) = R_1(t) \bullet R_2(t) \cdots R_n(t)$$
$$= e^{-(\lambda_1+\lambda_2+\cdots+\lambda_n)t}$$
$$\therefore \text{MTBF} = \int R(t)\text{d}t$$
$$= \int e^{-(\lambda+\lambda_2+\cdots\lambda_n)t_1}\text{d}t$$
$$= \frac{1}{\lambda_1 + \lambda_2 + \cdots + \lambda_n} \text{（h）}$$

其中，λ_n 表示各个元器件的失效率。不同种类、不同厂家生产的元器件，λ_n 的数值不同；n 是整机所用的元器件的总数。根据上面的这个公式，得出如下结论：

① 由于 λ_n 总是正数（元器件不可能永远不损坏，不可能越用越好），因此，所使用的元件数目越多（n 越大），整机的可靠性就越低，MTBF 就越短。因此，应尽可能采用集成化的元器件，减少整机中元器件的数目，简化电路结构。

② 为了提高整机的 MTBF 指标，要尽量选用失效率比较低的元器件，虽然具体的 λ_n 数值很难得到，但选用符合国家质量标准的元器件显然会更好一些。在研制电子产品时，要尽量避免使用非标准的或自制的元器件。

③ 由于制造工艺过程，特别是生产印制电路板和装配焊接的过程都难免出现失误，通常也设定了这些工艺过程的失效率。因此，焊点的数目越多，焊接的技术越差，则整机的 MTBF 就必然变差。

除了 MTBF 之外，考察工业电子产品质量的另一个参数是有效度，这就涉及产品的可维修性。可维修性是指每次发生故障后所用的平均维修时间，显然，整机结构优良的产品，可维修性越好，平均维修时间越短，它的有效度就越高。

13.3　产品生产及全面质量管理

电子工业飞速发展，近几年电子产品更新换代的速度之快有目共睹。企业要生存、发展，只有不断采用新技术，推出新产品并保持其高质量、高可靠性，才能使产品具有竞争力。要做到这一点，企业在产品的整个生产过程中必须推行全面质量管理。

13.3.1　全面质量管理概述

国家标准 GB/T 6853—1994《质量管理与质量保证术语》中对全面质量管理下的定义是："一个组织以质量为中心，以全员参与为基础，目的在于通过顾客满意和本组织所有成员及社会受益而达到长期成功的管理途径。"具体地说，全面质量管理就是企业以质量为中心，全体职工及有关部门积极参与，把专业技术、经营管理、数理统计和思想教育结合起来，建立起产品研究、设计、生产（作业）、服务等产品质量形成全过程（质量环）的质量体系，从而有效地利用人力、物力、财力、信息等资源，以最经济的手段生产出顾客满意的产品，使企业及其全体成员以及社会均能受益，从而使企业获得成功与发展。

要了解电子产品生产过程的质量管理，首先要知道电子产品生产的全过程。电子产品生产是指产品从研制、开发到商品售出的全过程，该过程应包括设计、试制、批量生产 3 个主要阶段，而每一阶段又有不同的内容。

1．设计

生产出适销对路的产品是每个生产者的愿望。因此，产品设计应从市场调查开始，通过调查了解，分析用户心理和市场信息，掌握用户对产品的质量性能需求。经市场调查后，应尽快制定出产品的设计方案，对设计方案进行可行性论证，找出技术关键和技术难点，并对设计方案进行原理试验，在试验基础上修改设计方案并进行样机设计。

2．试制

产品设计完成后，进入产品试制阶段。试制阶段应包括样机试制、产品的定型设计和小批量试生产 3 个步骤。即根据样机设计资料进行样机试制，实现产品的设计性能指标，验证产品的工艺设计，制定产品的生产工艺技术资料，进行小批量生产，同时修改和完善工艺技术资料。

3．批量生产

开发产品的最终目的是达到批量生产，生产批量越大，生产成本越低，经济效益也越高。在批量生产的过程中，应根据全套工艺技术资料组织生产。生产组织工作包括原材料的供应、组织零部件的外协加工、工具装备的准备、生产场地的布置、插件、焊接、装配调试生产的流水线，以及对各类生产人员的技术培训、设置各工序工种的质量检验、制定产品试验项目与包装运输规则、开展产品宣传与销售工作、组织售后服务与维修等。

13.3.2　电子产品生产过程的质量管理

在全面质量管理中，应着力生产过程中的质量管理，主要反映在下述各个阶段。

1．产品设计与质量管理

产品设计是产品质量产生和形成的起点，设计人员应着力设计具有高性价比的产品，并根据企业本身具有的生产技术水平来编制合理的生产工艺技术资料，使今后的批量生产得到有力保证。产品设计阶段的质量管理为今后制造出优质、可靠的产品打下了良好的基础，产品设计阶段的质量管理应该包括如下内容。

① 广泛收集整理国内外同类产品或相似产品的技术资料，了解其质量情况与生产技术水平；对市场进行调查，了解用户需求以及对产品质量的要求。

② 根据市场调查资料，进行综合分析后制定产品质量目标并设计实施方案。产品的设

计方案和质量标准应充分考虑用户需求，尽量替用户考虑，并对产品的性能指标、可靠性、价格定位、使用方法、维修手段，以及批量生产中的质量保证等进行全面综合的策划，尽可能从提出的多种方案中选择出最佳设计方案。

③ 对所选设计方案中的技术难点认真分析，组织技术力量进行攻关，解决关键技术问题，初步确定设计方案。

④ 把经过试验的设计方案，按照适用可靠、经济合理、用户满意的原则进行产品样机设计，并对设计方案作进一步综合审查，研究生产中可能出现的问题，最终确定合理的样机设计方案。

2. 产品试制与质量管理

产品试制过程包括完成样机试制、产品设计定型、小批量试生产三个步骤。产品试制过程的质量管理应包括如下内容。

① 制订周密的样机试制计划，一般情况下，不宜采用边设计、边试制、边生产的突击方式。

② 对样机进行反复试验并及时反馈存在的问题，对设计与工艺方案作进一步调整。

③ 组织有关专家和单位对样机进行技术鉴定，审查其各项技术指标是否符合国家有关规定。

④ 样机通过技术鉴定以后，可组织产品的小批量试生产。通过试生产，验证工艺，分析生产质量，验证工装设备、工艺操作、产品结构、原材料、环境条件、生产组织等工作能否达到要求，考察产品质量能否达到预定的设计质量要求，并进一步进行修正和完善。

⑤ 按照产品定型条件，组织有关专家进行产品定型鉴定。

⑥ 制订产品技术标准、技术文件，健全产品质量检测手段，取得产品质量监督检查机关的鉴定合格证。

3. 产品制造与质量管理

产品制造过程的质量管理是产品质量能否稳定地达到设计标准的关键性因素，其质量管理的内容如下。

① 各道工序、每个工种及产品制造中的每个环节都需要设置质量检验人员，严把质量关。严格做到不合格的原材料不投放到生产线上，不合格的零部件不转下道工序，不合格的成品不出厂。

② 统一计量标准，对各类测量工具、仪器、仪表定期进行计量检验，保证产品的技术参数和精度指标。

③ 严格执行生产工艺文件和操作程序。

④ 加强操作人员的素质培养。

⑤ 加强其他生产辅助部门的管理。

上述内容只是企业全面质量管理中的一部分，由于产品质量是企业各项工作的综合反映，涉及企业的每一个部门，这里不再详述。

13.3.3　生产过程的可靠性保证

产品可靠性高低是衡量产品质量的一个重要标志。随着电子技术的发展和电子产品电路及结构的日趋复杂，对电子产品可靠性要求也越来越高。以前，对可靠性研究的主要内容是如何设计和制造出故障少、不易损坏的产品；而今，可靠性技术已形成一门综合性技术，日益受到企业的重视，其内容已发展到情报技术、管理技术以及维护性技术三个方面。

生产过程的可靠性是可靠性技术的一个重要方面。它对提高产品的可靠性起着非常重要的作用。下面将分别介绍产品设计、产品试制、产品制造等方面的可靠性保证。

1. 产品设计的可靠性保证

① 在进行方案设计时应综合考虑产品的性能、可靠性、价格三方面的因素。不可过分追求高指标的技术性能，也不可因低成本而牺牲可靠性，同时应充分考虑产品维修与使用条件的变化。

② 在进行样机方案设计时，应该做到：

- 最大限度地减少零件数量，尽量使用集成电路、组合电路等先进元器件，简化实现电路原理的手段，力求最简单的结构；
- 对整机中可靠性较低的元器件和零部件部位，可降额使用，提高安全系数，而机械零部件采用多余度使用，使零部件在整机中多重结合，当其中一个损坏以后，另一个仍能维持工作以提高可靠性；
- 尽量采用成熟的标准电路、标准零部件等，避免使用自制或非标准元器件、零部件；
- 对设计方案反复进行审查。

2. 产品生产中的可靠性保证

一个精良的产品设计，若缺乏高品质的元器件和原材料，缺乏先进的生产方式和工艺，或缺乏一流技术水平的生产工人和工程技术人员等，都可能使产品的可靠性下降。在生产过程中，必须采取强有力的可靠性保证体系，使生产可靠性得到保证。生产过程的可靠性保证应从人员、材料、方法、机器等方面获得。

① 人员的可靠性：人员是获得高可靠性产品的基本保证，因此操作人员应具有熟练的操作技能和兢兢业业的敬业精神。在生产企业中，各岗位上的人员应持证上岗，不具备条件者，不能上岗。

② 材料的可靠性：对材料供货单位必须经严格考查比较后才能进行选择。生产元器件、零部件的厂家必须经过质量认证，未经鉴别、试用，不得轻易更换供货单位。对所供材料必须进行测试、筛选，关键材料应进行老化筛选，及早剔除那些早期失效的元器件。

③ 外协单位的可靠性：许多整机生产企业的零部件是通过外协加工完成的。整机生产企业应对协作单位进行实地考查，了解其人员素质、工艺技术水平、设备工装等。必要时可派专人对协作单位进行质量监督与现场指导。

④ 生产设备的可靠性：生产线上的工具、检测设备，必须具备满足产品要求的精度，

并有专门部门和人员负责定期检查、维护。

⑤ 生产方法的可靠性：生产线上尽可能使用自动化专用设备，尽量避免手工操作。

⑥ 坚持文明生产，保持工作现场整齐、清洁、宽敞、明亮、温度适宜、噪声小。

⑦ 严格执行工艺路线，不得随意更改。

⑧ 严格遵守生产进度计划，避免加班加点突击任务。

⑨ 在生产过程中，要严格推行质量管理。

13.4 ISO9000 系列国际质量标准简介

随着我国社会主义市场经济体制的建立和完善，企业有了平等竞争的机会，同时，改革开放使我国与其他国家间的贸易得到迅猛发展。良好的国内和国际环境为我们的企业提供了发展的机遇，也带来挑战。开放加剧了企业间的竞争，竞争的结果使顾客对质量的要求越来越高，企业间的竞争由价格竞争，逐步转化为质量竞争。因此，提高质量已成为我国改革开放的战略性任务。企业要使自己的产品和服务赢得客户的信任，除了自身要加强全面质量管理之外，还必须使客户相信自己的质量保证能力。同时，客户为保护自身的利益不受损失，也要对企业提出质量保证要求。在这种情况下，第三方对企业的质量体系进行客观地认证成为一种需求，ISO9000 系列标准应运而生。

1979 年，国际标准化组织（ISO）成立了“质量管理和质量保证技术委员会”（TC176），开始着手制定质量管理和质量保证方面的国际标准。经过多年的研究和酝酿，在总结世界各国实行全面质量管理和质量保证经验的基础上，于 1986 年 6 月 15 日正式颁布了 ISO8402《质量——术语》标准，并于 1987 年 3 月正式颁布的 ISO9000 系列标准。

13.4.1 ISO9000 系列标准的构成

ISO9000 系列标准是第一套管理性质的国际标准，它是各国质量管理与标准化专家在先进的国际标准的基础上，对科学管理实践的总结和提高；它既系统、全面、完善，又简洁、扼要，为实现质量保证和企业建立健全的质量体系提供了有力的指导。按照 1994 年 7 月 1 日正式公布的 1994 年版的新标准，ISO9000 系列标准的核心内容包括以下内容。

① ISO9000-1 质量管理和质量保证标准，第一部分：选择和使用指南。

② ISO9001 质量体系——设计 / 开发、生产、安装和服务的质量保证模式。

③ ISO9002 质量体系——生产、安装和服务的质量保证模式。

④ ISO9003 质量体系——最终检验和试验的质量保证模式。

⑤ ISO9004-1 质量管理和质量体系要素，第一部分：指南。

其中，ISO9000-1 是 ISO9000 族中的总体标准，适用于质量管理和质量保证两个方面，它阐明了与质量有关的基本概念，并提供了 ISO9000 族的选择和使用指南。

ISO9004-1 是组织内部使用的标准，为组织建设一个完善的质量体系，包括从识别需要到最后满足顾客要求的所有阶段，对影响质量的管理、技术和人的因素都提供了控制要求。

ISO9001～ISO9003 是外部质量保证所使用的有关质量体系的要求标准，它分别代表了 3 种不同的质量保证模式，用于供方证明其能力以及外部对其能力的评定，企业可以根据其生产经营的范围不同来选择应用。

13.4.2　ISO9000 族标准

ISO/TC176 颁布的 ISO9000 系列国际标准已经发展成为一个大家族，称为 ISO9000 族标准。

一般来说，组织活动由三方面组成：经营、管理和开发，在管理上又主要表现为行政管理、财务管理、质量管理等。ISO9000族标准主要针对质量管理，同时涵盖了部分行政管理和财务管理的范畴。

ISO9000 族标准并不是产品的技术标准，而是针对组织的管理结构、人员、技术能力、各项规章制度、技术文件和内部监督机制等一系列体现组织保证产品及服务质量的管理措施的标准。

具体地讲，ISO9000 族标准就是在以下四方面规范质量管理。

① 机构：标准明确规定了为保证产品质量而必须建立的管理机构及职责权限。

② 程序：组织产品生产必须制定规章制度、技术标准、质量手册、质量体系操作检查程序，并使之文件化。

③ 过程：质量控制是对生产的全部过程加以控制，是面的控制，不是点的控制。从根据市场调研确定产品、设计产品、采购原材料，到生产、检验、包装和储运等，其全过程按程序要求控制质量，并要求过程具有标识性、监督性、可追溯性。

④ 总结：不断地总结、评价质量管理体系，不断地改进质量管理体系，使质量管理呈螺旋式上升。

13.4.3　ISO9000 族标准的应用与发展

ISO9000 标准的颁布在国际上获得了巨大的成功，该系列标准自 1987 年颁布以来，很快就在全世界传播开来，受到世界各国的欢迎，许多国家立即采用。截至 1995 年，ISO9000 系列国际标准已在 75 个国家直接采用，50 多个国家根据 ISO9000 开展了第三方认证和注册工作，10 余万个企业通过了 ISO9000 质量认证。随着对该系列标准的了解、认识和赞赏，采用的国家越来越多，在国际上形成了“ISO9000 热”。许多国家级和国际级的产品认证体系都把 ISO9000 作为取得产品认证的首要条件，许多跨国公司都制定了公司计划，在各个作业场所实施 ISO9000 标准，还有许多大型政府采购集团都用 ISO9000 标准中的要求与大供应商签订合同。

为了提高质量、发展经济和参与国际贸易，实现与国际市场接轨，我国也积极采用了 ISO9000 系列标准。1988 年我国按照“等效采用原则”，将 ISO9000 系列标准转化为 GB/T10300 系列标准；1992 年我国又按照“等同效用原则”，颁布了 GB/T19000 系列标准，并于 1994 年根据新的 ISO9000 系列标准进行了修订。

13.5　产品质量认证及其与 GB/T 19000 的关系

1．质量认证的含义

ISO 将其定义为："由可以充分信任的第三方证实某一鉴定的产品或服务符合特定标准或其他技术规范的活动。"

国务院 1991 年 5 月发布的产品质量认证管理条例第三条规定："产品质量认证是依据产品标准和相应技术要求，经认证机构确认并通过颁发认证书和认证标志来证明某一产品符合相应标准和相应技术要求的活动。"质量认证就是产品的合格认证。

2．质量认证与 GB/T 19000 的关系

根据我国产品质量认证管理条例，产品取得认证资格应当具备以下三个条件。

① 产品质量稳定，能正常批量生产。

② 产品符合国家标准或者行业标准的要求。这里所说的标准是指具有国际水平的国家标准或行业标准。产品是否符合标准需由经国家技术监督局确认和批准的检验机构进行抽样检验予以证明。

③ 生产企业的质量体系符合 GB/T 19000-ISO9000 系列标准的要求。企业应以 GB/T 19004-ISO9004《质量管理和质量体系要素——指南》为指导，结合本企业的具体情况建立适用的质量体系，制定质量手册，并使其有效运行。认证委员会将派国家注册检查员按 GB/T 19002-ISO9002 去企业进行审核和评定，证明其符合标准的要求。

如果是申请质量认证，获准认证的唯一条件是企业的质量体系符合 GB/T 19000-ISO9000 系列标准的要求，由企业自行决定按 GB/T 19001-ISO9001 或 GB/T 19002-ISO9002 或 GB/T 19003-ISO9003 标准提出质量认证的申请，认证机构将派国家注册检查员按所申请的标准去企业进行审核和评定，证明其符合标准的要求。

以上可以看出，取得质量认证资格必须具备的一个基本条件就是企业必须按照 GB/T 19000-ISO9000 质量管理和质量保证系列标准建立质量体系。

实行质量认证制度是当今世界各国特别是工业发达国家的普遍做法，许多从事国际贸易的采购商愿意或者指定购买经过认证的产品，有些采购商在订货时要求生产厂家提供按通过 ISO9000（即 GB/T19000）质量体系认证的证明。

3．我国有关产品认证委员会及其认证标志

我国已正式成立 8 个产品认证委员会，其中与电气、电子产品有关的委员会有 3 个。

（1）中国方圆标志认证委员会

中国方圆标志认证委员会（China Certification Committee for Quality Mark，CQM）成立于 1991 年 9 月 17 日，是国家技术监督局根据《中华人民共和国产品质量认证管理条例》的规定直接设立的第三方国家认证机构。

CQM 按照国际惯例和我国有关认证法规开展产品质量认证工作，其目的是客观、公正地证明产品质量，提高产品信誉，保证消费者的合法权益，促进国际贸易，开展国际质量认证合作。

CQM 的认证标志为方圆标志，有安全认证（S）和合格认证（Q）两种，如图 13-3（a）和（b）所示。

（2）中国电子元器件质量认证委员会

经国务院标准化行政主管部门（国家技术监督局）批准，中国电子元器件质量认证委员会（QCCECC）于 1981 年 4 月正式成立。按照国际电工委员会电子元器件质量评定体系（IECQ）的章程和程序规则，建立了有关机构，制定了中国电子元器件质量认证章程和一系列有关文件，认证标志如图 13-3（c）所示。

（3）中国电工产品认证委员会

中国电工产品认证委员会简称 CCEE，是国务院标准化行政主管部门（国家技术监督局）授权的一个行业认证委员会，是代表中国参加国际电工委员会电工产品安全认证组织（IECEE）的唯一机构，其认证标志如图 13-3（d）所示。

（a）安全认证（S）标志　（b）合格认证（Q）标志　（c）电子元器件专用认证标志　（d）电工产品专用认证标志

图 13-3　常用认证标志

13.6　实施 GB/T 19000-ISO9000 标准系列的意义

大量的事实告诉我们 ISO9000 族标准的发布与实施，已经引发了一场世界性的质量竞争，形成了新的国际性质量大潮，特别是在我国已加入世界贸易组织（WTO）的情况下，广大企业将面临国内市场和国外市场两个方面的更为激烈的竞争。面对这个扑面而来的大潮，作为一个企业是无法回避，也另无选择，只能责无旁贷地去迎接这场挑战，并站在以质量求生存、求发展、求效益的战略高度来正确对待学习贯彻实施 GB/T 19000-ISO9000 标准的工作。

1. 提高质量管理水平

GB/T 19000-ISO9000 标准系列，吸收和采纳了世界经济发达国家质量管理和质量保证的实践经验，是在全国范围内实施质量管理和质量保证的科学标准。企业通过实施 GB/T 19000-ISO9000 标准系列，建立健全质量体系，对提高企业的质量管理水平有着积极的推动作用。

（1）促进企业的系统化质量管理

GB/T 19000-ISO9000 标准系列，对产品质量形成过程中的技术、管理和人员因素提出全面控制的要求，企业对照 GB/T 19000-ISO9000 标准系列的要求，可以对企业原有质量管理体系进行全面的审视、检查和补充，发现质量管理中的薄弱环节，尤其可以协调企业各部门之间、各工序之间、各项质量活动之间的衔接，使企业的质量管理体系更为科学与完善。

（2）促进企业的超前管理

通过建立健全质量管理体系，企业可以发现目前存在的和潜在的质量问题，并采取相应的监控手段，使各项质量活动按照预定目标进行。企业的质量体系，应包括质量手册、程序文件、质量计划和质量记录等质量体系的整套文件，使各项质量活动按规律有序开展，让企业员工在实施质量活动时有章可循，有法可依，减少质量管理工作中的盲目性。所以企业建立健全质量体系，就可以把影响质量的各方面因素组织成一个有机的整体，实施超前管理，保证企业长期、稳定地生产合格的产品。

（3）促进企业的动态管理

为使质量体系充分发挥作用，企业在全面贯彻实施质量体系文件的基础上，还应定期开展质量体系的审核与评估工作，以便及时发现质量体系和产品质量的不足之处，进一步改进和完善企业的质量体系。审核与评估工作还可以发现因经营环境的变化、企业组织的变更、产品品种的更新等情况，对企业的质量体系提出新的要求，使之适应变化了的环境和条件。这些都需要企业及时协调、监控，进行动态管理，才能保证质量体系的适用性和有效性。

2．使质量管理与国际规范接轨

ISO9000 标准系列被世界上许多国家所采用，成为各国在贸易交往中质量保证能力的评价依据，或者作为第三方对企业的技术管理能力认证的依据。所以，世界各国按照 ISO9000 质量标准系列的要求建立相应的质量体系，积极开展第三方的质量认证，已成为全球企业的共同认识和全球性的趋势。因此，国内企业大力实施 GB/T 19000-ISO9000 标准，建立健全质量体系，积极开展第三方质量认证，使我国质量管理与国际规范接轨，对提高我国的企业管理水平和产品的竞争能力，具有极其重要的战略意义。

3．提高产品的竞争能力

企业的技术能力和企业的管理水平，决定了该企业产品质量的提高。倘若企业的产品和质量体系通过了国际上公认机构的认证，则可以在其产品上粘贴国际认证标志，在广告中宣传本企业的管理水平和技术水平。所以，产品的认证标志和质量体系的注册证书，将成为企业最有说服力的形象广告，经过认证的产品必然成为消费者争先选购的对象。通过认证的企业名称将出现在认证机构的有关资料中，必将使企业的国际知名度大大提高，使国外购货机构对被认证的企业的技术、质量和管理能力产生信任，对产品予以优先选购。有些国家还对经过权威机构认证的产品给予免检、减免税率等优厚待遇，因而大大提高了产品在国际市场上的竞争能力。

4．使用户的合法权益得到保护

用户的合法权益、社会与国家的安全等，同企业的技术水平和管理能力息息相关。即使产品按照企业的技术规范进行生产，但当企业技术规范本身不完善或生产企业的质量体系不健全时，产品也就无法达到规定的或潜在的需要，发生质量事故的可能性很大。因此，贯彻 GB/T 19000-ISO9000 标准系列，企业建立相应的质量体系，稳定地生产满足需要的产品，无疑是对用户利益的一种切实的保护。